**026-1**
**Multimediales Zusatzangebot**
über Webcode im Internet:

1. Webseite **www.cornelsen.de/zahlen-und-groessen** aufrufen
2. Buch auswählen
3. Webcode ergänzen:
   z. B. MZG041009-**011-1**

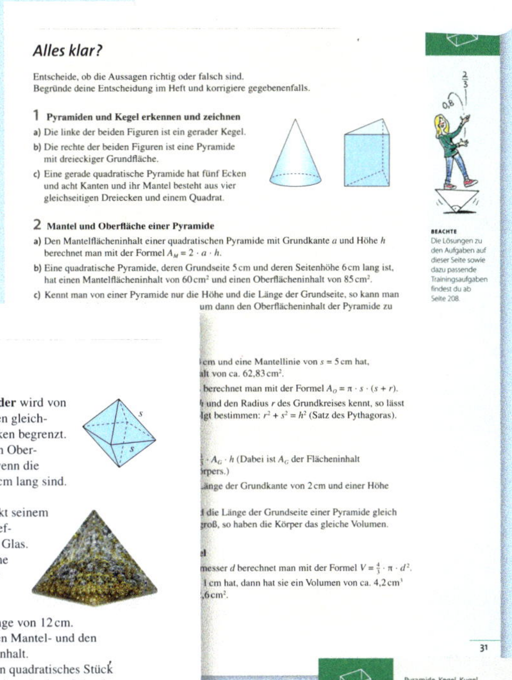

## Alles klar?

Entscheide, ob die Aussagen richtig oder falsch sind.
Begründe deine Entscheidung im Heft und korrigiere gegebenenfalls.

**1 Pyramiden und Kegel erkennen und zeichnen**

a) Die linke der beiden Figuren ist ein gerader Kegel.
b) Die rechte der beiden Figuren ist eine Pyramide mit dreieckiger Grundfläche.
c) Eine gerade quadratische Pyramide hat fünf Ecken und acht Kanten und ihr Mantel besteht aus vier gleichseitigen Dreiecken und einem Quadrat.

**2 Mantel und Oberfläche einer Pyramide**

a) Den Mantelflächeninhalt einer quadratischen Pyramide mit Grundkante $a$ und Höhe $h$ berechnet man mit der Formel $A_M = 2 \cdot a \cdot h$.
b) Eine quadratische Pyramide, deren Grundseite 5 cm und deren Seitenhöhe 6 cm lang ist, hat einen Mantelflächeninhalt von 60 cm² und einen Oberflächeninhalt von 85 cm².
c) Kennt man von einer Pyramide nur die Höhe und die Länge der Grundseite, so kann man … um dann den Oberflächeninhalt der Pyramide zu …

… cm und eine Mantellinie von $s = 5$ cm hat, … alt von ca. 62,83 cm².
… berechnet man mit der Formel $A_O = \pi \cdot s \cdot (s + r)$.
… $h$ und den Radius $r$ des Grundkreises kennt, so lässt … lgt bestimmen: $r^2 + s^2 = h^2$ (Satz des Pythagoras).

… $\cdot A_G \cdot h$ (Dabei ist $A_G$ der Flächeninhalt … rpers.)
… änge der Grundkante von 2 cm und einer Höhe …
… die Länge der Grundseite einer Pyramide gleich … groß, so haben die Körper das gleiche Volumen.

… el
… messer $d$ berechnet man mit der Formel $V = \frac{4}{3} \cdot \pi \cdot d^2$.
… 1 cm hat, dann hat sie ein Volumen von ca. 4,2 cm³ … ,6 cm².

BEACHTE
Die Lösungen zu den Aufgaben auf dieser Seite sowie dazu passende Trainingsaufgaben findest du ab Seite 208.



**5** Mit der Seite **Alles klar?** am Ende jedes Kapitels kannst du dein Wissen selbstständig überprüfen. Die Lösungen zu den Aufgaben und weitere passende Übungen stehen am Ende des Buches.

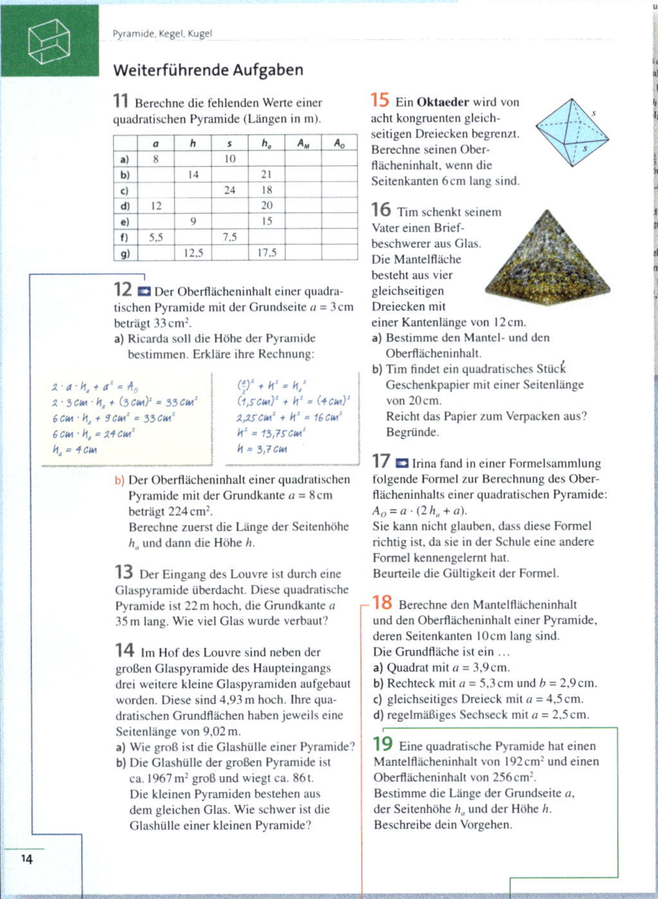



## Weiterführende Aufgaben

**11** Berechne die fehlenden Werte einer quadratischen Pyramide (Längen in m).

| | $a$ | $h$ | $s$ | $h_a$ | $A_M$ | $A_O$ |
|---|---|---|---|---|---|---|
| a) | 8 | | 10 | | | |
| b) | | 14 | | 21 | | |
| c) | | | 24 | 18 | | |
| d) | 12 | | | 20 | | |
| e) | | 9 | | 15 | | |
| f) | 5,5 | | 7,5 | | | |
| g) | | 12,5 | | 17,5 | | |

**12** Der Oberflächeninhalt einer quadratischen Pyramide mit der Grundseite $a = 3$ cm beträgt 33 cm².
a) Ricarda soll die Höhe der Pyramide bestimmen. Erkläre ihre Rechnung:

$2 \cdot a \cdot h_a + a^2 = A_O$
$2 \cdot 3\,cm \cdot h_a + (3\,cm)^2 = 33\,cm^2$
$6\,cm \cdot h_a + 9\,cm^2 = 33\,cm^2$
$6\,cm \cdot h_a = 24\,cm^2$
$h_a = 4\,cm$

$(\frac{a}{2})^2 + h^2 = h_a^2$
$(1{,}5\,cm)^2 + h^2 = (4\,cm)^2$
$2{,}25\,cm^2 + h^2 = 16\,cm^2$
$h^2 = 13{,}75\,cm^2$
$h = 3{,}7\,cm$

b) Der Oberflächeninhalt einer quadratischen Pyramide mit der Grundkante $a = 8$ cm beträgt 224 cm².
Berechne zuerst die Länge der Seitenhöhe $h_a$ und dann die Höhe $h$.

**13** Der Eingang des Louvre ist durch eine Glaspyramide überdacht. Diese quadratische Pyramide ist 22 m hoch, die Grundkante $a$ 35 m lang. Wie viel Glas wurde verbaut?

**14** Im Hof des Louvre sind neben der großen Glaspyramide des Haupteingangs drei weitere kleine Glaspyramiden aufgebaut worden. Diese sind 4,93 m hoch. Ihre quadratischen Grundflächen haben jeweils eine Seitenlänge von 9,02 m.
a) Wie groß ist die Glashülle einer Pyramide?
b) Die Glashülle der großen Pyramide ist ca. 1967 m² groß und wiegt ca. 86 t. Die kleinen Pyramiden bestehen aus dem gleichen Glas. Wie schwer ist die Glashülle einer kleinen Pyramide?

**15** Ein **Oktaeder** wird von acht kongruenten gleichseitigen Dreiecken begrenzt. Berechne seinen Oberflächeninhalt, wenn die Seitenkanten 6 cm lang sind.

**16** Tim schenkt seinem Vater einen Briefbeschwerer aus Glas. Die Mantelfläche besteht aus vier gleichseitigen Dreiecken mit einer Kantenlänge von 12 cm.
a) Bestimme den Mantel- und den Oberflächeninhalt.
b) Tim findet ein quadratisches Stück Geschenkpapier mit einer Seitenlänge von 20 cm. Reicht das Papier zum Verpacken aus? Begründe.

**17** Irina fand in einer Formelsammlung folgende Formel zur Berechnung des Oberflächeninhalts einer quadratischen Pyramide: $A_O = a \cdot (2\,h_a + a)$.
Sie kann nicht glauben, dass diese Formel richtig ist, da sie in der Schule eine andere Formel kennengelernt hat.
Beurteile die Gültigkeit der Formel.

**18** Berechne den Mantelflächeninhalt und den Oberflächeninhalt einer Pyramide, deren Seitenkanten 10 cm lang sind.
Die Grundfläche ist ein …
a) Quadrat mit $a = 3{,}9$ cm.
b) Rechteck mit $a = 5{,}3$ cm und $b = 2{,}9$ cm.
c) gleichseitiges Dreieck mit $a = 4{,}5$ cm.
d) regelmäßiges Sechseck mit $a = 2{,}5$ cm.

**19** Eine quadratische Pyramide hat einen Mantelflächeninhalt von 192 cm² und einen Oberflächeninhalt von 256 cm².
Bestimme die Länge der Grundseite $a$, der Seitenhöhe $h_a$ und der Höhe $h$.
Beschreibe dein Vorgehen.



**Aufgabe, die speziell prozessbezogene Kompetenzen fördert**

**Schwere Aufgabe**

**Aufgabe auf Gymnasialniveau**

**6** Die **Zusammenfassung** enthält kurz und knapp das Wichtigste aus dem Kapitel. Sie dient dem schnellen Nachschlagen des gelernten Stoffes.

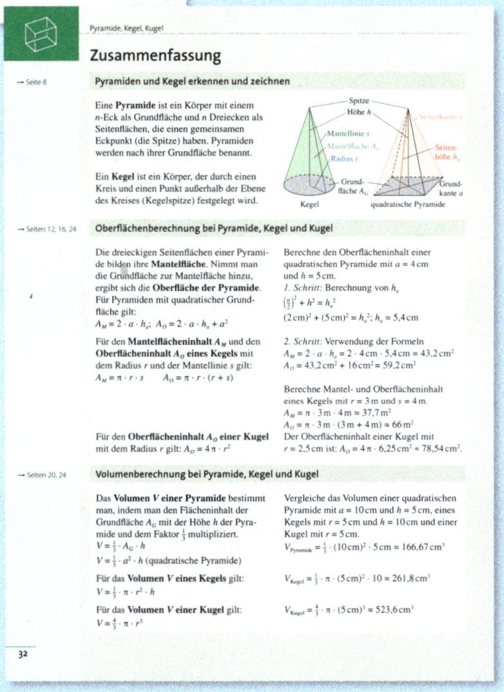



## Zusammenfassung

→ Seite 8

**Pyramiden und Kegel erkennen und zeichnen**

Eine **Pyramide** ist ein Körper mit einem $n$-Eck als Grundfläche und $n$ Dreiecken als Seitenflächen, die einen gemeinsamen Eckpunkt (die Spitze) haben. Pyramiden werden nach ihrer Grundfläche benannt.

Ein **Kegel** ist ein Körper, der durch einen Kreis und einen Punkt außerhalb der Ebene des Kreises (Kegelspitze) festgelegt wird.



→ Seiten 12, 16, 24

**Oberflächenberechnung bei Pyramide, Kegel und Kugel**

Die dreieckigen Seitenflächen einer Pyramide bilden ihre **Mantelfläche**. Nimmt man die Grundfläche zur Mantelfläche hinzu, ergibt sich die **Oberfläche der Pyramide**. Für Pyramiden mit quadratischer Grundfläche gilt:
$A_M = 2 \cdot a \cdot h_a$; $A_O = 2 \cdot a \cdot h_a + a^2$

Berechne den Oberflächeninhalt einer quadratischen Pyramide mit $a = 4$ cm und $h = 5$ cm.
*1. Schritt:* Berechnung von $h_a$
$(\frac{a}{2})^2 + h^2 = h_a^2$
$(2\,cm)^2 + (5\,cm)^2 = h_a^2$; $h_a \approx 5{,}4\,cm$

Für den **Mantelflächeninhalt $A_M$** und den **Oberflächeninhalt $A_O$ eines Kegels** mit dem Radius $r$ und der Mantellinie $s$ gilt:
$A_M = \pi \cdot r \cdot s$ $\quad A_O = \pi \cdot r \cdot (r + s)$

*2. Schritt:* Verwendung der Formeln
$A_M = 2 \cdot a \cdot h_a = 2 \cdot 4\,cm \cdot 5{,}4\,cm = 43{,}2\,cm^2$
$A_O = 43{,}2\,cm^2 + 16\,cm^2 = 59{,}2\,cm^2$

Berechne Mantel- und Oberflächeninhalt eines Kegels mit $r = 3$ m und $s = 4$ m.
$A_M = \pi \cdot 3\,m \cdot 4\,m \approx 37{,}7\,m^2$
$A_O = \pi \cdot 3\,m \cdot (3\,m + 4\,m) \approx 66\,m^2$

Für den **Oberflächeninhalt $A_O$ einer Kugel** mit dem Radius $r$ gilt: $A_O = 4\pi \cdot r^2$

Der Oberflächeninhalt einer Kugel mit $r = 2{,}5$ cm ist: $A_O = 4\pi \cdot 6{,}25\,cm^2 \approx 78{,}54\,cm^2$.

→ Seiten 20, 24

**Volumenberechnung bei Pyramide, Kegel und Kugel**

Das **Volumen $V$ einer Pyramide** bestimmt man, indem man den Flächeninhalt der Grundfläche $A_G$ mit der Höhe $h$ der Pyramide und dem Faktor $\frac{1}{3}$ multipliziert.
$V = \frac{1}{3} \cdot A_G \cdot h$
$V = \frac{1}{3} \cdot a^2 \cdot h$ (quadratische Pyramide)

Vergleiche das Volumen einer quadratischen Pyramide mit $a = 10$ cm und $h = 5$ cm, eines Kegels mit $r = 5$ cm und $h = 10$ cm und einer Kugel mit $r = 5$ cm.
$V_{Pyramide} = \frac{1}{3} \cdot (10\,cm)^2 \cdot 5\,cm \approx 166{,}67\,cm^3$

Für das **Volumen $V$ eines Kegels** gilt:
$V = \frac{1}{3} \cdot \pi \cdot r^2 \cdot h$

$V_{Kegel} = \frac{1}{3} \cdot \pi \cdot (5\,cm)^2 \cdot 10 \approx 261{,}8\,cm^3$

Für das **Volumen $V$ einer Kugel** gilt:
$V = \frac{4}{3} \cdot \pi \cdot r^3$

$V_{Kugel} = \frac{4}{3} \cdot \pi \cdot (5\,cm)^3 \approx 523{,}6\,cm^3$



# Was bietet das Buch noch?

Auf den **Themen- und Methodenseiten** lernst du z. B. den Umgang mit Werkzeugen oder Formen der Gruppenarbeit. Vielfach musst du Probleme lösen, Rechenwege erkunden und erklären, im Internet recherchieren oder eigene Arbeiten präsentieren. Dabei benötigst du Kenntnisse aus anderen Fächern und aus dem Alltag, die mit dem mathematischen Problem in Zusammenhang zu bringen sind.

In jedem Kapitel findest du unter den **Vermischten Übungen** weitere Aufgaben zu den Lerneinheiten des gesamten Kapitels. Auf der letzten dieser Seiten steht eine besonders spannende Aufgabe, bei der du selbst bestimmen kannst, wie tief du in die Mathematik „eintauchen" möchtest.

# Inhalt

## Pyramide, Kegel, Kugel

## Quadratische Funktionen

## Quadratische Gleichungen

## Datenerhebungen hinterfragen

## 101 Potenzen und Zehnerpotenzen

## 121 Wachstum

## Trigonometrie

## 165 Die Sinusfunktion

## 183 Anwendungen



## 197 Anhang

# Pyramide, Kegel, Kugel

Die drei Lichttürme auf dem Dach der Bundeskunsthalle in Bonn haben die Form von Kegeln.

In diesem Kapitel erfährst du, aus welchen Flächen ein Kegel zusammengesetzt ist und wie man leicht Kegel und Pyramiden zeichnen kann. Außerdem lernst du, wie man den Oberflächeninhalt und das Volumen von Kegeln, Kugeln und Pyramiden berechnet.

# Noch fit?

**1** Gib in der Einheit an, die in den Klammern steht.

a) 5 cm (mm) b) 3000 m (km) c) 50 cm (dm) d) 67 mm (cm)
e) 7 $cm^2$ ($mm^2$) f) 800 $m^2$ ($dm^2$) g) 5 $dm^2$ ($m^2$) h) 67 $mm^2$ ($cm^2$)
i) 40 $cm^3$ ($mm^3$) j) 9500 $m^3$ ($dm^3$) k) 3,5 ℓ ($cm^3$) l) 67 $mm^3$ ($cm^3$)

**2** Berechne den Flächeninhalt.

a) Quadrat mit $a = 1{,}44$ km
b) Rechteck mit $a = 12$ mm und $b = 3$ cm
c) Kreis mit Radius $r = 6$ m
d) gleichseitiges Dreieck mit $a = 8$ cm

**3** Berechne den Flächeninhalt und den Umfang der Flächen. Nutze, wenn nötig, den Satz des Pythagoras, um fehlende Längen zu berechnen.

a)
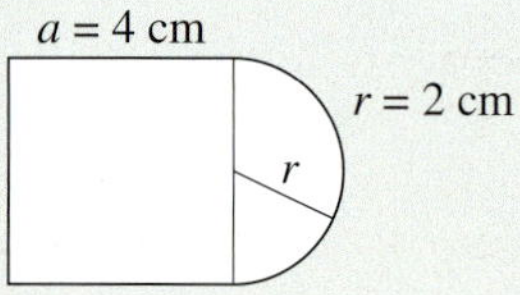


b)
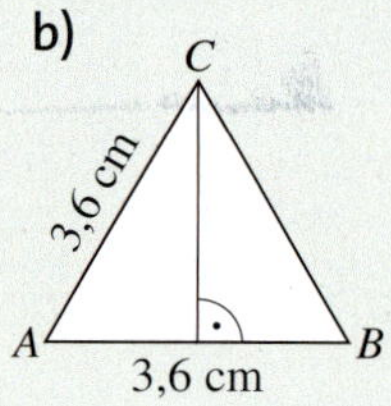


c)
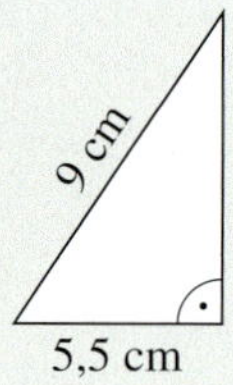


d)
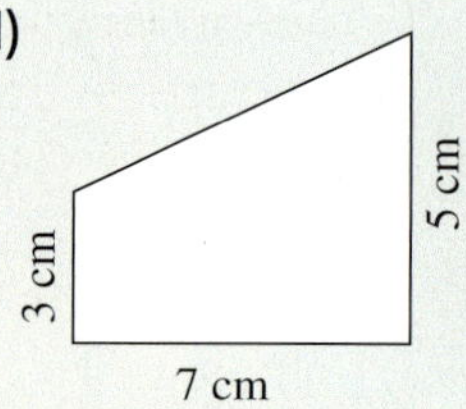


**4** Zeichne das Schrägbild und das Netz eines Quaders mit den Kantenlängen $a = 5$ cm, $b = 4$ cm und $c = 8$ cm.

a) Berechne sein Volumen und seinen Oberflächeninhalt.
b) Berechne die Länge der Raumdiagonalen.

**5** Zeichne ein Schrägbild und ein Netz eines 5 cm hohen Prismas, dessen Grundfläche ein rechtwinkliges Dreieck mit $a = 3$ cm, $b = 4$ cm und $c = 5$ cm ist. Berechne das Volumen, den Mantelflächeninhalt und den Oberflächeninhalt des Prismas.

**6** Zeichne das Schrägbild eines 10 cm hohen zylinderförmigen Glases mit Radius $r = 3$ cm.

a) Berechne das Volumen des Glases.
b) In welcher Höhe muss der Eichstrich angebracht werden, wenn mit dessen Hilfe 0,2 ℓ abgemessen werden sollen?
c) Cemil möchte einen Strohhalm benutzen, um aus dem Glas zu trinken. Er ist der Meinung, dass der Strohhalm mindestens 15 cm lang sein sollte. Teilst du Cemils Meinung? Begründe.

**7** Berechne die Länge der Strecke $x$. Erläutere, wie du vorgegangen bist. Die Maße sind in cm angegeben.

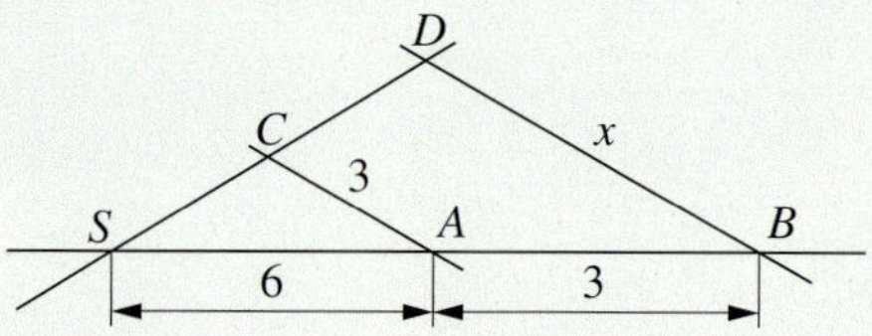


## Bunt gemischt

1. Berechne: $-7-5$; $-7+5$; $-5+7$ und $-7-(-5)$
2. Lena behauptet: „$2\frac{1}{2} : \frac{1}{2}$ ist 5, weil $\frac{1}{2}$ fünfmal in die $2\frac{1}{2}$ passt.“ Ist Lenas Behauptung richtig?
3. Nenne einen Bruch und einen Dezimalbruch, die zwischen 0,9 und 1 liegen.
4. Löse die Gleichungen $3x - 8 = x - 4$ und $6x - 16 = 2x - 8$. Was fällt dir auf?

# Pyramiden und Kegel erkennen und zeichnen

## Erforschen und Entdecken

**1** Betrachte die Körper.

a) Welche Körper kennst du bereits? Nenne ihre Eigenschaften.
b) Fasse die Körper in Gruppen mit gleichen Eigenschaften zusammen. Findest du mehrere Einteilungsmöglichkeiten?
Vergleicht eure Lösungen untereinander.
c) Finde in deiner Umwelt weitere Objekte, die die Form dieser Körper besitzen.

**2** Arbeitet zu zweit. Welcher Körper passt nicht in die Reihe? Begründet eure Auswahl.

a)
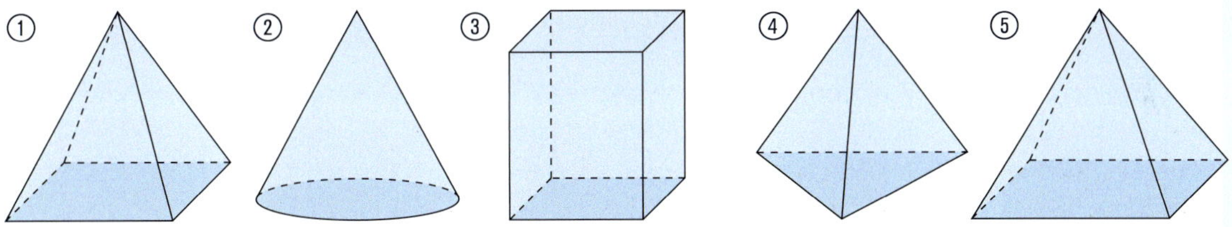


b)
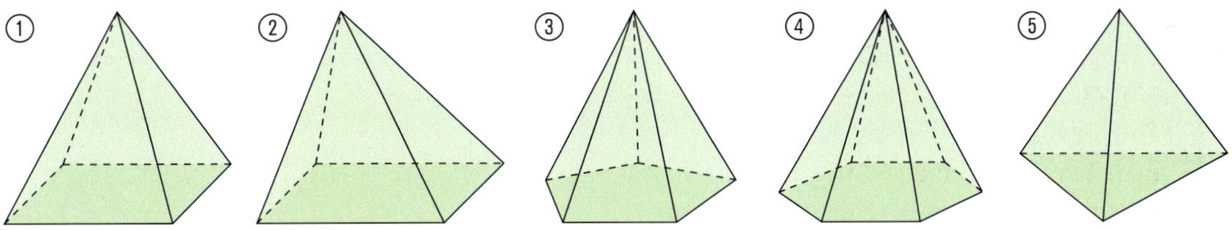


**3** Yunus zeichnet das Schrägbild einer 3 cm hohen Pyramide mit quadratischer Grundfläche (Seitenlänge $a = 4\,\text{cm}$).

a) Betrachte die Bilder und erläutere die Arbeitsschritte.

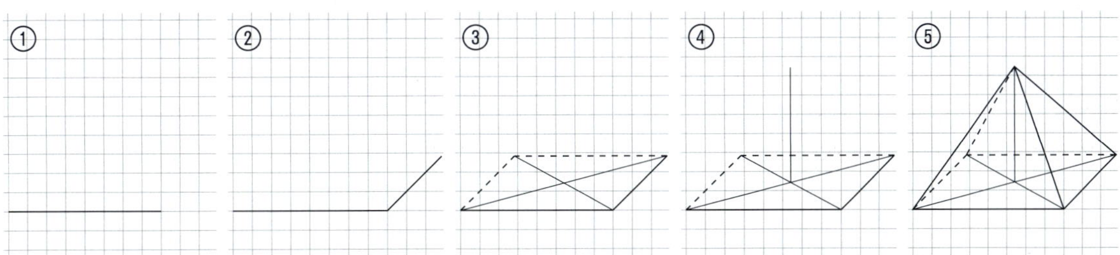


b) Übertrage das Schrägbild der quadratischen Pyramide in dein Heft.
c) Zeichne das Schrägbild einer 4 cm hohen Pyramide mit rechteckiger Grundfläche ($a = 3\,\text{cm}$; $b = 5\,\text{cm}$). Schreibe die einzelnen Arbeitsschritte auf, sodass es ein fehlender Mitschüler versteht.
d) Was gilt es zu beachten, wenn die Grundfläche ein Kreis ist? Welcher Körper entsteht?

## Lesen und Verstehen

Wenn von Pyramiden die Rede ist, denkt man häufig an die großen Königspyramiden in Ägypten, deren Grundflächen Quadrate sind.
Es gibt aber auch Pyramiden mit anderen Grundflächen.

> Eine **Pyramide** ist ein Körper mit einem $n$-Eck als Grundfläche und $n$ Dreiecken als Seitenflächen. Die Seitenflächen haben einen gemeinsamen Eckpunkt (die Spitze).

Pyramiden werden nach der Form ihrer Grundflächen benannt. Eine Pyramide mit quadratischer Grundfläche heißt quadratische Pyramide.
Man unterscheidet zwischen geraden und schiefen Pyramiden. Bei einer geraden Pyramide verläuft die Höhe von der Spitze zum Mittelpunkt der Grundfläche.

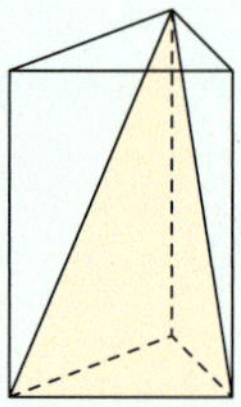

schiefe dreiseitige Pyramide

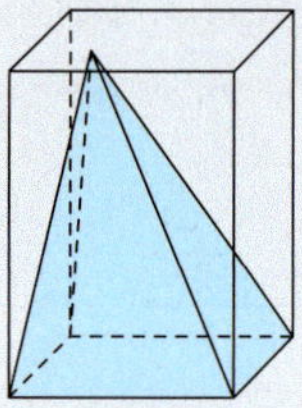

schiefe vierseitige Pyramide

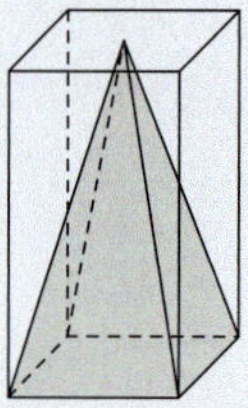

gerade quadratische Pyramide

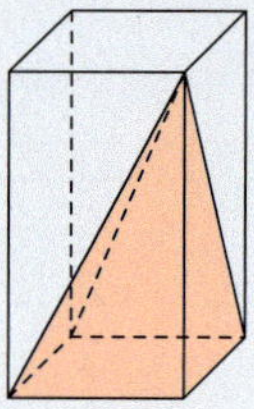

schiefe quadratische Pyramide

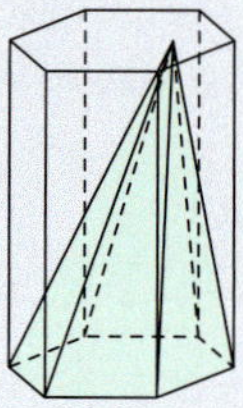

schiefe sechsseitige Pyramide

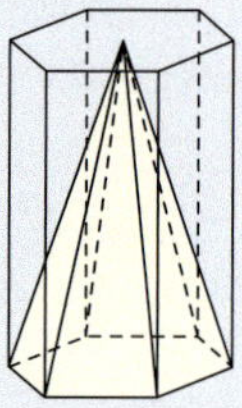

gerade sechsseitige Pyramide

> Ein **Kegel** ist ein Körper, der durch einen Kreis und einen Punkt außerhalb der Ebene des Kreises (Spitze des Kegels) festgelegt wird.
> Wenn die Höhe des Kegels von der Spitze zum Kreismittelpunkt verläuft, so spricht man von einem geraden Kegel.

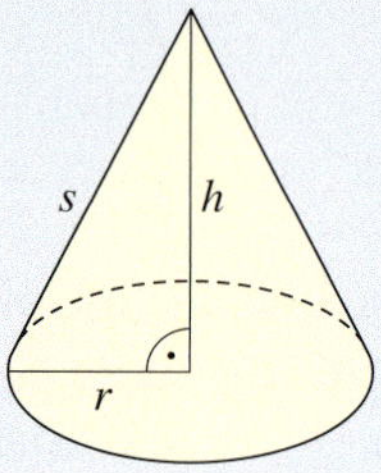


**BEACHTE**
In der **Kavalierperspektive** verkürzen sich die in die Tiefe verlaufenden Kanten bei einem Winkel von $\alpha = 45°$ um die Hälfte.
Vereinfacht wird die Grundfläche eines Kegels gezeichnet, indem man auf die Schrägstellung der Grundfläche verzichtet und den nach hinten verlaufenden Radius auf die Hälfte verkürzt.

### Schrägbilder zeichnen

1. Zeichne die Grundfläche der Pyramide in der Kavalierperspektive.
   Zeichne die Grundfläche des Kegels mit dem Verzerrungswinkel $\alpha = 90°$.
2. Bestimme den Mittelpunkt der Grundfläche.
3. Zeichne – beim Mittelpunkt der Grundfläche beginnend – die Höhe ein.
4. Verbinde die Spitze mit den Eckpunkten des Körpers bzw. den äußersten Punkten der Grundfläche.

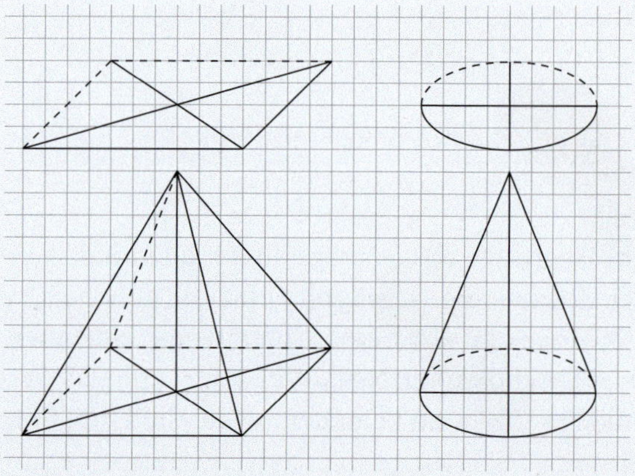

## Basisaufgaben

**1** Welche der Körper sind Pyramiden, welche sind Kegel?
Sind die Körper gerade oder schief?

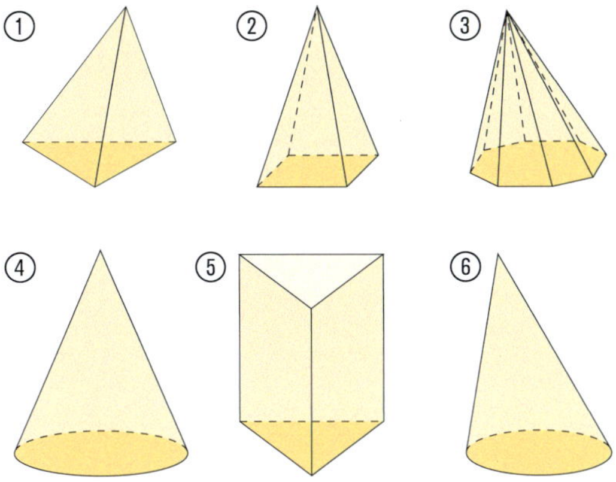


**2** Nenne Gegenstände oder Gebäude, die die Form einer Pyramide oder eines Kegels besitzen.

**3** Zeichne ein Schrägbild des Körpers.
a) Pyramide mit quadratischer Grundfläche: Höhe $h = 4\,\text{cm}$; Seitenlänge $a = 5\,\text{cm}$
b) Pyramide mit rechteckiger Grundfläche: Höhe $h = 5\,\text{cm}$; Seitenlängen $a = 6\,\text{cm}$ und $b = 2\,\text{cm}$
c) Kegel: Höhe $h = 6\,\text{cm}$; Radius $r = 3\,\text{cm}$

**4** Überprüfe, ob die Aussagen richtig sind und verbessere falsche Aussagen. Eine Pyramide mit quadratischer Grundfläche
a) … hat fünf Ecken;
b) … hat acht gleich lange Kanten;
c) … besteht aus einem Quadrat und vier kongruenten Dreiecken;
d) … besteht aus vier gleichschenkligen Dreiecken und einem Quadrat.

**5** Ergänze den Lückentext im Heft.
Nutze: Quadrat, senkrecht, Grundflächen
Pyramiden werden nach der Form ihrer ____ benannt.
Eine gerade quadratische Pyramide hat ein ____ als Grundfläche.
Verbindet man die Spitze der geraden Pyramide mit dem Mittelpunkt der Grundfläche, so steht die Höhe ____ auf der Grundfläche.

**6** Aus welchen Körpern bestehen die Bauwerke?

**7** Die Grafik zeigt eine Ernährungspyramide. Sie gibt an, welche Lebensmittel viel bzw. wenig gegessen werden sollten.

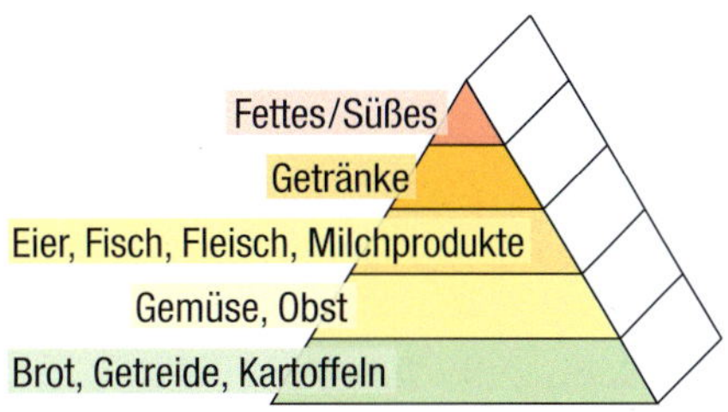


a) Stellt die Abbildung eine Pyramide im mathematischen Sinn dar? Begründe.
b) Zeichne eine Ernährungspyramide, die diesen Namen verdient hat.

**8** Zeichne ein Schrägbild eines Würfels mit der Kantenlänge $a = 4\,\text{cm}$, dem ein pyramidenförmiges Dach mit der Höhe $h = 3\,\text{cm}$ aufgesetzt wird.

## Weiterführende Aufgaben

**9** Die Rote Pyramide in der Totenstadt von Dahschur war mit einer Höhe von 104 m die dritthöchste der ägyptischen Pyramiden. Die Grundfläche war ein Quadrat mit 220 m Seitenlänge.
Zeichne ein Schrägbild im Maßstab 1 : 2000.

**10** Die Jugendburg Ludwigstein in Nordhessen hat einen fünfgeschossigen Bergfried. Das ist der unbewohnte Hauptturm einer mittelalterlichen Burg. Er hat einen Durchmesser von 7,5 m und ist bis zum Dachansatz 25 m hoch. Das oberste Geschoss trägt ein mit Schiefer gedecktes Kegeldach.

a) Schätze die Höhe des Kegeldachs.
b) Zeichne ein maßstäbliches Schrägbild des Turms.

**11** Übertrage die Tabelle ins Heft.

| Grundfläche der Pyramide | Anzahl der … | | |
|---|---|---|---|
| | Ecken | Kanten | Flächen |
| Dreieck | 4 | | |
| Viereck | | 8 | |
| Fünfeck | | | 6 |
| Sechseck | | | |
| Siebeneck | | | |
| Achteck | | | |

a) Vervollständige die Tabelle.
b) Wie viele Ecken, Kanten und Flächen besitzt eine Pyramide mit einem 17-Eck als Grundfläche? Begründe.
c) Gib für die Anzahl der Ecken, Kanten und Flächen in einer Pyramide mit einem $n$-Eck als Grundfläche je eine Formel an.
d) Beweise, dass für alle Pyramiden gilt: $E + F = K + 2$, wobei $E$ die Anzahl der Ecken, $F$ die Anzahl der Flächen und $K$ die Anzahl der Kanten bezeichnet.

**12** Die Abbildung zeigt, wie der links als Schrägbild gezeichnete Körper in einem Zweitafelbild dargestellt werden kann.

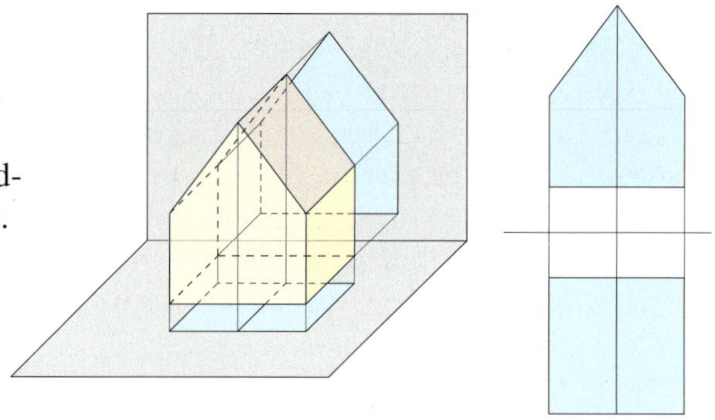

a) Erläutere die Vorgehensweise.
b) Welcher Körper wird hier dargestellt?

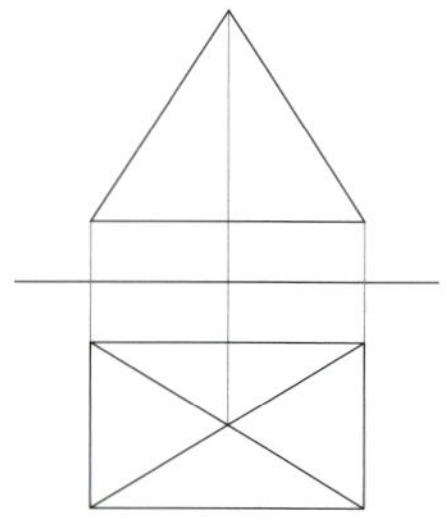

**13** Betrachte die Zweitafelbilder.

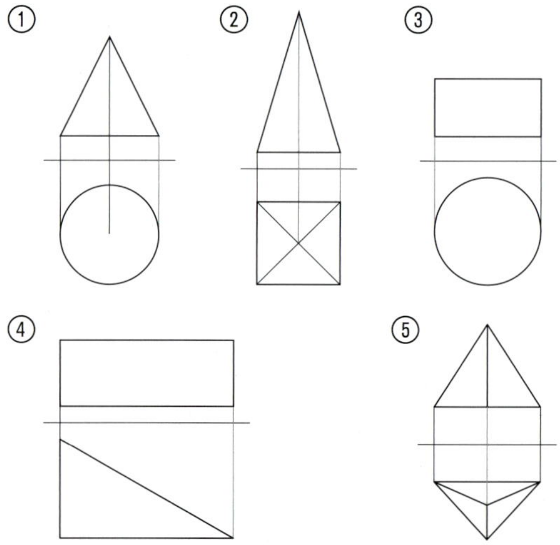


a) Welche der Zweitafelbilder stellen eine Pyramide oder einen Kegel dar?
b) Welche Körper stellen die anderen Zweitafelbilder dar?
c) Zeichne das Schrägbild des Kegels in der Kavalierperspektive.
Vergrößere dabei im Maßstab 4 : 1.

# Mantel und Oberfläche einer Pyramide

## Erforschen und Entdecken

**1** Du siehst rechts das Netz einer quadratischen Pyramide.

a) Übertrage das Netz ohne die lila markierten Strecken auf ein kariertes Blatt Papier.

b) Begründe, warum es sich um das Netz einer Pyramide handeln muss.

c) Markiere in dem Netz alle Seitenkanten $s$ mit grüner Farbe, alle Seitenhöhen $h_a$ mit blauer Farbe und alle Grundkanten $a$ mit roter Farbe.

d) Miss die Länge der Strecken $a$ und $h_a$.

e) Berechne den gesamten Flächeninhalt des Netzes.

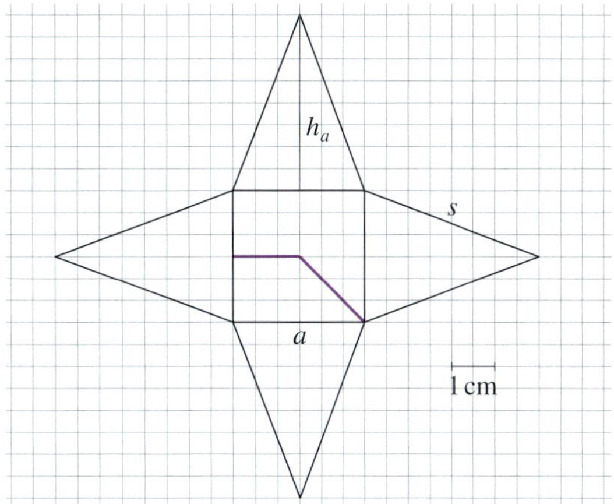


**C011-1**
Unter diesem Webcode findest du eine Vorlage für das Netz der quadratischen Pyramide.

**2** Handelt es sich bei den Abbildungen um Netze von Pyramiden?
Erkläre genau, wie du vorgehst, um die Frage zu beantworten.

①
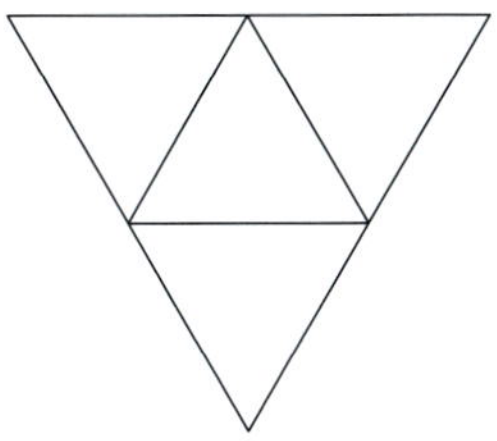

②
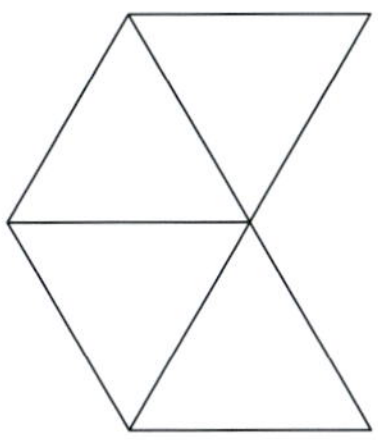

③
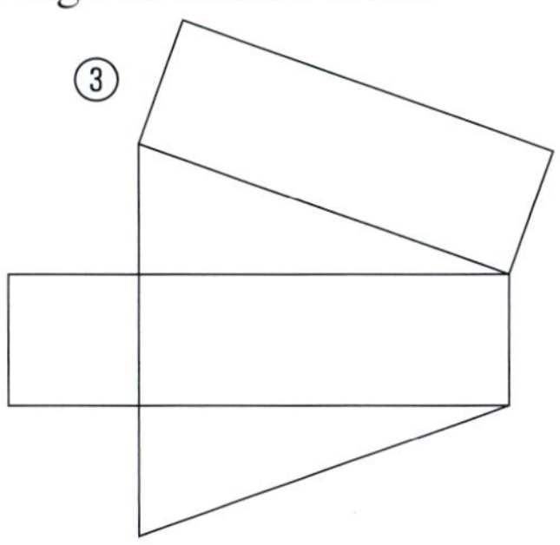

④
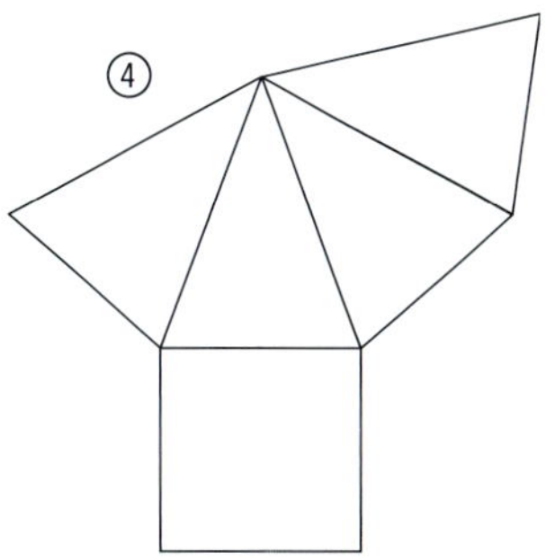

**3** Übertrage das Netz aus Aufgabe 1 auf ein kariertes Blatt Papier und schneide es aus.
Zeichne in das Netz die lila markierten Strecken ein.

a) Zeichne ein rechtwinkliges Dreieck mit $b = 1{,}5\,\text{cm}$; $c = 3{,}7\,\text{cm}$ und $\alpha = 90°$ und eines mit $b = 2{,}1\,\text{cm}$; $c = 3{,}7\,\text{cm}$ und $\alpha = 90°$.
Füge an Seite $b$ Klebeflächen hinzu und schneide aus.
Klebe die Dreiecke als Stützdreiecke an die lila markierten Strecken.

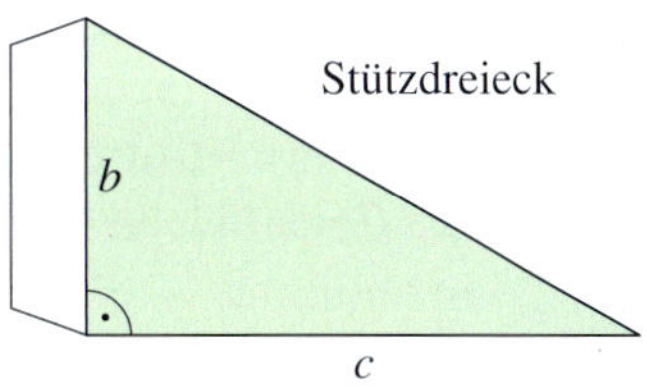


b) Klebe das Netz mit den klappbaren Stützdreiecken in dein Heft. Fixiere nur die Grundfläche. Falze die Kanten, sodass sich das Netz zu einer Pyramide aufrichten lässt.

c) Gib mit Hilfe der Stützdreiecke Beziehungen zwischen Seitenkante $s$, Körperhöhe $h$, Grundkante $a$ und Seitenhöhe $h_a$ an, die auf den Satz des Pythagoras zurückzuführen sind. Schreibe die Beziehungen neben das Netz ins Heft.

## Lesen und Verstehen

Das Muttart Conservatory ist ein botanischer Garten in Kanada. In seinen Glaspyramiden sind Pflanzen verschiedener Landschaftszonen zu sehen.
Die größte der Pyramiden ist 15 m hoch, ihre Grundkante misst 25 m.

In einer geraden Pyramide bezeichnet die **Höhe *h*** die Strecke von der Spitze der Pyramide zum Mittelpunkt der Grundfläche, die **Seitenhöhe $h_a$** die Strecke von der Spitze zum Mittelpunkt der Grundkante *a* und die **Seitenkante *s*** die Strecke von der Spitze zur Ecke der Grundfläche.

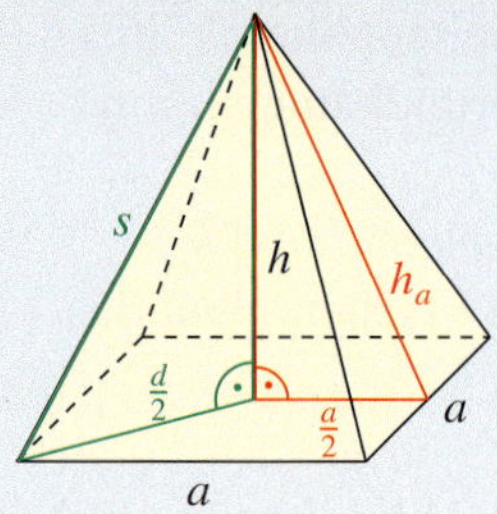


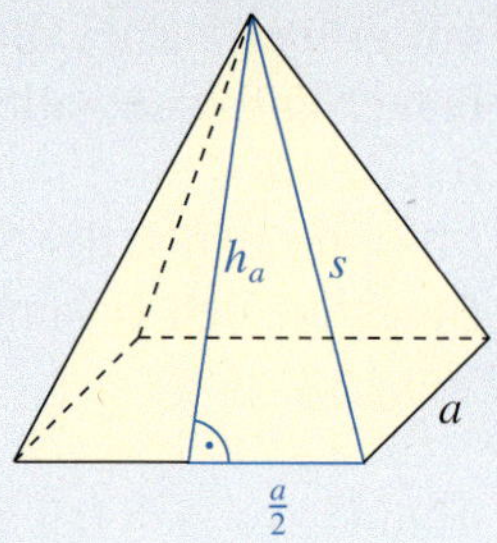


Da $h$, $h_a$, $a$ und $s$ die Seitenkanten von rechtwinkligen Dreiecken sind, kann man ihre Längen mit dem Satz des Pythagoras berechnen:

$s^2 = h^2 + \left(\frac{d}{2}\right)^2$ $\quad h_a^{\,2} = h^2 + \left(\frac{a}{2}\right)^2$ $\quad s^2 = \left(\frac{a}{2}\right)^2 + h_a^{\,2}$

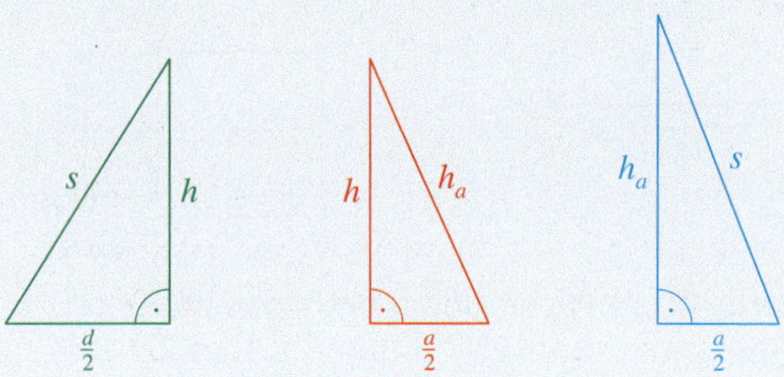


**BEISPIEL 1**

Wie hoch ist die Seitenhöhe $h_a$ der Glaspyramide im Muttart Conservatory?

$$h_a^{\,2} = h^2 + \left(\frac{a}{2}\right)^2 = (15\,\text{m})^2 + \left(\frac{25\,\text{m}}{2}\right)^2$$
$$= 381{,}25\,\text{m}^2$$
$$h_a \approx 19{,}5\,\text{m}$$

Die Seitenhöhe $h_a$ der Glaspyramide beträgt etwa 19,5 m.

Die dreieckigen Seitenflächen einer Pyramide bilden ihre **Mantelfläche $A_M$**. Wenn man die Grundfläche $A_G$ zur Mantelfläche $A_M$ hinzunimmt, so ergibt sich die **Oberfläche $A_O$** der Pyramide.

Für Pyramiden mit quadratischer Grundfläche gilt:

$A_M = 4 \cdot \left(\frac{1}{2} \cdot a \cdot h_a\right) = 2 \cdot a \cdot h_a$

$A_O = A_M + A_G = 2 \cdot a \cdot h_a + a^2$

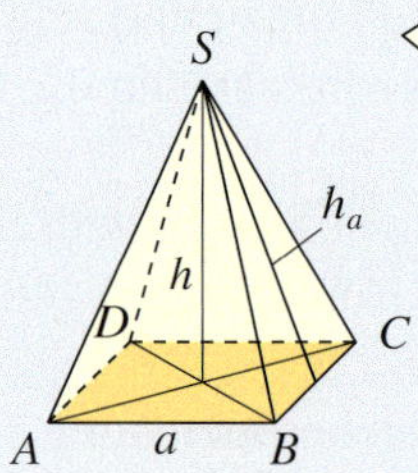


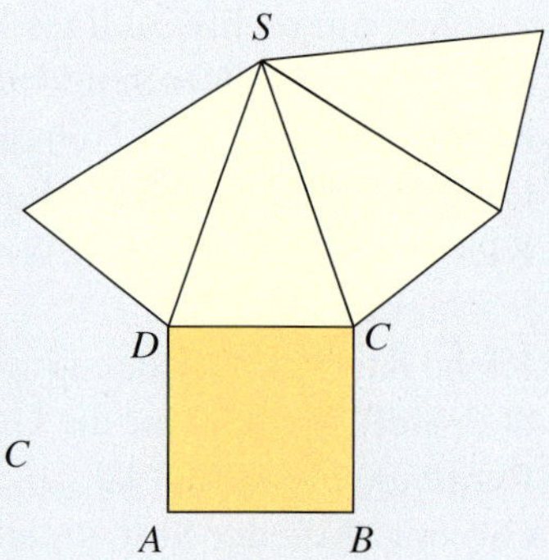


**BEISPIEL 2**

Wie viel Glas wurde für die vier dreieckigen Seitenflächen der Pyramide verbaut?

$A_M = 2 \cdot 25\,\text{m} \cdot 19{,}5\,\text{m} = 975\,\text{m}^2$ Die Größe der Glasfläche beträgt 975 m².

## Basisaufgaben

**1** Zeichne das Netz einer quadratischen Pyramide mit $a = 5\,\text{cm}$ und $h_a = 4\,\text{cm}$. Berechne den Mantelflächeninhalt und den Oberflächeninhalt.

**2** Berechne den Mantelflächeninhalt und den Oberflächeninhalt der quadratischen Pyramide.

a) $a = 4\,\text{cm}$; $h_a = 6\,\text{cm}$
b) $a = 3{,}5\,\text{m}$; $h_a = 5\,\text{m}$
c) $a = 15\,\text{mm}$; $h_a = 2\,\text{cm}$
d) $a = 2{,}5\,\text{m}$; $h_a = 30\,\text{dm}$
e) $a = 2{,}7\,\text{dm}$; $h_a = 0{,}9\,\text{m}$
f) $a = 3{,}4\,\text{cm}$; $h_a = 0{,}1\,\text{m}$

**3** Übertrage das Netz in dein Heft.

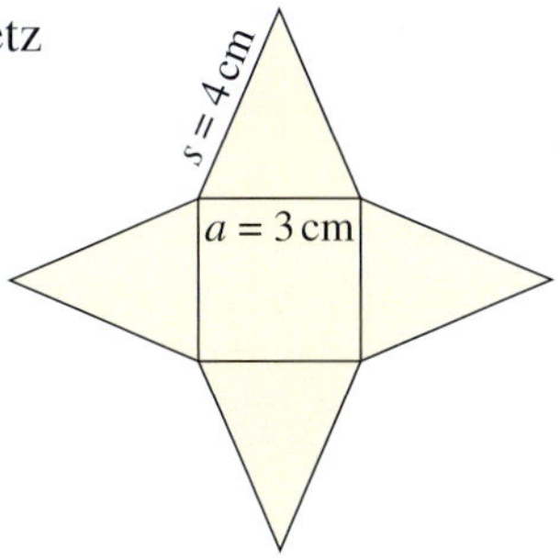


a) Markiere mit verschiedenen Farben alle Strecken gleicher Länge. Zeichne auch die Seitenhöhen ein.
b) Berechne die Länge der Seitenhöhe $h_a$.
c) Schätze, wie hoch die Pyramide ist. Schneide das Netz gegebenenfalls aus und falte es zur Pyramide.
d) Berechne die Körperhöhe $h$. Wie gut war deine Schätzung?

**4** Überprüfe die Aussagen. In jeder quadratischen Pyramide gilt …

a) $a < d$ b) $s > h_a$ c) $h > h_a$
d) $a > h_a$ e) $h < s$ f) $h < a$

**5** Dies ist das Netz einer Pyramide. Die Grundfläche ist ein gleichseitiges Dreieck.

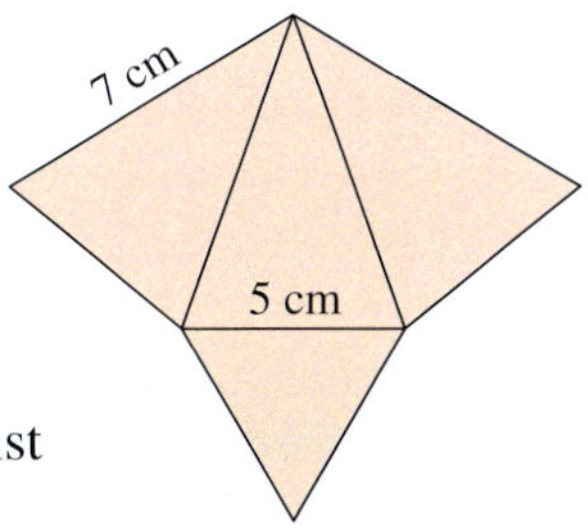


a) Welches Dreieck ist die Grundfläche?
b) Berechne die Seitenhöhe $h_a$.
c) Berechne den Mantelflächeninhalt und den Oberflächeninhalt der Pyramide.

**6** Berechne die fehlenden Längen der quadratischen Pyramide.
Gib die Ergebnis auf Millimeter gerundet an (Maße in cm).

| | $a$ | $s$ | $h_a$ | $h$ |
|---|---|---|---|---|
| a) | 12,0 | | 18,0 | |
| b) | 9,6 | | 14,5 | |
| c) | | | 21,0 | 14,0 |
| d) | | | 12,3 | 9,8 |
| e) | | 24,0 | 18,0 | |
| f) | | 31,3 | 24,9 | |
| g) | 8,0 | 10,0 | | |
| h) | 7,5 | 12,8 | | |
| i) | | 16,0 | 11,5 | |

**7** Berechne zuerst die Seitenhöhe $h_a$ und dann den Mantel- und den Oberflächeninhalt der quadratischen Pyramiden.

a) $a = 6\,\text{cm}$; $s = 5\,\text{cm}$
b) $a = 8\,\text{m}$; $s = 6{,}4\,\text{m}$
c) $a = 16\,\text{dm}$; $s = 14{,}4\,\text{dm}$
d) $a = 8\,\text{cm}$; $h = 5\,\text{cm}$
e) $a = 14\,\text{mm}$; $h = 9\,\text{mm}$
f) $a = 22\,\text{m}$; $h = 7\,\text{m}$

**8** Das Dach eines Turms hat die Form einer geraden quadratischen Pyramide. Die Seiten der Grundfläche sind 4,5 m lang. Die Pyramidenspitze befindet sich 6 m über der Grundfläche. Berechne den Inhalt der Dachfläche.

**9** Die Cestius-Pyramide in Rom ist eine quadratische Pyramide, die nach dem Vorbild ägyptischer Pyramiden erbaut wurde. Sie ist 36,4 m hoch, ihre Grundseite misst 29,5 m. Nach dem Bau wurde die Pyramide mit Marmorplatten verkleidet.
Berechne den Inhalt der Fläche, die mit Marmorplatten verkleidet wurde.

**10** Die Diagonale einer 5 cm hohen quadratischen Pyramide ist 8,5 cm lang.

a) Wie lang ist die Grundseite $a$?
b) Berechne die Länge der Seitenhöhe $h_a$.
c) Bestimme den Mantelflächeninhalt und den Oberflächeninhalt.

**BEACHTE**
Die Lösungen zu Aufgabe 2 ergeben in der richtigen Reihenfolge den Namen eines Landes. Auf welchem Kontinent liegt dieses Land?
6 (M); 8,25 (E); 15 (N); 21,25 (I); 35 (R); 47,25 (K); 48 (T); 48,6 (S); 55,89 (T); 64 (U); 68 (A); 79,56 (N)

## Weiterführende Aufgaben

**11** Berechne die fehlenden Werte einer quadratischen Pyramide (Längen in m).

| | $a$ | $h$ | $s$ | $h_a$ | $A_M$ | $A_O$ |
|---|---|---|---|---|---|---|
| a) | 8 | | 10 | | | |
| b) | | 14 | | 21 | | |
| c) | | | 24 | 18 | | |
| d) | 12 | | | 20 | | |
| e) | | 9 | | 15 | | |
| f) | 5,5 | | 7,5 | | | |
| g) | | 12,5 | | 17,5 | | |

**12** Der Oberflächeninhalt einer quadratischen Pyramide mit der Grundseite $a = 3\,\text{cm}$ beträgt $33\,\text{cm}^2$.

a) Ricarda soll die Höhe der Pyramide bestimmen. Erkläre ihre Rechnung:

$2 \cdot a \cdot h_a + a^2 = A_O$
$2 \cdot 3\,\text{cm} \cdot h_a + (3\,\text{cm})^2 = 33\,\text{cm}^2$
$6\,\text{cm} \cdot h_a + 9\,\text{cm}^2 = 33\,\text{cm}^2$
$6\,\text{cm} \cdot h_a = 24\,\text{cm}^2$
$h_a = 4\,\text{cm}$

$\left(\frac{a}{2}\right)^2 + h^2 = h_a^2$
$(1{,}5\,\text{cm})^2 + h^2 = (4\,\text{cm})^2$
$2{,}25\,\text{cm}^2 + h^2 = 16\,\text{cm}^2$
$h^2 = 13{,}75\,\text{cm}^2$
$h = 3{,}7\,\text{cm}$

b) Der Oberflächeninhalt einer quadratischen Pyramide mit der Grundkante $a = 8\,\text{cm}$ beträgt $224\,\text{cm}^2$.
Berechne zuerst die Länge der Seitenhöhe $h_a$ und dann die Höhe $h$.

**13** Der Eingang des Louvre ist durch eine Glaspyramide überdacht. Diese quadratische Pyramide ist 22 m hoch, die Grundkante $a$ 35 m lang. Wie viel Glas wurde verbaut?

**14** Im Hof des Louvre sind neben der großen Glaspyramide des Haupteingangs drei weitere kleine Glaspyramiden aufgebaut worden. Diese sind 4,93 m hoch. Ihre quadratischen Grundflächen haben jeweils eine Seitenlänge von 9,02 m.

a) Wie groß ist die Glashülle einer Pyramide?

b) Die Glashülle der großen Pyramide ist ca. $1967\,\text{m}^2$ groß und wiegt ca. 86 t.
Die kleinen Pyramiden bestehen aus dem gleichen Glas. Wie schwer ist die Glashülle einer kleinen Pyramide?

**15** Ein **Oktaeder** wird von acht kongruenten gleichseitigen Dreiecken begrenzt. Berechne seinen Oberflächeninhalt, wenn die Seitenkanten 6 cm lang sind.

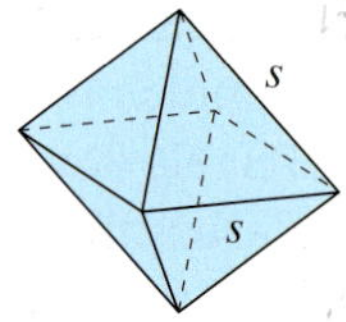


**16** Tim schenkt seinem Vater einen Briefbeschwerer aus Glas. Die Mantelfläche besteht aus vier gleichseitigen Dreiecken mit einer Kantenlänge von 12 cm.

a) Bestimme den Mantel- und den Oberflächeninhalt.

b) Tim findet ein quadratisches Stück Geschenkpapier mit einer Seitenlänge von 20 cm.
Reicht das Papier zum Verpacken aus? Begründe.

**17** Irina fand in einer Formelsammlung folgende Formel zur Berechnung des Oberflächeninhalts einer quadratischen Pyramide: $A_O = a \cdot (2\,h_a + a)$.
Sie kann nicht glauben, dass diese Formel richtig ist, da sie in der Schule eine andere Formel kennengelernt hat.
Beurteile die Gültigkeit der Formel.

**18** Berechne den Mantelflächeninhalt und den Oberflächeninhalt einer Pyramide, deren Seitenkanten 10 cm lang sind.
Die Grundfläche ist ein …

a) Quadrat mit $a = 3{,}9\,\text{cm}$.

b) Rechteck mit $a = 5{,}3\,\text{cm}$ und $b = 2{,}9\,\text{cm}$.

c) gleichseitiges Dreieck mit $a = 4{,}5\,\text{cm}$.

d) regelmäßiges Sechseck mit $a = 2{,}5\,\text{cm}$.

**19** Eine quadratische Pyramide hat einen Mantelflächeninhalt von $192\,\text{cm}^2$ und einen Oberflächeninhalt von $256\,\text{cm}^2$.
Bestimme die Länge der Grundseite $a$, der Seitenhöhe $h_a$ und der Höhe $h$.
Beschreibe dein Vorgehen.

# Mantel und Oberfläche eines Kegels

## Erforschen und Entdecken

**1** Der Kreis rechts soll einen Radius von $r = 5\,\text{cm}$ haben.

**a)** Bestimme den Flächeninhalt des gesamten Kreises.
**b)** Wie groß ist der gelb gefärbte Kreisausschnitt?
**c)** Wie groß ist der blau gefärbte Kreisausschnitt? Begründe. Vergleiche deine Lösung mit deinem Nachbarn.
**d)** Bestimme den Flächeninhalt des grünen und des roten Kreisausschnitts.
**e)** Gib eine Formel an, mit der sich der Flächeninhalt eines Kreisausschnitts in Abhängigkeit vom Radius und der Winkelgröße berechnen lässt. Vergleicht eure Formeln in der Klasse.

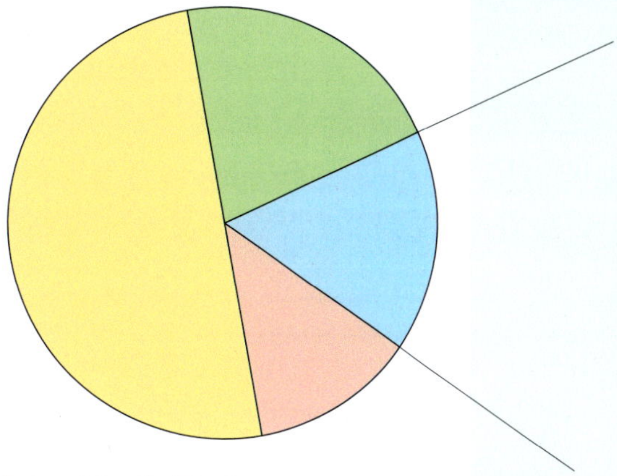

**2** Zeichne je einen Kreis mit $r = 3\,\text{cm}$, $r = 4\,\text{cm}$ und $r = 5\,\text{cm}$. Schneide die Kreise aus. Übertrage dann die folgenden Kreisausschnitte auf ein Blatt Papier, schneide sie aus und klebe sie mit Klebestreifen jeweils zum Mantel eines Kegels zusammen.

**015-1**
Unter dem Webcode kannst du dir die Kreise und Kreissektoren ausdrucken und ausschneiden.

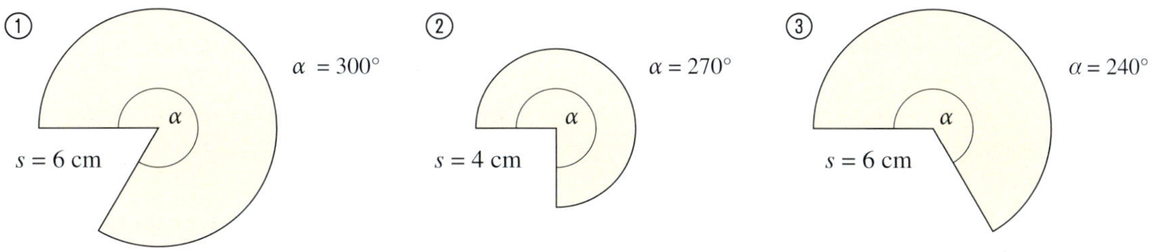


**a)** Welcher Kreissektor kann mit welchem Kreis zusammen die Oberfläche eines Kegels bilden?
**b)** Berechne für jeden Kegel den Flächeninhalt des Kreises, den Flächeninhalt des Kreissektors und den gesamten Oberflächeninhalt des Kegels.
**c)** Beschreibe, welche Eigenschaften Kreissektor und Kreis haben müssen, damit sie die Oberfläche eines Kegels bilden können. Formuliere dann eine Formel und vereinfache sie.
**d)** Zu einem Kreis mit $r = 3{,}5\,\text{cm}$ soll ein Kreissektor gefunden werden, der mit dem Kreis zusammen die Oberfläche eines Kegels bildet. Der Radius des Kreissektors soll 4 cm betragen. Bestimme die Größe des Mittelpunktswinkels $\alpha$.
**e)** Welchen Einfluss hat der Radius des Kreissektors auf die Größen des Kegels?

**3** Von einem Kegel sind der Radius $r$ und die Länge der Mantellinie $s$ bekannt, nicht aber der Mittelpunktswinkel der Mantelfläche. Puzzle die „Schnipsel" sinnvoll zu einem Beweis für die Berechnung des Mantelflächeninhalts zusammen.

Der Kreisbogen $b$ ist genauso lang wie der Umfang des Kreises mit Radius $r$, also (♣) $b = 2 \cdot \pi \cdot r$

Vergleicht man die Formeln (●) und (♣), so erkennt man, dass (♥) $s \cdot \frac{\alpha}{360°} = r$ sein muss.

Stellt man (♥) um, so erhält man (♠) $\frac{\alpha}{360°} = \frac{r}{s}$

Für die Länge des Kreisbogens $b$ der ausgerollten Mantelfläche gilt: (●) $b = 2 \cdot \pi \cdot s \cdot \frac{\alpha}{360°}$

Die Mantelfläche eines Kegels ist ein Kreissektor, es gilt daher: (♦) $A_M = \frac{\alpha}{360°} \cdot \pi \cdot s^2$

Wenn man (♠) in (♦) einsetzt und kürzt, so folgt für den Mantelflächeninhalt: $A_M = \frac{r}{s} \cdot \pi \cdot s^2 = \pi \cdot r \cdot s$

## Lesen und Verstehen

Die Spitzen der Lichttürme der Bundeskunsthalle in Bonn sind mit Edelstahl verkleidete Kegel. Der Edelstahlkegel des Lichtturms hat den Grundkreisradius $r = 0{,}76\,\text{m}$ und die Höhe $h = 3{,}31\,\text{m}$.

Die Verkleidung bildet die **Mantelfläche $A_M$** des Kegels. Jede Strecke von der Spitze des Kegels zu einem Punkt seiner Grundkante heißt **Mantellinie $s$**.
Schneidet man die Mantelfläche entlang einer Mantellinie auf, so erhält man einen Kreisausschnitt.
Die Bogenlänge $b$ dieses Kreisausschnitts entspricht dem Umfang $u$ des Grundkreises des Kegels. Der Radius des Kreisausschnitts ist die Mantellinie $s$ des Kegels.

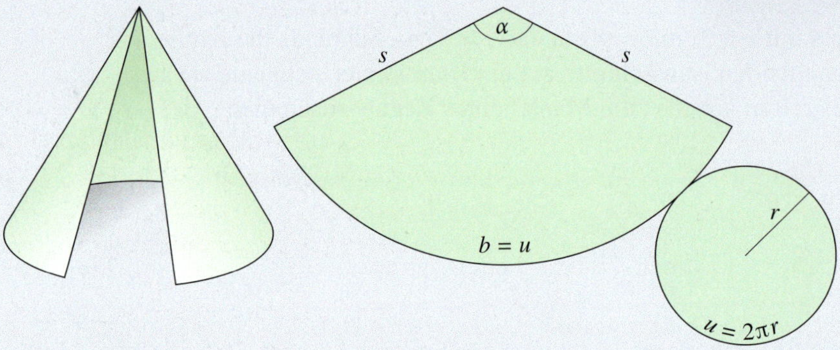


Den Mantelflächeninhalt eines Kegels kann man aus der Länge der Mantellinie $s$ und der Größe des Mittelpunktwinkels $\alpha$ berechnen, denn $A_M = \frac{\alpha}{360°} \cdot \pi s^2$.

Es reicht jedoch auch, die Länge der Mantellinie $s$ und den Radius $r$ des Grundkreises zu kennen. Man kann nämlich $\frac{\alpha}{360°}$ in der Formel ersetzen, weil die Bogenlänge $b$ dem Umfang der Grundfläche entspricht:
$b = \frac{\alpha}{360°} \cdot 2\pi s$ entspricht $u = 2\pi r$, also $\frac{\alpha}{360°} \cdot 2\pi s = 2\pi r \;|\; : 2\pi s$, damit ist $\frac{\alpha}{360°} = \frac{r}{s}$.

> Für den **Mantelflächeninhalt $A_M$** eines Kegels gilt:
> $A_M = \frac{\alpha}{360°} \cdot \pi s^2$ bzw. $A_M = \frac{r}{s} \cdot \pi s^2 = \pi r s$

> Für den **Oberflächeninhalt $A_O$** eines Kegels gilt:
> $A_O = A_G + A_M$ bzw. $A_O = \pi r^2 + \pi r s = \pi r (r + s)$

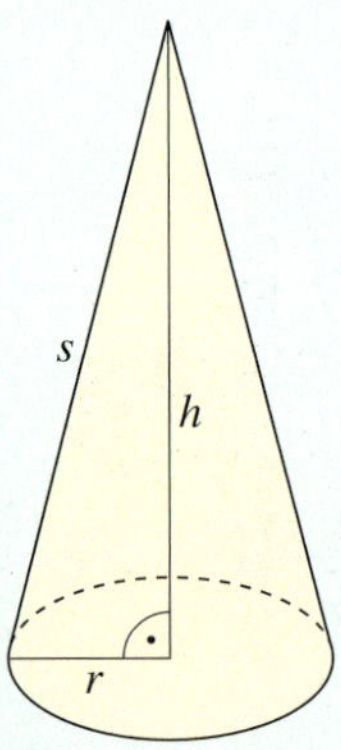


**BEISPIEL**

Welchen Flächeninhalt hat die Edelstahlummantelung an der Spitze eines Lichtturms?
Dazu benötigt man zunächst die Länge der Mantellinie $s$.

$s^2 = r^2 + h^2$ (Satz des Pythagoras)
$s^2 = (0{,}76\,\text{m})^2 + (3{,}31\,\text{m})^2$
$s \approx 3{,}4\,\text{m}$

$A_M = \pi \cdot r \cdot s$
$A_M \approx \pi \cdot 0{,}76\,\text{m} \cdot 3{,}4\,\text{m}$
$A_M \approx 8{,}12\,\text{m}^2$

## Basisaufgaben

**1** Berechne den Mantelflächeninhalt des Kegels.
a) $s = 6\,\text{cm};\ \alpha = 240°$
b) $s = 4{,}5\,\text{dm};\ \alpha = 144°$
c) $s = 5{,}2\,\text{mm};\ \alpha = 95°$
d) $r = 4\,\text{cm};\ s = 9\,\text{cm}$
e) $s = 0{,}64\,\text{m};\ \alpha = 310°$
f) $r = 15\,\text{mm};\ s = 3\,\text{cm}$

**2** Berechne den Mantel- und den Oberflächeninhalt des Kegels.

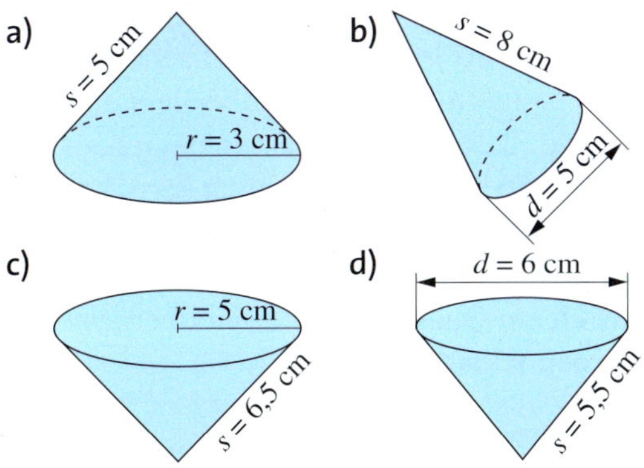


**3** Berechne den Mantel- und den Oberflächeninhalt des Kegels.
a) $r = 2\,\text{cm};\ s = 5\,\text{cm};\ \alpha = 144°$
b) $r = 3\,\text{m};\ s = 4\,\text{m};\ \alpha = 270°$
c) $d = 3\,\text{dm};\ s = 5\,\text{dm};\ \alpha = 108°$
d) $r = 5\,\text{cm};\ s = 13\,\text{cm}$
e) $d = 6{,}8\,\text{m};\ s = 6{,}2\,\text{m}$
f) $r = 71\,\text{cm};\ s = 9{,}4\,\text{dm}$
g) $d = 1{,}3\,\text{m};\ s = 25\,\text{dm}$

**4** Berechne zuerst die Länge der Mantellinie $s$ und dann den Mantel- und den Oberflächeninhalt des Kegels.
a) $r = 2\,\text{cm};\ h = 4\,\text{cm}$
b) $r = 5\,\text{m};\ h = 6\,\text{m}$
c) $r = 12\,\text{dm};\ h = 10\,\text{dm}$
d) $r = 17\,\text{cm};\ h = 8\,\text{cm}$

**5** Berechne die fehlenden Längen des Kegels.

| | a) | b) | c) | d) |
|---|---|---|---|---|
| ***r*** | 2 m | 3 dm | | 8 cm |
| ***s*** | | 5,8 dm | 11,7 m | |
| ***h*** | 5 m | | 10 m | 2 cm |

**6** Berechne den Mantel- und den Oberflächeninhalt des Kegels.
a) $s = 10\,\text{m};\ h = 8\,\text{m}$
b) $s = 25\,\text{dm};\ h = 20\,\text{dm}$
c) $s = 19\,\text{cm};\ h = 18\,\text{cm}$
d) $s = 5\,\text{cm};\ h = 5\,\text{cm}$

**7** Güven soll einen Kegel basteln, dessen Grundfläche einen Radius von 4 cm hat und dessen Mantellinie $s = 5\,\text{cm}$ lang ist.
Güven berechnet zuerst den Mittelpunktswinkel $\alpha$ des Kegels.

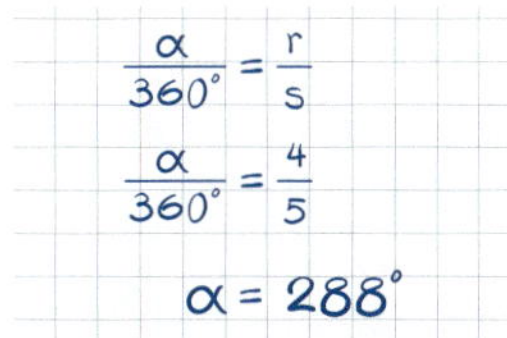


a) Übertrage die Rechnung in dein Heft und erkläre jeden Rechenschritt.
b) Zeichne die Mantelfläche und die Grundfläche des Kegels in dein Heft.
c) Berechne den Mantel- und den Oberflächeninhalt des Kegels.

**BEACHTE**
Die Lösungen zu Aufgabe 2 ergeben in der richtigen Reihenfolge den Namen eines Landes. Auf welchem Kontinent liegt dieses Land?
47,12 (M);
51,84 (I);
62,83 (S);
75,40 (O);
80,11 (K);
82,47 (A);
102,10 (M);
180,64 (B)

**8** Von einem Kegel ist die Länge der Mantellinie $s$ und der Mittelpunktswinkel $\alpha$ bekannt.
a) Erkläre, wie man den Radius der Grundfläche berechnen kann.
b) Berechne den Radius für einen Kegel mit $s = 7\,\text{cm}$ und $\alpha = 240°$.

**9** Bastelt zu zweit aus einem DIN-A4-Blatt einen Kegel mit einer möglichst großen Oberfläche. Zeichnet dazu einen Kreis mit passender Mantelfläche.
Vergleicht dann untereinander, wer den Kegel mit der größten Oberfläche hat.

**10** Für einen 25 cm hohen Partyhut wird aus Filz ein Kreisring mit $r_a = 12\,\text{cm}$ und $r_i = 9\,\text{cm}$ ausgeschnitten. Wie viel Filz benötigt man ohne Verschnitt für den gesamten Hut?

## Weiterführende Aufgaben

**11** Berechne die fehlenden Größen des Kegels. Der Winkel $\alpha$ ist der Mittelpunktswinkel des abgerollten Kegelmantels. (Längen in m; Flächen in m²)

| | $r$ | $s$ | $h$ | $A_M$ | $A_G$ | $A_O$ | $\alpha$ |
|---|---|---|---|---|---|---|---|
| a) | | 7 | | 66 | | | |
| b) | 9 | | | 580 | | | |
| c) | 11 | | | | | 924 | |
| d) | 3,6 | | | 105 | | | |
| e) | 11 | 20 | | | | | |
| f) | | 0,8 | 0,4 | | | | |

**12** Ein Kegel ist durch die Höhe $h = 4\,\text{cm}$ und den Radius $r = 3\,\text{cm}$ gegeben.

a) Berechne den Mantel- und Oberflächeninhalt des Kegels.

b) Wie ändern sich Mantel- und Oberflächeninhalt, wenn der Radius verdoppelt wird?

c) Welche Höhe und welchen Radius könnte ein Kegel mit einem doppelt so großen Oberflächeninhalt haben? Vergleicht eure Ergebnisse.

**13** Ein Kegel ist gegeben durch die Mantellinie $s = 10\,\text{cm}$ und den Radius $r = 3\,\text{cm}$. Wie ändert sich der Mantelflächeninhalt bei folgenden Veränderungen?

a) $r$ wird halbiert

b) $r$ wird verdoppelt

c) $r$ wird verdreifacht

d) $s$ wird halbiert

e) $r$ und $s$ werden jeweils halbiert

f) $r$ wird halbiert und $s$ wird verdoppelt

g) $r$ und $s$ werden verdoppelt

**14** Ein Kreisausschnitt hat den Radius $s$ und den Bogen $b$. Berechne den Mantelflächeninhalt des Kegels, der aus diesem Kreisausschnitt hergestellt werden kann.

a) $s = 4{,}2\,\text{cm}$; $b = 20\,\text{cm}$

b) $s = 8{,}3\,\text{cm}$; $b = 15\,\text{cm}$

c) $s = 6{,}4\,\text{cm}$; $b = 23{,}6\,\text{cm}$

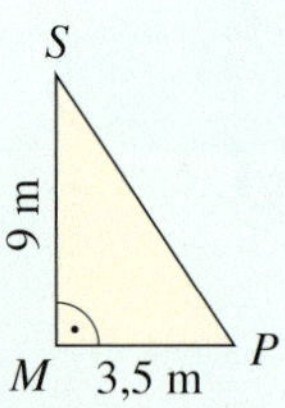


**15** Wenn man das Dreieck $SMP$ um die Seite $MS$ dreht, so entsteht ein Kegel. Berechne seinen Oberflächeninhalt.

**16** In manchen Läden stehen Wasserspender für die Kunden. Die dazugehörigen Becher haben oft die Form eines Kegels, damit sie nicht abgestellt werden können. Ein 78 mm hoher Becher hat einen Radius von 35 mm.

a) Ermittle die Größe der Papierfläche für die Herstellung eines Kegelbechers. Für die Klebelaschen müssen bei jedem Becher 15 % Papier zusätzlich berücksichtigt werden.

b) Schätze begründet ab, wie viele Becher aus einem Quadratmeter Papier hergestellt werden könnten.

**17** Die Skizze zeigt ein Silo. Es dient als Speicher z. B. für Getreide, Futtermittel oder auch Zement.

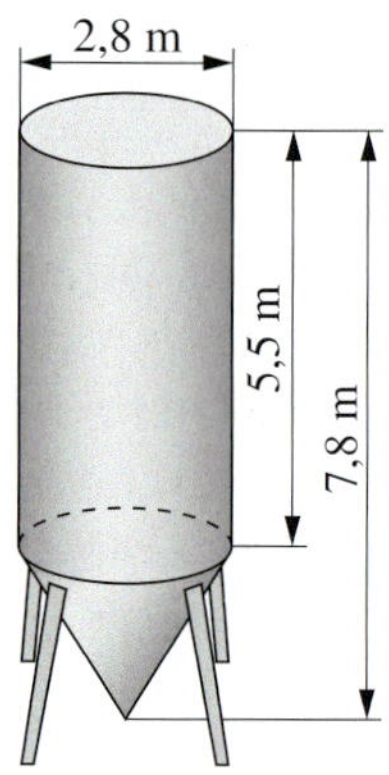


a) Aus welchen Körpern besteht das Silo?

b) Berechne den Oberflächeninhalt.

c) Das Silo soll von außen gestrichen werden. Berechne die benötigte Farbmenge, wenn mit einem Liter Farbe 5 m² gestrichen werden können.

d) 2,5 ℓ Farbe kosten 21,95 €. Wie viel kostet die benötigte Farbmenge?

**18** Von einem Kegel sind der Mantel- und der Oberflächeninhalt bekannt.

a) Beschreibe dein Vorgehen, um den Radius $r$, die Länge der Mantellinie $s$ und die Höhe $h$ zu berechnen.

b) Berechne Radius, Länge der Mantellinie sowie Höhe eines Kegels mit $A_M = 242\,\text{cm}^2$ und $A_O = 396\,\text{cm}^2$.

# Volumen von Pyramide und Kegel

## Erforschen und Entdecken

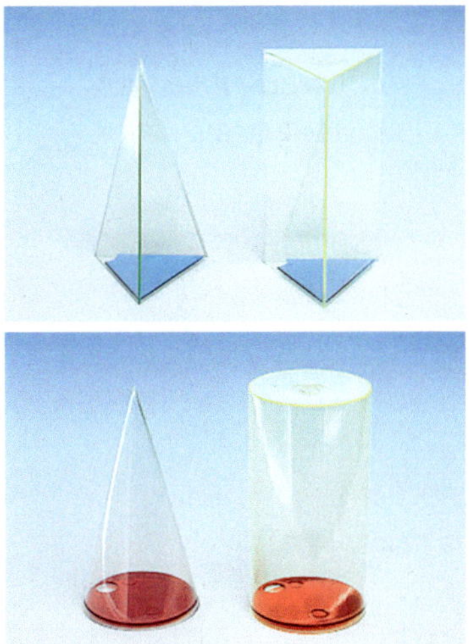

**1** Für den folgenden Versuch benötigt ihr:
- eine Pyramide und ein Prisma mit gleicher Grundfläche und gleicher Höhe zum Befüllen
- einen Kegel und einen Zylinder mit gleicher Grundfläche und gleicher Höhe zum Befüllen

Füllt die Pyramide mit Wasser. Schüttet das Wasser anschließend aus der Pyramide in das Prisma um.

a) Wie oft muss der Vorgang wiederholt werden, bis das Prisma vollständig gefüllt ist? Was bedeutet das für das Volumen einer Pyramide? Stellt eine Formel auf.
b) Wiederholt den Versuch mit Kegel und Zylinder.
Stellt dann eine Formel für das Volumen eines Kegels auf.

**2** Murad hat gelesen, dass die Pyramiden in Mexiko aus Quadern gefertigt wurden. Er möchte sie nachbauen und hat sich von seinem Opa Holzwürfel zuschneiden lassen, die er zu Pyramiden zusammenstellt.

a) Handelt es sich bei den Objekten tatsächlich um Pyramiden? Begründe.
b) Aus wie vielen Würfeln besteht die kleinste nachgebaute Pyramide?
c) Wie viele Würfel kommen zum Bau der zweiten Pyramidenstufe hinzu?
Aus wie vielen Würfeln besteht sie insgesamt?
Gib an, wie viele Würfel Murad benötigen würde, wenn er einen Quader mit gleich großer Grundfläche und Höhe gebaut hätte.
d) Übertrage die Tabelle in dein Heft, vervollständige sie und setze sie bis zur Anzahl von 10 Schichten fort.

| Anzahl Schichten | Anzahl Würfel für Pyramide $W_P$ | Anzahl Würfel für Quader $W_Q$ | $W_P : W_Q$ |
|---|---|---|---|
| 2 | 5 | 8 | 5 : 8 = 0,625 |
| 3 | | | |
| 4 | | 64 | |
| 5 | | | 0,44 |
| 6 | | | |

e) Was fällt dir am Quotienten $W_P : W_Q$ auf?
Stelle eine Vermutung auf: Welchem Wert wird sich dieser Quotient annähern, wenn die Anzahl der Würfel immer größer wird?

**ZUM WEITERARBEITEN**
Vergleiche die beiden Möglichkeiten zur Ermittlung des Volumens einer Pyramide. Welche führt zu einem genaueren Ergebnis?

## Lesen und Verstehen

Die Hawara-Pyramide befindet sich in der Totenstadt von König Amenemhet III. Beim Bau hatte die Pyramide eine quadratische Grundfläche mit 105 m Seitenlänge und war 58 m hoch. Mittlerweile ist sie stark verwittert und nur noch 20 m hoch.

**BEACHTE**
Dreimal kann die Flüssigkeit aus einem Kegel in einen Zylinder mit der gleichen Grundfläche $A_G$ und der gleichen Höhe $h$ gefüllt werden:

einmal gefüllt

zweimal gefüllt

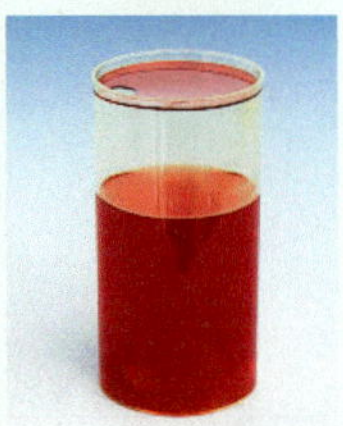

dreimal gefüllt

Das **Volumen *V* einer Pyramide** wird bestimmt, indem der Flächeninhalt der Grundfläche $A_G$ mit der Höhe $h$ der Pyramide und dem Faktor $\frac{1}{3}$ multipliziert wird:

$V = \frac{1}{3} \cdot A_G \cdot h$

Bei quadratischer Grundfläche gilt:

$V = \frac{1}{3} \cdot a^2 \cdot h$

**BEISPIEL 1**
Wie groß war das Volumen der Hawara-Pyramide?

$A_G = 105\,\text{m} \cdot 105\,\text{m} = 11\,025\,\text{m}^2$

$V = \frac{1}{3} \cdot A_G \cdot h$

$V = \frac{1}{3} \cdot 11\,025\,\text{m}^2 \cdot 58\,\text{m} = 213\,150\,\text{m}^3$

Sie hatte ein Volumen von $213\,150\,\text{m}^3$.

Wie groß hätte der Radius der Grundfläche sein müssen, wenn die Ägypter einen Kegel mit gleichem Volumen gebaut hätten?

Für alle Spitzkörper wie z. B. Pyramiden oder Kegel gilt: $V = \frac{1}{3} \cdot A_G \cdot h$

Die Grundfläche des Kegels ist ein Kreis mit $A_G = \pi \cdot r^2$.

Das **Volumen eines Kegels** kann mit folgender Formel berechnet werden:

$V = \frac{1}{3} \cdot A_G \cdot h = \frac{1}{3} \cdot \pi \cdot r^2 \cdot h$

**BEISPIEL 2**
Wie groß wäre der Radius des Kegels?

$213\,150\,\text{m}^3 = \frac{1}{3} \cdot \pi \cdot r^2 \cdot 58\,\text{m}$

$213\,150\,\text{m}^3 = 60{,}74\,\text{m} \cdot r^2$

$r^2 = 3509{,}37\,\text{m}^2$; $r = 59{,}24\,\text{m}$

Probe: $V = \frac{1}{3} \cdot \pi \cdot (59{,}24\,\text{m})^2 \cdot 58\,\text{m}$
$\approx 213\,150\,\text{m}^3$

## Basisaufgaben

**1** Berechne das Volumen der quadratischen Pyramide. Runde das Ergebnis auf zwei Nachkommastellen, wenn nötig.

a) $a = 7\,\text{cm}$; $h = 9\,\text{cm}$
b) $a = 9\,\text{cm}$; $h = 3{,}5\,\text{cm}$
c) $a = 14{,}3\,\text{dm}$; $h = 21{,}7\,\text{dm}$
d) $a = 820\,\text{mm}$; $h = 11\,\text{dm}$
e) $a = 1{,}2\,\text{km}$; $h = 650\,\text{m}$

**2** Wie hoch ist die quadratische Pyramide?

a) $V = 10\,\text{m}^3$; $a = 2\,\text{m}$
b) $V = 301{,}53\,\text{m}^3$; $a = 6{,}9\,\text{m}$
c) $V = 892{,}8\,\text{cm}^3$; $a = 9{,}3\,\text{cm}$
d) $V = 36\,\text{cm}^3$; $a = 2{,}4\,\text{cm}$
e) $V = 270\,\text{dm}^3$; $a = 7{,}1\,\text{dm}$
f) $V = 101{,}25\,\text{m}^3$; $a = 4{,}5\,\text{m}$

**3** Ein Wahrzeichen der Stadt Karlsruhe ist die Sandstein-Pyramide auf dem Marktplatz. Sie ist 6,05 m hoch, ihre Grundkanten sind 6,81 m lang.
Wie schwer ist sie ungefähr, wenn die Dichte von Sandstein ca. $2500\,\frac{kg}{m^3}$ beträgt?

**4** Berechne den fehlenden Wert der quadratischen Pyramide.

| | *a* | *h* | *V* |
|---|---|---|---|
| a) | 3 cm | 7 cm | |
| b) | 8 dm | | 128 dm³ |
| c) | | 9 mm | 588 mm³ |
| d) | 9,5 m | | 72,2 m³ |
| e) | | 4 cm | 75 cm³ |
| f) | 10,8 m | 5,9 m | |
| g) | 4,2 cm | | 26,46 cm³ |

**5** Gib mindestens drei unterschiedliche Kombinationen von Seitenlänge $a$ und Höhe $h$ an, sodass eine quadratische Pyramide ein Volumen von $100\,cm^3$ besitzt.

**6** Eine Pyramide hat eine rechteckige Grundfläche mit den Längen $a$ und $b$.
Berechne jeweils den fehlenden Wert.

| | *a* | *b* | *h* | *V* |
|---|---|---|---|---|
| a) | 7 cm | 9 cm | 12 cm | |
| b) | 5,8 mm | 9,3 mm | 16 mm | |
| c) | 8 m | 12 m | | 456 m³ |
| d) | 30 cm | 17,5 cm | | 1400 cm³ |
| e) | | 10 m | 10 m | 500 m³ |
| f) | 24 m | | 635 dm | 965,2 m³ |

**7** Berechne das Volumen des Kegels.
Runde auf zwei Nachkommastellen.
a) $r = 7\,mm$; $h = 10\,mm$
b) $r = 6\,cm$; $h = 14\,cm$
c) $r = 6{,}4\,dm$; $h = 12{,}7\,dm$
d) $r = 2{,}5\,m$; $h = 4{,}5\,m$
e) $r = 240\,cm$; $h = 1{,}9\,m$
f) $r = 6{,}9\,dm$; $h = 1{,}3\,m$

**8** Bestimme die Höhe des Kegels.
a) $V = 37{,}7\,cm^3$; $r = 3\,cm$
b) $V = 128{,}28\,m^3$; $r = 7\,m$
c) $V = 753{,}4\,cm^3$; $r = 9{,}2\,cm$
d) $V = 33{,}9\,mm^3$; $r = 3{,}4\,mm$
e) $V = 3339{,}9\,\ell$; $r = 135\,cm$

**9** Der Grundkreis eines Kegels hat einen Durchmesser von 58 cm.
Der Kegel ist 80 cm hoch.
Welches Volumen hat der Kegel?

**10** Berechne den fehlenden Wert des Kegels.

| | *r* | *h* | *V* |
|---|---|---|---|
| a) | 5 cm | 12 cm | |
| b) | | 9,5 dm | 34,5 dm³ |
| c) | 4,5 cm | | 70,4 cm³ |
| d) | 27 mm | 4,3 cm | |
| e) | 1,5 dm | | 1767 cm³ |
| f) | 0,3 m | | 56,55 cm³ |
| g) | | 1,4 m | 718,38 dm³ |

**BEACHTE**
Die Lösungen zu Aufgabe 4 ergeben in der richtigen Reihenfolge den Namen eines Landes. Auf welchem Kontinent liegt dieses Land?
2,4 (A); 4,5 (S); 6 (E); 7,5 (R); 21 (B); 14 (L); 229,39 (U)

**11** Ein Kegel hat ein Volumen von $75{,}4\,cm^3$.
a) Bestimme seine Höhe, wenn der Radius $r = 3\,cm$ ist.
b) Bestimme seinen Radius, wenn die Höhe $h = 3\,cm$ ist.

**12** Wenn Sand mit einem Förderband aufgeschüttet wird, dann hat der Schütthaufen ungefähr die Form eines Kegels.
Wie groß ist die von Sand bedeckte Bodenfläche, wenn $4000\,m^3$ Sand bis auf 8 m Höhe aufgeschüttet werden?

## Weiterführende Aufgaben

**13** Ein Würfel hat eine Kantenlänge von 10 cm. Aus dem Würfel soll eine quadratische Pyramide mit möglichst großem Volumen herausgearbeitet werden.
a) Zeichne ein Schrägbild des Würfels im Maßstab 1:2 und darin das Schrägbild der Pyramide.
b) Welches Volumen hat die Pyramide?
c) Vergleiche das Volumen des Würfels mit dem der Pyramide.

**14** Ein Quader hat die Kantenlängen $a = 3\,\text{cm}$, $b = 4\,\text{cm}$ und $c = 5\,\text{cm}$. Aus dem Quader soll eine Pyramide mit rechteckiger Grundfläche so herausgearbeitet werden, dass das Volumen möglichst groß wird.
a) Als Grundfläche kommen drei Rechtecke in Frage. Welchen Flächeninhalt haben diese Rechtecke?
b) Spielt die Auswahl der Grundfläche bei der Bestimmung des Volumens eine Rolle? Begründe.
c) Zeichne ein Schrägbild des Quaders und darin das Schrägbild einer Pyramide.

**15** Wie verändert sich das Volumen einer quadratischen Pyramide, wenn man …
a) die Höhe verdoppelt und die Länge der Grundkante beibehält?
b) die Länge der Grundkante verdoppelt und die Höhe beibehält?
c) die Länge der Grundkante halbiert und die Höhe der Pyramide verdoppelt?

**16** Berechne von der quadratischen Pyramide die fehlenden Größen und das Volumen. Runde auf eine Nachkommastelle.

| | $a$ | $s$ | $h_a$ | $h$ |
|---|---|---|---|---|
| a) | 5 cm | | | 7,5 cm |
| b) | 5,6 cm | | 7 cm | |
| c) | | | 12 m | 8 m |
| d) | | | 17,9 mm | 8,7 mm |
| e) | 3 cm | 6,3 cm | | |
| f) | 4,7 cm | 7,9 cm | | |
| g) | | 18 cm | 16 cm | |
| h) | | 65,8 m | 57,3 m | |

**BEACHTE**
Eine Pyramide aus vier gleichseitigen Dreiecken nennt man **Tetraeder**.

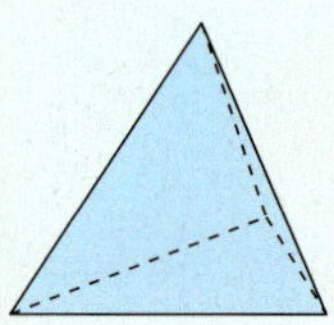

**17** Die Seitenflächen dieses Diamanten sind gleichseitige Dreiecke und haben eine Kantenlänge von 9 mm. Berechne das Volumen des Diamanten.

**18** Ergün soll das Volumen eines Sandhaufens abschätzen, der wie ein Kegel aufgeschüttet ist. Er schätzt die Höhe auf 2 m. Dann läuft er mit 16 Schritten um den Sandhaufen herum. Seine Schrittlänge beträgt ca. 90 cm.

**19** Eine Pyramide mit quadratischer Grundfläche hat ein Volumen von 1 ℓ.
a) Wie lang könnten die Seite des Quadrats und die Höhe der Pyramide sein? Findest du mehrere Beispiele?
b) Berechne den Oberflächeninhalt der gefundenen Pyramiden.
c) Tragt die Ergebnisse im Klassenverband zusammen und vergleicht die Oberflächeninhalte. Welche Pyramide hat den kleinsten Oberflächeninhalt?
d) Ein Kegel soll ebenfalls ein Volumen von einem Liter besitzen. Welche Abmessungen sollten der Radius des Kreises und die Höhe des Kegels besitzen, damit der Oberflächeninhalt minimal wird?

**20** Ein Trinkpäckchen hat die Form eines **Tetraeders**, einer dreiseitigen Pyramide, die von vier kongruenten gleichseitigen Dreiecken begrenzt ist. Eine Seitenkante ist 13,7 cm lang.

a) Berechne das Volumen.
Hinweis: Die Höhen im gleichseitigen Dreieck schneiden sich im Verhältnis 2 : 1. Die Spitze der Pyramide liegt senkrecht über diesem Schnittpunkt.
b) Vergleiche das Volumen mit der Inhaltsangabe auf der Verpackung.

# Volumen und Oberfläche einer Kugel

## Erforschen und Entdecken

**1** Betrachte die Körper.

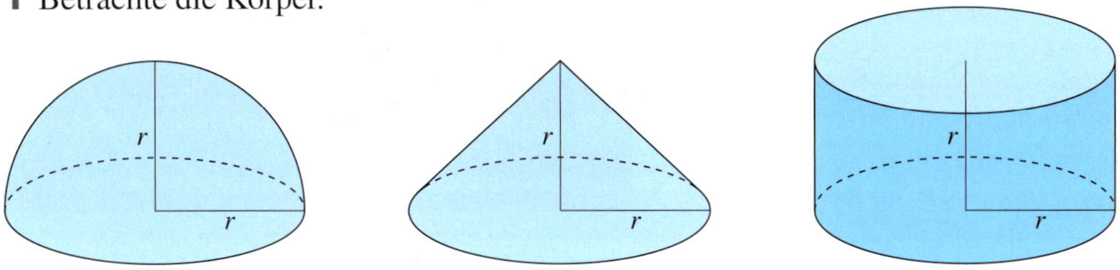


a) Um welche Körper handelt es sich?
b) Die Körper haben den gleichen Radius, der gleichzeitig auch die Körperhöhe ist. Ordne die Körper nach der Größe ihres Volumens und skizziere die Schrägbilder in deinem Heft. Beginne mit dem kleinsten Körper.
c) Bei welchen Körpern kennst du die Formel für das Volumen? Beachte, dass $h = r$ ist. Schreibe jeweils die Formel unter das Schrägbild.
d) Stelle eine Vermutung für das Volumen einer Halbkugel und dann für das Volumen einer Kugel auf. Stelle jeweils eine Formel auf.

**2** Für den folgenden Versuch benötigt ihr:
- einen Messbehälter mit Überlauf (z. B. aus der Chemie-Sammlung) oder ein großes Gefäß (z. B. einen Eimer, ein Aquarium, eine Babybadewanne)
- verschieden große Kugeln (z. B. Murmeln oder schwere Bälle, die nicht schwimmen)
- einen Messbecher, ein Maßband und viel Wasser

*Versuchsvorbereitung:*
Messt mit dem Maßband den Umfang der Kugeln und berechnet ihren Radius $r$ wie in der Randspalte. Übertragt die Tabelle in euer Heft und ergänzt die Werte.

| Kugel | Umfang | Radius | verdrängte Wassermenge |
|---|---|---|---|
| z. B. Golfball | $u =$ | $r =$ | $V =$ |
| … | | | |

**ERINNERE DICH**
Für den Kreisumfang gilt:
$u = 2\pi r$
Also ist
$r = \frac{u}{2\pi}$

*Versuchsdurchführung:*
① Stellt das Gefäß an einer Stelle auf, die nass werden darf, etwa auf dem Schulhof, und füllt es randvoll mit Wasser.
② Legt eine Kugel vorsichtig auf das Wasser und lasst sie versinken. Es wird Wasser über die Kante des Gefäßes in das Überlaufgefäß oder auf den Boden laufen.
③ Stellt fest, wie viel Wasser durch die Kugel verdrängt wurde. Ihr könnt die Überlaufmenge entweder einfach ablesen oder die Kugel vorsichtig aus dem Becken entfernen und das Becken mit Hilfe des Messbechers wieder auffüllen.
④ Führt den Versuch mit allen Kugeln durch und tragt die Werte in die Tabelle ein.
⑤ Überprüft mit Hilfe eurer Messwerte in der Tabelle die Formel aus Aufgabenteil 1 d).

**3** Erkundige dich im Internet oder in Büchern über die Technik der „Handkaschierung“ beim Bau eines Globus.
a) Welche Form haben die Flächen, die beim Bekleben eines Globus eingesetzt werden?
b) Wie viele dieser Flächen benötigt man beim Bau und wie groß ist eine dieser Flächen ungefähr? Beachte, dass die Flächengröße abhängig vom Durchmesser des Globus ist.

## Lesen und Verstehen

Erstmals im Oktober 1957 gelang es sowjetischen Forschern, einen künstlichen Satelliten in eine Umlaufbahn um die Erde zu schicken.
Dieser Satellit mit dem Namen Sputnik 1 war eine Aluminiumkugel und hatte einen Außendurchmesser von 58 cm.
Wie groß war das Volumen von Sputnik 1?

Das **Volumen $V$ einer Kugel** mit dem Radius $r$ lässt sich wie folgt berechnen:

$V = \frac{4}{3} \cdot \pi \cdot r^3$

**BEISPIEL 1**
Sputnik 1 hatte einen Radius von 29 cm.
Also galt für sein Volumen:
$V = \frac{4}{3} \cdot \pi \cdot (29\,\text{cm})^3 \approx 102\,160{,}4\,\text{cm}^3$
Sputnik hatte ein Volumen von ca. $102\,\text{dm}^3$.

Der Oberflächeninhalt von Sputnik 1 soll nur einen Quadratmeter betragen haben. Stimmt das?

Für den **Oberflächeninhalt $A_O$ einer Kugel** mit dem Radius $r$ gilt:

$A_O = 4\pi \cdot r^2$

**BEISPIEL 2**
$A_O = 4\pi \cdot r^2 = 4\pi \cdot (29\,\text{cm})^2 \approx 10\,568{,}3\,\text{cm}^2$
Der Oberflächeninhalt von Sputnik 1 war mit $1{,}06\,\text{m}^2$ etwas größer als $1\,\text{m}^2$.

## Basisaufgaben

**1** Berechne das Volumen der Kugel. Runde das Ergebnis auf zwei Nachkommastellen.
a) $r = 2\,\text{cm}$ b) $r = 8\,\text{m}$
c) $r = 12{,}5\,\text{mm}$ d) $r = 5{,}4\,\text{cm}$
e) $d = 10\,\text{m}$ f) $d = 3{,}8\,\text{dm}$

**2** Berechne das Volumen der Kugel. Gib das Ergebnis in der Maßeinheit an, die in Klammern steht.
a) $r = 7\,\text{cm}$ ($\text{dm}^3$) b) $r = 12\,\text{mm}$ ($\text{cm}^3$)
c) $r = 14{,}8\,\text{dm}$ ($\text{m}^3$) d) $r = 36{,}1\,\text{cm}$ ($\text{dm}^3$)
e) $r = 0{,}3\,\text{cm}$ ($\text{mm}^3$) f) $r = 0{,}34\,\text{m}$ ($\text{dm}^3$)

**3** Wie schwer ist ein Golfball, wenn $1\,\text{cm}^3$ Material 1,15 g wiegt?
Würde ein solcher Ball mit doppelt so großem Radius auch doppelt so viel wiegen?

**4** Von einer Kugel ist bekannt, dass ihr Volumen $523{,}6\,\text{cm}^3$ beträgt. Sebastian berechnet den Radius der Kugel wie folgt:

Gegeben: $V = 523{,}6\,\text{cm}^3$
Gesucht: $r$
$\frac{4}{3} \cdot \pi \cdot r^3 = 523{,}6\,\text{cm}^3$
$\pi \cdot r^3 = 392{,}7\,\text{cm}^3$
$r^3 = 125\,\text{cm}^3$
$r = 5\,\text{cm}$

Übertrage die Rechnung in dein Heft. Erkläre jeden Rechenschritt, indem du z. B. die Äquivalenzumformungen ergänzt.

**5** Berechne den Radius der Kugel. Runde im Ergebnis auf zwei Nachkommastellen.
a) $V = 13{,}45\,\text{m}^3$ b) $V = 102{,}5\,\text{dm}^3$
c) $V = 345{,}046\,\text{cm}^3$ d) $V = 4200\,\text{mm}^3$
e) $V = 657{,}4\,\text{m}^3$ f) $V = 800{,}04\,\text{cm}^3$

**BEACHTE**
zu Aufgabe 5:
Wenn $r^3$ gegeben ist und es soll $r$ bestimmt werden, so muss die dritte Wurzel gezogen werden: $\sqrt[3]{r^3} = r$.
Die dritte Wurzel aus 8, also $\sqrt[3]{8}$, lässt sich mit dem Taschenrechner z. B. mit folgenden Tippfolgen bestimmen:
[8] [2nd] [$y^x$] [3] [=]
oder
[8] [SHIFT] [$x^3$] [=]
Lies gegebenenfalls in der Anleitung deines Taschenrechners nach.

**6** Berechne den Oberflächeninhalt der Kugel. Gib das Ergebnis auf zwei Nachkommastellen gerundet an.

a) $r = 3\,\text{cm}$ b) $r = 7\,\text{m}$
c) $r = 9{,}5\,\text{mm}$ d) $r = 8{,}1\,\text{cm}$
e) $d = 12\,\text{m}$ f) $d = 4{,}6\,\text{dm}$

**7** Berechne den Oberflächeninhalt der Kugel. Gib das Ergebnis in der Maßeinheit an, die in Klammern steht.

a) $r = 8\,\text{cm}$ ($\text{dm}^2$) b) $r = 16\,\text{mm}$ ($\text{cm}^2$)
c) $r = 22{,}3\,\text{dm}$ ($\text{m}^2$) d) $r = 0{,}1\,\text{cm}$ ($\text{mm}^2$)

**8** Eine Kugel hat einen Oberflächeninhalt von $254{,}5\,\text{m}^2$. Erkläre mit Hilfe einer geeigneten Rechnung, wie man den Radius der Kugel bestimmt.

**9** Berechne den Radius der Kugel. Gib auf zwei Nachkommastellen gerundet an.

a) $A_O = 14{,}32\,\text{m}^2$ b) $A_O = 105{,}6\,\text{dm}^2$
c) $A_O = 244{,}075\,\text{cm}^2$ d) $A_O = 3400\,\text{mm}^2$
e) $A_O = 552{,}1\,\text{m}^2$ f) $A_O = 700{,}08\,\text{cm}^2$
g) $A_O = 0{,}99\,\text{mm}^2$ h) $A_O = 40{,}15\,\text{cm}^2$

**10** Berechne im Heft die fehlenden Werte für eine Kugel.

| | Radius $r$ | Volumen $V$ | Oberfläche $A_O$ |
|---|---|---|---|
| a) | 2 cm | | |
| b) | 3,7 m | | |
| c) | | $998{,}3\,\text{dm}^3$ | |
| d) | | | $66{,}5\,\text{m}^2$ |
| e) | | | $2\,\text{cm}^2$ |
| f) | | $0{,}9\,\text{mm}^3$ | |

**BEACHTE**
Die Lösungen zu Aufgabe 6 ergeben in der richtigen Reihenfolge den Namen eines Landes. Auf welchem Kontinent liegt dieses Land?
66,48 (U);
113,10 (M);
452,39 (A);
615,75 (O);
824,48 (D);
1134,11 (L)

## Weiterführende Aufgaben

**11** Eine Kugel hat den Radius $r = 5\,\text{cm}$.

a) Berechne das Volumen der Kugel.
b) Welchen Radius hat die Kugel mit dem doppelten (dreifachen, vierfachen, fünffachen) Volumen?

**12** In der Eisdiele von Luigi hat eine Eiskugel einen Durchmesser von 5 cm und wird für 0,60 € verkauft.
Die Eiskugel in Paolos Eisdiele hat einen Radius von 3 cm. Paolo verkauft sie für 80 Cent. Welche Eisdiele verkauft ihr Eis günstiger? Begründe.

**13** Bei Leichtathletikwettkämpfen werden beim Kugelstoßen genormte Stahlkugeln benutzt. Die Kugeln haben unterschiedliche Massen. $1\,\text{cm}^3$ Stahl wiegt 7,86 g.

| Altersklasse | Kugelmasse |
|---|---|
| Frauen | 4 kg |
| männliche Jugend B | 5 kg |
| männliche Jugend A | 6,25 kg |
| Männer | 7,26 kg |

a) Berechne für jede angegebene Kugelart das Volumen.
b) Berechne für jede Kugel den Radius.

**14** Die Inuit können aus Eisblöcken Iglus bauen, die die Form einer Halbkugel haben.

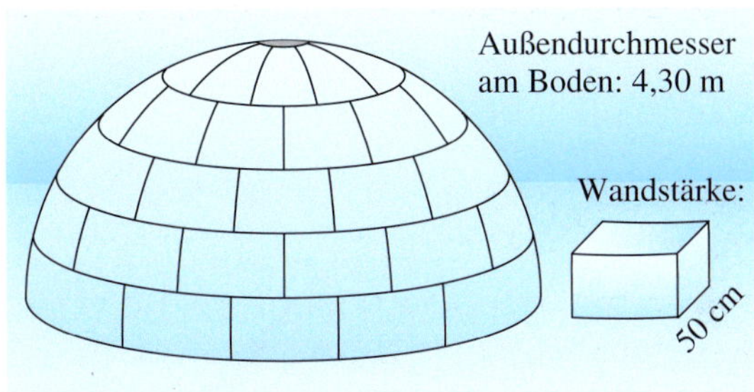


a) Wie groß ist das Volumen im Innenraum?
b) Gib an, wie viel $\text{m}^3$ Eis für ein solches Iglu ungefähr verarbeitet werden.

**15** Berechne die fehlenden Angaben für eine Kugel im Heft.

| | $r$ | $d$ | $u$ | $V$ | $A_O$ |
|---|---|---|---|---|---|
| a) | 3 cm | | | | |
| b) | | 22 m | | | |
| c) | | | 56,55 m | | |
| d) | | | | $7238{,}23\,\text{mm}^3$ | |
| e) | | | | | $66{,}48\,\text{dm}^2$ |
| f) | | 1 m | | | |
| g) | | | | | $1\,\text{m}^2$ |
| h) | | | 1 m | | |

# Die Pyramiden von Gizeh

In der vierten Dynastie des alten ägyptischen Reiches (ca. 2600 bis 2475 v. Chr.) ließen die Herrscher, Pharaonen genannt, Pyramiden als Grabstätten errichten.

Die dreieckigen Seitenflächen der Pyramiden laufen zu einer zentralen Spitze zusammen. Sie veranschaulichen die Strahlen der Sonne, die auf den Pharao niederscheinen.

## Cheops-Pyramide

Die Cheops-Pyramide ist die älteste und größte der drei Pyramiden von Gizeh und die höchste Pyramide der Welt. Diese Pyramide wird auch Große Pyramide genannt. Sie zählt zu den Sieben Weltwundern der Antike.
Der Name stammt von „Cheops" ab, der griechischen Bezeichnung für den ägyptischen Pharao Chufu (ca. 2620 – 2580 v. Chr.).

Die ursprüngliche Höhe der Cheops-Pyramide betrug 280 Königsellen (1 Königselle ≈ 52,3 cm).
Die Seiten der quadratischen Grundfläche waren 440 Königsellen lang.
Heute ist die Pyramide etwa 138,50 m hoch und hat eine Seitenlänge von ca. 225 m.

**1** Lies den Text unter dem Foto. Zeichne ein maßstäbliches Schrägbild der Cheops-Pyramide (sowohl heutige als auch ursprüngliche Größe; Maßstab z. B. 1 : 2000).

**2** Bestimme das Volumen der ursprünglichen und der heutigen Cheops-Pyramide. Wie viel Gestein ist seit dem Bau vor ca. 4600 Jahren verwittert?

**3** Ein Lexikon gibt das ursprüngliche Gesamtvolumen der Pyramide nach Abzug der Hohlräume mit 2,5 Mio. $m^3$ an. Ist das möglich? Wie groß sind dann die Hohlräume?

> *„Ich schätze, dass man mit den Steinen der Cheops-Pyramide eine 3 m hohe und 30 cm breite Mauer um ganz Frankreich errichten kann.“*

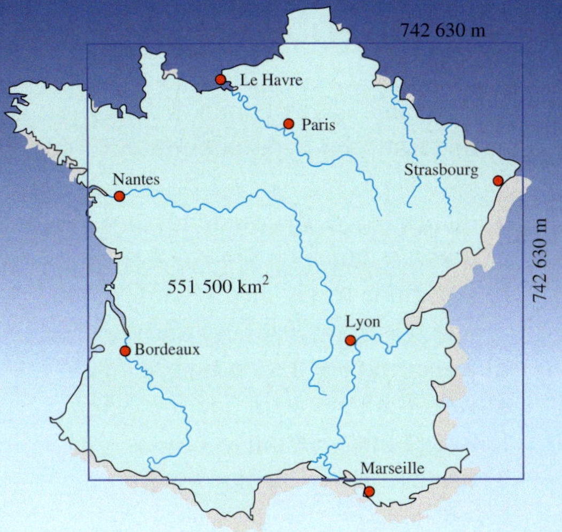


Diese Schätzung stammt von Napoleon Bonaparte, der die Pyramiden am 27. September 1798 auf seinem Ägyptenfeldzug besichtigte.

**4** Überprüfe, ob die Aussage von Napoleon richtig sein kann.

## Chefren-Pyramide und Mykerinos-Pyramide

Zu den drei Pyramiden von Gizeh zählen neben der Cheops-Pyramide auch die Chefren-Pyramide und die Mykerinos-Pyramide.

| **Pyramide des Chafre** (auch Chefren-Pyramide genannt) | |
|---|---|
| **Höhe** | ursprünglich 143,5 m |
| **Bodenfläche** | Quadrat mit 210 m Seitenlänge |
| **Gewicht** | ca. 5,18 Mio. t |
| **Erbauer** | Pharao Chafre, auch Chephren genannt (ca. 2570 – 2530 v. Chr.), Sohn des Chufu |

| **Pyramide des Menkaure** (auch Mykerinos-Pyramide genannt) | |
|---|---|
| **Höhe** | ursprünglich 62,18 m |
| **Bodenfläche** | Quadrat mit 108,5 m Seitenlänge |
| **Gewicht** | 0,57 Mio. t |
| **Erbauer** | Pharao Menkaure, auch Mykerinos genannt (ca. 2530 – 2510 v. Chr.), Enkel des Chufu |

**5** Fertige von den drei Pyramiden von Gizeh Modelle im Maßstab 1 : 2500 an.

**6** Berechne das Volumen der Chefren-Pyramide und der Mykerinos-Pyramide.

**7** Vergleiche die Masse der beiden Pyramiden und überprüfe, ob die Pyramiden aus dem gleichen Gestein gebaut wurden.

**8** Erfinde eigene Aufgaben rund um das Thema „Pyramiden“. Löse sie und tausche die Aufgaben mit deinen Mitschülern und Mitschülerinnen aus.

# Vermischte Übungen

**BEACHTE**
Die Lösungen zu Aufgabe 1 ergeben in der richtigen Reihenfolge den Namen eines Landes. Auf welchem Kontinent liegt dieses Land?
1,44 (A); 8 (H); 32 (B); 82,45 (N); 169,65 (R); 785,40 (A); 3053,63 (I)

**1** Berechne das Volumen der Körper.
a) quadratische Pyramide mit $a = 4\,\text{cm}$ und $h = 6\,\text{cm}$
b) quadratische Pyramide mit $a = 1{,}2\,\text{m}$ und $h = 3\,\text{m}$
c) Pyramide mit rechteckiger Grundfläche und $a = 2\,\text{cm}$, $b = 4\,\text{cm}$ und $h = 3\,\text{cm}$
d) Kegel mit $r = 4{,}5\,\text{cm}$ und $h = 8\,\text{cm}$
e) Kegel mit $r = 10\,\text{m}$ und $h = 7{,}5\,\text{m}$
f) Kugel mit $r = 9\,\text{cm}$
g) Kugel mit $r = 2{,}7\,\text{mm}$

**2** Fünf verschiedene Körper sind gegeben:
– Zylinder mit $r = 4\,\text{cm}$ und $h = 10\,\text{cm}$
– Kegel mit $r = 6\,\text{cm}$ und $h = 8\,\text{cm}$
– Kugel mit Durchmesser $d = 11\,\text{cm}$
– quadratische Pyramide mit $a = 10\,\text{cm}$ und $h_a = 13\,\text{cm}$
– Würfel mit Kantenlänge $a = 8\,\text{cm}$
a) Ordne die Körper von klein nach groß nach der Größe des Oberflächeninhalts.
b) Ordne die Körper nach der Größe ihres Volumens.

**BEACHTE**
Ergänze die neu gelernten Formeln zu Pyramide, Kegel und Kugel in deiner dynamischen Formelsammlung.

**3** Ein Körper soll ein Volumen von $5000\,\text{cm}^3$ besitzen. Gib mögliche Maße an, wenn der Körper ein Kegel (eine Pyramide, eine Kugel) sein soll.

**4** Der Schnitt durch diesen Kegel ist ein gleichseitiges Dreieck mit der Seitenlänge $a = 14\,\text{cm}$.

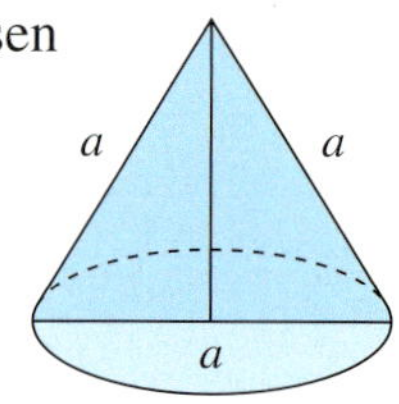


a) Berechne Volumen und Oberflächeninhalt des Kegels.
b) Stelle Terme für Volumen und Oberflächeninhalt in diesem Sonderfall auf.

**5** Eine Sandsteinpyramide hat eine rechteckige Grundfläche mit 2,3 m Länge und 1,7 m Breite. Die Pyramide ist 2,7 m hoch.
a) Berechne das Volumen der Pyramide.
b) Wie schwer ist die Pyramide, wenn $1\,\text{dm}^3$ Sandstein 2,6 kg wiegt?
c) Welche Maße hätte ein gleich schwerer Würfel?

**6** Im Botanischen Garten in Klein Flottbek in Hamburg steht eine „geteilte“ Pyramide. Schätze, wie viel Glas hier verbaut wurde.

**7** Diese Pyramide besteht aus Golfbällen.

a) Ein Golfball wiegt 45 g. Wie schwer ist die Pyramide?
b) Ein Golfball hat einen Durchmesser von 42 mm. Schätze begründet ab, wie hoch die Pyramide ist. Berechne dann, wie viel Luft sich ungefähr zwischen den Bällen befindet.

**8** Betrachte die beiden Körper.

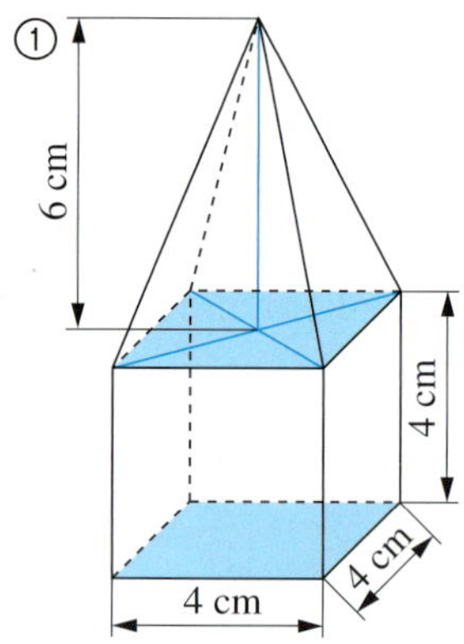


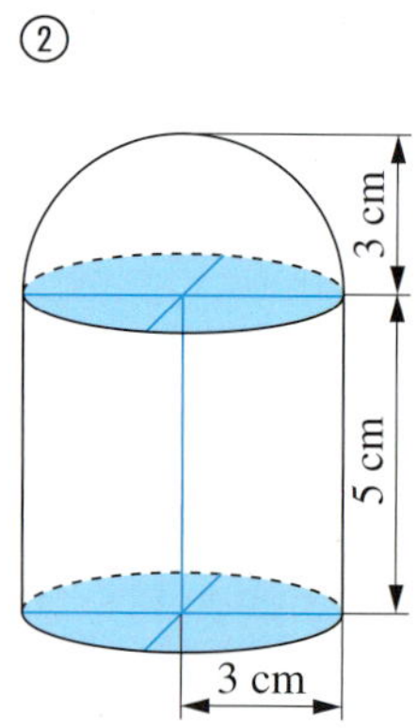


a) Aus welchen Grundkörpern bestehen sie? Gib auch die Maße dieser Grundkörper an.
b) Berechne jeweils das Volumen.
c) Berechne jeweils den Oberflächeninhalt. Um wie viel Prozent ist der Oberflächeninhalt des einen Körpers größer als der des anderen Körpers?

**9** Berechne das Volumen der zusammengesetzten Körper (Maße in cm).

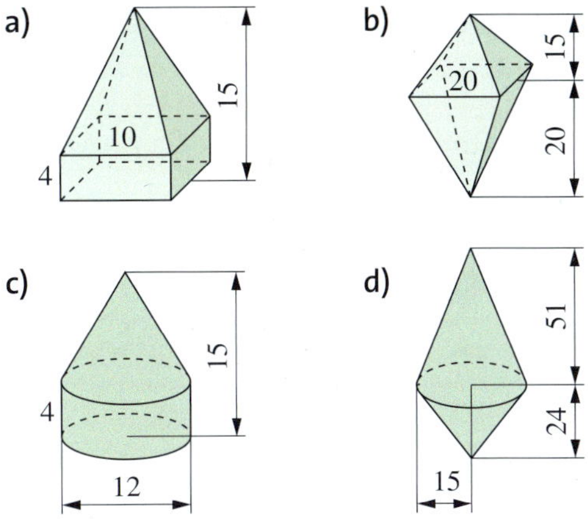


**10** Aus einem quaderförmigen Sandsteinblock wird eine Pyramide gehauen.

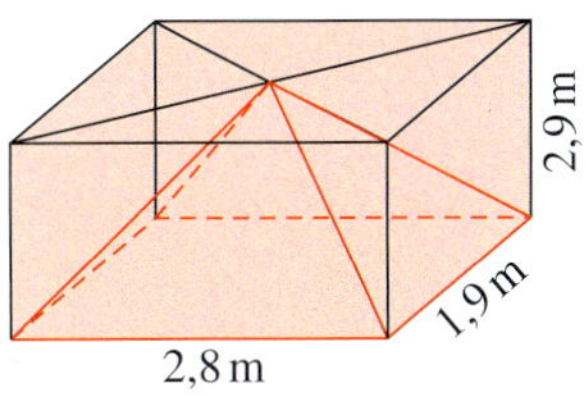


a) Welches Volumen hat die Pyramide?
b) Wie viel wiegt die Pyramide, wenn 1 $dm^3$ Sandstein 2,6 kg wiegt?
c) Wie viel kg Sandsteinabfall entstehen bei der Herstellung der Pyramide?

**11** Die Lunge eines erwachsenen Menschen hat etwa 850 000 000 Lungenbläschen. Ein fast kugelförmiges Lungenbläschen hat einen Durchmesser von 0,185 mm.

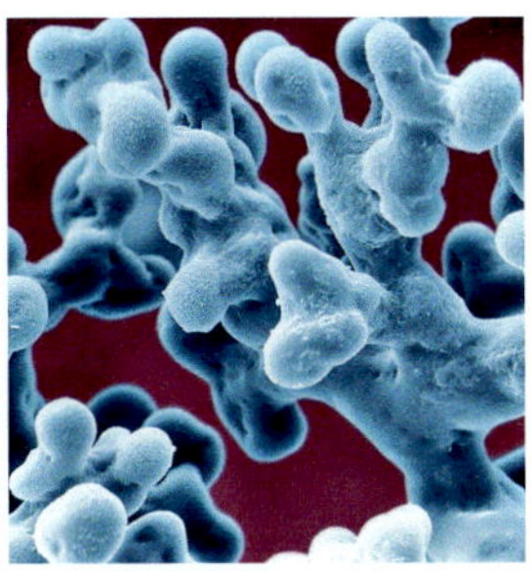

a) Berechne den Inhalt der gesamten Lungenoberfläche, an der Sauerstoff und Kohlenstoffdioxid ausgetauscht werden. Gib das Ergebnis in $m^2$ an.
b) Berechne das Volumen, das insgesamt in den Lungenbläschen aufgenommen werden kann. Gib das Lungenvolumen in Litern an.

**12** In einer Glasfabrik werden Kelchgläser mit einem annähernd kegelförmigen Kelch hergestellt. Jedes Kelchglas hat die in der Zeichnung angegebenen Maße.
Überprüfe mit einer Rechnung, ob 0,2 ℓ Flüssigkeit in ein Kelchglas passen.

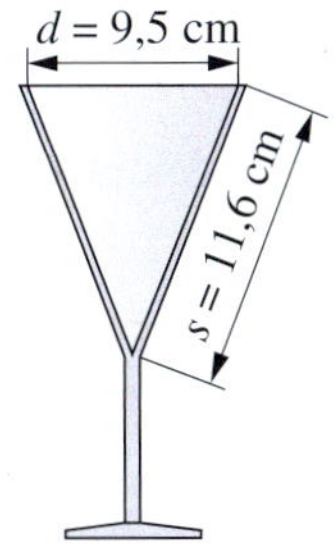


**13** Ein kegelförmiges Glas hat einen oberen Durchmesser von 6 cm und eine Höhe von 10 cm. Das Glas wird bis zu einer Höhe von 2 cm unter der Oberkante mit Flüssigkeit gefüllt.
Wie viel Flüssigkeit befindet sich im Glas?
Wie viel Prozent des gesamten Glasvolumens sind das?

**14** Auf einer Internetseite über den Freizeitpark „Tropical Islands" in Brandenburg findet man die folgenden Informationen:

Der Tropical Islands Dome hat eine Grundfläche von 66 000 $m^2$. Mit einer Länge von 360 m, einer Breite von 210 m und einer Höhe von 105 m ist die Halle so groß, dass dort acht Fußballfelder Platz finden.

a) Skizziere die Grundfläche des Tropical Islands Dome möglichst genau und überprüfe, ob tatsächlich acht Fußballfelder in der Halle Platz finden.
b) Beschreibe die Mantelfläche des Tropical Islands Dome möglichst präzise. Verwende geeignete Fachbegriffe.
c) Bestimme den Mantelflächeninhalt und das Volumen der Halle.

## Im Heißluftballon

Wenn die Luft in der Ballonhülle erwärmt wird, dann dehnt sie sich aus. Dadurch wird ein Auftrieb erzeugt und der Ballon steigt in die Höhe.

a) Betrachte die Ballonhülle annähernd als eine Kugel. Eine Ballonhülle hat einen Radius von 12 m. Berechne das Volumen innerhalb der Ballonhülle.

b) Wie viel Quadratmeter Nylon sind für die Herstellung der Ballonhülle mindestens notwendig?
Nimm an, dass der Ballon annähernd eine Kugel mit einem Durchmesser von 24 m ist.

c) Das Volumen innerhalb der Ballonhülle sollte mindestens 3000 $m^3$ betragen.
Bestimme die minimale Größe des Durchmessers der Ballonhülle, wenn du annimmst, dass der Ballon ungefähr die Form einer Kugel hat.

d) Ein Ballon hat einen Durchmesser von 23 m und eine Höhe von 28 m.
Bestimme das Volumen innerhalb der Ballonhülle, wenn du als Modell eine Halbkugel mit unten angesetztem Kegel annimmst.

e) Wie viel Quadratmeter Nylon sind für die Herstellung der Ballonhülle mindestens notwendig? Nimm an, dass der Ballon die Form wie in Teilaufgabe d) hat.

f) Ein Ballon mit einem Volumen von 5500 $m^3$ hat eine Tragfähigkeit von 960 kg.
(Das bedeutet, dass bis zu 12 Personen mit dem Ballon fahren können.)
Die Tragfähigkeit ist proportional zum Volumen der Ballonhülle.
Bestimme die Tragfähigkeit eines Heißluftballons, der einen Durchmesser von 21 m und eine Höhe von 24 m besitzt. Wähle selbst eine Annäherung an die Form des Ballons.

g) Erfinde eine Ballonhülle, die ein Volumen von ca. 7500 $m^3$ besitzt und mindestens einen Kegel enthält. Skizziere die Ballonhülle maßstäblich und zeige durch Rechnungen, dass das Volumen tatsächlich ca. 7500 $m^3$ beträgt.

h) Erfinde eine Ballonhülle bzw. nutze deine Ballonhülle aus Teilaufgabe g) und berechne ihren Oberflächeninhalt.

# Alles klar?

Entscheide, ob die Aussagen richtig oder falsch sind.
Begründe deine Entscheidung im Heft und korrigiere gegebenenfalls.

## 1 Pyramiden und Kegel erkennen und zeichnen

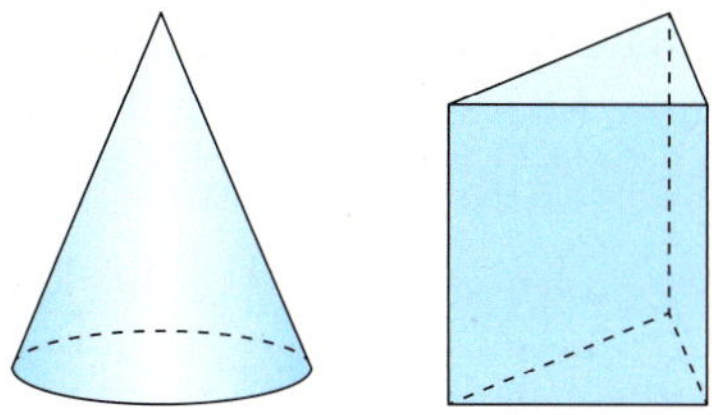

a) Die linke der beiden Figuren ist ein gerader Kegel.

b) Die rechte der beiden Figuren ist eine Pyramide mit dreieckiger Grundfläche.

c) Eine gerade quadratische Pyramide hat fünf Ecken und acht Kanten und ihr Mantel besteht aus vier gleichseitigen Dreiecken und einem Quadrat.

## 2 Mantel und Oberfläche einer Pyramide

a) Den Mantelflächeninhalt einer quadratischen Pyramide mit Grundkante $a$ und Höhe $h$ berechnet man mit der Formel $A_M = 2 \cdot a \cdot h$.

b) Eine quadratische Pyramide, deren Grundseite 5 cm und deren Seitenhöhe 6 cm lang ist, hat einen Mantelflächeninhalt von $60\,cm^2$ und einen Oberflächeninhalt von $85\,cm^2$.

c) Kennt man von einer Pyramide nur die Höhe und die Länge der Grundseite, so kann man zunächst die Seitenhöhe $h_a$ berechnen, um dann den Oberflächeninhalt der Pyramide zu bestimmen.

## 3 Mantel und Oberfläche eines Kegels

a) Wenn ein Kegel einen Radius von $r = 4\,cm$ und eine Mantellinie von $s = 5\,cm$ hat, dann besitzt er einen Mantelflächeninhalt von ca. $62{,}83\,cm^2$.

b) Den Oberflächeninhalt $A_O$ eines Kegels berechnet man mit der Formel $A_O = \pi \cdot s \cdot (s + r)$.

c) Wenn man von einem Kegel die Höhe $h$ und den Radius $r$ des Grundkreises kennt, so lässt sich die Länge der Mantellinie $s$ wie folgt bestimmen: $r^2 + s^2 = h^2$ (Satz des Pythagoras).

## 4 Volumen von Pyramide und Kegel

a) Für Pyramiden und für Kegel gilt: $V = \frac{1}{3} \cdot A_G \cdot h$ (Dabei ist $A_G$ der Flächeninhalt der Grundfläche und $h$ die Höhe des Körpers.)

b) Eine quadratische Pyramide mit einer Länge der Grundkante von 2 cm und einer Höhe von 3 cm hat ein Volumen von $4\,cm^3$.

c) Sind der Durchmesser eines Kegels und die Länge der Grundseite einer Pyramide gleich lang und die Höhen der Körper gleich groß, so haben die Körper das gleiche Volumen.

## 5 Volumen und Oberfläche einer Kugel

a) Das Volumen $V$ einer Kugel mit Durchmesser $d$ berechnet man mit der Formel $V = \frac{4}{3} \cdot \pi \cdot d^2$.

b) Wenn eine Kugel einen Radius von $r = 1\,cm$ hat, dann hat sie ein Volumen von ca. $4{,}2\,cm^3$ und einen Oberflächeninhalt von ca. $12{,}6\,cm^2$.

**BEACHTE**
Die Lösungen zu den Aufgaben auf dieser Seite sowie dazu passende Trainingsaufgaben findest du ab Seite 208.

# Zusammenfassung

→ Seite 8

## Pyramiden und Kegel erkennen und zeichnen

Eine **Pyramide** ist ein Körper mit einem $n$-Eck als Grundfläche und $n$ Dreiecken als Seitenflächen, die einen gemeinsamen Eckpunkt (die Spitze) haben. Pyramiden werden nach ihrer Grundfläche benannt.

Ein **Kegel** ist ein Körper, der durch einen Kreis und einen Punkt außerhalb der Ebene des Kreises (Kegelspitze) festgelegt wird.

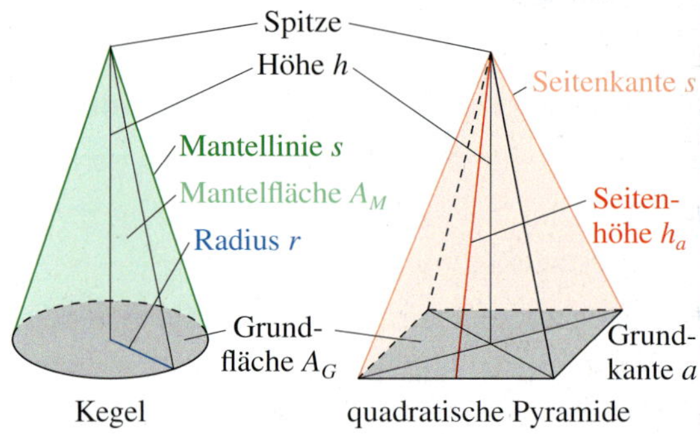


→ Seiten 12, 16, 24

## Oberflächenberechnung bei Pyramide, Kegel und Kugel

Die dreieckigen Seitenflächen einer Pyramide bilden ihre **Mantelfläche**. Nimmt man die Grundfläche zur Mantelfläche hinzu, ergibt sich die **Oberfläche der Pyramide**. Für Pyramiden mit quadratischer Grundfläche gilt:
$A_M = 2 \cdot a \cdot h_a$; $A_O = 2 \cdot a \cdot h_a + a^2$

Berechne den Oberflächeninhalt einer quadratischen Pyramide mit $a = 4\,\text{cm}$ und $h = 5\,\text{cm}$.
*1. Schritt:* Berechnung von $h_a$
$\left(\frac{a}{2}\right)^2 + h^2 = h_a^2$
$(2\,\text{cm})^2 + (5\,\text{cm})^2 = h_a^2$; $h_a \approx 5{,}4\,\text{cm}$

Für den **Mantelflächeninhalt $A_M$** und den **Oberflächeninhalt $A_O$ eines Kegels** mit dem Radius $r$ und der Mantellinie $s$ gilt:
$A_M = \pi \cdot r \cdot s \qquad A_O = \pi \cdot r \cdot (r + s)$

*2. Schritt:* Verwendung der Formeln
$A_M = 2 \cdot a \cdot h_a = 2 \cdot 4\,\text{cm} \cdot 5{,}4\,\text{cm} = 43{,}2\,\text{cm}^2$
$A_O = 43{,}2\,\text{cm}^2 + 16\,\text{cm}^2 = 59{,}2\,\text{cm}^2$

Berechne Mantel- und Oberflächeninhalt eines Kegels mit $r = 3\,\text{m}$ und $s = 4\,\text{m}$.
$A_M = \pi \cdot 3\,\text{m} \cdot 4\,\text{m} \approx 37{,}7\,\text{m}^2$
$A_O = \pi \cdot 3\,\text{m} \cdot (3\,\text{m} + 4\,\text{m}) \approx 66\,\text{m}^2$

Für den **Oberflächeninhalt $A_O$ einer Kugel** mit dem Radius $r$ gilt: $A_O = 4\pi \cdot r^2$

Der Oberflächeninhalt einer Kugel mit $r = 2{,}5\,\text{cm}$ ist: $A_O = 4\pi \cdot 6{,}25\,\text{cm}^2 \approx 78{,}54\,\text{cm}^2$.

→ Seiten 20, 24

## Volumenberechnung bei Pyramide, Kegel und Kugel

Das **Volumen $V$ einer Pyramide** bestimmt man, indem man den Flächeninhalt der Grundfläche $A_G$ mit der Höhe $h$ der Pyramide und dem Faktor $\frac{1}{3}$ multipliziert.
$V = \frac{1}{3} \cdot A_G \cdot h$
$V = \frac{1}{3} \cdot a^2 \cdot h$ (quadratische Pyramide)

Vergleiche das Volumen einer quadratischen Pyramide mit $a = 10\,\text{cm}$ und $h = 5\,\text{cm}$, eines Kegels mit $r = 5\,\text{cm}$ und $h = 10\,\text{cm}$ und einer Kugel mit $r = 5\,\text{cm}$.
$V_{\text{Pyramide}} = \frac{1}{3} \cdot (10\,\text{cm})^2 \cdot 5\,\text{cm} \approx 166{,}67\,\text{cm}^3$

Für das **Volumen $V$ eines Kegels** gilt:
$V = \frac{1}{3} \cdot \pi \cdot r^2 \cdot h$

$V_{\text{Kegel}} = \frac{1}{3} \cdot \pi \cdot (5\,\text{cm})^2 \cdot 10 \approx 261{,}8\,\text{cm}^3$

Für das **Volumen $V$ einer Kugel** gilt:
$V = \frac{4}{3} \cdot \pi \cdot r^3$

$V_{\text{Kugel}} = \frac{4}{3} \cdot \pi \cdot (5\,\text{cm})^3 \approx 523{,}6\,\text{cm}^3$

# Quadratische Funktionen

Die Tyne Bridge in Newcastle ist eine Bogenbrücke, also eine Brücke, die von einem Bogen getragen wird. Dieser Bogen hat die Form einer Parabel. Die Fahrbahn verläuft bei dieser Brücke zum größten Teil unter dem Bogen. Die Fahrbahn ist über Hänger mit dem Bogen verbunden.

In diesem Kapitel lernst du Parabeln in der Mathematik kennen. Du erfährst, wie man Parabeln zeichnet, wie man sie durch Funktionsgleichungen darstellen kann und welche Eigenschaften sie haben.

# Noch fit?

**1** Berechne die Aufgaben ohne Taschenrechner.

a) $-9 \cdot (-11)$ b) $-\frac{3}{4} \cdot 2$ c) $\frac{2}{5} \cdot (-3)$ d) $60 : (-4)$ e) $12 : (-\frac{1}{2})$

f) $2\frac{3}{4} : 2$ g) $\frac{9}{14} \cdot \frac{1}{3}$ h) $\frac{6}{7} : 3$ i) $9\frac{2}{3} : (-\frac{1}{3})$ j) $4\frac{1}{12} : \frac{1}{3}$

k) $9^2$ l) $(-9)^2$ m) $-9^2$ n) $\left(\frac{2}{3}\right)^2$ o) $\left(2\frac{4}{5}\right)^2$

**BEACHTE**
Die binomischen Formeln fassen Berechnungsschritte beim Auflösen von Klammern zusammen.

1. binomische Formel:
$(a + b)^2 = a^2 + 2ab + b^2$

2. binomische Formel:
$(a - b)^2 = a^2 - 2ab + b^2$

3. binomische Formel:
$(a + b)(a - b) = a^2 - b^2$

**2** Löse die Klammern auf. Die binomischen Formeln (siehe Randspalte) helfen dabei.

a) $(x + y)^2$ b) $(x - 2)^2$ c) $(x + 4)^2$ d) $(a + 5)^2$ e) $(m + 6)^2$

f) $(2 + x)^2$ g) $(x + 7)^2$ h) $(a - 12)^2$ i) $(x - 3)(x + 3)$ j) $(a - 5)(a + 5)$

**3** Übertrage in dein Heft und ergänze.

a) $u^2 + 6u + 9 = (\blacksquare + 3)^2$ b) $x^2 - 8x + 16 = (\blacksquare - 4)^2$ c) $y^2 - 24y + 144 = (y - \blacksquare)^2$

d) $v^2 + 9v + 20{,}25 = (v + \blacksquare)^2$ e) $9z^2 - 24z + 16 = (\blacksquare - 4)^2$ f) $4a^2 + 12ab + 9b^2 = (2a + \blacksquare)^2$

**4** Schreibe die Summe als Produkt. Wende dazu die binomischen Formeln „rückwärts“ an.

a) $r^2 - 10r + 25$ b) $m^2 + 12m + 36$ c) $x^2 + 4xy + 4y^2$ d) $v^2 - 24vw + 144w^2$

**5** Lineare Funktionen können mit der Funktionsgleichung $f(x) = mx + n$ beschrieben werden.

a) Erläutere die Bedeutung der Variablen $m$ und $n$.

b) Zeichne die Graphen der linearen Funktionen mit Hilfe eines Steigungsdreiecks.

① $m = 2;\ n = -1$ ② $m = -\frac{1}{2};\ n = 2$ ③ $m = \frac{2}{3};\ n = -1\frac{1}{2}$

**6** Welche Funktionsgleichungen gehören zu den rechts abgebildeten Graphen?

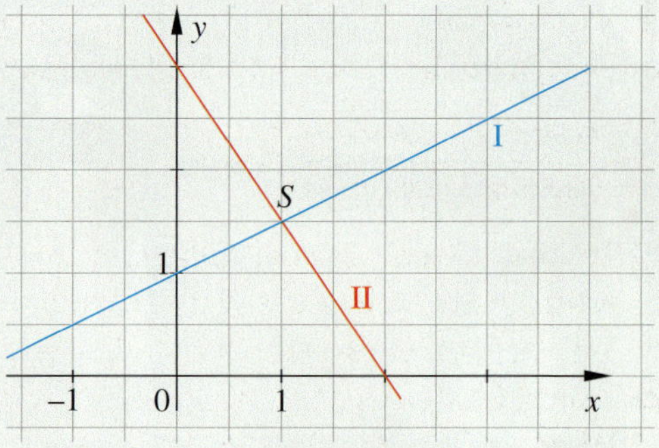


**7** Lege zunächst eine Wertetabelle von $x = -3$ bis $x = 3$ an. Zeichne dann den Graphen und gib die Schnittpunkte mit den Koordinatenachsen an.

a) $f(x) = 3x - 2$ b) $f(x) = -\frac{3}{4}x + 4$

c) $f(x) = -x - 1$ d) $f(x) = \frac{2}{3}x + 2$

**8** Gegeben ist die Funktion $f(x) = 3x - 4$.

a) Die folgenden Punkte liegen auf dem Graphen der Funktion.
Gib die fehlenden Koordinaten an. $P(-2\,|\,\blacksquare)$; $Q(12\,|\,\blacksquare)$; $R(\blacksquare\,|\,-25)$; $S(\blacksquare\,|\,-0{,}5)$

b) Bestimme den Schnittpunkt des Graphen mit der $x$-Achse.

c) Bestimme den Schnittpunkt des Graphen mit dem Graphen zu $g(x) = -2x + 6$.

## Bunt gemischt

1. Der Flächeninhalt eines Kreises mit dem Radius $r = 4\,\text{cm}$ beträgt □.
2. Wie lange benötigt man bei einer Geschwindigkeit von $90\,\frac{\text{km}}{\text{h}}$ für eine Strecke von 315 km?
3. Wie lang ist die Diagonale in einem Rechteck mit den Seitenlängen $a = 6\,\text{cm}$ und $b = 8\,\text{cm}$?
4. Gib die Quadratzahlen an von: 13; 1,3; 0,13; 130; 1300.
5. In einer Urne sind drei weiße und zwei schwarze Kugeln. Wie groß ist die Wahrscheinlichkeit zwei weiße Kugeln zu ziehen, wenn die zuerst gezogene Kugel zurückgelegt wird?

# Lineare und quadratische Funktionen

## Erforschen und Entdecken

Wenn ein Autofahrer plötzlich bremsen muss, so legt das Auto trotzdem noch einen Anhalteweg zurück, bis es wirklich steht. Der Anhalteweg ist umso länger, je schneller das Auto gefahren ist. Er setzt sich zusammen aus dem Reaktionsweg und dem Bremsweg.

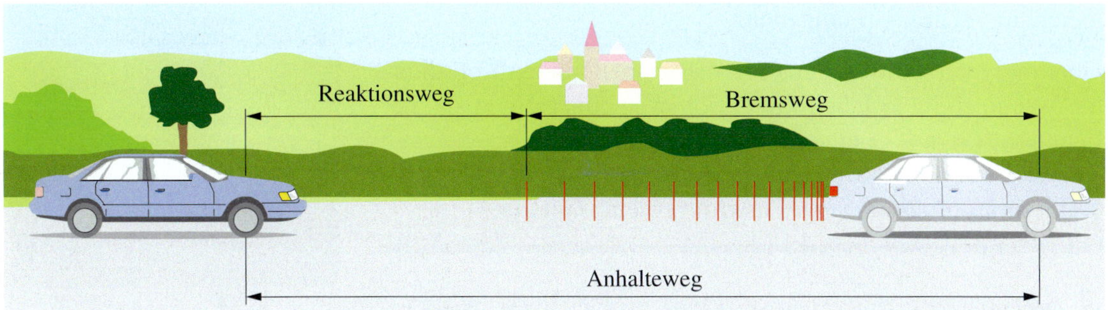

**BEACHTE**
Ein Tachometer zeigt die Geschwindigkeit des Fahrzeugs an.

In der Fahrschule lernt man die folgenden Faustregeln:
- Der **Reaktionsweg** (gemessen in m) ist die Tachometeranzeige geteilt durch 10 und anschließend mit 3 multipliziert.
- Der **Bremsweg** (gemessen in m) ist die Tachometeranzeige geteilt durch 10 und anschließend mit sich selbst multipliziert.

Diese Faustregeln gelten jedoch nur für trockene und ebene Fahrbahnen.

**1** Warum gibt es vor dem Bremsweg noch einen Reaktionsweg?

a) Übertrage die Tabelle ins Heft. Berechne die verschiedenen Längen der Reaktionswege.

| **Geschwindigkeit $x$ (in $\frac{km}{h}$)** | 0 | 20 | 40 | 60 | 80 | 100 | 120 | 140 | 160 | 180 | 200 |
|---|---|---|---|---|---|---|---|---|---|---|---|
| **Reaktionsweg $f(x)$ (in m)** | 0 | 6 | | | | | | | | | |

b) Trage die Werte aus der Tabelle in ein Koordinatensystem ein und verbinde sie. Wie verläuft der Graph dieser Zuordnung?

c) Wahr oder falsch? Überprüfe die Aussagen mit Hilfe der Tabelle oder der Zeichnung.
① Wenn sich die Geschwindigkeit verdoppelt, dann verdoppelt sich auch der Reaktionsweg.
② Wenn man dreimal so schnell fährt, verlängert sich der Reaktionsweg um 30 m.
③ Halbiert sich die Geschwindigkeit, so halbiert sich auch der Reaktionsweg.

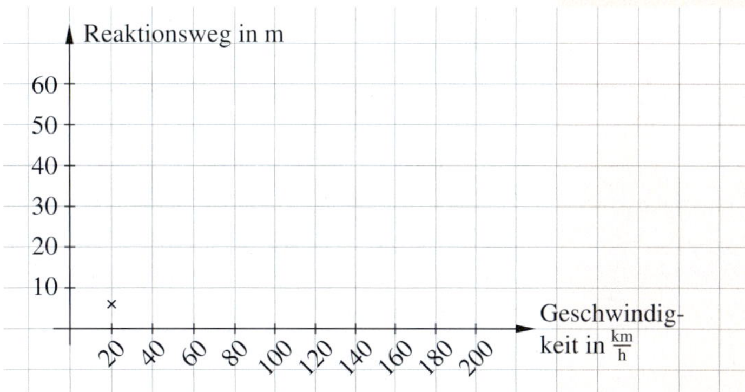


**2** Vergleiche Reaktionsweg und Bremsweg:

a) Berechne den Bremsweg für eine Geschwindigkeit von $120\,\frac{km}{h}$.

b) Erstelle eine Wertetabelle wie in Aufgabe 1 a) für den Bremsweg.

c) Veranschauliche den Bremsweg in einem Koordinatensystem. Verbinde die Punkte zu einem Funktionsgraphen.

d) Wie unterscheiden sich die Graphen von Reaktionsweg und Bremsweg?

e) Wie verändern sich Reaktionsweg und Bremsweg, wenn man in einem Wohngebiet statt $30\,\frac{km}{h}$ mit $60\,\frac{km}{h}$ fährt?

## Lesen und Verstehen

Marcel möchte Reaktionsweg und Bremsweg mit Hilfe seines Taschenrechners berechnen. Wenn man eine Funktionsgleichung eingibt, kann der Taschenrechner eine Wertetabelle erstellen.

**BEACHTE**
Anstelle von $f(x)$ kann man auch $y$ schreiben.

Um den **Reaktionsweg** zu berechnen, wird die Tachometeranzeige $x$ durch 10 dividiert und anschließend mit 3 multipliziert:
$\frac{x}{10} \cdot 3 = \frac{3}{10} \cdot x$. In den Taschenrechner kann man die Funktionsgleichung $f(x) = \frac{3}{10} \cdot x$ eingeben.

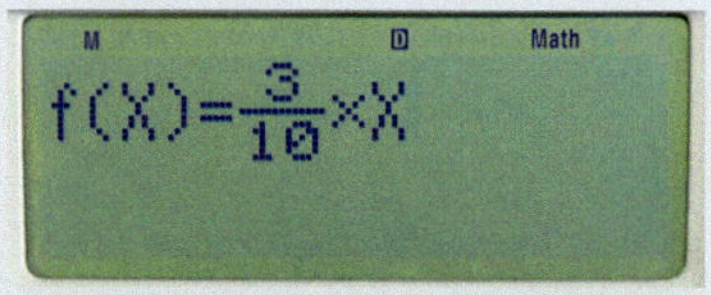


Überträgt man die Werte aus der Wertetabelle in ein Koordinatensystem, ergibt sich beim Reaktionsweg eine Gerade, da die Funktion $f(x) = \frac{3}{10} \cdot x$ eine **lineare Funktion** ist.

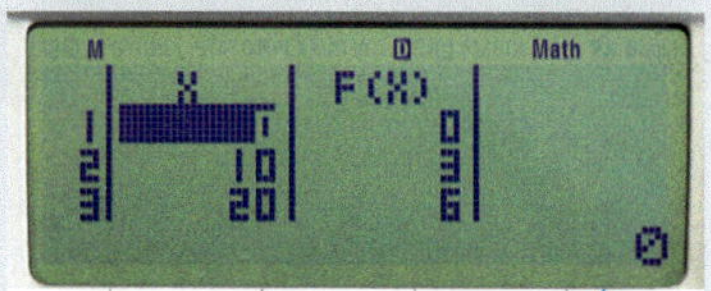


> Der Graph einer linearen Funktion ist eine Gerade.

Der **Bremsweg** wird berechnet, indem man die Tachometeranzeige $x$ durch 10 teilt. Man erhält also $\frac{1}{10}x$.
Dieser Wert wird mit sich selbst multipliziert $\frac{1}{10}x \cdot \frac{1}{10}x = \frac{1}{100}x^2$.
Die Funktionsgleichung lautet $f(x) = \frac{1}{100}x^2$.

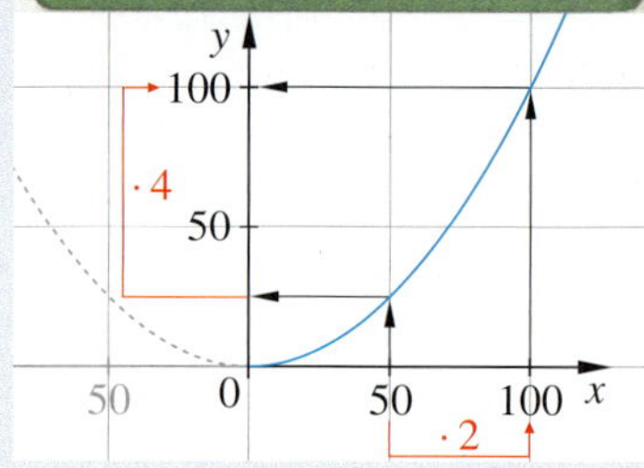


**BEACHTE**
$2 \cdot 2 \cdot 2 = 2^3$,
3 ist der Exponent und 2 ist die Basis.

Verbindet man die Punkte im Koordinatensystem, so erhält man eine besondere Kurve.

> Eine Funktion, in der die Variable mit dem Exponenten 2 vorkommt und keine Variable einen höheren Exponenten als 2 hat, nennt man **quadratische Funktion**. Der Graph einer quadratischen Funktion ist eine **Parabel**.

Exponent
$2^3$
Basis

**BEISPIEL**
Die Länge des Bremswegs erhöht sich nicht gleichmäßig wie beim Reaktionsweg.
Verdoppelt man die Geschwindigkeit, so vervierfacht sich der Bremsweg:

Geschwindigkeit $30\,\frac{\text{km}}{\text{h}}$
Geschwindigkeit $60\,\frac{\text{km}}{\text{h}}$ ↙ doppelte Geschwindigkeit

Bremsweg $\frac{1}{100} \cdot 30^2\,\text{m} = 9\,\text{m}$
Bremsweg $\frac{1}{100} \cdot 60^2\,\text{m} = 36\,\text{m}$ ↙ vierfacher Bremsweg

## Basisaufgaben

**1** Ergänze mit Hilfe der Funktionsgleichung.

a) $f(x) = 0{,}3\,x$ für den Reaktionsweg

| $x$ (in $\frac{\text{km}}{\text{h}}$) | 10 | 30 | 50 | 70 | 90 | 110 | 130 |
|---|---|---|---|---|---|---|---|
| $f(x)$ (in m) | | | | | | | |

b) $f(x) = 0{,}01\,x^2$ für den Bremsweg

| $x$ (in $\frac{\text{km}}{\text{h}}$) | 10 | 30 | 50 | 70 | 90 | 110 | 130 |
|---|---|---|---|---|---|---|---|
| $f(x)$ (in m) | | | | | | | |

**2** Ergänze: Wenn die Geschwindigkeit …

a) halbiert wird, dann ▒ sich der Reaktionsweg.

b) verdoppelt wird, dann ▒ sich der Bremsweg.

c) verdreifacht wird, dann ▒ sich der Reaktionsweg.

d) verdreifacht wird, dann ▒ sich der Bremsweg.

**3** Wenn man auf einer nassen Straße fährt, verändert sich die Faustformel für die Berechnung des Bremsweges. Es gilt $f(x) = 0{,}0125\,x^2$.

a) Erstelle eine Wertetabelle für $20\,\frac{\text{km}}{\text{h}}$, $40\,\frac{\text{km}}{\text{h}}$, …, $160\,\frac{\text{km}}{\text{h}}$.

b) Übertrage die Werte in ein Koordinatensystem und verbinde sie zu einer Parabel.

c) Tobias meint: „Der Bremsweg auf einer vereisten Straße kann mit $f(x) = 0{,}011\,x^2$ berechnet werden". Begründe, ob diese Funktionsgleichung richtig sein kann.

d) Skizziere einen möglichen Verlauf eines Graphen, der den Bremsweg auf einer vereisten Straße beschreibt.

**4** Handelt es sich um lineare oder quadratische Funktionen? Begründe.

a) $f(x) = 3x^2$  b) $f(x) = 3x + 2$
c) $f(x) = 2x$  d) $f(x) = 2$
e) $f(x) = 1 + x^2$  f) $f(x) = 2x + x^2$
g) $f(x) = 2\,(x + 2)$  h) $f(x) = x\,(2x - 1)$
i) $f(x) = (x - 2)^2$  j) $f(x) = 3\,(x + 4)^2$

**5** Welcher Graph gehört zu welcher Funktionsgleichung? Begründe.

a) $f(x) = x + 1$  b) $f(x) = x^2$
c) $f(x) = -2x - 2$  d) $f(x) = -x^2 + 2$

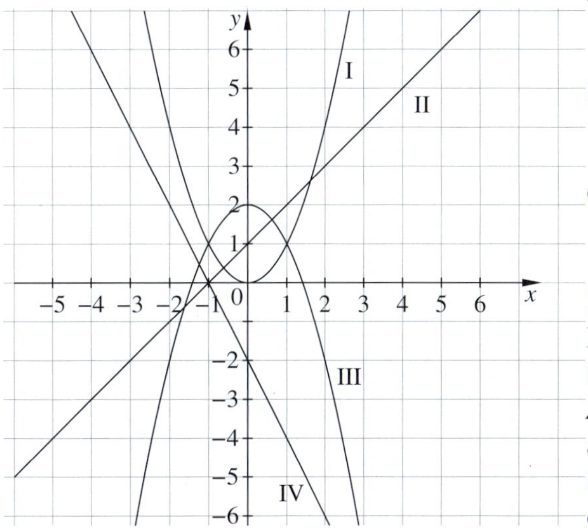


**6** Ergänze im Heft. Verwende:
Exponent, Gerade, lineare, Parabel, quadratische, Schnittpunkt, Steigung

Die Funktion $f(x) = 0{,}5\,x + 3$ ist eine ▢ Funktion. Der Graph dieser Funktion ist eine ▢. Die ▢ des Funktionsgraphen ist 0,5. Der ▢ mit der $y$-Achse liegt bei $(0|3)$.
Die Funktion $f(x) = 0{,}5\,x^2$ ist eine ▢ Funktion, denn der höchste ▢ der Variable $x$ ist 2.
Der Graph der Funktion ist eine ▢.

**7** Vorsicht: Einige Einträge stehen noch nicht an der richtigen Stelle! Übertrage die Tabelle korrigiert ins Heft.

<table>
<tr><th></th><th>linear</th><th>quadratisch</th></tr>
<tr><td>Funktionsvorschrift</td><td>$y = 0{,}5\,x + 2$</td><td>$y = 0{,}5\,x^2$</td></tr>
<tr><td>Wertetabelle</td><td><table><tr><td>x</td><td>0</td><td>1</td><td>2</td></tr><tr><td>y</td><td>0</td><td>0,5</td><td>2</td></tr></table></td><td><table><tr><td>x</td><td>0</td><td>1</td><td>2</td></tr><tr><td>y</td><td>2</td><td>2,5</td><td>3</td></tr></table></td></tr>
<tr><td>Funktionsgraph</td><td>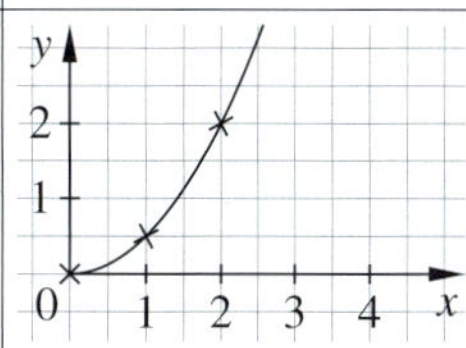</td><td>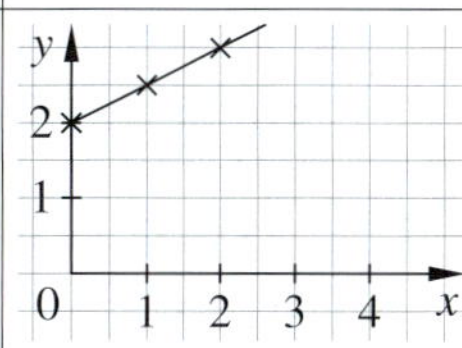</td></tr>
<tr><td>Wortvorschrift</td><td>Multipliziere eine Zahl mit 0,5 und addiere zum Ergebnis 2.</td><td>Multipliziere eine Zahl mit sich selbst und nimm das Ergebnis mit 0,5 mal.</td></tr>
</table>

**8** Zeichne den Graphen. Liegt eine lineare oder eine quadratische Funktion vor?

a)

| x | −3 | −2 | −1 | 0 | 1 | 2 | 3 |
|---|---|---|---|---|---|---|---|
| f(x) | −5 | −3 | −1 | 1 | 3 | 5 | 7 |

b)

| x | −3 | −2 | −1 | 0 | 1 | 2 | 3 |
|---|---|---|---|---|---|---|---|
| f(x) | 8 | 3 | 0 | −1 | 0 | 3 | 8 |

c)

| x | −3 | −2 | −1 | 0 | 1 | 2 | 3 |
|---|---|---|---|---|---|---|---|
| f(x) | −9 | −4 | −1 | 0 | −1 | −4 | −9 |

**9** Gib die Gleichung für die Zuordnung an. Ist die Funktion linear oder quadratisch?

**BEISPIEL** Kreis: *Radius r → Flächeninhalt*
$A = \pi \cdot r^2$. Die Funktion ist quadratisch.

a) Quadrat: *Seitenlänge a → Umfang u*
b) Quadrat: *Seitenlänge a → Flächeninhalt A*
c) Kugel: *Radius r → Oberflächeninhalt* $A_O$

## Weiterführende Aufgaben

**10** Eine Quarterpipe soll auf einem 200 cm langen Stahlgerüst befestigt werden. Der längste Träger soll 120 cm hoch sein. Die Träger sind jeweils im Abstand von 40 cm angebracht. Die Trägerlänge lässt sich mit der Funktionsgleichung $f(x) = 0{,}003\,x^2$ berechnen.

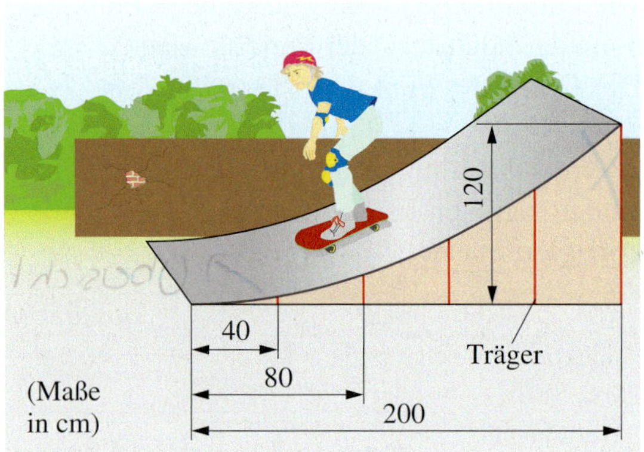


a) Berechne die Trägerlängen. Stelle dazu eine Wertetabelle auf.
b) Zeichne die Rampe im Maßstab 1 : 10.

**11** Für vier Funktionen wurden jeweils eine Funktionsgleichung, ein Punkt des Graphen und eine Beschreibung notiert. Arbeitet in Vierergruppen.
a) Welche Karten gehören zusammen?

$f(x) = 3x + 2$

Eine Zahl wird mit sich selbst multipliziert. Das Produkt wird geviertelt.

$R(4|4)$

$Q(3|11)$

$f(x) = 1{,}5x + 2{,}5$

$P(5|10)$

Der Flächeninhalt eines Quadrats wird verdoppelt.

Für eine Taxifahrt zahlt man 2,50 € Grundgebühr und 1,50 € pro km.

$f(x) = 2x^2$

$S(2{,}5|12{,}5)$

$f(x) = 0{,}25\,x^2$

Das Dreifache der Zahl wird um 2 erhöht.

b) Zeichnet jede der Funktionen.
c) Erstellt selbst solche Karten für lineare oder quadratische Funktionen.
Denkt euch eine Funktionsgleichung aus, findet eine Wortvorschrift, gebt einen Punkt des Graphen an und erstellt eine kleine Wertetabelle.

**038-1**
Unter dem Webcode findest du eine Vorlage für das Spiel von Aufgabe 11.

**12** Galileo Galilei führte verschiedene Versuche zur Erdanziehung durch.
Dazu baute er z. B. eine Fallrinne und ließ eine Kugel hinunterlaufen. Dann untersuchte er den Zusammenhang zwischen dem zurückgelegten Weg und der benötigten Zeit. Er stellte fest, dass der Weg proportional zum Quadrat der Zeit ist.

Max hat den gleichen Versuch durchgeführt und folgende Werte erhalten:

| Zeit (in s) | 1 | 2 | 3 | 4 | 5 |
|---|---|---|---|---|---|
| Weg (in cm) | 10 | 40 | 90 | 160 | 250 |

a) Zeige, dass die Funktion *Zeit* → *Weg* durch die Funktionsgleichung $f(x) = 10\,x^2$ beschrieben werden kann.
b) Zeichne den Graphen in einem geeigneten Koordinatensystem.
c) Welchen Weg hat die Kugel nach 6 s, 10 s und 12 s zurückgelegt?
d) Ermittle mit Hilfe deiner Zeichnung, wie lange die Kugel etwa für einen Weg von 50 cm braucht.

**13** Wenn ein Gegenstand fällt, kann die Bewegung durch eine Funktion mit der Gleichung $h(t) = 5\,t^2$ beschrieben werden. Dabei gibt $h(t)$ die Fallhöhe in Metern und $t$ die Fallzeit in Sekunden an.
a) Maren wirft einen Stein in einen Brunnen. Er prallt nach 5 s auf dem Boden auf. Wie tief ist der Brunnen?
b) Erstelle eine Wertetabelle und zeichne den Graphen für Fallzeiten von 1 s bis 8 s.
c) Ermittle mit Hilfe deiner Zeichnung, wie lange ein Stein etwa benötigt, um 150 m tief zu fallen.

# Graph der quadratischen Funktion $f(x) = ax^2$

## Erforschen und Entdecken

**1** Wenn man aufmerksam die Umgebung beobachtet, findet man manchmal Bögen, die wie eine Parabel verlaufen.
Findet Beispiele von Parabeln in eurer Umgebung. Skizziert und beschreibt ihre Form. Gibt es einen höchsten oder einen tiefsten Punkt?

Veranstaltungshalle Lanxess Arena

Brücke über den Kleinen Belt, Dänemark

Viadukt Garabit in Frankreich

Bürogebäude „Berliner Bogen" in Hamburg

**2** Funktionen lassen sich als Gleichung, in einer Wertetabelle oder als Graph darstellen.

**a)** Übertrage die Tabelle in dein Heft und ergänze die Lücken. Zeichne alle Graphen in ein größeres Koordinatensystem mit vier Quadranten.

| Gleichung | Wertetabelle | | | | | | | |
|---|---|---|---|---|---|---|---|---|
| $f(x) = x^2$ | $x$ | −3 | −2 | −1 | 0 | 1 | 2 | 3 |
| | $f(x)$ | 9 | 4 | 1 | 0 | 1 | 4 | 9 |
| $g(x) = \frac{1}{4}x^2$ | $x$ | −3 | −2 | −1 | 0 | 1 | 2 | 3 |
| | $f(x)$ | 2,25 | 1 | 0,25 | 0 | | | |
| $h(x) =$ ■ | $x$ | −3 | −2 | −1 | 0 | 1 | 2 | 3 |
| | $f(x)$ | 4,5 | 2 | 0,5 | 0 | 0,5 | 2 | 4,5 |
| $i(x) = 1{,}5x^2$ | $x$ | −3 | −2 | −1 | 0 | 1 | 2 | 3 |
| | $f(x)$ | | 6 | | | | | |
| $k(x) =$ ■ | $x$ | −3 | −2 | −1 | 0 | 1 | 2 | 3 |
| | $f(x)$ | 18 | 8 | 2 | 0 | 2 | 8 | 18 |

Funktionsgraph

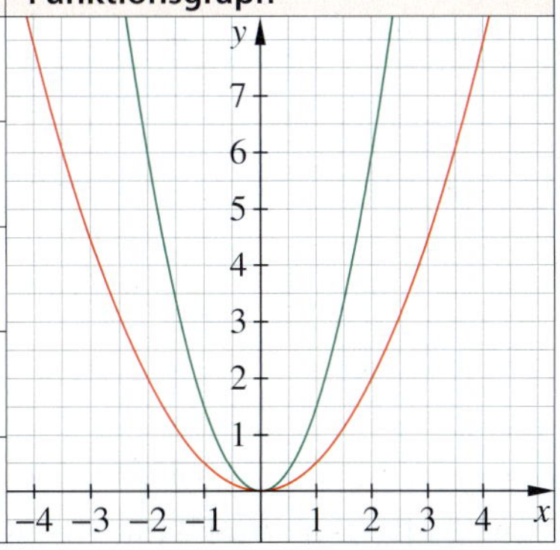


**b)** Welche Gemeinsamkeiten haben die gezeichneten Graphen? Worin unterscheiden sie sich?

**c)** Jonna behauptet, dass der Graph der Funktion $y = -0{,}5x^2$ nach unten geöffnet ist. Überprüfe ihre Aussage, indem du für die Funktion eine Wertetabelle anlegst und den Graphen in ein geeignetes Koordinatensystem zeichnest.

## Lesen und Verstehen

Welchen Verlauf haben die Graphen von quadratischen Funktionen der Form $f(x) = ax^2$?
Hier werden die fünf Graphen für $a = 1$; $a = 4$; $a = \frac{1}{4}$; $a = -1$ und $a = -3$ untersucht.

- Wertetabellen anlegen
  Die Werte für die Funktionen erhält man leicht, indem man die Werte für $f(x) = x^2$ mit dem entsprechenden $a$ multipliziert.
- Graphen in ein Koordinatensystem zeichnen

| $x$ | −2 | −1 | 0 | 1 | 2 |
|---|---|---|---|---|---|
| $f(x) = x^2$ | 4 | 1 | 0 | 1 | 4 |
| $f(x) = 4x^2$ | 16 | 4 | 0 | 4 | 16 |
| $f(x) = \frac{1}{4}x^2$ | 1 | $\frac{1}{4}$ | 0 | $\frac{1}{4}$ | 1 |
| $f(x) = -x^2$ | −4 | −1 | 0 | −1 | −4 |
| $f(x) = -3x^2$ | −12 | −3 | 0 | −3 | −12 |

Der **Graph einer quadratischen Funktion** $f(x) = ax^2$ ist eine zur $y$-Achse symmetrische Parabel.
Den tiefsten bzw. höchsten Punkt nennt man **Scheitelpunkt**. Er liegt bei quadratischen Funktionen der Form $f(x) = ax^2$ im Punkt $S(0|0)$.

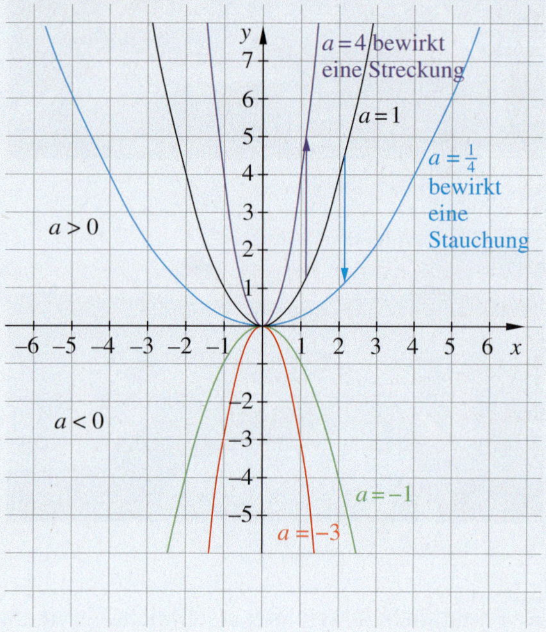


Bei der Funktion $f(x) = x^2$ ist $a = 1$. Den Graph bezeichnet man als **Normalparabel**. Wenn eine Parabel enger als die Normalparabel verläuft, so heißt sie **gestreckt** (z. B. $f(x) = 4x^2$). Wenn eine Parabel weiter als eine Normalparabel verläuft, dann nennt man sie **gestaucht** (z. B. $f(x) = \frac{1}{4}x^2$).
Bei $f(x) = -x^2$ ist die Parabel an der $x$-Achse gespiegelt und **nach unten geöffnet**.

Der **Faktor $a$** bestimmt die **Form** und die **Öffnungsrichtung** einer Parabel zu $f(x) = ax^2$.
Für $a = 1$ entsteht die Normalparabel.
Für $a < 0$ ist die Parabel nach unten geöffnet, für $a > 0$ nach oben geöffnet.
Für $a < -1$ oder $a > 1$ entsteht eine gestreckte Parabel.
Für $-1 < a < 0$ oder $0 < a < 1$ entsteht eine gestauchte Parabel.

## Basisaufgaben

**1** Übertrage die Tabelle in dein Heft und kreuze Zutreffendes an.

| | Gleichung | gestreckt | gestaucht | nach oben geöffnet | nach unten geöffnet |
|---|---|---|---|---|---|
| a) | $y = 3x^2$ | | | | |
| b) | $y = -x^2$ | | | | |
| c) | $y = 0{,}5x^2$ | | | | |
| d) | $y = -2{,}7x^2$ | | | | |
| e) | $y = \frac{1}{4}x^2$ | | | | |

**2** Erstelle für die Funktionen $f_1(x) = 0{,}75x^2$ und $f_2(x) = 1{,}2x^2$ eine Wertetabelle mit den Werten für $-2{,}5$; $-2$; $-1{,}5$; …; 2; 2,5. Zeichne beide Funktionsgraphen in ein gemeinsames Koordinatensystem. Vergleiche die beiden Graphen mit der Normalparabel.

**3** Betrachte die Wertetabellen.

| $x$ | −3 | −2 | −1 | 0 | 1 | 2 | 3 |
|---|---|---|---|---|---|---|---|
| $f(x)$ | 5,4 | 2,4 | 0,6 | 0 | 0,6 | 2,4 | 5,4 |
| $g(x)$ | −13,5 | −6 | −1,5 | 0 | −1,5 | −6 | −13,5 |
| $h(x)$ | −2,7 | −1,2 | −0,3 | 0 | −0,3 | −1,2 | −2,7 |
| $i(x)$ | 10,8 | 4,8 | 1,2 | 0 | 1,2 | 4,8 | 10,8 |

a) Zeichne die Graphen in ein gemeinsames Koordinatensystem.
b) Gib zu jeder Funktion die zugehörige Funktionsgleichung an.
c) Wie kann man in der Wertetabelle den Faktor $a$ und die Öffnungsrichtung ablesen?

**4** Gib jeweils die zugehörige Funktionsgleichung an.

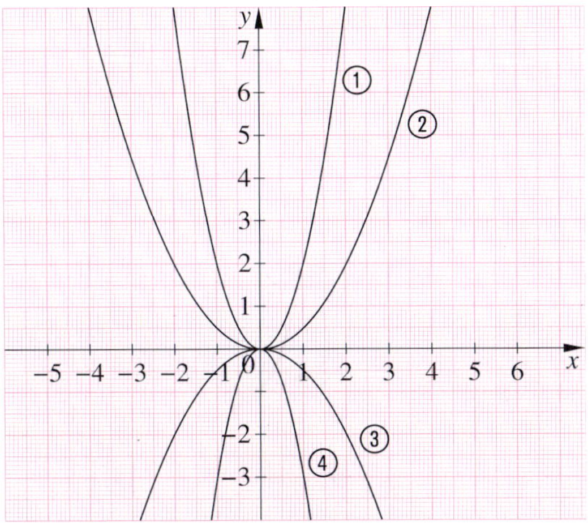


**5** Ordne die Punkte der zugehörigen Funktionsvorschrift zu. Begründe.

| Punkte |
|---|
| $P(3\|-0{,}9)$ |
| $Q(2\|0{,}8)$ |
| $R(-2{,}4\|-2{,}88)$ |
| $S(-1\|-1{,}5)$ |
| $T(-4\|16)$ |

| Vorschriften |
|---|
| ① $y = 0{,}2x^2$ |
| ② $y = -1{,}5x^2$ |
| ③ $y = -0{,}1x^2$ |
| ④ $y = x^2$ |
| ⑤ $y = -0{,}5x^2$ |

**6** Ergänze den Lückentext mit den Begriffen rechts. Ein Begriff bleibt übrig.
Der Graph einer quadratischen Funktion mit der Gleichung $y = ax^2$ ist eine zur ▒ symmetrische Parabel. Er hat den ▒ (0|0).
Der Graph der Funktion mit der Gleichung $y = x^2$ heißt ▒.
Wenn $a$ positiv ist, dann ist die Parabel nach ▒ geöffnet. Wenn $a$ negativ ist, dann ist die Parabel nach ▒ geöffnet.
Wenn $a > 1$ ist, so ist die Parabel ▒. Die Parabel ist dann ▒ geöffnet als die Normalparabel.
Wenn $a$ zwischen 0 und 1 liegt, so ist die Parabel ▒. Die Parabel ist dann ▒ geöffnet als die Normalparabel.

gestaucht,
gestreckt,
Normalparabel,
oben,
Scheitelpunkt,
unten,
weiter,
weniger weit,
$x$- Achse,
$y$-Achse

**7** Eine Parabel mit der Gleichung $y = ax^2$ verläuft durch den Punkt (5|10). Lina soll die Funktionsgleichung bestimmen und rechnet wie rechts:

$10 = a \cdot 5^2$
$10 = a \cdot 25 \quad | :25$
$a = \frac{10}{25} = \frac{40}{100} = 0{,}4$
$y = 0{,}4x^2$

a) Erkläre die erste Zeile ihrer Rechnung.
b) Bestimme die Funktionsgleichung einer Parabel mit der Gleichung $y = ax^2$, die durch den Punkt (2|18) verläuft. Gehe vor wie Lina.
c) Bestimme die Funktionsgleichung einer Parabel mit der Gleichung $y = ax^2$, die durch den Punkt (3|−2,7) verläuft.

**8** Der „Berliner Bogen“ kann durch eine Parabel der Form $f(x) = ax^2$ beschrieben werden, wenn man den Koordinatenursprung in den höchsten Punkt legt.

a) Der obere Bogen hat eine Spannweite von 140 m und eine Höhe von 32,83 m. Durch welche Funktionsgleichung kann er beschrieben werden? Begründe.
b) Wie hoch ist der Bogen 10 m von der Mitte entfernt?

$f(x) = -1{,}2x^2$
$f(x) = -0{,}005x^2$
$f(x) = -0{,}0067x^2$
$f(x) = -0{,}0125x^2$

## Methode: Nutzung eines Funktionenplotters

Ein Funktionenplotter ist ein Computerprogramm, das Graphen von Funktionen zeichnen kann. Wenn du Funktionsgraphen untersuchen möchtest, ermöglicht dir der Funktionenplotter einen schnellen Überblick über den Verlauf der Graphen.

**1. Eingabe der Funktionsgleichung**
Zunächst wird die Funktionsgleichung in eine Eingabezeile eingetippt.
Häufig wird der Exponent mit Hilfe der Taste [^] eingetippt.

**2. Festlegung des Zeichenbereichs**
Bei den meisten Funktionenplottern kann man angeben, in welchem Bereich der Graph gezeichnet werden soll (Definitionsbereich und Wertebereich) und wie die Achsen skaliert und beschriftet werden sollen.

**3. Sonstige Ausgabemöglichkeiten**
Einige Funktionenplotter zeigen auch die zugehörige Wertetabelle an und berechnen Punkte des Graphen. Außerdem kann man mehrere Funktionen mit unterschiedlichen Farben in ein Koordinatensystem zeichnen lassen und in die Graphen hineinzoomen.

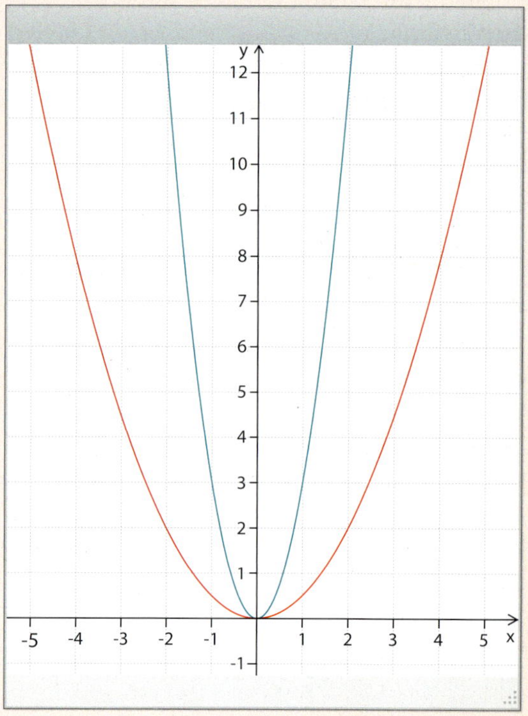


## Weiterführende Aufgaben

**9** Zeichne mit einem Funktionenplotter den Graphen der Funktion.

a) $f_1(x) = 20x^2$ b) $f_2(x) = -9x^2$
c) $f_3(x) = -\frac{3}{7}x^2$ d) $f_4(x) = 8\frac{2}{3}x^2$

**10** Zeichne den Graphen der Funktion. Gib die Koordinaten von drei Punkten an, die auf dem Graphen liegen.

a) $f_1(x) = 18x^2$ b) $f_2(x) = -0{,}49x^2$
c) $f_3(x) = -12x^2$ d) $f_4(x) = 2{,}5x^2$

**11** Eine **Bogenbrücke** hat die Funktionsgleichung $f(x) = -0{,}375x^2$.

a) Wie hoch ist die Brücke, wenn sie eine Spannweite von 8 m hat?
b) Zeichne die Brücke in ein Koordinatensystem.

**12** Die Golden Gate Bridge in San Francisco ist eine **Hängebrücke**. Der Verlauf ihrer Stahlseile kann etwa durch die Funktion $f(x) = 0{,}0004x^2$ beschrieben werden. Die Entfernung zwischen den Pfeilern beträgt 1280 m.

a) In welcher Höhe sind die Stahlseile an den Brückenpfeilern befestigt?
b) Kann man das Seil noch berühren, wenn man 50 m vom Mittelpunkt der Brücke entfernt steht?

# Quadratische Funktionen in Scheitelpunktform

## Erforschen und Entdecken

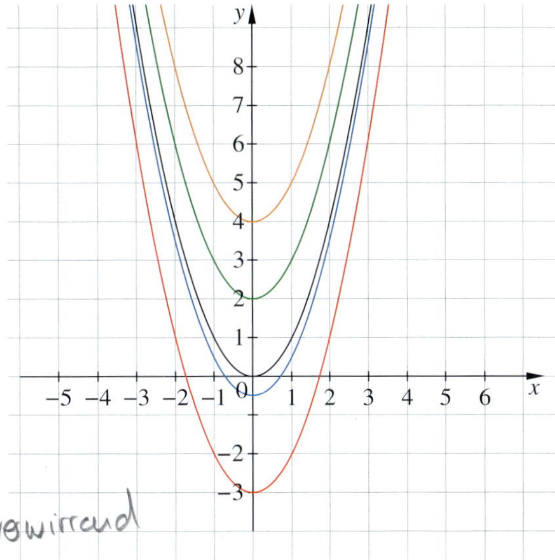


**1** Betrachte die fünf Funktionsgraphen.

a) Übertrage den schwarzen Funktionsgraphen auf Transparentpapier oder auf Folie.

b) Vergleiche den schwarzen Funktionsgraphen mit den Graphen der anderen Funktionen. Was fällt dir auf?

c) Ordne jedem Funktionsgraphen die passende Funktionsgleichung zu. Achtung: Zwei Gleichungen bleiben übrig.

$f_1(x) = x^2 + 3$ $\quad f_2(x) = x^2 + 4$
$f_3(x) = x^2 - 3$ $\quad f_4(x) = x^2 + 2$
$f_5(x) = x^2$ $\quad f_6(x) = x^2 - 1{,}5$
$f_7(x) = x^2 - 0{,}5$

d) Wie verlaufen die Graphen der beiden Funktionen, die in Aufgabenteil c) nicht verwendet wurden?

e) An welchen Stellen liegen die Scheitelpunkte? Begründe.

**BEACHTE** Die Aufgaben 1 bis 3 können in arbeitsteiliger Partnerarbeit gelöst werden. Partner 1 bearbeitet Aufgabe 1, Partner 2 Aufgabe 2. Danach stellen sich die Partner gegenseitig ihre Arbeitsergebnisse vor und bearbeiten gemeinsam Aufgabe 3.

**2** Untersuche die Funktionsgraphen zu $g_1(x) = (x - 1)^2$ und $g_2(x) = (x + 2)^2$:

a) Erstelle für die Funktionen $g_1$ und $g_2$ eine Wertetabelle von −4 bis 4 mit Schrittweite 0,5.
**BEISPIEL** $g_1(-4) = (-4 - 1)^2 = (-5)^2 = 25$ oder $g_2(-4) = (-4 + 2)^2 = (-2)^2 = 4$

b) Zeichne die beiden Graphen in ein gemeinsames Koordinatensystem.

c) Ergänze im Koordinatensystem den Funktionsgraph der Normalparabel und beschreibe, wie sich die Graphen zu $g_1$ und $g_2$ von der Normalparabel unterscheiden.

d) Wie verlaufen die Graphen der Funktionen zu $g_3(x) = (x - 5)^2$ und $g_4(x) = (x + 7)^2$? An welcher Stelle liegen die Scheitelpunkte? Begründe.

**BEACHTE** Die Aufgaben lassen sich auch mit einem Funktionenplotter bearbeiten.

**3** Gegeben sind die Funktionsgleichungen $h_1(x) = (x - 1)^2 - 2$ und $h_2(x) = 0{,}5\,(x - 1)^2 - 2$. Arbeitet zu zweit.

a) Formuliert Vermutungen über die Lage der Scheitelpunkte und den Verlauf der Parabeln.

b) Überprüft eure Vermutungen. Erstellt dazu eine Wertetabelle von −3 bis 4 mit der Schrittweite 0,5 für die Funktionen $h_1$ und $h_2$. Zeichnet dann die beiden Graphen in ein gemeinsames Koordinatensystem.

c) Notiert eure Entdeckungen in einem oder mehreren Merksätzen.

## Lesen und Verstehen

Jannik soll den Graphen der Funktion $f(x) = (x - 2)^2 + 1$ zeichnen.
Er besitzt eine Parabelschablone, mit der er den Graphen einer Normalparabel zeichnen kann. Diese Schablone ist nur für Koordinatensysteme mit der Längeneinheit 1 cm auf beiden Achsen geeignet.
Viele Parabeln entstehen durch eine Verschiebung der Normalparabel. Um die Schablone richtig anzulegen, muss Jannik wissen, wo sich der Scheitelpunkt der Funktion befindet.

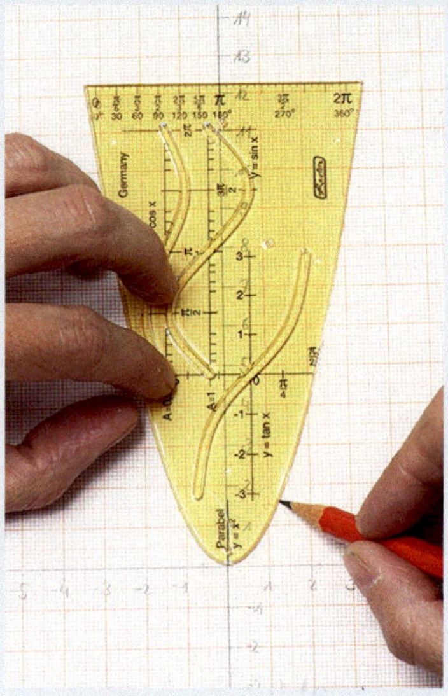

1. Er legt die Normalparabelschablone mit dem Scheitelpunkt im Ursprung an.

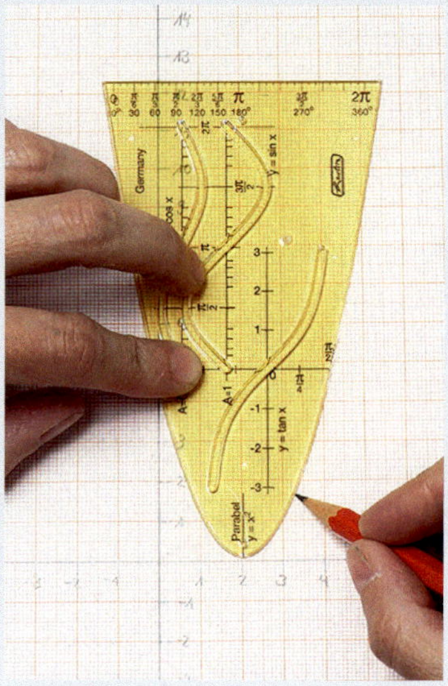

2. Durch Verschiebung um 2 Längeneinheiten nach rechts erhält er die Funktion $f(x) = (x - 2)^2$. Diese Funktion hat an der Stelle $(2|0)$ ihren niedrigsten Punkt.

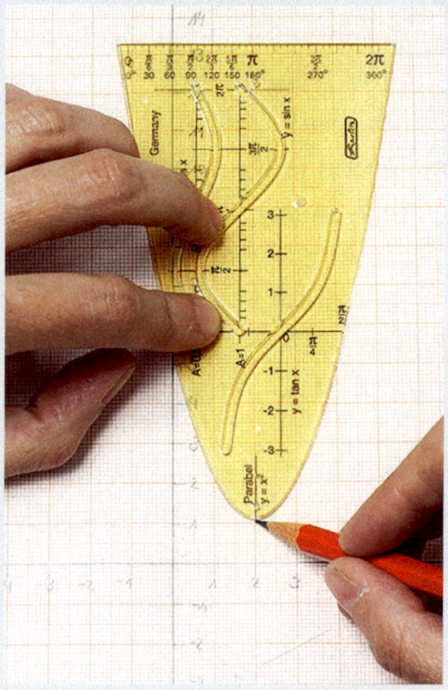

3. Durch Verschiebung um 1 Längeneinheit nach oben erhält er die Funktion $f(x) = (x - 2)^2 + 1$. Jannik markiert den Scheitelpunkt $S(2|1)$ und zeichnet mit der Schablone den Graphen.

**044-1**
Unter dem Webcode findest du eine Vorlage für eine Parabelschablone.

Der Graph einer quadratischen Funktion der Form $f(x) = a(x - x_s)^2 + y_s$ hat den Scheitelpunkt $S(x_s|y_s)$. Er geht aus der Normalparabel durch Verschiebung und Streckung bzw. Stauchung hervor.

- $x_s$ zeigt die Verschiebung in Richtung der $x$-Achse.
- $y_s$ zeigt die Verschiebung in Richtung der $y$-Achse.
- $a$ bestimmt die Form und Öffnungsrichtung der Parabel.

Da man in dieser Funktionsgleichung die Koordinaten des Scheitelpunkts direkt ablesen kann, heißt sie **Funktion in Scheitelpunktform**.

**BEACHTE**
Da der Scheitelpunkt jeweils der höchste oder niedrigste Punkt des Graphen ist, bezeichnet man seine $y$-Koordinate auch als **Maximum** bzw. **Minimum der Funktion**.

**BEISPIELE**

a) $f(x) = (x - 4)^2 + 3$
$x_s = 4$ und $y_s = 3$;
Scheitelpunkt $S(4|3)$;
$a = 1$; Parabel nach oben geöffnet

b) $f(x) = -(x + 7)^2$
$x_s = -7$ und $y_s = 0$;
Scheitelpunkt $S(-7|0)$;
$a = -1$; Parabel nach unten geöffnet

c) $f(x) = 0{,}5x^2 - 9$
$x_s = 0$ und $y_s = -9$;
Scheitelpunkt $S(0|-9)$;
$a = 0{,}5$; gestauchte Parabel; nach oben geöffnet

## Basisaufgaben

**1** Ergänze die Wertetabelle im Heft und zeichne die Graphen der Funktionen in ein gemeinsames Koordinatensystem.

| $x$ | −3 | −2 | −1 | 0 | 1 | 2 | 3 |
|---|---|---|---|---|---|---|---|
| $f(x) = x^2 + 1$ | | | | | | | |
| $g(x) = x^2 + 4$ | | | | | | | |
| $h(x) = x^2 - 2$ | | | | | | | |

**2** Gib die Scheitelpunkte und die Funktionsgleichungen der fünf Parabeln an.

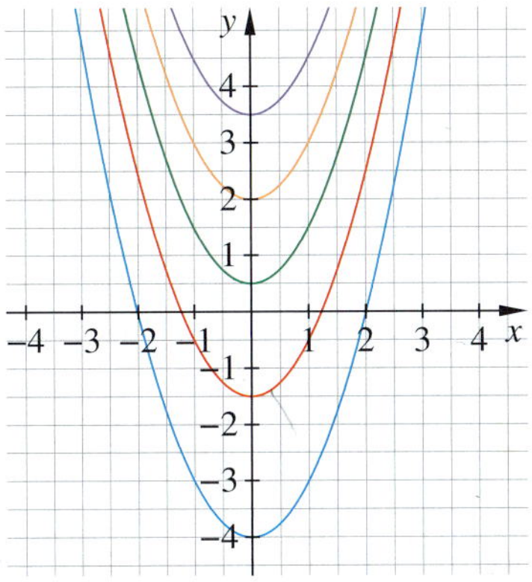


**3** Gib den Scheitelpunkt der Parabel an und zeichne die Parabel.

**a)** $f(x) = x^2 - 1$
**b)** $f(x) = x^2 + 3$
**c)** $f(x) = x^2 + 5{,}5$
**d)** $f(x) = x^2 - 3{,}5$

**4** Zeichne die verschobene Normalparabel mit dem gegebenen Scheitelpunkt und gib ihre Gleichung an.

**a)** $S(0|-3)$ **b)** $S(0|1{,}5)$ **c)** $S(0|-2{,}5)$

**5** Eine verschobene Normalparabel hat den Scheitelpunkt $S(0|-5)$.
Gib die Funktionsgleichung der Parabel an und nenne die Koordinaten von vier weiteren Punkten, die auf der Parabel liegen.
Liegen die Punkte $P(-1|2)$, $Q(0{,}5|0{,}5)$ und $R(-1{,}5|-2{,}75)$ auf der Parabel?

**6** Zeichne die beiden Graphen in ein gemeinsames Koordinatensystem.
Finde Gemeinsamkeiten und Unterschiede.

**a)** $f_1(x) = x^2 - 1{,}5$ $f_2(x) = 2x^2 - 1{,}5$
**b)** $f_1(x) = x^2 + 2$ $f_2(x) = 0{,}5x^2 + 2$
**c)** $f_1(x) = \frac{3}{4}x^2 - 1{,}5$ $f_2(x) = \frac{3}{4}x^2 + 2$

**7** Ergänze die Wertetabelle im Heft und zeichne die Graphen der Funktionen in ein gemeinsames Koordinatensystem.

| $x$ | −3 | −2 | −1 | 0 | 1 | 2 | 3 |
|---|---|---|---|---|---|---|---|
| $f(x) = (x+1)^2$ | | | | | | | |
| $g(x) = (x-1)^2$ | | | | | | | |
| $h(x) = \left(x+\frac{1}{2}\right)^2$ | | | | | | | |

**8** Gib die Scheitelpunkte und die Funktionsgleichungen der fünf Parabeln an.

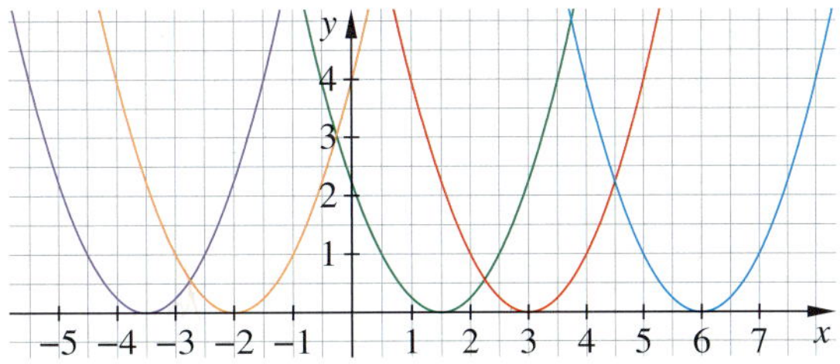


**9** Gib den Scheitelpunkt der Parabel an und zeichne die Parabel.

**a)** $f(x) = (x-2)^2$ **b)** $f(x) = (x+3)^2$
**c)** $f(x) = (x-2{,}5)^2$ **d)** $f(x) = (x+1{,}5)^2$

**10** Gib die Funktionsgleichung einer verschobenen Normalparabel mit dem Scheitelpunkt $S(5|0)$ an.
Nenne die Koordinaten von vier weiteren Punkten, die auf der Parabel liegen.

**11** Zeichne die beiden Graphen in ein Koordinatensystem.
Finde Gemeinsamkeiten und Unterschiede.

**a)** $f_1(x) = (x+1)^2$ $f_2(x) = 0{,}5\,(x+1)^2$
**b)** $f_1(x) = (x-2)^2$ $f_2(x) = 3\,(x-2)^2$
**c)** $f_1(x) = 2\,(x-1)^2$ $f_2(x) = 2\,(x+2{,}5)^2$

**12** Ergänze die fehlenden Angaben für verschobene Normalparabeln.

| | Gleichung | Scheitelpunkt | Verschiebung der Normalparabel um … |
|---|---|---|---|
| **a)** | $y = (x+7)^2$ | $S(\;\;|\;\;)$ | Einheiten nach |
| **b)** | $y =$ | $S(12|0)$ | Einheiten nach |
| **c)** | $y =$ | $S(0|-8{,}5)$ | Einheiten nach |
| **d)** | $y =$ | $S(\;\;|\;\;)$ | 15 Einheiten nach rechts |
| **e)** | $y =$ | $S(\;\;|\;\;)$ | 10 Einheiten nach unten |

## Weiterführende Aufgaben

negative;
Normal-parabel;
oben;
positiv;
unten;
$x$- Achse,
$y$-Achse

**13** Ergänze den Lückentext im Heft. Verwende die Begriffe in der Randspalte.
Der Graph der Funktion $f(x) = (x + b)^2 + c$ geht aus einer Verschiebung der … hervor.
Der Summand $c$ bewirkt eine Verschiebung der Normalparabel entlang der … .
Wenn $c$ positiv ist, so wird die Normalparabel nach … verschoben. Wenn $c$ negativ ist, so verschiebt sich die Normalparabel nach … .
Die Zahl $b$ bewirkt eine Verschiebung der Normalparabel entlang der … .
Wenn $b$ … ist, so wird die Normalparabel nach rechts verschoben. Ist $b$ …, so verschiebt sich die Normalparabel nach links.

**14** Gib die Scheitelpunkte der Parabeln an, ergänze die Wertetabelle im Heft und zeichne die Graphen in ein gemeinsames Koordinatensystem.

| | | −3 | −2 | −1 | 0 | 1 | 2 | 3 |
|---|---|---|---|---|---|---|---|---|
| a) | $f(x) = (x + 1)^2 - 2$ | | | | | | | |
| b) | $g(x) = (x - 0{,}5)^2 + 1$ | | | | | | | |
| c) | $h(x) = (x + 1{,}5)^2 + 2$ | | | | | | | |
| d) | $i(x) = \left(x - \frac{3}{4}\right)^2 - 1\frac{1}{4}$ | | | | | | | |

**15** Gib die Scheitelpunkte der verschobenen Normalparabeln an und notiere ihre Gleichungen in Scheitelpunktform.

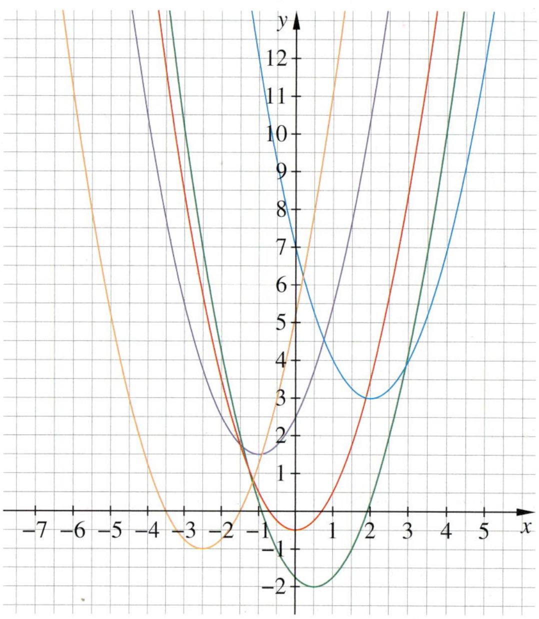


**046-1**
zu Aufgabe 18:
Unter dem Webcode befindet sich Übungsmaterial zur Bearbeitung in Vierergruppen.

**16** Ergänze die fehlenden Angaben für verschobenen Normalparabeln im Heft.

| | Gleichung | Scheitelpunkt | Verschiebung um … |
|---|---|---|---|
| a) | $y = (x + 9)^2 + 7$ | S(… \| …) | … Einh. nach …, … Einh. nach … |
| b) | $y = (x + 7)^2 - 5$ | S(… \| …) | … Einh. nach …, … Einh. nach … |
| c) | $y =$ … | $S(8\|11)$ | … Einh. nach …, … Einh. nach … |
| d) | $y =$ … | S(… \| …) | 15 Einh. nach rechts, 1 Einh. nach unten |
| e) | $y =$ … | S(… \| …) | 2,5 Einh. nach links, 20 Einh. nach oben |

**17** Gib den Scheitelpunkt an und beschreibe den Funktionsgraphen.

**BEISPIEL** $y = 8(x + 5)^2 - 4$ $\quad S(-5|-4)$ nach oben geöffnet, um Faktor 8 gestreckt

a) $y = 4(x - 6)^2 + 7$
b) $y = -0{,}3(x + 3{,}5)^2 + 9$
c) $y = -(x + 12)^2 - 6{,}5$
d) $y = \frac{3}{8}(x - 7)^2 - 13$

**18** Das Parabel-Ratespiel

> Meine Parabel ist um den Faktor 0,25 gestaucht und nach unten geöffnet. Ihr Scheitelpunkt liegt auf der $x$-Achse bei 4.

> Meine Parabel ist um 4 Einheiten nach links und um 3 Einheiten nach unten verschoben. Sie ist nach unten geöffnet und um den Faktor 2 gestreckt.

a) Gib die Gleichungen der Parabeln an.
b) Erstelle selbst solche Rätsel. Schreibe auf die Vorderseite einer Karteikarte eine Beschreibung der Parabel und auf die Rückseite die Funktionsgleichung. Lass anschließend deine Mitschüler raten.

**19** Eine Parabel der Form $y = x^2 + c$ verläuft durch den angegebenen Punkt. Gib ihre Funktionsgleichung an.

a) $P(2|9)$
b) $Q(3|5)$
c) $R(-4|22)$
d) $S(-2{,}5|4{,}75)$

# Allgemeine Form und Scheitelpunktform

## Erforschen und Entdecken

**1** Sarah hat mit einem Funktionenplotter Parabeln gezeichnet. Um den blauen Funktionsgraphen zu zeichnen, hat sie in die Befehlszeile die Funktionsgleichung $y = (x-1)^2 - 3$ eingegeben.

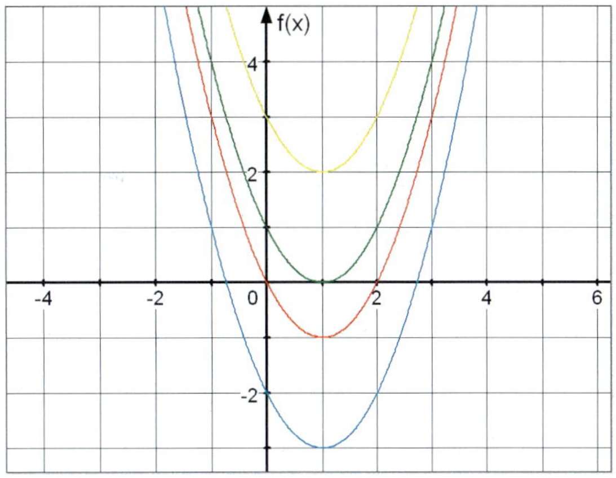


a) Begründe, dass Sarahs Eingabe korrekt war.

b) Das Programm zeigt im Fenster die Funktionsgleichung $y = x^2 - 2x - 2$ an. Bestätige durch eine Rechnung, dass $(x-1)^2 - 3 = x^2 - 2x - 2$ ist. Verwende dazu die 2. binomische Formel.

c) Gib die Funktionsgleichungen der drei anderen Parabeln in der Scheitelpunktform an und wandle sie in die allgemeine Form $y = x^2 + bx + c$ um.

d) Nenne Vorteile der Schreibweise in Scheitelpunktform und der Schreibweise in allgemeiner Form.

**ERINNERE DICH**

1. binomische Formel
$(a+b)^2$
$= a^2 + 2ab + b^2$

2. binomische Formel
$(a-b)^2$
$= a^2 - 2ab + b^2$

3. binomische Formel
$(a+b) \cdot (a-b)$
$= a^2 - b^2$

**2** Die Flugkurve eines Basketballs verläuft annähernd parabelförmig.

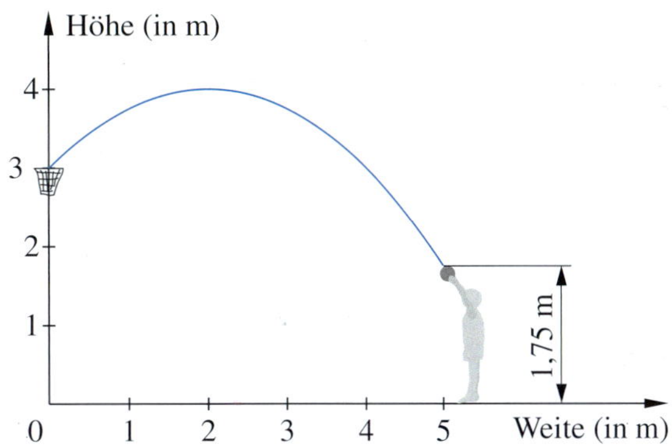


a) Welche der folgenden Funktionsgleichungen beschreiben die Flugkurve des Basketballs und warum?
$f(x) = -0{,}25x^2 + x + 3$
$g(x) = -0{,}5(x-3)^2 + 4$
$h(x) = -0{,}25(x-2)^2 + 4$
$i(x) = 0{,}25x^2 + x + 1{,}75$

b) Welche Wege gibt es, um die maximale Höhe des Basketballs zu bestimmen?

**3** Die Funktionsgleichung $y = x^2 - 6x + 13$ soll in die Scheitelpunktform umgeformt werden.

Lina rechnet:

$y = x^2 - 6x + 13$
$= x^2 - 6x + 9 + 13 - 9$
$= (x-3)^2 + 4$

Dennis rechnet so:

$y = x^2 - 6x + 13$
$= x^2 - 6x + 9 + 4$
$= (x-3)^2 + 4$

a) Erkläre die beiden Rechnungen. Begründe insbesondere, warum Lina in der zweiten Zeile zunächst 9 addiert und dann wieder subtrahiert.

b) Forme mit einer Methode deiner Wahl die Funktionsgleichung $y = x^2 + 10x + 22$ in die Scheitelpunktform um.

c) Forme die Funktionsgleichung $y = 2(x-3)^2 + 4$ in die allgemeine Form um.

d) Wie gehst du vor, um $y = 2x^2 - 12x + 23$ in die Scheitelpunktform umzuformen?

## Lesen und Verstehen

Die Funktionsgleichung in der **allgemeinen Form** $\boldsymbol{f(x) = ax^2 + bx + c}$ kann man in die Scheitelpunktform umformen, um den Scheitelpunkt direkt ablesen zu können.
Die Funktionsgleichung wird um den Term ergänzt, der nötig ist, um die 1. oder 2. binomische Formel anwenden zu können. Dieser Term wird **quadratische Ergänzung** genannt.
Um die Gleichheit beizubehalten, wird der Term addiert und zusätzlich wieder subtrahiert.

**BEISPIEL 1**

Die quadratische Ergänzung ist $\left(\frac{6}{2}\right)^2 = 3^2 = 9$

$f(x) = x^2 + 6x$
$= x^2 + 2 \cdot 3x$
$= (x^2 + 2 \cdot 3x + 3^2) - 3^2$
$= (x + 3)^2 - 9$
Scheitelpunkt (Minimum) bei $S(-3\,|\,-9)$

**BEISPIEL 2**

Die quadratische Ergänzung ist $\left(\frac{8}{2}\right)^2 = 4^2 = 16$

$f(x) = x^2 - 8x + 1$
$= (x^2 - 8x + 16) - 16 + 1$
$= (x - 4)^2 - 15$

Scheitelpunkt (Minimum) bei $S(4\,|\,-15)$.

Wenn die Funktion in der allgemeinen Form $f(x) = ax^2 + bx + c$ gegeben ist, muss zunächst der Faktor $a$ ausgeklammert werden. Dann wird in der Klammer die quadratische Ergänzung addiert und subtrahiert. Schließlich wird der Faktor $a$ vor der Klammer mit den Termen in der eckigen Klammer multipliziert.

**BEISPIEL 3**

Die quadratische Ergänzung ist $\left(\frac{2}{2}\right)^2 = 1^2 = 1$

$f(x) = -2x^2 + 4x - 6$
$= -2\,[x^2 - 2x + 3]$
$= -2\,[(x^2 - 2x + 1) - 1 + 3]$
$= -2\,[(x - 1)^2 + 2]$
$= -2\,(x - 1)^2 - 4$
Scheitelpunkt (Maximum) bei $S(1\,|\,-4)$

> Jede quadratische Funktion in der allgemeinen Form $f(x) = ax^2 + bx + c$ kann mit Hilfe der quadratischen Ergänzung in die Scheitelpunktform $f(x) = a\,(x - x_s)^2 + y_s$ umgeformt werden.

## Basisaufgaben

**1** Forme die Terme mit Hilfe der binomischen Formeln um.

a) $x^2 + 8x + 16$ b) $x^2 - 10x + 25$
c) $x^2 - 16x + 64$ d) $x^2 + 12x + 36$
e) $x^2 + 9x + 20{,}25$ f) $x^2 - 5x + 6{,}25$

**2** Übertrage ins Heft und ergänze.

a) $x^2 + 8x + \square = (x + \bigcirc)^2$
b) $x^2 - 18x + \square = (x - \bigcirc)^2$
c) $x^2 + 5x + \square = (x + \bigcirc)^2$
d) $x^2 + 13x + \square = (x + \bigcirc)^2$

**3** Forme in die Scheitelpunktform um. Gib die Koordinaten des Scheitelpunkts an.

a) $f(x) = x^2 + 8x + 17$
b) $f(x) = x^2 - 12x + 85$
c) $f(x) = x^2 + 10x + 21$
d) $f(x) = x^2 + 14x + 57$
e) $f(x) = x^2 - 20x + 87$
f) $f(x) = x^2 + 11x - 12$
g) $f(x) = x^2 - 2x - 5$
h) $f(x) = x^2 + 3x + 4$
i) $f(x) = x^2 + x$

**4** Forme in die Scheitelpunktform um und gib die Koordinaten des Scheitelpunkts an. Zeichne die Parabeln in ein gemeinsames Koordinatensystem. Verwende das Fünf-Punkt-Verfahren (siehe Seitenende).

a) $f(x) = x^2 - 6x + 11$
b) $f(x) = x^2 - 2x - 1$
c) $f(x) = x^2 + 4x + 5$
d) $f(x) = x^2 + 3x + 1{,}75$
e) $f(x) = x^2 + 5x + 6{,}25$
f) $f(x) = x^2 + 1{,}5$

**5** Lies den Scheitelpunkt ab und forme in die allgemeine Form $f(x) = x^2 + bx + c$ um.

a) $f(x) = (x + 3)^2$
b) $f(x) = (x - 4)^2$
c) $f(x) = (x - 5)^2 + 3$
d) $f(x) = (x + 2)^2 - 3$
e) $f(x) = \left(x + \frac{1}{2}\right)^2 + \frac{3}{4}$
f) $f(x) = (x - 1{,}5)^2 + 2$

**6** Lies den Scheitelpunkt ab und forme in die allgemeine Form um.

a) $f(x) = 2\,(x + 3)^2 - 6$
b) $f(x) = 0{,}5\,(x - 2)^2 + 8$
c) $f(x) = -(x + 6)^2 - 7$
d) $f(x) = -\frac{1}{4}\,(x - 6)^2 - 5$
e) $f(x) = 3\,(x - 1{,}5)^2 + 2{,}25$
f) $f(x) = -\frac{1}{2}\,(x + 3)^2 - 4{,}5$

**7** Welche Funktionsgleichung gehört zu welchem Funktionsgraphen? Begründe.

① $f(x) = x^2 - 8x + 13$
② $g(x) = x^2 - 4x + 2$
③ $h(x) = x^2 - 3$
④ $i(x) = x^2 + 8x + 14$

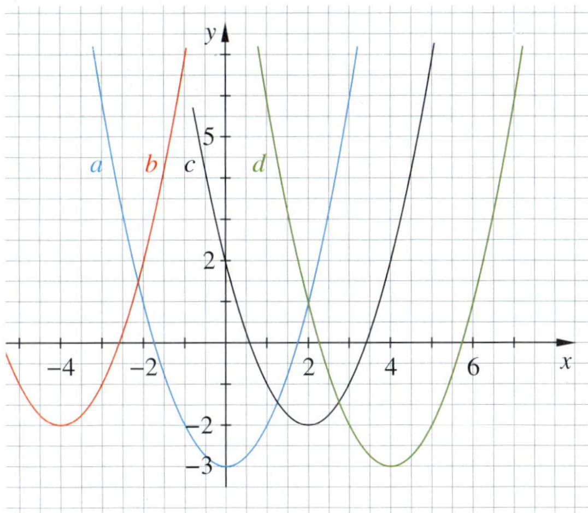


**BEACHTE**
Die einzelnen Koordinaten der Scheitelpunkte von Aufgabe 3 ergeben in der richtigen Reihenfolge den Namen einer Region in Südamerika. Zu welchem Land gehört diese Region?
−42,25 (G); −13 (C); −7 (S); −6 (A); −4 (F); −4 (O); $-\frac{1}{2}$ (N); $-\frac{1}{4}$ (A); 1 (R); 1 (U); 1,5 (Y); 1,75 (A); 5 (Z); 5,5 (H); 6 (A); 8 (I); 10 (S); 49 (N)

## Methode: Fünf-Punkt-Verfahren für verschobene Normalparabeln

Mit dem Fünf-Punkt-Verfahren kannst du verschobene Normalparabeln schnell skizzieren.

**BEISPIEL** $y = x^2 + 2x - 1 = (x + 1)^2 - 2$

1. Zeichne den Scheitelpunkt $S(-1|-2)$ ein.
2. Gehe vom Scheitelpunkt aus eine Einheit nach rechts und eine Einheit nach oben.
3. Gehe vom Scheitelpunkt aus zwei Einheiten nach rechts und vier nach oben.
4. Spiegele die Punkte an der Parallelen zur $y$-Achse durch den Scheitelpunkt.
5. Skizziere die Parabel durch die gefundenen fünf Punkte.

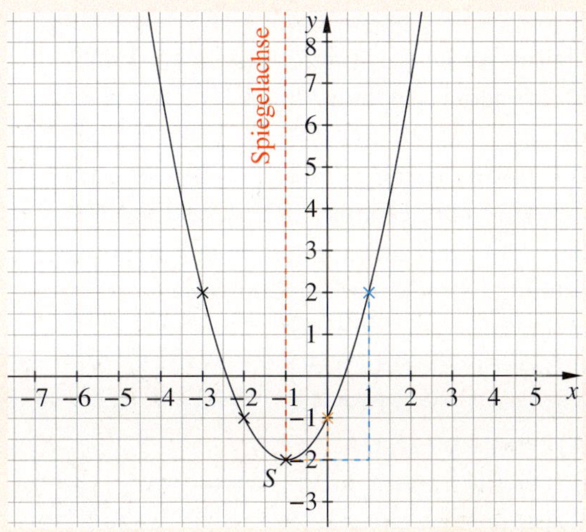

## Weiterführende Aufgaben

**8** Die Graphen gehören zu Funktionen mit Gleichungen der Form $y = ax^2 + bx + c$. Bestimme die Parameter $a$, $b$ und $c$.

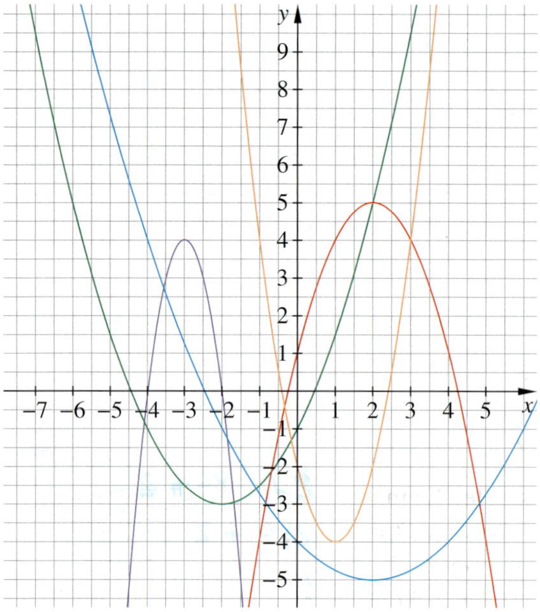

**9** Alex formt eine Funktionsgleichung in allgemeiner Form um in Scheitelpunktform, damit er den Scheitelpunkt ablesen kann.

$y = 0{,}5x^2 + 4x + 5$
$= 0{,}5(x^2 + 8x \quad ) + 5$
$= 0{,}5(x^2 + 8x + 16) + 5 - 0{,}5 \cdot 16$
$= 0{,}5(x + 4)^2 + 5 - 8$
$= 0{,}5(x + 4)^2 - 3$
$S(-4|-3)$

Übertrage die Rechnung in dein Heft und erkläre jeden Rechenschritt.

**10** Forme in die Scheitelpunktform um. Gib den Scheitelpunkt an und beschreibe die Form des Funktionsgraphen (Öffnungsrichtung, Streckung/Stauchung).

a) $f(x) = 2x^2 - 12x + 18$
b) $f(x) = 6x^2 - 24x + 30$
c) $f(x) = 3x^2 + 12x + 18$
d) $f(x) = 4x^2 - 8x + 2$
e) $f(x) = 0{,}5x^2 + x + 2{,}5$
f) $f(x) = -x^2 + 6x + 1$
g) $f(x) = -3x^2 + 30x - 71$

**BEACHTE**
Die $x$-Werte der Lösungen zu Aufgabe 13 ergeben in der richtigen Reihenfolge den Namen eines Landes. Auf welchem Kontinent liegt dieses Land?
−3 (S); −2 (E); 2 (A); 3 (N); 4 (T); 6,25 (L); 8 (D)

**11** Melina hat noch einige Probleme beim Umwandeln in die Scheitelpunktform. Erkläre, welche Fehler sie gemacht hat.

(a) $f(x) = x^2 + 6x - 2$
$= (x^2 + 6x + 6) - 6 - 2$
$= (x + 6)^2 - 8$
$S(-6|-8)$

(b) $f(x) = x^2 - 10x + 3$
$= (x^2 - 10x + 5) - 5 + 3$
$= (x - 5)^2 - 2$
$S(5|-2)$

(c) $f(x) = 2x^2 - 6x - 4$
$= 2[x^2 - 3x - 2]$
$= 2[(x^2 - 3x + 1{,}5^2) - 1{,}5^2 - 2]$
$= 2[(x - 1{,}5)^2 - 4{,}25]$
$= 2(x - 1{,}5)^2 - 4{,}25$
$S(1{,}5|-4{,}25)$

(d) $f(x) = -3x^2 - 9x + 12$
$= -3[x^2 + 3x + 12]$
$= -3[(x^2 + 3x + 1{,}5) - 1{,}5 + 12]$
$= -3[(x + 1{,}5)^2 - 10{,}5]$
$= -3(x + 1{,}5)^2 + 31{,}5$
$S(-1{,}5|31{,}5)$

**12** Ein Stein wird mit einer Anfangsgeschwindigkeit von $30\,\frac{\text{m}}{\text{s}}$ senkrecht nach oben katapultiert.
Seine Flughöhe lässt sich näherungsweise durch $f(x) = -5x^2 + 30x$ berechnen.
Dabei gibt $x$ die Zeit in Sekunden und $f(x)$ die Höhe in Metern an.

a) Berechne die Höhe des Steins nach 0,5 s, 1 s und 2 s.
b) Bestimme den Zeitpunkt, an dem der Stein seine maximale Höhe erreicht hat. In welcher Höhe befindet er sich dann?

**13** An welcher Stelle hat die Parabel ihren höchsten bzw. ihren niedrigsten Punkt? Forme in die Scheitelpunktform um.

a) $f(x) = x^2 + 4x + 7$
b) $f(x) = x^2 + 6x$
c) $f(x) = -x^2 + 8x + 1$
d) $f(x) = 0{,}4x^2 - 4x - 2$
e) $f(x) = -\frac{1}{4}x^2 + x + 1$
f) $f(x) = 5x^2 - 30x + 55$
g) $f(x) = 2x^2 - 32x + 131$

**14** Ein Wasserstrahl aus einem Gartenschlauch beschreibt eine Parabel mit der gegebenen Gleichung. Forme in die Scheitelpunktform um, zeichne die Parabel und bestimme die größte Höhe des Wasserstrahls.

a) $f(x) = -0{,}1x^2 + 0{,}5x + 1{,}5$
b) $f(x) = -0{,}25x^2 + x + 1{,}6$
c) $f(x) = -0{,}3x^2 + 1{,}8x + 1{,}5$
d) $f(x) = -0{,}15x^2 + 0{,}36x + 2{,}6$
e) $f(x) = -0{,}22x^2 - 0{,}44x + 1{,}28$

**15** Das Dach der Lanxess Arena wird von einem Parabelbogen getragen, der näherungsweise mit der Funktionsgleichung $f(x) = -0{,}009x^2 + 1{,}62x$ beschrieben werden kann.

a) Skizziere den Bogen in einem Koordinatensystem.
b) Wie hoch ist der Bogen an seiner höchsten Stelle?
c) Welche Spannweite hat der Bogen?

**16** Der Parabelbogen einer Brücke lässt sich mit der Gleichung $f(x) = -0{,}5x^2 + 2{,}5x$ beschreiben. Dabei gibt $x$ den Abstand vom linken Pfeiler der Brücke an und $f(x)$ die zugehörige Brückenhöhe.

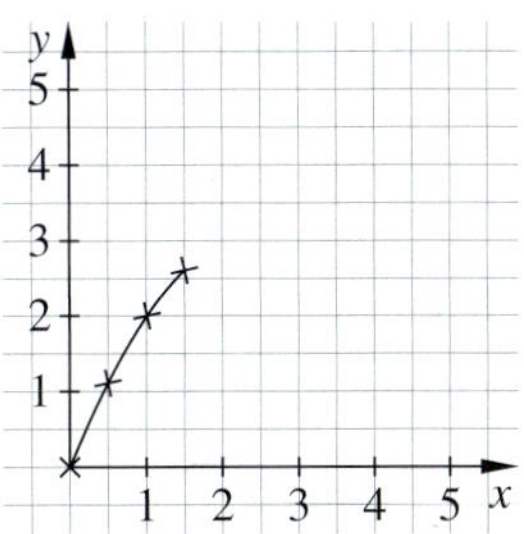


a) Wie hoch ist die Brücke am höchsten Punkt?
b) Ein Lkw (mit rechteckigem Querschnitt) ist 2,70 m hoch und 2,50 m breit. Passt er unter der Brücke durch?

**17** Die Feuerwehrmänner August, Bernd und Carl treffen sich zu einer Löschübung. Der Verlauf der Wasserstrahlen wird durch quadratische Funktionen beschrieben:

August: $y = -0{,}1x^2 + x + 1{,}4$
Bernd: $y = -\frac{1}{4}x^2 + 2x + 1{,}6$
Carl: $y = -0{,}3x^2 + 2{,}1x + 1{,}5$

a) Welcher Feuerwehrmann ist wahrscheinlich am größten? Begründe.
b) Forme die Funktionsgleichungen in die Scheitelpunktform um und gib an, wessen Wasserstrahl am höchsten ist.
c) Zeichne die Funktionsgraphen in ein gemeinsames Koordinatensystem. Ist der höchste Wasserstrahl auch der weiteste? Vergleiche.

**18** Beim Golfspielen kann die Flugbahn des Golfballs annähernd durch eine Parabel beschrieben werden.

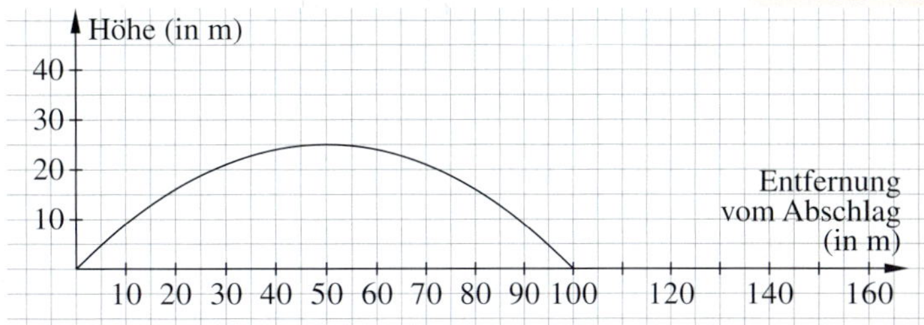


a) Welche Höhe erreicht der Golfball maximal?
b) Wie weit fliegt der Golfball?
c) Welche der drei Funktionsgleichungen gehört zur oben dargestellten Parabel?
Ⓐ $y = -0{,}01x^2 + x$
Ⓑ $y = -0{,}05x$
Ⓒ $y = 0{,}05x^2 + 2x$
Begründe, warum die beiden anderen Funktionsgleichungen nicht passen.
d) Die Flugbahn eines anderen Golfballs wird durch die Funktionsgleichung $y = -\frac{1}{140}x^2 + x$ beschrieben. Welche Höhe erreicht der Golfball maximal?

**051-1**
Parabeln tauchen z. B. bei Brücken, Flugbahnen, Bremswegen oder Parabolspiegeln auf. Informiere dich mit Hilfe des Internetlinks über Hintergründe.

# Rund ums Auto

## Crashtests

Das Auto fährt immer schneller. Achtung, die Wand! Ungebremst prallt das Fahrzeug auf. Scheiben splittern, der Motorraum wird zusammengequetscht, ruckartig schleudern die Insassen nach vorn. Aber der Aufprall war geplant, die Insassen sind Crashtest-Dummys, mit Sensoren ausgestattete Puppen. Der geplante Unfall wird mit Messelektronik und Kameras überwacht. Diese Crashtests müssen gemacht werden, um die Sicherheitstechnik der Autos zu verbessern.

**BEISPIEL**
Ein 70 kg schwerer Fahrradfahrer fährt mit einer Geschwindigkeit von 5 $\frac{m}{s}$ (das entspricht einer Geschwindigkeit von 18 $\frac{km}{h}$) gegen ein Hindernis.
$E = \frac{1}{2} \cdot 70 \cdot 5^2$ Nm = 875 Nm

Zur Untersuchung der Auswirkungen auf die Fahrgäste berechnet man die Aufprallenergie. Sie hängt ab von der Geschwindigkeit *v* und der Masse *m*.

Man kann die Aufprallenergie mit der folgenden Formel berechnen:
$\boldsymbol{E = \frac{1}{2} m \cdot v^2}$

Dabei muss die Geschwindigkeit *v* in Meter pro Sekunde ($\frac{m}{s}$) und die Masse in kg angegeben sein. Die Aufprallenergie *E* wird in Newtonmeter (Nm) gemessen.

**1** Ein 70 kg schwerer Fahrradfahrer fährt gegen ein Hindernis. Berechne die Aufprallenergie bei verschiedenen Geschwindigkeiten. Übertrage und ergänze dazu die Tabelle in deinem Heft.

| Geschwindigkeit *v* (in $\frac{km}{h}$) | Geschwindigkeit *v* (in $\frac{m}{s}$) | Aufprallenergie *E* (in Nm) |
|---|---|---|
| 3,6 | 1 | |
| 7,2 | 2 | |
| 10,8 | 3 | |
| 14,4 | 4 | |
| 18 | 5 | |
| 21,6 | 6 | |
| 25,2 | 7 | |
| 28,8 | 8 | |

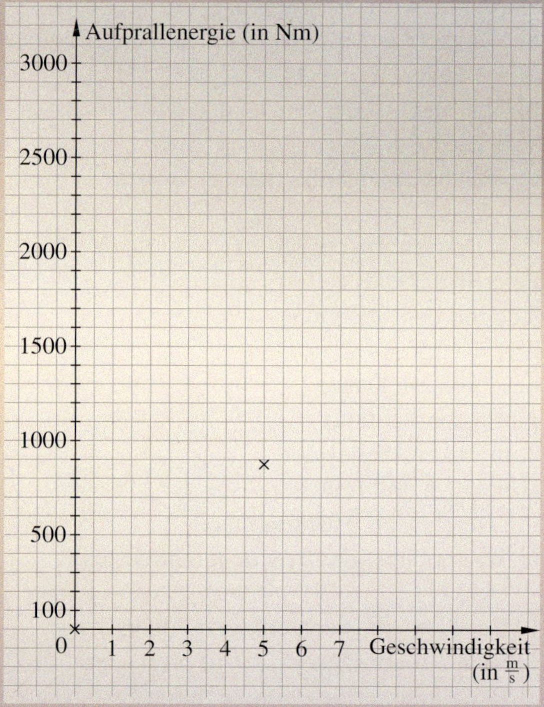


**2** Zeichne das Koordinatensystem in dein Heft und trage die Werte von Aufgabe 1 ein.

**3** Entscheide, ob die Zuordnung *Geschwindigkeit → Aufprallenergie* linear oder quadratisch ist. Begründe mit Hilfe des Funktionsgraphen von Aufgabe 2 und mit Hilfe der Wertetabelle von Aufgabe 1.

**4** Beim Crashtest werden verschiedene Autos eingesetzt. Berechne jeweils die Aufprallenergie für eine Geschwindigkeit von $18\,\frac{\text{m}}{\text{s}}$ (entspricht etwa $65\,\frac{\text{km}}{\text{h}}$).
Übertrage und ergänze dazu die Tabelle in deinem Heft.

**BEISPIEL** Masse des Kleinwagens: 900 kg $\quad E = \frac{1}{2} \cdot 900 \cdot 18^2\ \text{Nm} = 145\,800\ \text{Nm}$

| | **Kleinwagen** | **Mittelklasse-wagen** | **Kombi** | **SUV** | **Klein-transporter** |
|---|---|---|---|---|---|
| **Leergewicht (in kg)** | 900 | 1300 | 1500 | 1700 | 2100 |
| **Aufprallenergie (in Nm)** | 145 800 | | | | |

**5** Zeichne das Koordinatensystem in dein Heft und trage die Werte von Aufgabe 4 ein.

**6** Entscheide, ob die Zuordnung *Masse* → *Aufprallenergie* linear oder quadratisch ist. Begründe mit Hilfe des Funktionsgraphen von Aufgabe 5 und mit Hilfe der Wertetabelle von Aufgabe 4.

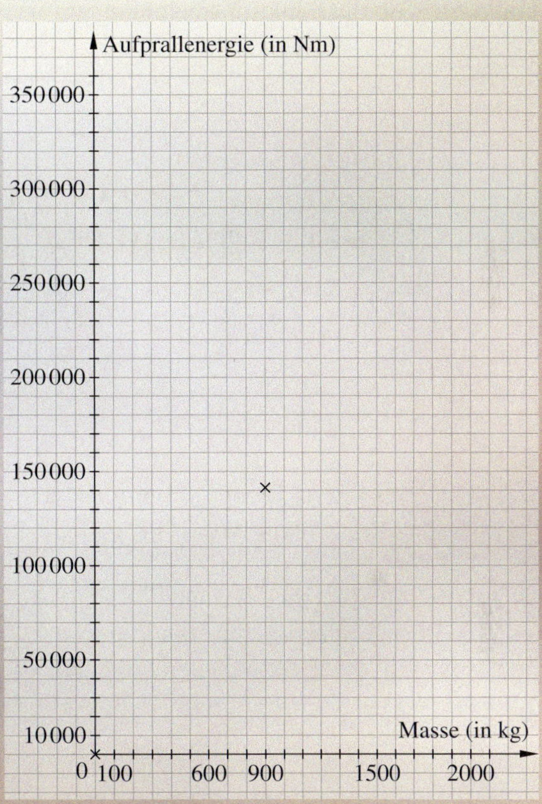


Um die Aufprallenergie zu veranschaulichen, eignet sich ein Vergleich mit einem Sturz (mit gleicher Geschwindigkeit) aus großer Höhe. Die Fallhöhe berechnet man mit der Formel
$\boldsymbol{h = 0{,}05 \cdot v^2}$.
Auch hier muss die Geschwindigkeit in $\frac{\text{m}}{\text{s}}$ angegeben sein und die Höhe in m.

**BEISPIEL** Ein Fahrradfahrer fährt mit einer Geschwindigkeit von $7\,\frac{\text{m}}{\text{s}}$ (entspricht ca. $25\,\frac{\text{km}}{\text{h}}$) gegen ein Hindernis.
Das entspricht einem Sturz aus einer Höhe von $h = 0{,}05 \cdot 7^2\ \text{m} = 2{,}45\ \text{m}$.

**7** Vergleiche Unfälle mit verschiedenen Geschwindigkeiten, indem du die Sturzhöhe berechnest. Ist die Zuordnung *Geschwindigkeit* → *Fallhöhe* linear oder quadratisch?

| | | | | | | |
|---|---|---|---|---|---|---|
| **Geschwindigkeit (in $\frac{\text{km}}{\text{h}}$)** | 25 | 50 | 75 | 100 | 125 | 150 |
| **Geschwindigkeit (in $\frac{\text{m}}{\text{s}}$)** | 7 | 14 | 21 | 28 | 35 | 42 |
| **Fallhöhe (in m)** | 2,45 | | | | | |

**8** Hannah behauptet, dass der Graph der Funktion *Geschwindigkeit* → *Fallhöhe* eine nach oben geöffnete, gestreckte Parabel ist. Stimmt die Aussage? Begründe.

# Vermischte Übungen

**BEACHTE**
Die Lösungen zu Aufgabe 5 ergeben in der richtigen Reihenfolge den Namen eines Landes. Auf welchem Kontinent liegt dieses Land?
−4 (M); −3 (A); 0,5 (A); 1,5 (A); 2 (N); 5 (P)

**1** Welche Funktionen sind linear, welche quadratisch, welche keins von beidem? Erkläre, woran man das erkennen kann.

$f(x) = 9x$ $f(x) = 4x^2 + 3$ $f(x) = 0{,}8$

$f(x) = 4x^3$ $f(x) = 5x + 3$ $f(x) = -x^2$

**2** Welcher Graph gehört zu einer linearen Funktion, welcher zu einer quadratischen Funktion? Gib die Funktionsgleichung an.

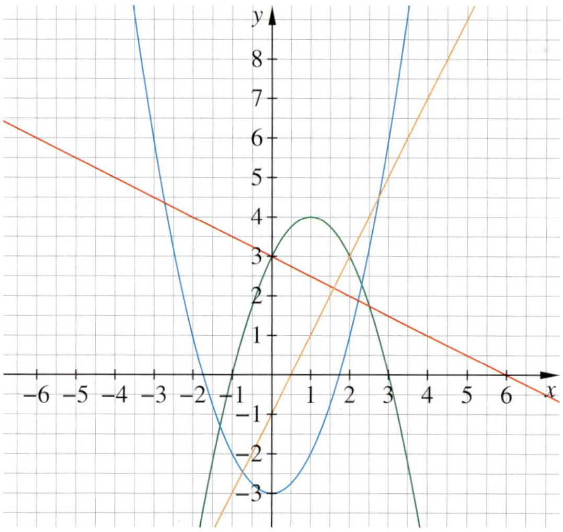


**3** Zeichne den Graphen. Handelt es sich um eine lineare oder um eine quadratische Funktion? Gib die Funktionsgleichung an.

a)

| x | −3 | −2 | −1 | 0 | 1 | 2 | 3 |
|---|---|---|---|---|---|---|---|
| f(x) | 7 | 5 | 3 | 1 | −1 | −3 | −5 |

b)

| x | −3 | −2 | −1 | 0 | 1 | 2 | 3 |
|---|---|---|---|---|---|---|---|
| f(x) | 4,5 | 2 | 0,5 | 0 | 0,5 | 2 | 4,5 |

c)

| x | −2 | −1 | 0 | 1 | 2 | 3 | 4 |
|---|---|---|---|---|---|---|---|
| f(x) | 8 | 3 | 0 | −1 | 0 | 3 | 8 |

d)

| x | −1 | 0 | 1 | 2 | 3 | 4 | 5 |
|---|---|---|---|---|---|---|---|
| f(x) | −4,5 | −4 | −3,5 | −3 | −2,5 | −2 | −1,5 |

**4** Sind die Parabeln gestreckt oder gestaucht? In welche Richtung sind die Parabeln geöffnet?

a) $y = 3x^2$ b) $y = -0{,}2x^2$ c) $y = \frac{1}{2}x^2$
d) $y = 1{,}8x^2$ e) $y = -x^2$ f) $y = -\frac{4}{3}x^2$

**5** Eine Parabel mit der Gleichung $y = ax^2$ verläuft durch den Punkt $P$. Bestimme $a$.

a) $P(1|5)$ b) $P(1|-3)$ c) $P(2|8)$
d) $P(-3|4{,}5)$ e) $P(-0{,}5|-1)$ f) $P(6|54)$

**6** Eine Brücke hat eine Höhe von 4 m und eine Spannweite von 6 m. Zum Bogen passt eine Funktion der Form $f(x) = a \cdot x^2$.

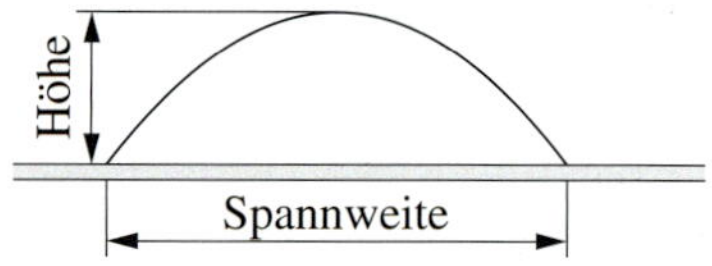


a) Skizziere den Bogen in einem Koordinatesystem mit der Symmetrieachse als $y$-Achse. Wo verläuft die $x$-Achse?
b) Wie groß ist der Faktor $a$?
c) Wie verändert sich der Faktor $a$, wenn die Höhe (die Spannweite) vergrößert wird?

**7** Die Müngstener Brücke ist die höchste Eisenbahnbrücke Deutschlands.
Die Spannweite des großen Bogens beträgt 170 m. Der Scheitelpunkt dieses Bogens liegt 73,3 m über dem Ende des Bogens.

a) Skizziere den oberen Parabelbogen in einem Koordinatensystem, bei dem die $x$-Achse auf Höhe der Bogenenden und die $y$-Achse durch den Scheitelpunkt verläuft.
b) Begründe, dass die Funktionsgleichung von der Form $f(x) = ax^2 + y_s$ ist ($a < 0$).
c) Im Koordinatensystem geht die obere Parabel durch den Punkt $P(75|16{,}23)$. Bestimme $a$ und gib die Gleichung an.

**WUSSTEST DU SCHON?**
Die Müngstener Brücke ist mit 107 m Höhe die höchste Eisenbahnbrücke Deutschlands. Sie liegt zwischen Remscheid und Solingen und überspannt die Wupper.

**8** Gib den Scheitelpunkt an und zeichne.

a) $f(x) = x^2 - 3{,}5$ b) $g(x) = x^2 + 2$
c) $h(x) = (x - 2{,}5)^2$ d) $i(x) = (x + 0{,}5)^2$
e) $j(x) = 0{,}5x^2$ f) $k(x) = 2x^2 - 2{,}5$

**9** Zeichne die nach oben geöffnete verschobene Normalparabel mit dem angegebenen Scheitelpunkt und gib ihre Gleichung an.

a) $S(3|0)$ b) $S(0|3)$ c) $S(-2|0)$
d) $S(0|-2)$ e) $S(2|-4)$ f) $S(-2|1)$
g) $S(-2|1{,}5)$ h) $S(1{,}5|-2)$ i) $S(-3|-2{,}5)$

**10** Gib die Funktionsgleichungen der verschobenen Normalparabeln an.

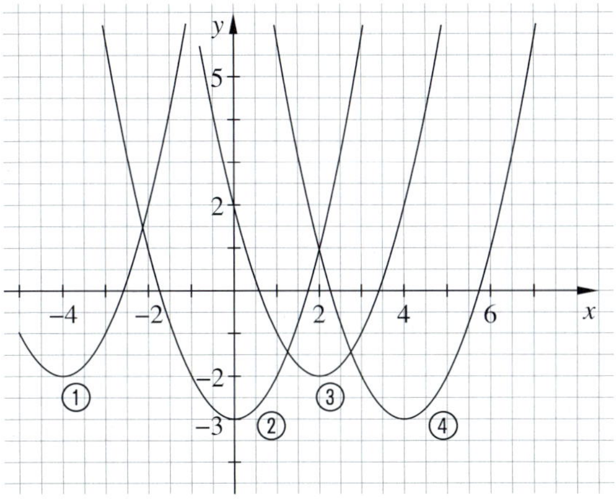


**11** Gib den Scheitelpunkt an und beschreibe den Funktionsgraphen.

**BEISPIEL** $y = 3(x - 1{,}5)^2 + 0{,}5$
Der Scheitelpunkt ist $S(1{,}5|0{,}5)$.
Der Graph ist nach oben geöffnet und um den Faktor 3 gestreckt.

a) $y = 5x^2$
b) $y = -0{,}8x^2 - 9$
c) $y = -6(x + 2{,}5)^2$ ∩ S(-2,5|0)
d) $y = \frac{4}{5}(x - 7)^2 + 3$
e) $y = -(x + 0{,}5)^2 - 6{,}5$
f) $y = 17(x - 26)^2 + 15$

**12** Stefan sollte das Maximum bzw. das Minimum der quadratischen Funktionen bestimmen. Korrigiere seine Fehler.

a) $f(x) = 2(x-3)^2 + 1$ Minimum $S(-3|1)$
b) $f(x) = -(x+4)^2 - 1$ Minimum $S(-4|-1)$
c) $f(x) = \frac{1}{2}(x-4)^2 - 2$ Maximum $S(4|-2)$
d) $f(x) = 4x^2 - 4$ Minimum $S(4|-4)$
e) $f(x) = (x+3)^2$ Maximum $S(0|-3)$
f) $f(x) = -4 + 2(x-1)^2$ Minimum $S(-4|1)$

**13** Forme um in die allgemeine Form $f(x) = ax^2 + bx + c$.

a) $f(x) = 3(x - 4)^2 - 5$
b) $f(x) = 0{,}25(x + 6)^2 - 3$
c) $f(x) = -5(x - 11)^2 + 0{,}5$
d) $f(x) = -\frac{1}{3}(x - 6)^2 - 12$
e) $f(x) = \frac{3}{4}(x + 12)^2 - 8$

**14** Bestimme die zugehörigen Funktionsgleichungen. Gib sie in Scheitelpunktform und in allgemeiner Form an.

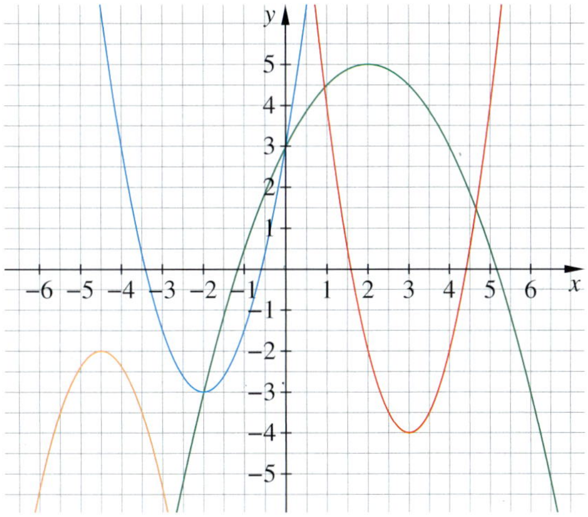


**15** Mit einem Funktionenplotter wurde das folgende Parabelbild gezeichnet. Dabei wurden die Parabeln in der Scheitelpunktform eingegeben und nur in einem bestimmten Bereich gezeichnet.

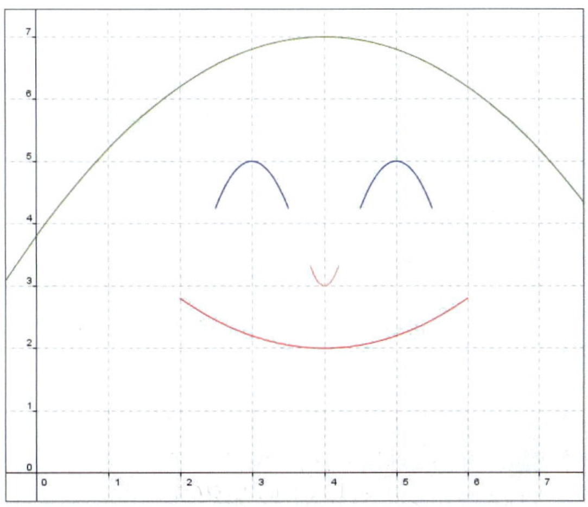

a) Welche Funktionen wurden benutzt?
b) Denke dir selbst ein Bild aus und zeichne es mit einem Funktionenplotter.

**16** Die Glienicker Brücke verbindet Potsdam und Berlin. Ermittle mit Hilfe der Zeichnung eine Funktionsgleichung und erkläre, wie du vorgehst. Gilt die Funktionsgleichung für alle $x$?

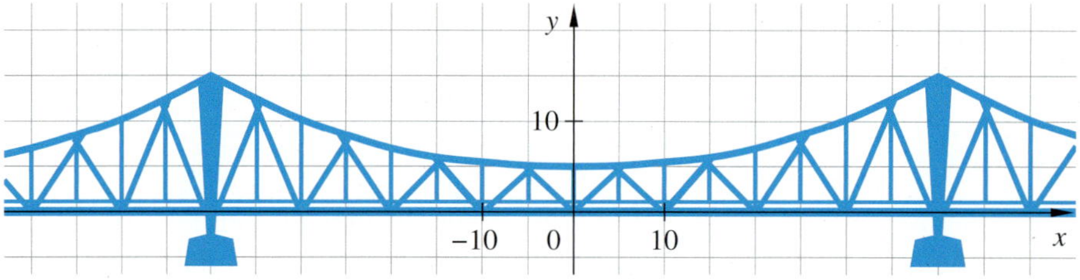


**17** Die verschobenen Normalparabeln wurden mit einem Funktionenplotter gezeichnet.

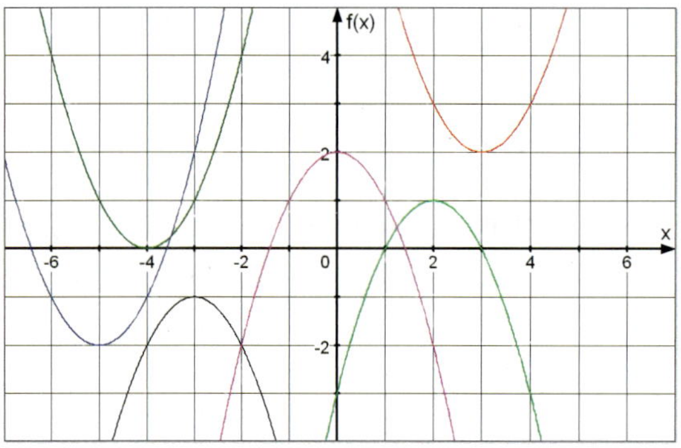


a) Gib die Gleichungen der Parabeln in der Scheitelpunktform und in der allgemeinen Form an.
b) Zeichne selbst mindestens vier Graphen quadratischer Funktionen in ein Koordinatensystem. Tauscht die Zeichnungen untereinander und bestimmt die Funktionsgleichungen.

**18** Forme in die Scheitelpunktform um, gib die Koordinaten der Scheitelpunkte an und zeichne die Parabeln in ein gemeinsames Koordinatensystem.
Verwende dazu das Fünf-Punkt-Verfahren für verschobene Normalparabeln.

a) $f(x) = x^2 - 6x + 5$
b) $f(x) = x^2 - 2x + 5$
c) $f(x) = x^2 + 4x + 1{,}5$
d) $f(x) = x^2 + 3x - 0{,}75$
e) $f(x) = x^2 - x - 2$
f) $f(x) = -x^2 + 4$ schon fertig S(0|4)
g) $f(x) = -x^2 - 4x$ S(
h) $f(x) = -x^2 + 2x + 2$
i) $f(x) = -x^2 + 8x - 13$

**19** Forme in die Scheitelpunktform um, gib den Scheitelpunkt an und beschreibe die Form des Funktionsgraphen.

a) $f(x) = x^2 + 4x + 7$
b) $f(x) = x^2 - 6x$
c) $f(x) = x^2 - 16x + 3$
d) $f(x) = x^2 - 4x + 12$
e) $f(x) = -x^2 + 5x - 9{,}75$
f) $f(x) = -x^2 + 8x + 1$
g) $f(x) = 3x^2 + 30x + 82$
h) $f(x) = -2x^2 + 8x + 4$

**20** Für die Sprungbahn des Delfins soll eine Funktionsgleichung gefunden werden.

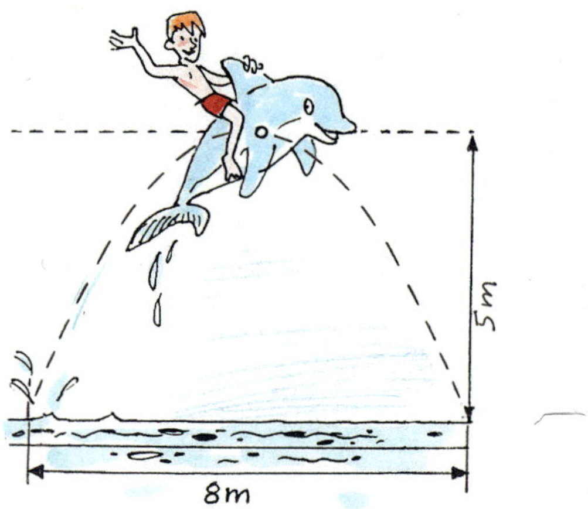


a) Selina hat als Lösung $y = -\frac{5}{16}x^2$ berechnet. Wie hat sie das Koordinatensystem angelegt?
b) Lutz hat als Lösung $y = -\frac{5}{16}x^2 + 2{,}5x$ herausbekommen. Wie hat er das Koordinatensystem angelegt?
c) Finde mindestens eine weitere Funktionsgleichung.

**21** Überprüfe, ob die gegebenen Punkte auf dem Graphen der Funktion liegen.

a) $f(x) = (x-4)^2 + 1$ $P(5|2)$
b) $f(x) = (x+8)^2 - 6$ $P(-3|30)$
c) $f(x) = 4(x-7)^2 + 3$ $P(6|-1)$
d) $f(x) = x^2 - 6x + 7$ $P(2|-1)$
e) $f(x) = 0{,}5x^2 + 3x + 1$ $P(-3|5{,}5)$
f) $f(x) = \frac{3}{4}x^2 + 1\frac{1}{2}x + 4$ $P(0|4)$

**22** Die Flugbahn eines Golfballs kann durch eine Parabel mit der Funktionsgleichung $f(x) = -0{,}0125x^2 + 1{,}5x$ beschrieben werden, wobei $x$ die Entfernung vom Abschlag in m und $f(x)$ die Höhe des Golfballs in m angibt.

a) In 20 m Entfernung vom Abschlag steht ein 15 m hoher Baum. Fliegt der Golfball über den Baum hinweg?
b) Berechne die maximale Flughöhe des Golfballs.
c) Zeige, dass der Golfball 120 m weit fliegt.

**23** Mit der Funktion $f(x) = -0{,}3x^2 + 4x$ wird der Lauf eines ungeübten Sprinters während der ersten zehn Sekunden eines 100-m-Laufs beschrieben, wobei $f(x)$ die Geschwindigkeit in $\frac{m}{s}$ und $x$ die Zeit in s ist. Welche Geschwindigkeit hat er nach 2 (3; 5; 7; 10) Sekunden?

**24** Gegeben sind die Funktionen $f(x) = (x+1)^2 - 4$ und $g(x) = -x^2 - 4x - 3$.

a) Von welcher Funktion kann man leichter den Scheitelpunkt ablesen und warum?
b) Gib die Scheitelpunkte der beiden Funktionen an.
c) Zeichne die Graphen von $f$ und $g$ in ein gemeinsames Koordinatensystem. In welchen Punkten schneiden sie sich?

**25** Die Flugbahnen der Kugeln von zwei Kugelstoßern wurden beim Training analysiert. Die parabelförmige Flugbahn des ersten Kugelstoßers lässt sich mit der Gleichung $f(x) = -0{,}1x^2 + x + 1{,}6$ beschreiben, die Flugbahn des anderen durch $g(x) = -0{,}15x^2 + 1{,}5x + 1{,}5$.

a) Aus welcher Höhe stoßen die beiden Kugelstoßer die Kugeln jeweils ab?
b) Wessen Kugel fliegt höher?
c) Zeichne die Flugbahnen der Kugeln in ein gemeinsames Koordinatensystem. Wessen Kugel fliegt weiter?

**26** Auf der Expo Real, einer Messe für Immobilien, wurde das Modell einer elfgeschossigen Wohnbrücke namens „living bridge“, die in Duisburg gebaut wird, präsentiert. Die Brücke hat eine Höhe von 43,20 m, bezogen auf die Straße. Die Spannweite des großen Bogens beträgt 230 m.
Die acht kleinen Bögen besitzen jeweils eine Spannweite von 21,30 m und eine Höhe von 17 m über der Wasseroberfläche.

a) Bestimme eine Funktionsgleichung für den großen Parabelbogen. Lege den Koordinatenursprung in den Scheitelpunkt.
b) Bestimme eine Funktionsgleichung für einen kleinen Parabelbogen. Lege die $x$-Achse auf die Höhe der Wasseroberfläche. Die $y$-Achse soll die Symmetrieachse des Bogens sein.
c) Der Boden der ersten Brückenebene liegt 10 m über der Wasseroberfläche. Wie breit sind die kleinen Parabelbögen an dieser Stelle?

## Basketball

Basketball ist eine Sportart, die vor allem in den USA zu den Publikumsmagneten zählt. Der Basketballkorb hängt in einer Höhe von 3,05 m. Freiwürfe werden aus einer Entfernung von 4,60 m vom Korb ausgeführt. Der Großteil der „Dreipunkte-Linie“ ist ein Halbkreis in einer Entfernung von 6,75 m zum Korb.
Die Flugkurve eines Basketballs beim Freiwurf kann durch eine Parabel angenähert werden. Zur Situation in den Bildern passt z. B. die Funktionsgleichung
$y = -0{,}4x^2 + 1{,}6x + 3{,}05$.

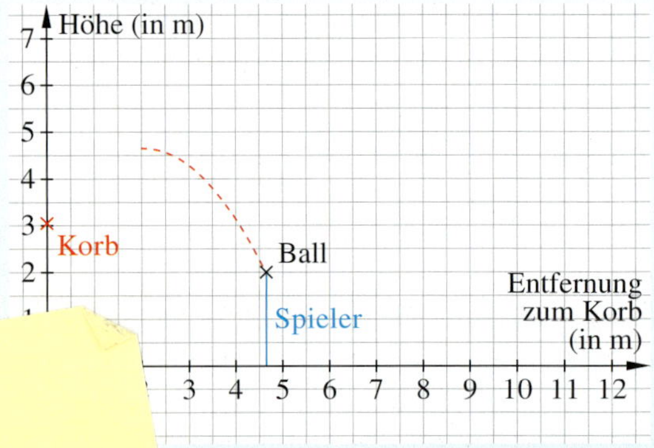


$x^2 - 4x + 2$
$x^2 - 4x + (-2)^2 - (-2)^2 + 2$
$(x-2)^2 - (-2)^2 + 2$
$(x-2)^2 - 2$

$x^2 - 8x + 1$
$x^2 - 8x + (-4)^2 - (-4)^2 + 1$
$(x^2 - 4)^2 - 16 + 1$
$(x^2 - 4)^2 - 15$

a) Befi… …er Dreipunkte-Linie?

b) Begrü…
Ⓐ $y =$ … Ⓒ $y = 0{,}4\,(x-2)^2 + 4{,}65$
**nicht** …

c) Aus we…

d) Trifft de…

e) Ergänze … sgleichung und skizziere … stem.

| x (Entfern… | … | 3 | 3,5 | 4 |
|---|---|---|---|---|
| y (Höhe in… | … | | | |

f) Zeige, dass … oben angegebene Funktionsgleichung in Scheitelpunktform $y = -0{,}4\,(x-2)^2 + 4{,}65$ lautet.

g) Bestimme die maximale Höhe eines Basketballs mit der Flugbahn $y = -0{,}4\,(x-2)^2 + 4{,}65$.
In welcher Entfernung zum Basketballkorb wird die maximale Höhe erreicht?

h) Forme die Funktionsgleichung $y = -0{,}7x^2 + 3{,}5x + 2{,}3$ in die Scheitelpunktform um und bestimme die maximale Höhe des Basketballs bei diesem Wurf.

i) Der Basketball wird von der Dreipunkte-Linie erfolgreich auf den Korb geworfen. Gib mit Hilfe eines Funktionenplotters eine quadratische Funktionsgleichung an, die diese Flugbahn beschreibt. Erkläre, wie du vorgegangen bist.

# Alles klar?

Entscheide, ob die Aussagen richtig oder falsch sind.
Begründe deine Entscheidung im Heft und korrigiere gegebenenfalls.

## 1 Lineare und quadratische Funktionen

a) Die Funktion $y = 2x - 0{,}5$ ist eine lineare Funktion.

b) In der Zeichnung rechts ist $g$ der Graph der linearen Funktion $y = 2x - 0{,}5$.

c) Die Funktion $y = 1 - x^2$ ist eine quadratische Funktion.

d) Der Graph $f$ in der Zeichnung rechts ist eine Parabel.

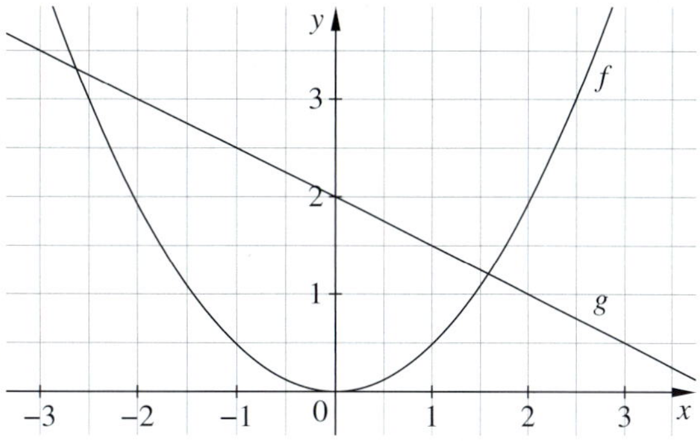


## 2 Graph der quadratischen Funktion $f(x) = ax^2$

a) Der Graph einer quadratischen Funktion $f(x) = ax^2$ ist eine zur $x$-Achse symmetrische Parabel mit dem Scheitelpunkt $S(1|1)$.

b) Der schwarze Funktionsgraph ist eine Normalparabel.

c) Der rote Funktionsgraph ist gegenüber der Normalparabel gestreckt, der gestrichelte Graph ist gestaucht.

d) Der Graph der Funktion $y = -5x^2$ ist nach unten geöffnet.

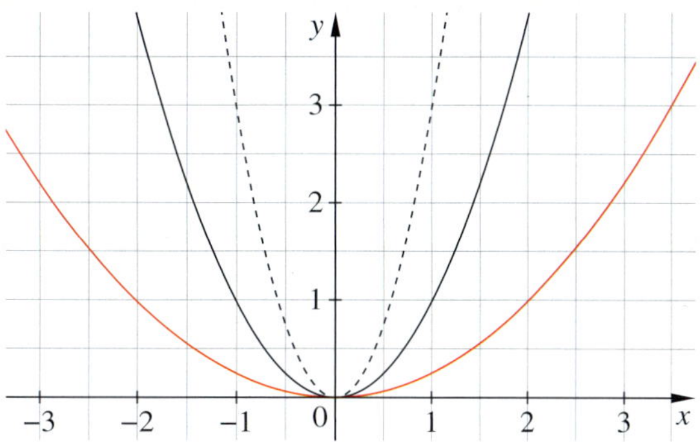


**BEACHTE**
Die Lösungen zu den Aufgaben auf dieser Seite sowie dazu passende Trainingsaufgaben findest du ab Seite 210.

## 3 Quadratische Funktionen in Scheitelpunktform

a) Der Graph der Funktion $y = x^2 + 3$ hat den Scheitelpunkt $(3|0)$.

b) Der Scheitelpunkt des Graphen der Funktion $y = (x - 5)^2$ ist der Punkt $(5|0)$.

c) Der Scheitelpunkt des Graphen der Funktion $y = (x - 1)^2 - 3$ liegt im Punkt $(-1|3)$.

d) Der rote Funktionsgraph besitzt die Funktionsgleichung $y = (x - 4)^2 + 2$.

e) Verschiebt man die Normalparabel um drei Einheiten nach oben und zwei Einheiten nach links, so lautet die Funktionsgleichung $y = (x + 3) - 2$.

f) Der blaue Funktionsgraph hat die Funktionsgleichung $y = -2(x - 1)^2 + 3$.

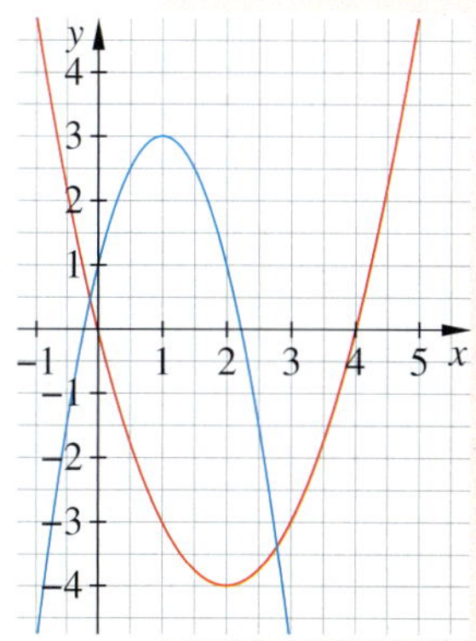


## 4 Allgemeine Form und Scheitelpunktform

a) $2(x - 4)^2 + 5 = 2x^2 - 16x + 37$

b) Die Funktionsgleichung von $y = x^2 - 8x + 11$ ist in der Scheitelpunktform $y = (x - 4)^2 - 5$.

c) Formt man $y = x^2 + 6x + 10$ in die Scheitelpunktform um, so ist 6 die quadratische Ergänzung, denn $x^2 + 6x + 10 = x^2 + 6x + 6 + 4 = (x + 3)^2 + 4$.

d) Der Graph der Funktion $y = 0{,}5x^2 - 4x + 5$ hat den Scheitelpunkt $S(2|-3)$.

# Zusammenfassung

→ Seite 36

## Lineare und quadratische Funktionen

Eine Funktion, in der die Variable mit dem Exponenten 2 und in keiner höheren Potenz vorkommt, nennt man **quadratische Funktion**.
Der Graph einer quadratischen Funktion ist eine **Parabel** mit dem Scheitelpunkt $S$.

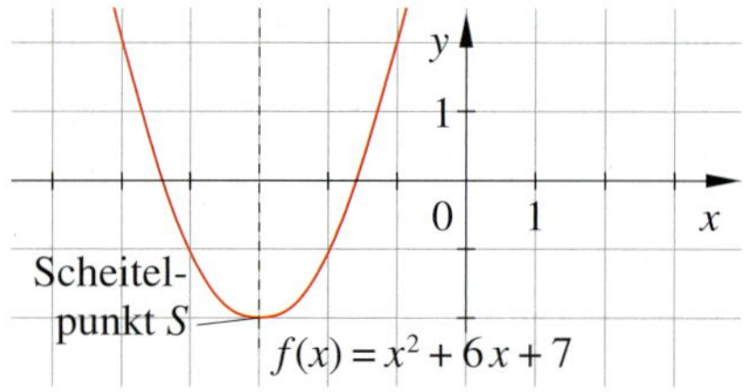


→ Seite 40

## Graph der quadratischen Funktion $f(x) = a\,x^2$

Der Graph einer quadratischen Funktion $f(x) = a\,x^2$ ist eine zur $y$-Achse symmetrische Parabel mit dem Scheitelpunkt $S(0|0)$. Der Faktor $a$ bestimmt Form und Öffnungsrichtung der Parabel.

Für $a = 1$ entsteht die Normalparabel.

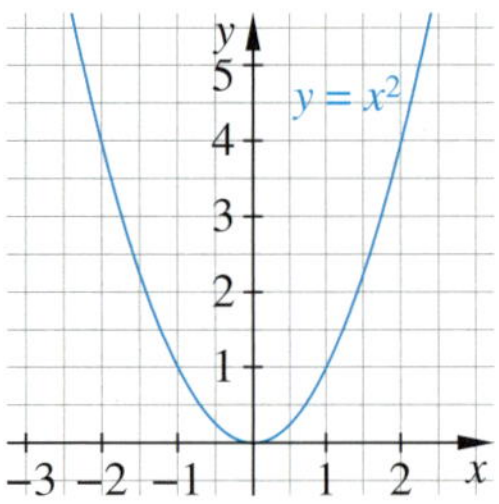


Für $a < 0$: Parabel ist nach unten geöffnet.

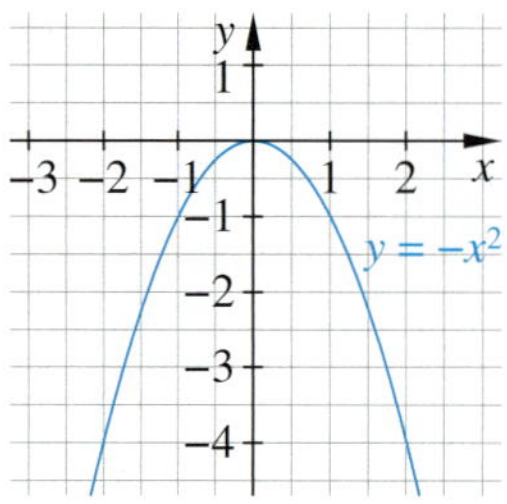


Für $|a| > 1$ entsteht eine gestreckte Parabel.

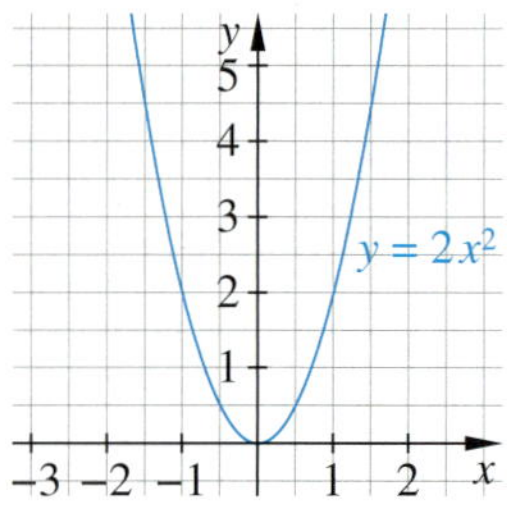


Für $|a| < 1$ entsteht eine gestauchte Parabel.

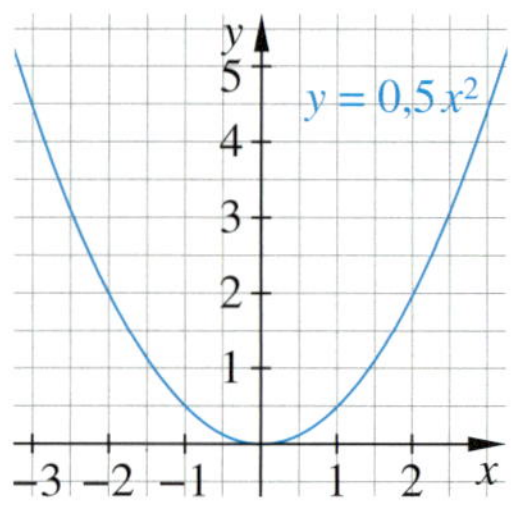


→ Seite 44

## Quadratische Funktionen in Scheitelpunktform

Der Graph der quadratischen Funktion $y = a\,(x - x_s)^2 + y_s$ hat den Scheitelpunkt $S(x_s|y_s)$. Er geht aus der Normalparabel durch Verschiebung um $x_s$ Einheiten nach links bzw. rechts und um $y_s$ Einheiten nach oben bzw. unten sowie durch Streckung bzw. Stauchung mit $a$ hervor.

$f(x) = -(x + 7) + 9$ ist eine nach unten geöffnete Normalparabel mit dem Scheitelpunkt $S(-7|9)$.
Die Normalparabel wurde also an der $x$-Achse gespiegelt und um 7 Einheiten nach links und 9 Einheiten nach oben verschoben.

→ Seite 48

## Allgemeine Form und Scheitelpunktform

Aus der Scheitelpunktform kann man den Scheitelpunkt direkt ablesen.
**Scheitelpunktform:** $f(x) = a\,(x - x_s)^2 + y_s$
Scheitelpunkt: $S(x_s|y_s)$
Jede quadratische Funktion in der **allgemeinen Form** $f(x) = a\,x^2 + b\,x + c$ kann mit Hilfe der **quadratischen Ergänzung** in die Scheitelpunktform $f(x) = a\,(x - x_s)^2 + y_s$ umgeformt werden.

$f(x) = 2\,(x - 3)^2 - 1$
Scheitelpunkt $S(3|-1)$
$a = 2 > 0$: nach oben geöffnet
$|2| > 1$, also gestreckte Parabel

$$\begin{aligned} f(x) &= x^2 + 6\,x + 1 \\ &= x^2 + 6\,x + \left(\tfrac{6}{2}\right)^2 - \left(\tfrac{6}{2}\right)^2 + 1 \\ &= (x + 3)^2 - 8 \end{aligned}$$

Scheitelpunkt $S(-3|-8)$, verschobene Normalparabel

# Quadratische Gleichungen

Die Flugkurve des Skifahrers beschreibt unter dem Einfluss seiner Anfangsgeschwindigkeit und der Fallbeschleunigung einen Parabelbogen, den Graphen einer quadratischen Funktion. Mit der zugehörigen quadratischen Gleichung können z. B. Höhe und Weite des Sprungs berechnet werden.

In diesem Kapitel lernst du quadratische Gleichungen kennen. Das sind Gleichungen, bei denen die Unbekannte $x$ im Quadrat vorkommt. Du erfährst, wie man solch eine Gleichung umformt und durch eine Zeichnung oder mit einer Rechnung löst.

# Noch fit?

**1** Übertrage die Tabelle in dein Heft und berechne die fehlenden Werte.

| $a$ | $b$ | $-\frac{a}{2}$ | $\left(-\frac{a}{2}\right)^2$ | $\left(-\frac{a}{2}\right)^2 - b$ | $\sqrt{\left(-\frac{a}{2}\right)^2 - b}$ |
|---|---|---|---|---|---|
| 6 | 8 | | | | |
| −20 | 100 | | | | |
| −9 | 20 | | | | |
| 16 | 100 | | | | |
| | −112 | | | | $\sqrt{121} = 11$ |
| | −48 | 6,5 | | | |

**2** Zeichne ein Quadrat mit einem Flächeninhalt von $10\,\text{cm}^2$.

**3** Löse die Gleichungen.

a) $2x + 5 = 25$ b) $8x - 7 = 73$ c) $-5x - 12 = -4$
d) $10 - 3x = 5x - 14$ e) $3(x + 4) = 48$ f) $4(x - 5) = 2(x + 3)$
g) $10 - 7(x - 2) = 12x - 14$ h) $\frac{1}{2}(x - 8) = \frac{1}{4}(x - 12)$ i) $-\frac{1}{3}(x + 12) = (x - 8) \cdot 3$

**4** Faktorisiere, das heißt: Schreibe die Summe als ein Produkt.

**BEISPIEL** $21s - 35s^2 = 7s(3 - 5s)$

a) $14a - 6b$ b) $20x^2 - 36x$ c) $64m^2 - 24m$ d) $32a + 56a^2 + 16$
e) $5y^2 - 15 + 20y$ f) $4t^2 + 16t + 12$ g) $0{,}5z^2 + 2z + 4z$ h) $\frac{1}{4}b^2 - \frac{1}{2}b + 2$

**ERINNERE DICH**
Eine lineare Funktion hat die Funktionsgleichung $f(x) = mx + n$. Welche Bedeutung haben $m$ und $n$?

**5** Welche linearen Funktionen wurden hier gezeichnet?

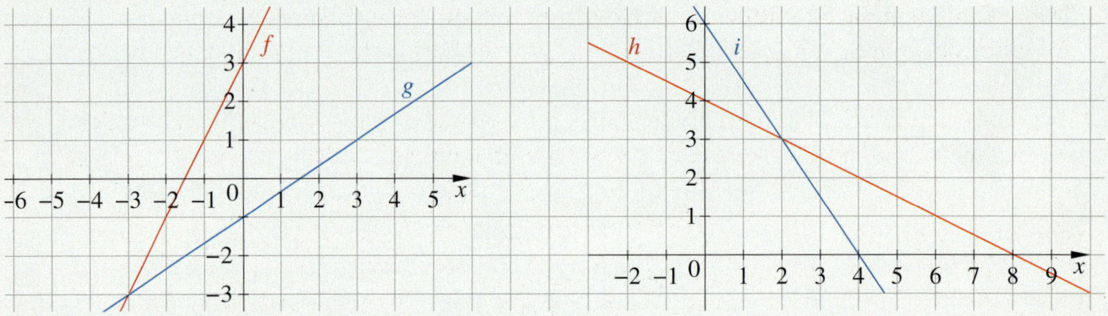


a) Gib die Funktionsgleichungen der vier Funktionen an.
b) Gib die Nullstellen der Funktionen an.
c) Bestimme rechnerisch den Schnittpunkt der Funktionen und überprüfe das Ergebnis mit Hilfe der Zeichnungen.

## Bunt gemischt

1. $10\,\%$ von $4\frac{1}{2}$ h = ▭ min
2. Wie groß ist der Radius eines Zylinders mit $h = 12\,\text{cm}$ und $V = 500\,\text{cm}^3$?
3. Berechne ohne Taschenrechner und gib als Dezimalzahl an: $\frac{0{,}81 + 1{,}99}{12{,}5 - 10{,}9}$
4. Die Summe von zwei Zahlen ergibt 50, ihre Differenz 28. Wie lauten die Zahlen?
5. Mit dem Würfel in der Randspalte wird 240-mal gewürfelt. Wie oft trifft etwa eine gerade bzw. eine ungerade Zahl auf?

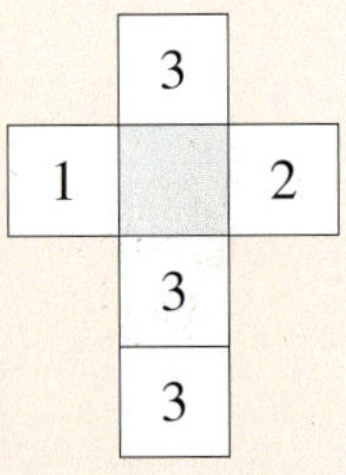

# Quadratische Gleichungen zeichnerisch lösen

## Erforschen und Entdecken

**1** In einem Berliner Erholungspark sind Gärten aus aller Welt angelegt. Im arabischen Garten gibt es viele hintereinander angeordnete Springbrunnen mit jeweils einem einzelnen, bogenförmigen Strahl.
Arbeitet zu zweit. Modelliert einen Wasserstrahl im Koordinatensystem. Schätzt dabei mit Hilfe des Fotos das Maximum.
Welche Breite überspannt der Wasserstrahl?

**2** Untersucht arbeitsteilig in Kleingruppen die folgenden Funktionen:

$f_1(x) = -x^2 + 1$ | $f_2(x) = x^2 + 6x + 9$ | $f_3(x) = (x - 2)(x - 4)$ | $f_4(x) = (5 - x)x$ | $f_5(x) = -x^2 + 10x - 26$

a) Zeichnet die Graphen der quadratischen Funktionen in ein Koordinatensystem. Formt die Gleichungen in die Scheitelpunktform um, wenn nötig.
b) Zeichnet jeweils die Symmetrieachse der Parabeln ein.
c) Gebt von jeder Funktion die Koordinaten des Scheitelpunkts und die Koordinaten der Schnittpunkte mit der $x$-Achse an.
d) Welcher Zusammenhang besteht zwischen der $x$-Koordinate des Scheitelpunkts und den $x$-Koordinaten der Schnittpunkte mit der $x$-Achse?
e) Wann kann man die Schnittpunkte mit der $x$-Achse am besten erkennen: wenn der Funktionsterm in Scheitelpunktform, in allgemeiner Form oder als Produkt gegeben ist?

**3** Beginne mit einer Zeichnung. Finde dann jeweils eine Funktionsgleichung, die zu der beschriebenen Parabel passt. Vergleicht eure Lösungen untereinander.

Die Parabel schneidet die $x$-Achse bei $x = 1$ und $x = 3$ und hat ihren Scheitelpunkt bei $S(2|1)$.

Die Parabel schneidet die $x$-Achse nicht. Sie schneidet die $y$-Achse bei $y = 6$ und ihr Scheitelpunkt liegt bei $S(2|4)$.

Die Parabel berührt die $x$-Achse nur in einem Punkt. Sie geht durch die Punkte $A(1|5)$ und $B(5|5)$.

**4** Salima behauptet: „Ich kenne ganze Zahlen, deren Quadrat genauso groß ist wie die Zahl selbst, vermehrt um 2.“
a) Stelle eine Gleichung auf, die für diese Zahlen gilt.
b) Erkläre den Zusammenhang zwischen der Gleichung aus Teilaufgabe a) und der Zeichnung rechts. Wie kannst du aus der Zeichnung die Lösungen der Gleichung ablesen? Kontrolliere deine abgelesenen Lösungen mit einer Probe.
c) Ina soll die Gleichung $x^2 - x - 2 = 0$ lösen. „Das ist doch die selbe Aufgabe!“, sagt Salima. Begründe Salimas Aussage mit Hilfe einer Rechnung.
d) Forme die Gleichung $x^2 + 0{,}5x - 3 = 0$ um und löse sie zeichnerisch.

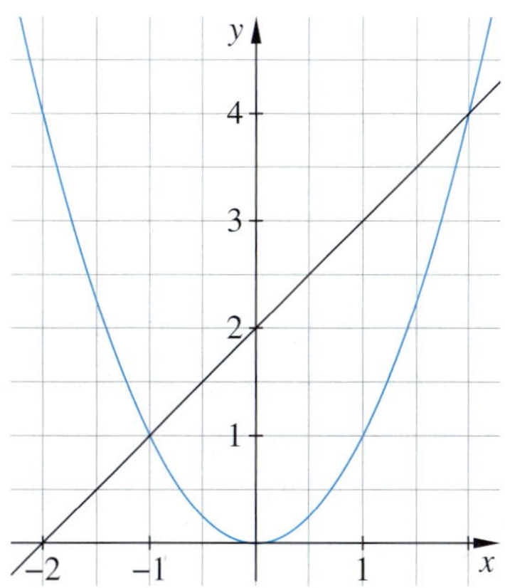

## Lesen und Verstehen

Anna soll die Gleichung $x^2 + \frac{1}{2}x - 3 = 0$ zeichnerisch lösen.
Sie geht folgendermaßen vor:

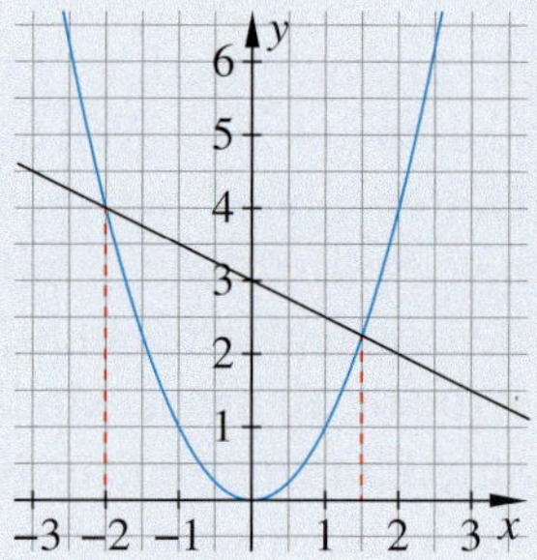


1. Auflösen der Gleichung nach $x^2$ — $x^2 = -\frac{1}{2}x + 3$
2. Zeichnen der Normalparabel $y = x^2$ und einer Geraden — Gerade $y = -\frac{1}{2}x + 3$
3. Ablesen der $x$-Werte der Schnittpunkte von Parabel und Gerade — $x_1 = -2$ und $x_2 = 1{,}5$
4. Überprüfen mit einer Probe — $(-2)^2 + \frac{1}{2} \cdot (-2) - 3 = 0$ ✓
   $1{,}5^2 + \frac{1}{2} \cdot 1{,}5 - 3 = 0$ ✓

> Die Lösungen der Gleichung $x^2 = mx + n$ entsprechen den $x$-Werten der Schnittpunkte der beiden Graphen zu $y = x^2$ und zu $y = mx + n$.

Die Suche nach Lösungen einer quadratischen Gleichung $x^2 + px + q = 0$ kann auch gedeutet werden als Suche nach den Stellen, an denen der Graph der Funktion $f(x) = x^2 + px + q$ die $x$-Achse schneidet.

> Den $x$-Wert vom Schnittpunkt eines Graphen mit der $x$-Achse nennt man **Nullstelle**.
> Der $y$-Wert des Schnittpunkts mit der $x$-Achse ist immer null (also $y = 0$).
> Die Anzahl der Nullstellen einer quadratischen Funktion der Form $f(x) = x^2 + px + q$ lässt sich aus der Lage der Parabel im Koordinatensystem ablesen.

**BEISPIELE**

| | | | |
|---|---|---|---|
| Normalform | $y = x^2 - 4x + 3$ | $y = x^2 - 4x + 4$ | $y = x^2 - 4x + 5$ |
| Scheitelpunktform | $y = (x-2)^2 - 1$ | $y = (x-2)^2$ | $y = (x-2)^2 + 1$ |
| Graph | 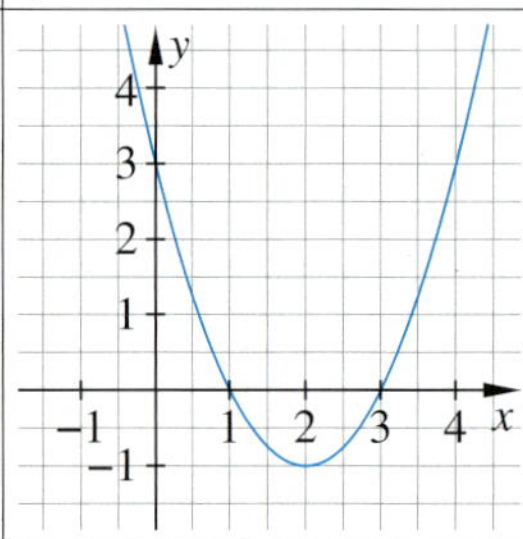 | 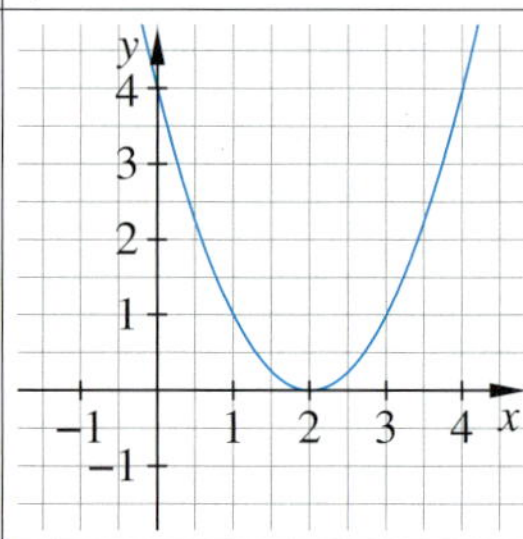 | 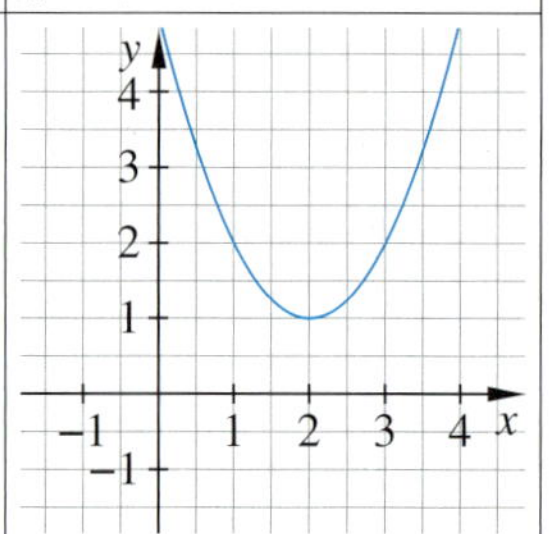 |
| Lage des Scheitelpunkts | *unterhalb* der $x$-Achse | *auf* der $x$-Achse | *oberhalb* der $x$-Achse |
| Schnittpunkte mit der $x$-Achse | $P_1(1\|0)$ und $P_2(3\|0)$ | $P_0(2\|0)$ | keine |
| Nullstellen und deren Anzahl | $x_1 = 1$ und $x_2 = 3$ zwei Nullstellen | $x_0 = 2$ eine Nullstelle | keine Nullstelle |

Eine quadratische Funktion kann zwei, eine oder keine Nullstelle besitzen.
Das gilt auch, wenn der Graph der quadratischen Funktion nach unten geöffnet ist.

## Basisaufgaben

**1** Ordne jeder Gleichung eine Zeichnung zu. Lies dann jeweils die Lösungen ab.

① $x^2 = 0{,}5x + 1{,}5$ ② $x^2 = -2x - 1$
③ $x^2 = 4$ ④ $x^2 = 2x - 2$

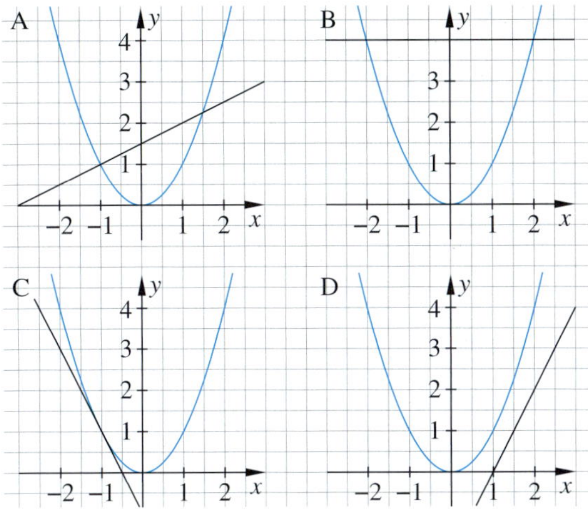


**2** Gib eine quadratische Gleichung an, deren Lösungen man aus der Zeichnung ablesen kann.
Notiere sie in der Form $x^2 + ax + b = 0$.
Lies dann die Lösungen ab, wenn möglich, und bestätige sie durch eine Probe.

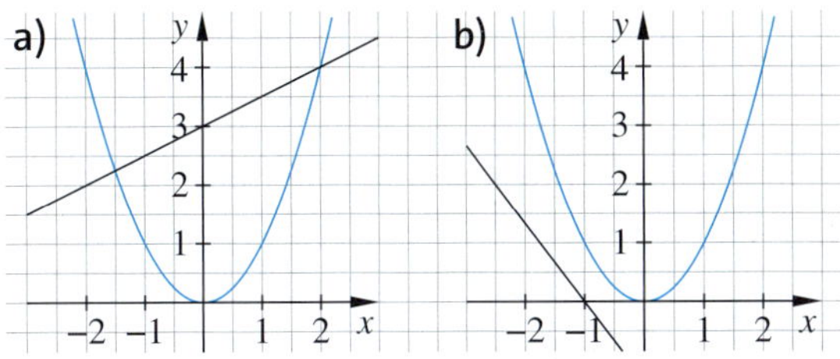


**3** Bestimme die Lösungen der quadratischen Gleichungen mit Hilfe einer gemeinsamen Zeichnung. Vergleiche.

**a)** $x^2 = -2x + 3$ **b)** $x^2 = -2x - 1$
**c)** $x^2 = -2x - 2$ **d)** $x^2 = -2x - \frac{3}{4}$

**4** Stelle die Gleichung auf und löse sie zeichnerisch. Bei welchen ganzen Zahlen ist das Quadrat der Zahl…

**a)** genauso groß ist wie das Doppelte der Zahl, vermehrt um 3?
**b)** genauso groß wie das Neunfache der Zahlen, vermindert um 14?
**c)** um 24 größer als das Doppelte der Zahl?

**5** Bestimme die Lösungen der quadratischen Gleichung. Forme zunächst um.

**BEISPIEL** $x^2 - x - 2 = 0$
$x^2 = x + 2$

**a)** $x^2 - 2x - 15 = 0$ **b)** $x^2 - 4x + 4 = 0$
**c)** $x^2 - x + \frac{3}{4} = 0$ **d)** $x^2 - 7x = 0$

**6** Bestimme zeichnerisch die Lösungen der quadratischen Gleichung. Forme zuerst um.

**BEISPIEL** $6x^2 + 42x + 60 = 0 \quad | :6$
$x^2 + 7x + 10 = 0$
$x^2 = -7x - 10$

**a)** $4x^2 - 8x - 32 = 0$ **b)** $0{,}5x^2 - 1{,}5x - 2 = 0$
**c)** $-2x^2 - 16x - 32 = 0$ **d)** $0{,}1x^2 + x + 2{,}5 = 0$

**7** Überprüfe, ob die angegebenen Stellen Nullstellen der Funktionen sind.

**a)** $f(x) = x^2 - 6{,}25$ $x_1 = 2{,}5$; $x_2 = -2{,}5$
**b)** $f(x) = -x^2 + 9$ $x_1 = 3$; $x_2 = 6$
**c)** $f(x) = x^2 - 5x + 6$ $x_1 = 2$; $x_2 = 4$
**d)** $f(x) = x^2 + 5{,}5x + 2{,}5$ $x_1 = 0{,}5$; $x_2 = -5$

**8** Lies die Nullstellen ab und überprüfe durch eine Rechnung.

a)
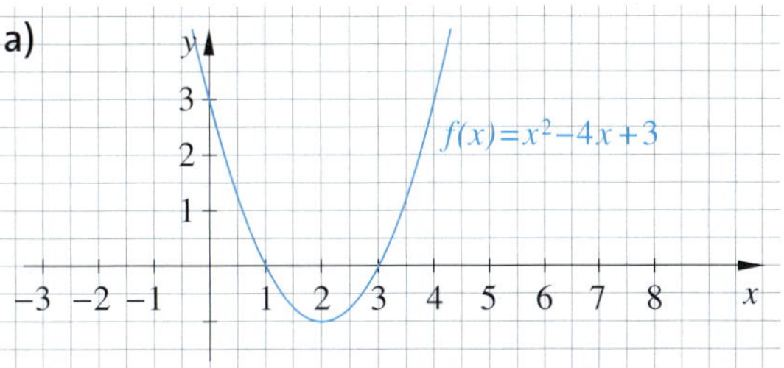


b)
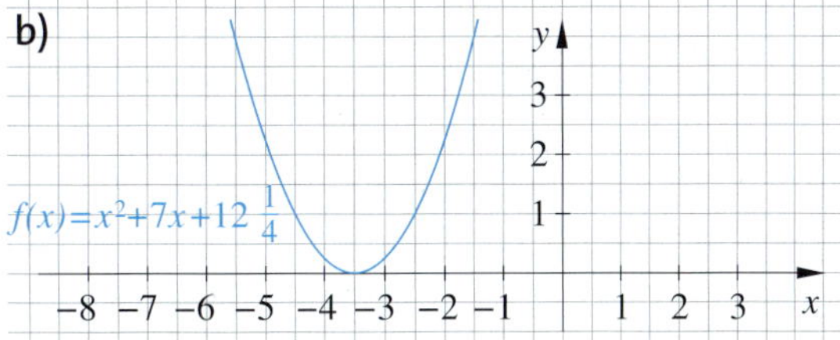


c)
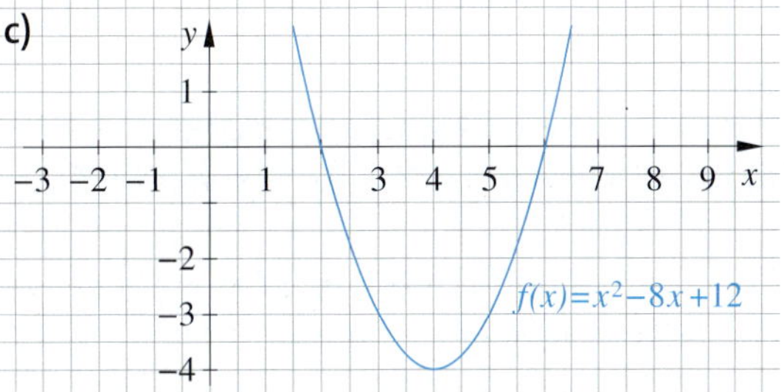


**BEACHTE**
Die Lösungen zu Aufgabe 5 ergeben in der richtigen Reihenfolge den Namen eines Landes. Wo liegt dieses Land?
−3 (S); 0 (O); 2 (M); 5 (A); 7 (A)

# Weiterführende Aufgaben

**9** Die Schüler der Klasse 10c sollen folgende Gleichungen zeichnerisch lösen:

Ⓐ $-\frac{1}{4}x^2 - 2 = 0$  Ⓑ $-\frac{1}{2}x^2 + 2 = 0$  Ⓒ $2x^2 - 2 = 0$

**a)** Lena hat die folgenden Graphen gezeichnet. Ordne jeweils die richtige Gleichung zu. Gib ihre Lösungen an.

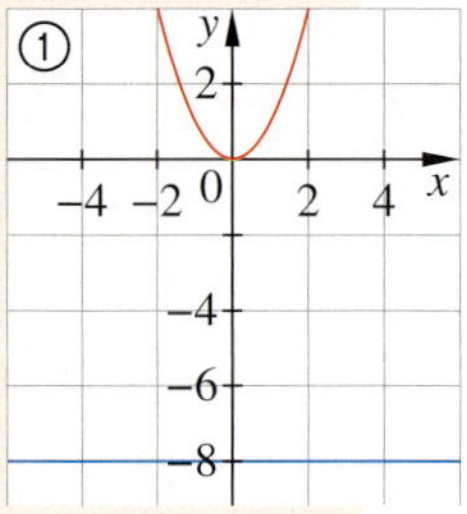


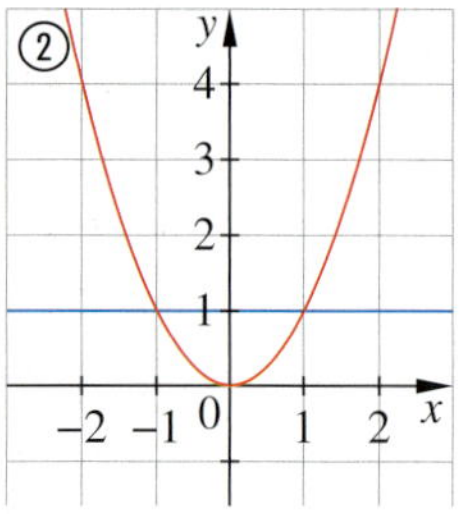


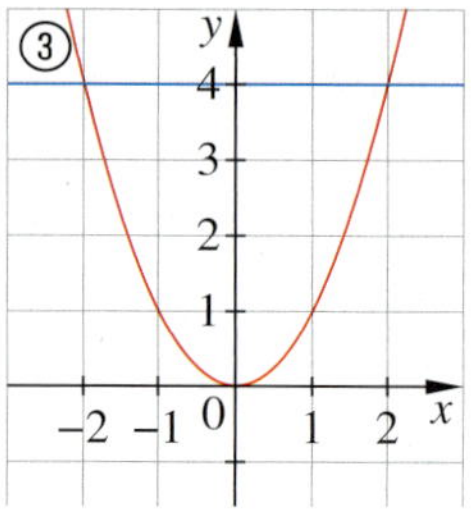


**b)** Till hat jeweils andere Graphen gezeichnet. Vergleiche beide Lösungen und bewerte sie.

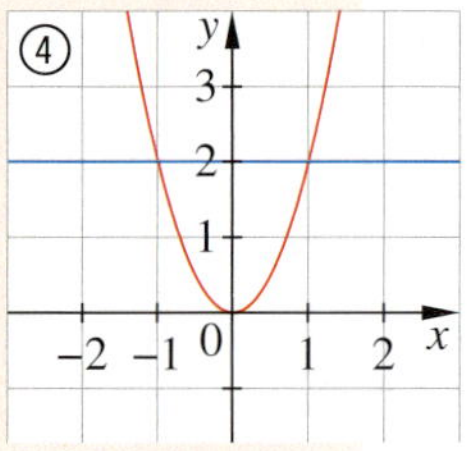


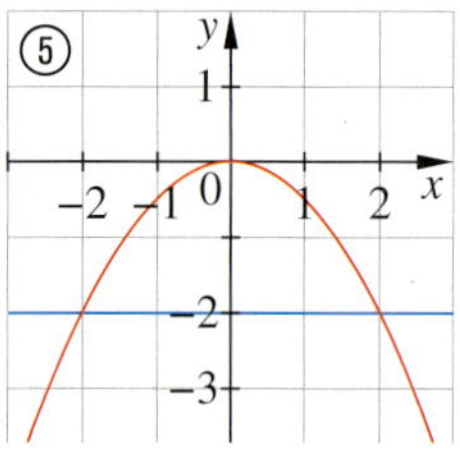


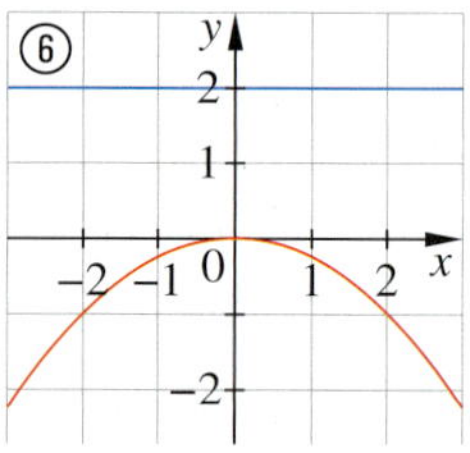


**10** Volkan meint: „Die Funktion $f(x) = -(x + 2)^2 - 7$ hat auf jeden Fall zwei Nullstellen, denn ihr Scheitelpunkt liegt über der $x$-Achse und sie ist nach unten geöffnet." Begründe, ob Volkan Recht hat.

**11** Beschreibe die Parabel (Öffnung, Scheitelpunkt) und begründe, ob die Funktion keine, eine oder zwei Nullstellen hat.

**a)** $f(x) = x^2 - 1$  **b)** $f(x) = x^2 + 2$
**c)** $f(x) = (x + 3)^2$  **d)** $f(x) = (x - 2)^2$
**e)** $f(x) = (x + 2)^2 + 1$  **f)** $f(x) = (x - 1)^2 - 1$

**12** Entscheide anhand des Verlaufs der Parabel, wie viele Nullstellen es gibt.

**a)** $f(x) = -x^2 + 6$
**b)** $f(x) = -0{,}5x^2 - 7$
**c)** $f(x) = -\frac{3}{4}(x - \frac{1}{2})^2 + 4{,}5$
**d)** $f(x) = 3{,}2(x + 1)^2 - 2$
**e)** $f(x) = 1{,}8(x - 2{,}3)^2$

**066-1**
Unter dem angegebenen Webcode gibt es ein Arbeitsblatt zur Bestimmung der Anzahl von Nullstellen.

**NACHGEDACHT**
Bei welchen Funktionen lassen sich die Nullstellen direkt aus dem Funktionsterm ablesen? Begründe.

**13** Arbeitet zu zweit. Notiert jeweils eine Funktionsgleichung, deren Parabel die $x$-Achse
- in zwei Punkten schneidet,
- in einem Punkt schneidet,
- gar nicht schneidet.

Wie kann man das an der Gleichung erkennen?

**14** Ergänze die Wertetabelle der quadratischen Funktion. Gib den Scheitelpunkt und die Nullstellen an. Stelle die Funktionsgleichung für die verschobene Normalparabel auf.

**a)**

| **x** | −4 | −3 | −2 | −1 | 0 | 1 | 2 |
|---|---|---|---|---|---|---|---|
| **f(x)** | 5 | 0 | −3 | −4 | −3 | | |

**b)**

| **x** | −3 | −2 | −1 | 0 | 1 | 2 | 3 |
|---|---|---|---|---|---|---|---|
| **f(x)** | 8,25 | 2,25 | −1,75 | −3,75 | −3,75 | −1,75 | |

**15** Zeichne die Graphen der quadratischen Funktionen in ein Koordinatensystem. Forme zuerst in die Scheitelpunktform um.
① $y = x^2 - 6x + 9$
② $y = x^2 - 6x + 8$
③ $y = x^2 - 6x + 11$
④ $y = -x^2 + 6x - 5$
Lies Scheitelpunkt und Nullstellen ab. Wie hängt die Lage des Scheitelpunkts mit der Lage der Nullstellen zusammen?

**16** Welche Gleichung wurde hier zeichnerisch gelöst? Lies die Lösungen ab und mache die Probe. Was fällt dir auf? Überlege, wie du eine möglichst gute Lösung erhalten kannst.

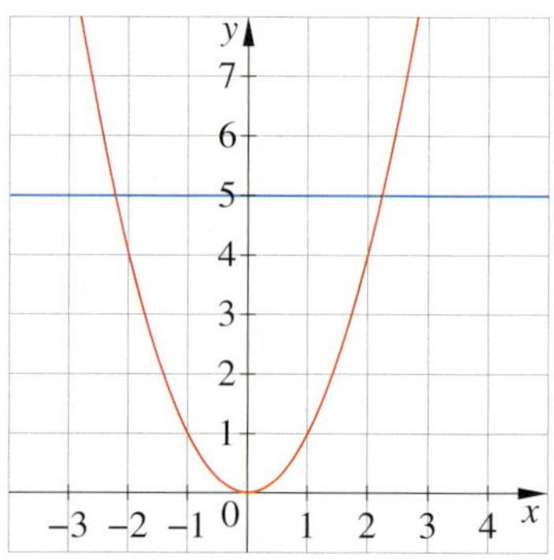

# Rein quadratische und gemischt quadratische Gleichungen

## Erforschen und Entdecken

**1** Mit der folgenden Faustregel kannst du schätzen, wie tief ein Brunnen ist:

*Lass einen Stein in den Brunnen fallen. Zähle die Sekunden, bis du den Aufprall hörst. Multipliziere diese Sekundenzahl mit sich selbst und dann mit 5. Das ergibt die Tiefe des Brunnens in Metern.*

a) Wie tief ist der Brunnen, wenn die Zeit bis zum Aufprall drei Sekunden beträgt?
b) Bei einem anderen Brunnen dauert es 4,5 Sekunden, bis man den Aufprall hört. Gib die Tiefe dieses Brunnens an.
c) Der abgebildete Brunnen hat eine Tiefe von 125 m. Wie lange dauert es ungefähr, bis ein Stein auf dem Grund des Brunnens aufprallt, wenn der Brunnen kein Wasser enthält?
d) Führt selbst einen ähnlichen Versuch durch. Lasst z. B. einen Softball aus dem obersten Stock eures Schulgebäudes fallen und stoppt die Zeit bis zu seinem Auftreffen auf dem Schulhof. Wie hoch ist das Gebäude an dieser Stelle?

**2** Arbeitet in einer Vierergruppe.
a) Ordnet den Zahlenrätseln eine passende Gleichung und eine passende Lösung zu.
*Tipp:* Manche Lösungen passen bei verschiedenen Gleichungen.

① Subtrahiert man vom doppelten Quadrat einer Zahl 2, so erhält man 30.

$x^2 + 15 = 40$

$x = -5$

② Addiert man 15 zum Quadrat einer Zahl, so erhält man 40.

$2x^2 - 2 = 30$

keine Lösung

$\frac{1}{2}x \cdot \frac{1}{3}x = 24$

$x = 12$

$x = -2$

⑤ Multipliziert man die Summe aus dem Quadrat einer Zahl und 2 mit der Zahl 3, so erhält man 6.

③ Multipliziert man das Doppelte einer Zahl mit dem Dreifachen der Zahl, so erhält man 150.

④ Halbiert man eine Zahl und multipliziert sie mit ihrem dritten Teil, so erhält man erhält man 24.

$x = 4$

$x^2 + 10 = 6$

⑥ Addiert man 10 zum Quadrat einer Zahl, so erhält man 6.

$x = 0$

$x = -12$

$3(x^2 + 2) = 6$

$x = 2$

$x = -4$

$6x^2 = 150$

$x = 5$

b) Die Gleichungen in den rötlichen Kästchen nennt man **rein quadratische Gleichungen**. Wie viele Lösungen kann eine rein quadratische Gleichung haben?

**3** Tom und Isa sollen die gemischt quadratische Gleichung $x^2 + 8x = 0$ lösen.
a) Erläutere ihre Lösungsschritte.
b) Vergleiche und bewerte die beiden Lösungswege.
c) Löse die Gleichung $x^2 - 2{,}5x = 0$ mit einem Verfahren deiner Wahl. Vergleicht eure Lösungen untereinander.

Tom rechnet:
$x^2 + 8x = 0$
$x(x + 8) = 0$
$x_1 = 0$ und $x_2 = -8$

Isa rechnet so:
$x^2 + 8x = 0$
$x^2 + 2 \cdot 4x = 0$
$x^2 + 2 \cdot 4x + 4^2 = 4^2$
$(x + 4)^2 = 16 \quad | \sqrt{\ }$
$x + 4 = 4$ oder $x + 4 = -4$
$x_1 = 0$ und $x_2 = -8$

## Lesen und Verstehen

Ein Zahlenrätsel beschäftigte schon Leonhard Euler, einen bedeutenden Mathematiker. Im Jahr 1770 erschien die „Vollständige Anleitung zur Algebra." Darin stellte er u. a. das folgende Zahlenrätsel:

> Es wird eine Zahl gesucht, deren Hälfte mit ihrem 3. Theil multipliciret 24 gebe.

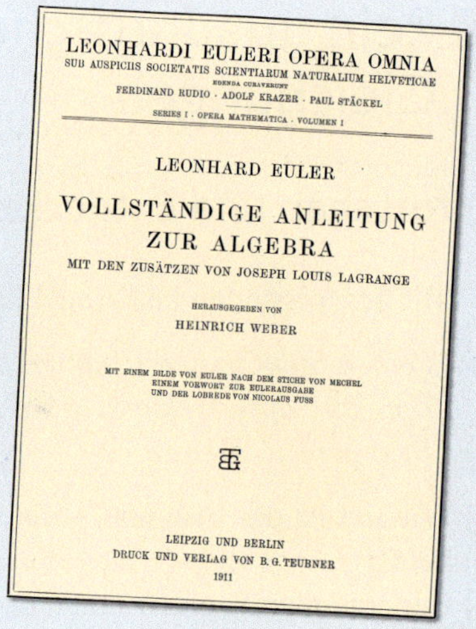
LEONHARDI EULERI OPERA OMNIA
SUB AUSPICIIS SOCIETATIS SCIENTIARUM NATURALIUM HELVETICAE
EDENDA CURAVERUNT
FERDINAND RUDIO · ADOLF KRAZER · PAUL STÄCKEL
SERIES I · OPERA MATHEMATICA · VOLUMEN I

LEONHARD EULER
VOLLSTÄNDIGE ANLEITUNG ZUR ALGEBRA
MIT DEN ZUSÄTZEN VON JOSEPH LOUIS LAGRANGE
HERAUSGEGEBEN VON
HEINRICH WEBER

MIT EINEM BILDE VON EULER NACH DEM STICHE VON MECHEL
EINEM VORWORT ZUR EULERAUSGABE
UND DER LOBREDE VON NICOLAUS FUSS

LEIPZIG UND BERLIN
DRUCK UND VERLAG VON B. G. TEUBNER
1911

Viele von Eulers Zahlenrätsel führen auf **quadratische Gleichungen**. Das sind Gleichungen, in denen die Variable in der zweiten Potenz („hoch 2"), aber in keiner höheren Potenz vorkommt.

Wenn man im Zahlenrätsel die gesuchte Zahl $x$ nennt, dann ist die Hälfte der Zahl $\frac{1}{2}x$ und der dritte Teil der Zahl $\frac{1}{3}x$. Multipliziert man beides, so erhält man die Gleichung $\frac{1}{2}x \cdot \frac{1}{3}x = 24$, also $\frac{1}{6}x^2 = 24$.

Wenn in einer quadratischen Gleichung die Variable ausschließlich in der zweiten Potenz vorkommt, dann nennt man diese Gleichung **rein quadratische Gleichung**. Alle rein quadratischen Gleichungen lassen sich umformen zu $x^2 = d$.

**BEISPIEL 1**

$\frac{1}{6}x^2 = 24 \quad | \cdot 6$

$x^2 = 144$

Es gibt zwei Zahlen, deren Quadrat 144 ist:

$x_1 = 12$ und $x_2 = -12$

Probe: $\frac{1}{6} \cdot 12^2 = 24$ und $\frac{1}{6} \cdot (-12)^2 = 24$

Die Anzahl der Lösungen einer rein quadratischen Gleichung hängt von der Variable $d$ ab.

Für $d > 0$ hat die Gleichung $x^2 = d$ zwei Lösungen, nämlich $x_1 = \sqrt{d}$ und $x_2 = -\sqrt{d}$.

Für $d = 0$ hat die Gleichung $x^2 = d$ eine Lösung, nämlich $x_0 = 0$.

Für $d < 0$ hat die Gleichung $x^2 = d$ keine Lösung, da das Quadrat einer Zahl nie negativ sein kann.

**BEISPIEL 2**

$x^2 = 4 \quad | \sqrt{\phantom{x}} \qquad x_1 = 2$ und $x_2 = -2$

$4x^2 = 0 \qquad x^2 = 0$, also $x = 0$

$-2x^2 = 128 \quad | : (-2)$

$x^2 = -64$

keine Lösung

**Gemischt quadratische Gleichungen** sind Gleichungen der Form $x^2 + px = 0$. Sie lassen sich durch Faktorisieren lösen, da ein Produkt null ergibt, wenn mindestens ein Faktor null ist.

**BEISPIEL 3**

$x^2 + 6x = 0$

$x \cdot (x + 6) = 0$ ($x$ ausgeklammert)

$x_1 = 0$ und $x_2 = -6$

## Basisaufgaben

**1** Finde die rein quadratischen und die gemischt quadratischen Gleichungen heraus.

a) $x^2 - 25 = 0$ b) $x^2 - 5x = 0$
c) $\frac{1}{4} - x^2 = \frac{3}{4}$ d) $4 + 3x^2 = 20$
e) $x^2 - 5x^3 = 20$ f) $x^2 = 5x$
g) $2x \cdot x + 4x = 24$ h) $77 = 9x - 3$
i) $4x^3 + x = 3x - x^2$ j) $0{,}5x + 8x^2 = 0$
k) $3x^2 + 8x + 45 = x^2 + 8x + 23$
l) $7x^2 - x + 4 = 7x^2 - 2x$

**2** Gib die Anzahl der Lösungen an, ohne sie zu berechnen.

a) $x^2 = 1$ b) $x^2 = -6$ c) $x^2 = 2{,}5$
d) $x^2 = 0$ e) $x^2 - 25 = 0$ f) $x^2 + 9 = 0$
g) $7 - x^2 = 7$ h) $0{,}36 = x^2$ i) $9 - 5 = x^2$

**3** Löse die quadratische Gleichung im Kopf.

a) $x^2 = 81$ b) $x^2 = 36$ c) $x^2 = 121$
d) $x^2 = 169$ e) $x^2 = -100$ f) $x^2 = 0{,}64$
g) $x^2 = 0{,}09$ h) $x^2 = 225$ i) $x^2 = -49$

**4** Löse die Gleichungen.

a) $x^2 = \frac{4}{9}$ b) $x^2 = \frac{36}{49}$ c) $x^2 = \frac{256}{400}$
d) $x^2 = \frac{144}{169}$ e) $x^2 = \frac{225}{361}$ f) $x^2 = \frac{16}{81}$
g) $x^2 = \frac{289}{441}$ h) $x^2 = \frac{484}{676}$ i) $x^2 = \frac{64}{100}$

**5** Löse die Gleichung. Runde gegebenenfalls auf zwei Dezimalstellen.

a) $x^2 - 16 = 0$ b) $x^2 - \frac{1}{4} = 0$
c) $x^2 - \frac{9}{25} = 0$ d) $x^2 + \frac{5}{12} = 0$
e) $x^2 - 2{,}25 = 0$ f) $x^2 + 292{,}41 = 0$
g) $x^2 + 18 = 99$ h) $x^2 + 252 = 877$
i) $x^2 - 24 = 172$ j) $x^2 + 145 = 266$
k) $x^2 - 66 = 295$ l) $x^2 - 321 = 208$
m) $3x^2 + 5x + 12 = x^2 + 5x + 12$
n) $5x^2 - 3x + 3 = 3x^2 - 2x + 11 - x$

**6** Löse die Gleichungen. Forme sie zuerst um.

a) $2x^2 = 50$ b) $3x^2 = 48$
c) $2{,}5x^2 = 302{,}5$ d) $4{,}7x^2 = 1057{,}5$
e) $12{,}9x^2 = 116{,}1$ f) $\frac{4}{9}x^2 = 16$
g) $\frac{3}{4}x^2 = 36{,}75$ h) $3x^2 = 27$
i) $5x^2 + 32 = 352$ j) $3x^2 + 0{,}15 = 4{,}47$
k) $2x^2 - 20 = 142$ l) $7x^2 + 21 = 28$
m) $-6{,}8 + 8x^2 = 8{,}88$ n) $3{,}5 + 2{,}5x^2 = 13{,}5$
o) $108 + 3x^2 = 33$ p) $0{,}7 + 0{,}5x^2 = 3{,}825$

**7** Die Länge eines rechteckigen Reitplatzes für Turnierpferde ist doppelt so lang wie die Breite. Der Flächeninhalt des Reitplatzes beträgt $242\,m^2$. Wie lang sind seine Seiten? Begründe, warum es hier nur eine Lösung gibt.

**8** Der Bremsweg eines Pkw wird nach der Faustformel $s = \left(\frac{v}{10}\right)^2$ berechnet.

a) Erläutere die Bedeutung der Variablen $s$ und $v$. (Beachte die Einheiten.)
b) Mit welcher Geschwindigkeit darf man höchstens fahren, wenn der Bremsweg höchstens 10 m [30 m, 50 m, 80 m] betragen soll? Löse jeweils mit Hilfe einer rein quadratischen Gleichung.

**9** Die Diagonale eines Quadrats ist 162 cm lang. Wie lang sind seine Seiten? Runde sinnvoll.

**10** Im rechtwinkligen Dreieck ist die Hypotenuse 5,4 cm lang. Die beiden Katheten sind gleich lang. Welche Länge haben sie?

**11** Löse die gemischt quadratischen Gleichungen durch Faktorisieren.

a) $x^2 + 6x = 0$ b) $x^2 + 4x = 0$
c) $x^2 - 1{,}8x = 0$ d) $x^2 + \frac{3}{8}x = 0$
e) $5{,}5x + x^2 = 0$ f) $7x - x^2 = 0$
g) $x^2 - \frac{3}{4}x = 0$ h) $0{,}6x + x^2 = 0$

**BEACHTE**
Die von null verschiedenen Lösungen zu Aufgabe 11 ergeben in der richtigen Reihenfolge den Namen eines Landes. Auf welchem Kontinent liegt dieses Land?
$-6$ (A); $-5{,}5$ (N); $-4$ (R) $-0{,}6$ (N); $-\frac{3}{8}$ (E); $\frac{3}{4}$ (E); $1{,}8$ (M); $7$ (I)

**12** Bringe die Gleichung zunächst in die Form $x^2 + px = 0$. Gib dann die Lösungen an.

a) $2x^2 + 6x = 0$ b) $0{,}3x^2 - 3x = 0$
c) $5x^2 - 0{,}45x = 0$ d) $\frac{1}{4}x^2 + x = 0$
e) $6x^2 = 66x$ f) $18x = 0{,}5x^2$
g) $0 = 7x^2 + 56x$ h) $2{,}5x - 2{,}5x^2 = 0$
i) $5x^2 + x = 4x^2 + 6x$ j) $3x - 2x^2 = 2x$

## Weiterführende Aufgaben

**13** Löse das Zahlenrätsel mit Hilfe einer rein quadratischen oder gemischt quadratischen Gleichung.

a) Multipliziert man eine Zahl mit sich selbst und addiert zu diesem Produkt 65, so erhält man 690.
b) Addiert man zum Quadrat einer Zahl ihr Doppeltes, so erhält man null.
c) Subtrahiert man vom Quadrat einer Zahl ihr Doppeltes und addiert 12, so erhält man die Quadratwurzel aus 144.
d) Subtrahiert man 17 vom Vierfachen des Quadrats einer Zahl, so erhält man 239.
e) Vermehrt man das Quadrat einer Zahl um ihr Zehnfaches und subtrahiert 21, so erhält man das Produkt aus 3 und −7.

**14** Welche quadratische Gleichung hat zwei, eine bzw. keine Lösung? Begründe, indem du die Normalparabel und eine passende Gerade zeichnest.

**BEISPIEL** $x^2 + 3 = 0$; also $x^2 = -3$
Normalparabel und Gerade zu $y = -3$ schneiden sich nicht, also gibt es keine Lösung.

a) $x^2 - 9 = 0$ b) $x^2 + 2 = 0$
c) $-x^2 + 4 = 0$ d) $-x^2 - 6 = 0$
e) $-x^2 = 0$ f) $x^2 - 5 = 0$

**15** Finde zeichnerisch eine rein quadratische Gleichung mit folgenden Lösungen:

a) −1 und 1 b) −2 und 2
c) 0 d) keine Lösung

**16** Vervollständige die Aussagen.

a) Eine rein quadratische Gleichung $x^2 = d$ hat genau dann zwei Lösungen, wenn die Normalparabel die Gerade $y = d$ …
b) Die Gleichung $x^2 = d$ hat keine Lösung, wenn …

**17** Notiere zu den Lösungen eine rein quadratische bzw. eine gemischt quadratische Gleichung.

a) $x_1 = 7$ und $x_2 = -7$
b) $x_1 = 4{,}5$ und $x_2 = 0$
c) $x_1 = 0{,}4$ und $x_2 = -0{,}4$
d) keine Lösung

**18** Löse erst die Klammern auf, ordne und löse dann die rein quadratische Gleichung.

a) $4x^2 - 13 + x^2 = 4(3 - x^2)$
b) $(4x + 1) \cdot (2x + 2) = 10x + 20$
c) $(8x - 8) \cdot (5x + 5) = 40 - 85x^2$
d) $(10x + 6)^2 = 120x + 40$
e) $(5x + 1)^2 = 10x + 5$
f) $(4x - 6)^2 = 45 - 48x$

**19** Löse die Gleichungen.

a) $7x^2 - 15x = 4x^2$ b) $3(2x^2 - x) = -12x$
c) $\frac{x^2}{3} + 5 = 17$ d) $25 + \frac{1}{2}x^2 = \frac{3}{4}x^2$
e) $\frac{x^2}{5} - 3 = -8$ f) $\frac{(x^2 + 5)}{6} = 5$
g) $\frac{(x^2 - 1)}{5} = x - 0{,}2$ h) $x^3 - 4x = 0$
i) $34x^2 - 14 = (7x + 3) \cdot (14x - 6)$
j) $(5x - 2)(x + 4) = -8$
k) $(7x - 2)^2 = -28x + 8$

**20** Das Wohnzimmer ist $50{,}75\,m^2$ groß. Die Decke soll mit Stuckleisten verziert werden.

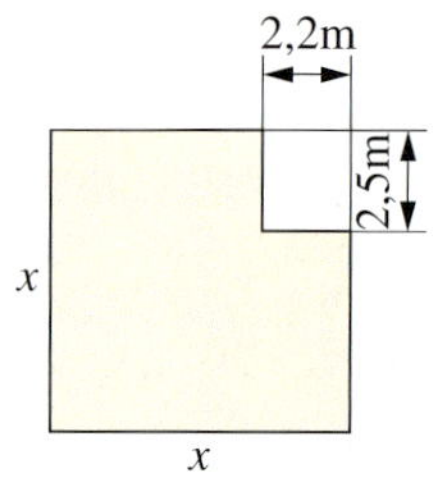


a) Berechne die Länge der Wand $x$.
b) Wie viel Meter Stuckleisten werden mindestens benötigt?

**21** Eine $45{,}6\,m^2$ große Terrasse wird mit quadratischen Steinplatten so ausgelegt, dass keine Fugen entstehen. 285 Platten werden verarbeitet. Berechne die Seitenlänge einer Platte.

**22** Geschenkverpackungen für Weinflaschen haben oft die Form von Quadern mit einer quadratischen Grundfläche. Eine Verpackung hat eine Höhe von 37 cm und ein Volumen von 2,8 ℓ.

a) Welche Seitenlänge hat die quadratische Grundfläche?
b) Welchen Durchmesser hätte eine zylinderförmige Verpackung mit gleichem Volumen und gleicher Höhe?

# Allgemein quadratische Gleichungen lösen

## Erforschen und Entdecken

**1** Folgendes Zahlenrätsel soll gelöst werden:
Das Quadrat einer Zahl und das Sechsfache dieser Zahl ergibt 16.
In der Abbildung findest du die zeichnerische Lösung des arabischen Mathematikers Ibn Musa Al-Khwarizmi (ca. 780 bis 850 v. Chr.).

| | |
|---|---|
| 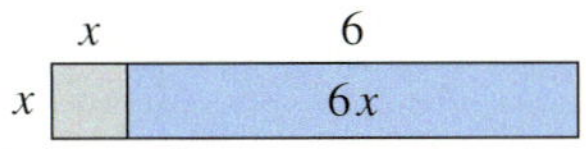  = 16 | ① Die linke Seite der Gleichung wird durch ein Quadrat ($x^2$) und ein Rechteck ($6x$) dargestellt. |
| 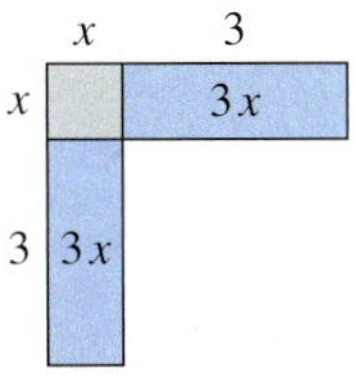  = 16 | ② Das Rechteck wird halbiert und eine Hälfte wird umgelegt. |
| 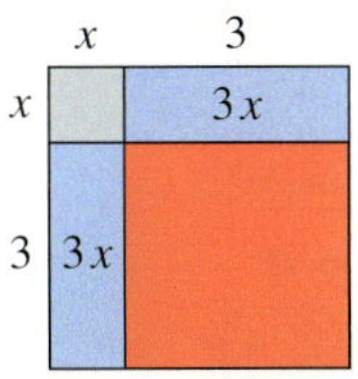  = 25 | ③ Das rote Quadrat ($3 \cdot 3 = 9$) wird zeichnerisch auf der linken Seite und als Zahl auf der rechten Seite des Gleichheitszeichens ergänzt. So entsteht ein großes Quadrat. |

Ⓐ $x^2 + 2 \cdot 3x + 3^2 = 16 + 3^2$

Ⓑ $(x + 3)^2 = 25$

Ⓒ $x^2 + 2 \cdot 3x = 16$

Ⓓ $x^2 + 6x = 16$

**071-1**
Unter dem Webcode kannst du dir die Kärtchen zum Ausschneiden ausdrucken.

a) Ordne drei der Gleichungen rechts den einzelnen Schritten in der Tabelle zu.
b) Eine Gleichung bleibt übrig. Erkläre, wie sie mit den übrigen Gleichungen zusammenhängt und nutze sie, um eine Lösung des Zahlenrätsels zu bestimmen.
c) Mit diesem zeichnerischen Verfahren erhält man nur die positive Lösung der quadratischen Gleichung. Zeige durch eine Probe, dass auch $x = -8$ eine Lösung ist.
d) Löse die Gleichung $x^2 + 4x = 32$ mit diesem Verfahren. Finde auch hier eine zweite Lösung.

**2** Von dem berühmten Mathematiker Leonhard Euler stammt dieser Ausschnitt aus der „Vollständigen Anleitung zur Algebra" von 1770. Darin wird die Lösung von allgemein quadratischen Gleichungen beschrieben.

> Wir können den Werth von $x$ bestimmen:
>
> $$x^2 + px + q = 0$$
> $$x^2 + px = -q$$
> $$x^2 + 2 \cdot \frac{p}{2}x = -q$$
> $$x^2 + 2 \cdot \frac{p}{2}x + \left(\frac{p}{2}\right)^2 = -q + \left(\frac{p}{2}\right)^2$$
> $$\left(x + \frac{p}{2}\right)^2 = -q + \left(\frac{p}{2}\right)^2$$
> $$x_1 + \frac{p}{2} = \sqrt{-q + \left(\frac{p}{2}\right)^2}; \quad x_2 + \frac{p}{2} = -\sqrt{-q + \left(\frac{p}{2}\right)^2}$$
>
> In dieser Formel ist nun die Regel enthalten, nach welcher alle Quadratgleichungen aufgelößt werden können, und damit man nicht immer nöthig habe, die obigen Operationen von neuem anzustellen, so ist genug, daß man den Inhalt dieser Formel dem Gedächtnis wohl einpräge.

a) Erläutere die einzelnen Umformungsschritte.
b) Löse die Gleichung $x^2 + 6x - 27 = 0$ mit dem oben beschriebenen Verfahren.

## Lesen und Verstehen

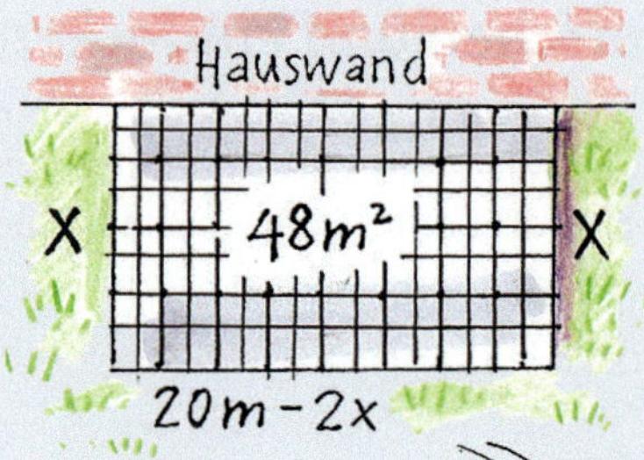


Herr Klein hat entlang der Hauswand einen Zwinger für seinen Hund gebaut. Der Zwinger hat einen Flächeninhalt von 48 m². Die Länge des Zauns beträgt 20 m. Welche Seitenlängen hat der Zwinger?

Wenn man die Breite des Zwingers mit $x$ benennt, dann beträgt die Länge $20 - 2x$ (in m).
Für den Flächeninhalt ergibt sich die Gleichung
$x \cdot (20 - 2x) = 48$ (in m²), nach Ausmultiplizieren also $20x - 2x^2 = 48$.

Jede quadratische Gleichung lässt sich in die Normalform $x^2 + px + q = 0$ umwandeln. Die Lösungen können mit Hilfe einer quadratischen Ergänzung oder mit der $p$-$q$-Formel bestimmt werden.

**BEISPIEL**

$20x - 2x^2 = 48$ | $-48$
$20x - 2x^2 - 48 = 0$ | umordnen
$-2x^2 + 20x - 48 = 0$ | $:(-2)$
$x^2 - 10x + 24 = 0$

072-1
Hier wird gezeigt, wie man die $p$-$q$-Formel herleitet.

**Lösung mit quadratischer Ergänzung**

$\underbrace{x^2 - 10x + \left(\frac{10}{2}\right)^2}_{\text{Binomische Formel}} + 24 = \left(\frac{10}{2}\right)^2 \quad | -24$

$(x-5)^2 = 25 - 24$
$(x-5)^2 = 1$
$x_1 - 5 = 1$ und $x_2 - 5 = -1$
$x_1 = 6$ und $x_2 = 4$

**Lösung mit der $p$-$q$-Formel**

$x^2 - 10x + 24 = 0$, also $p = -10$; $q = 24$

$x_{1/2} = -\left(-\frac{p}{2}\right) \pm \sqrt{\left(-\frac{p}{2}\right)^2 - q}$
$x_{1/2} = -\left(-\frac{10}{2}\right) \pm \sqrt{\left(-\frac{10}{2}\right)^2 - 24}$
$x_{1/2} = -(-5) \pm \sqrt{25 - 24}$
$x_{1/2} = 5 \pm \sqrt{1}$
$x_{1/2} = 5 \pm 1$
$x_1 = 5 + 1;\ x_1 = 6$
$x_2 = 5 - 1;\ x_2 = 4$

Probe: $6 \cdot (20 - 2 \cdot 6) = 6 \cdot 8 = 48$
$4 \cdot (20 - 2 \cdot 4) = 4 \cdot 12 = 48$

Der Zwinger ist 6 m breit und 8 m lang oder er ist 4 m breit und 12 m lang.
In beiden Fällen beträgt der Flächeninhalt 48 m².

Quadratische Gleichungen in der Normalform $x^2 + px + q = 0$ haben die Lösungen:

$x_1 = -\frac{p}{2} + \sqrt{\left(\frac{p}{2}\right)^2 - q}$ und

$x_2 = -\frac{p}{2} - \sqrt{\left(\frac{p}{2}\right)^2 - q}$

Den Ausdruck $\left(\frac{p}{2}\right)^2 - q$ nennt man **Diskriminante *D***. Aus $D$ kann man die Anzahl der Lösungen ablesen. Es gibt drei Fälle:
$D > 0$: zwei Lösungen
$D = 0$: eine Lösung, nämlich $-\frac{p}{2}$
$D < 0$: keine Lösung

**BEISPIEL**

$x^2 + 4x + 3 = 0$; also $p = 4$ und $q = 3$
$x_1 = -\frac{4}{2} + \sqrt{4 - 3}$
$x_1 = -2 + \sqrt{1};\ x_1 = -1$
$x_2 = -\frac{4}{2} - \sqrt{4 - 3}$
$x_2 = -2 - \sqrt{1};\ x_1 = -3$
$D = 1 > 0$, also zwei Lösungen
$x^2 + 4x + 4 = 0$; $p = 4$ und $q = 0$
$D = 0$, also eine Lösung $x_1 = -2$
$x^2 + 4x + 5 = 0$; $p = 4$ und $q = 5$
$D = -1 < 0$, also keine Lösung

## Basisaufgaben

**1** Lies aus den Gleichungen $p$ und $q$ ab und fülle die Tabelle im Heft aus. Was fällt dir auf?

| | | $p$ | $q$ | $-\frac{p}{2}$ | $\left(-\frac{p}{2}\right)^2$ | $-q$ | $D = \left(-\frac{p}{2}\right)^2 - q$ | Anzahl der Lösungen |
|---|---|---|---|---|---|---|---|---|
| a) | $x^2 + 4x - 2 = 0$ | | | | | | | |
| b) | $x^2 + 4x - 1 = 0$ | | | | | | | |
| c) | $x^2 + 4x = 0$ | | | | | | | |
| d) | $x^2 + 4x + 1 = 0$ | | | | | | | |
| e) | $x^2 + 4x + 2 = 0$ | | | | | | | |
| f) | $x^2 + 4x + 3 = 0$ | | | | | | | |
| g) | $x^2 + 4x + 4 = 0$ | | | | | | | |
| h) | $x^2 + 4x + 5 = 0$ | | | | | | | |
| i) | $x^2 + 4 = 0$ | | | | | | | |
| j) | $x^2 - 4 = 0$ | | | | | | | |

**2** Entscheide mit Hilfe der Diskriminante $D$, wie viele Lösungen die quadratische Gleichung hat.
a) $x^2 + 5x - 24 = 0$ b) $x^2 - 3x - 10 = 0$
c) $x^2 + 6x + 9 = 0$ d) $x^2 - 4x + 7 = 0$
e) $x^2 - 26x + 169 = 0$ f) $x^2 - 5x + 6{,}5 = 0$

**3** Löse die Gleichungen.
a) $x^2 + 10x + 24 = 0$ b) $x^2 - 6x - 112 = 0$
c) $x^2 + 2x - 24 = 0$ d) $x^2 - 38x + 361 = 0$
e) $x^2 - 3x + 10 = 0$ f) $x^2 - x - 12 = 0$

**4** Finde die Fehler in Kevins Hausaufgaben und korrigiere sie.

1) $x^2 - 8x + 15 = 0$
$x_1 = -\frac{8}{2} + \sqrt{\left(\frac{8}{2}\right)^2 - 15}$
$= -4 + \sqrt{16 - 15}$
$= -4 + 1$
$= -3$
$x_2 = -4 - 1 = -5$

2) $x^2 + 5x - 14 = 0$
$x_1 = -\frac{5}{2} + \sqrt{\left(\frac{5}{2}\right)^2 - 14}$
$= -\frac{5}{2} + \sqrt{\frac{25}{4} - 14}$
$= -\frac{5}{2} + \sqrt{-\frac{31}{4}}$
$D < 0$, also hat die Gleichung keine Lösung

**5** Löse die Gleichungen. Forme zuerst um. Führe zur Kontrolle die Probe durch.
a) $x^2 - 18x = -56$ b) $x^2 + 6x = 55$
c) $x^2 + 54x = -504$ d) $x^2 - 12x = -20$
e) $x^2 + 64x = 183$ f) $x^2 - 26x = -133$

**6** Bestimme die Lösungen der Gleichungen. Welche Gleichung hat keine Lösung?
a) $x^2 + 0{,}4x = 5{,}25$ b) $x^2 - 3{,}2x = -1{,}75$
c) $x^2 - 1{,}6x = -2$ d) $x^2 + 7{,}4x = -5{,}85$
e) $x^2 + 4{,}2x = 7{,}84$ f) $x^2 - 5{,}2x = -2{,}35$

**7** Forme zunächst in die Normalform $x^2 + px + q = 0$ um. Bestimme die Lösungen. Rechne die Probe.
a) $x^2 + 4x = 12$ b) $x^2 - 34x = -145$
c) $0{,}25x^2 - 3x = 27$ d) $6x + x^2 = 27$
e) $x^2 = 40 - 18x$ f) $47 + 46x = x^2$

**8** Forme zunächst in die Normalform $x^2 + px + q = 0$ um. Bestimme die Lösungen.
a) $2x^2 - 28x + 80 = 0$ b) $4x^2 - 3x - 10 = 0$
c) $5x^2 - 20x + 15 = 0$ d) $4x^2 - 4x - 15 = 0$
e) $6x^2 + x - 12 = 0$ f) $0{,}2x^2 + 3x - 20 = 0$

**9** Bilde die Normalform und löse.
a) $2x^2 - 16x = -30$ b) $2x^2 + 4x = 16$
c) $3x^2 - 36x = -96$ d) $2x^2 - 20x + 50 = 32$
e) $0{,}4x^2 + 2{,}3x = 20$ f) $0{,}8x^2 - 4{,}8x = 3{,}2$

**10** Löse die Gleichungen.
a) $x^2 + 14x = 0$ b) $x^2 + 20x + 36 = 0$
c) $x^2 - 7x = -6$ d) $-4x + x^2 = 0$
e) $x^2 - 49 = 0$ f) $4x^2 = 36x$
g) $0{,}5x^2 - 2{,}5x = 0$ h) $(2x - 3)(x - 1) = 0$

**BEACHTE**
Die Lösungen zu Aufgabe 6 ergeben in der richtigen Reihenfolge den Namen eines Landes. Auf welchem Kontinent liegt dieses Land?
−6,5 (E); −5,6 (A); −2,5 (E); −0,9 (E); 0,5 (D); 0,7 (S); 1,4 (L); 2,1 (N); 2,5 (U); 4,7 (N)

**11** Löse die Gleichung wie im Beispiel.

**BEISPIEL** $(x \neq 0)$ $x + \frac{5}{x} = 6 \quad | \cdot x$

$x^2 + 5 = 6x$ usw.

a) $x + \frac{8}{x} = 6$ b) $x + \frac{9}{x} = 5$

c) $x - \frac{27}{x} = 6$ d) $x + \frac{48}{x} = -14$

**12** Gib für die Gleichung ein $q$ bzw. ein $p$ so an, dass sie zwei Lösungen (eine Lösung, keine Lösung) hat.

a) $x^2 + 6x + q = 0$ b) $x^2 + px + 9 = 0$

**13** Stelle eine zu dem Zahlenrätsel passende quadratische Gleichung auf und löse sie.

a) Quadriert man die Summe aus einer Zahl und 9, so erhält man 49.

b) Multipliziert man den Vorgänger einer Zahl mit sich selbst, so erhält man 225.

c) Multipliziert man den Vorgänger und Nachfolger einer Zahl, so erhält man 168.

**14** Die vier Seiten eines quadratischen Platzes werden um jeweils 5,5 m verlängert. Der neue Flächeninhalt des Platzes beträgt nun $1560{,}25\,m^2$.

a) Welche Seitenlänge hatte der alte Platz?

b) Wurde der Flächeninhalt um mehr als 25 % vergrößert? Begründe.

**15** Für einen Park wird ein kreisrundes Blumenbeet geplant. Im Endausbau wird der Durchmesser des Beets jedoch um 4 m vergrößert. Die Beetfläche ist nun $3500\,m^2$ groß.

a) Welchen Radius sollte das Beet ursprünglich haben?

b) Um wie viel Prozent wurde die ursprüngliche Fläche vergrößert?

**16** Melina und Jan haben die Gleichung $x^2 + 10x = 0$ auf unterschiedliche Weise gelöst. Jans Methode nennt man auch Faktorisieren, weil er die quadratische Gleichung als ein Produkt schreibt.

| Melina | Jan |
|---|---|
| $x^2 + 10x = 0$ | $x^2 + 10x = 0$ |
| $x^2 + 10x + 25 = 25$ | $x(x + 10) = 0$ |
| $(x+5)^2 = 25$ | $x_1 = 0$ und |
| $x_1 + 5 = 5$ und $x_2 + 5 = -5$ | $x_2 + 10 = 0$ |
| $x_1 = 0$ $\quad$ $x_2 = -10$ | $x_2 = -10$ |

a) Erläutere und vergleiche die beiden Lösungswege.

b) Melina behauptet, dass man mit Jans Methode nicht alle quadratischen Gleichungen lösen kann. Was meinst du?

c) Löse die Gleichungen mit einer der beiden Methoden.

① $x^2 - 6x = 0$ ② $x^2 + 12x = 0$

③ $x^2 - 24x = 0$ ④ $2x^2 - 18x = 0$

**17** Daniela und Marvin haben die Gleichung $x^2 - \frac{1}{2}x - 1{,}5 = 0$ gelöst, indem sie mit einem Funktionenplotter Zeichnungen angefertigt haben.

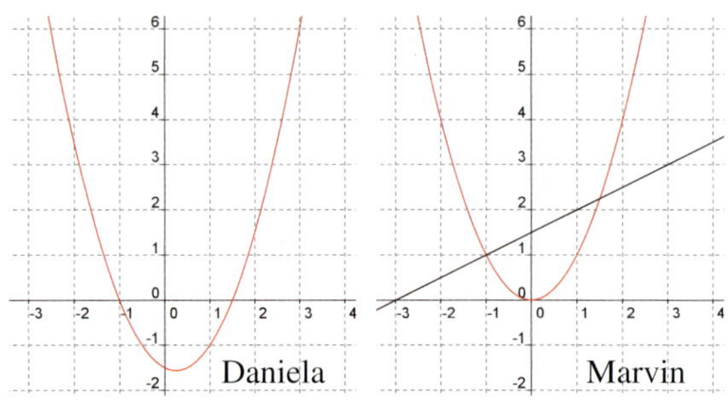


a) Vergleicht zu zweit die beiden Zeichnungen. Erklärt die Lösungswege von Daniela und Marvin und lest die Lösung aus der Zeichnung ab.

b) Löst die folgenden Gleichungen durch eine geeignete Zeichnung.

① $x^2 - 3{,}5x + 3 = 0$

② $-x^2 + x + 6 = 0$

③ $x^2 - 4{,}5x + 4{,}5 = 0$

c) Warum hat die Gleichung $x^2 = -\frac{1}{2}x - 4$ keine Lösung? Begründet eure Überlegungen grafisch.

## Weiterführende Aufgaben

**18** Forme die Gleichung zunächst um. Wähle dann einen sinnvollen Lösungsweg und löse die Gleichung.

a) $3x^2 = 6x + 18$
b) $25x^2 - 100 = 0$
c) $-7x^2 = -28x$
d) $(x + 5)(x - 9) = 2x^2 - 5$
e) $4x^2 - \frac{1}{2} = 2x^2 + \frac{1}{2}$
f) $\frac{(8x^2 + 3)}{2} = 2x^2 + 2x$

**19** Forme in die Normalform um und löse die Gleichung.

a) $(2x - 1)(3x + 4) = 7(2 - x)$
b) $(x + 3)^2 - (x - 2)^2 + (x + 1)^2 = 20x - 9$
c) $\frac{(x + 2)^2}{2} - \frac{(x - 5)^2}{3} = 0$
d) $\frac{(x - 1)}{(x - 2)} + \frac{(x - 3)}{(x - 4)} = \frac{(x^2 - 5x + 4)}{(x - 2)(x - 4)}$

### Anwendungen aus der Geometrie

**20** Ein Rechteck hat einen Flächeninhalt von $28\,\text{cm}^2$ und einen Umfang von 23 cm.

a) Wie lang sind die Seiten des Rechtecks?
b) Wie lang sind die Seiten, wenn der Umfang nur 22 cm beträgt?

**21** In einem rechtwinkligen Dreieck ist das Hypotenusenquadrat $400\,\text{cm}^2$ groß. Eine Kathete ist 4 cm kürzer als die andere. Berechne die Längen der Katheten.

**22** Das kleinere Rechteck liegt auf dem größeren Rechteck.

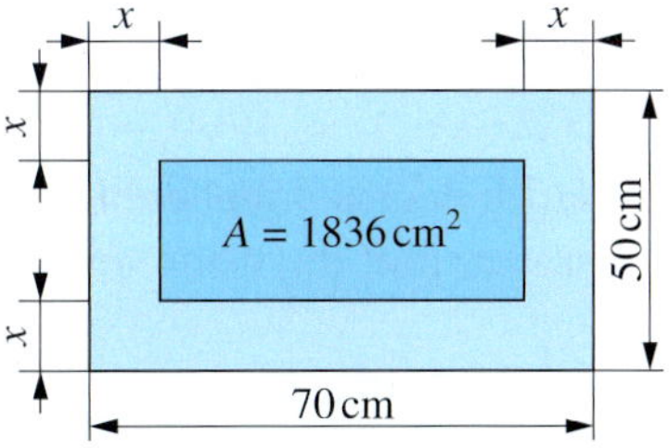


a) Bestimme den Flächeninhalt des größeren Rechtecks.
b) Das kleinere Rechteck hat zu allen Seiten des größeren Rechtecks gleiche Abstände. Bestimme diesen Abstand.

### Anwendungen aus dem Alltag

**23** Bei einem runden Fernkabel wird ein Gesamtquerschnitt von etwa $70\,\text{cm}^2$ angegeben. Dabei ist das Kabel mit einer 3,5 cm starken Isolierschicht umgeben.
Welchen Durchmesser hat das eigentliche Kabel?
Gib einen sinnvoll gerundeten Wert an.

**24** Um den Innenraum von Fertigungshallen möglichst gut zu beleuchten, werden Industriegebäude manchmal mit einem Sägezahndach aus Glas versehen.

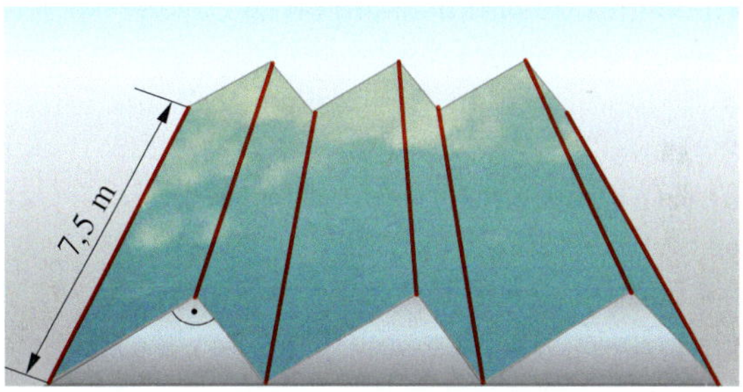


Zunächst sollen die zu erwartenden Kosten für das Glasdach überschlagen werden.
$1\,\text{m}^2$ Sicherheitsglas kostet einschließlich Zuschnitt, Montage und Mehrwertsteuer etwa 375 €.
Jede der gläsernen Stirnflächen hat die Form eines rechtwinkligen Dreiecks. Eine Kathete dieses Dreiecks ist um 1 m, die andere um 0,5 m kürzer als die Hypotenuse.

a) Berechne die Längen der Hypotenuse und der Katheten.
b) Bestimme den Flächeninhalt einer dreieckigen Stirnfläche aus Glas.
c) Wie viel Quadratmeter Glas werden für das gesamte Dach geplant? Verwende das Maß aus der Grafik oben.
d) Wie hoch sind die etwa zu erwartenden Kosten für das Glasdach?

**25** Der Bogen einer Brücke kann annähernd durch die Funktion $f(x) = -0{,}4x^2 + 3x$ beschrieben werden.

a) Wie breit ist die Brücke?
b) Gib die maximale Höhe der Brücke an.

## Anwendungen mit Funktionen

**26** Bestimme jeweils die Koordinaten der Schnittpunkte der Funktionen $f$ und $g$.

a) $f(x) = x^2$ und $g(x) = x + 2$
b) $f(x) = -x^2 + 4$ und $g(x) = 0{,}5x - 1$
c) $f(x) = x^2 - 2x + 2$ und $g(x) = -2x^2 + 4x + 2$
d) $f(x) = x^2 - 4x + 5$ und $g(x) = -0{,}5x^2 + 2x - 1$

**27** Wie viele Schnittpunkte können eine Gerade und eine Parabel bzw. zwei Parabeln haben? Verfasse einen Eintrag im Merkheft, in dem du alle möglichen Fälle skizzierst und erläuterst. Erkläre, wie die Anzahl der Schnittpunkte und die Lösungen einer quadratischen Gleichung zusammenhängen.

**28** Bestimme die Nullstellen der Funktion.

a) $f(x) = 3x^2 + 12x + 12$
b) $f(x) = -2x^2 + 4x - 5$
c) $f(x) = -4x^2 + 24x$
d) $f(x) = 2x^2 - 12x + 20$
e) $f(x) = 4x^2 - 16$
f) $f(x) = 5x^2 - 16x - 16$

**29** Julian träumt von einem Kugelstoßwurf, bei dem die Kugel auf einer Parabel mit der Gleichung $y = -0{,}03x^2 + x + 1{,}70$ fliegt.

a) Zeichne die Parabel mit Hilfe einer Wertetabelle. Wähle auf den Achsen jeweils 1 cm für 2 m.
b) Bestimme aus dem Graphen die ungefähre Stoßweite.
c) Gib die genaue Stoßweite an, indem du die Gleichung $-0{,}03x^2 + x + 1{,}7 = 0$ löst.
d) Warum träumt Julian von diesem Stoß?

**30** Ein Bogenschütze schießt einen Pfeil senkrecht in die Höhe. Die Höhe $h$ des Pfeils (in m) in Abhängigkeit von der Zeit $t$ (in s) wird beschrieben durch $h(t) = -4t^2 + 15t + 2$.

a) Löse die Gleichung $h(t) = 0$ und erläutere die Bedeutung der positiven Lösung.
b) Zeichne den Graphen von $h$.
c) Nach welcher Zeit hat der Pfeil wieder die Abschusshöhe, also $h = 2$ m, erreicht?
d) Berechne die größte Höhe, die der Pfeil erreicht.

## Anwendungen mit Tabellenkalkulation

**31** Timo hat mit einer Tabellenkalkulation ein kleines Programm erstellt, mit dem er quadratische Gleichungen löst.

B8 `=WENN((-B4/2)^2-B5>=0;-B4/2+WURZEL((-B4/2)^2-B5);"Keine Lösung")`

| | A | B | C | D | E |
|---|---|---|---|---|---|
| 1 | **Lösen von quadratischen Gleichungen** | | | | |
| 2 | **Normalform** | **x² + px + q** | | | |
| 3 | Gib die Koeffizienten p und q ein: | | | | |
| 4 | p = | -1 | | | |
| 5 | q = | -12 | | | |
| 6 | | | | | |
| 7 | Lösungsmenge: | | | | |
| 8 | x1 = | 4 | | | |
| 9 | x2 = | -3 | | | |
| 10 | | | | | |

a) In der Zelle **B8** benutzt er eine WENN-Abfrage, um eine Fallunterscheidung durchzuführen. Erkläre den Aufbau des Befehls.
b) Erläutere die Terme, die er innerhalb der WENN-Abfrage benutzt.
c) Gib die Formel an, die er in Zelle **B9** eingeben muss, um gegebenenfalls die zweite Lösung zu berechnen.
d) Erstelle selbst ein Tabellenblatt, mit dem die Lösungen berechnet werden.

**32** Untersuche mit Hilfe deines Tabellenblattes aus der vorherigen Aufgabe, ob die folgenden Aussagen für quadratische Gleichungen in Normalform richtig sind.

a) Wenn $p = q$ ist, dann hat die quadratische Gleichung immer genau eine Lösung.
b) Wenn $p = 0$ ist und $q > 0$ ist, dann hat die Gleichung genau zwei Lösungen.
c) Wenn $q = 0$ ist, dann sind die Lösungen der Gleichung $x_1 = 0$ und $x_2 = -p$.
d) Wenn $q$ negativ ist, gibt es immer zwei Lösungen.
e) Stelle mit Hilfe deines Tabellenblatts eigene Aussagen auf, die wahr sind.

**33** Bestimme die Nullstellen der Funktionen. Nutze dazu dein Tabellenkalkulationsblatt.

a) $f(x) = x^2 + 6{,}5x - 12$
b) $f(x) = x^2 - 14x + 24$
c) $f(x) = x^2 + 2{,}75x - 5$
d) $f(x) = 3x^2 - 27x + 42$

**34** Zur Finanzierung des Kanalisationsbaus verlangen die Kommunen Abwassergebühren. Fast alle Städte und Gemeinden verlangen auch für Regenwasser Gebühren.
Die Gemeinde, in der Bauer Peters wohnt, verlangte im Jahr 2017 bei bebauten Flächen 1,78 € pro $m^2$ und bei unbebauten Flächen 1,37 € pro $m^2$.
Bauer Peters hat auf seiner rechteckigen Wiese eine Scheune gebaut.
Die Scheune ist 2,5-mal so lang wie breit.
Die Gesamtfläche des Grundstücks beträgt 793,5 $m^2$.

a) Berechne Länge und Breite der Scheune. Verwende die Skizze (Maße in m).
b) Gib den Flächeninhalt der durch die Scheune bebauten Fläche an und berechne die unbebaute Fläche.
c) Wie hoch waren im Jahr 2017 die Abwassergebühren, die Bauer Peters für sein Grundstück bezahlen musste?

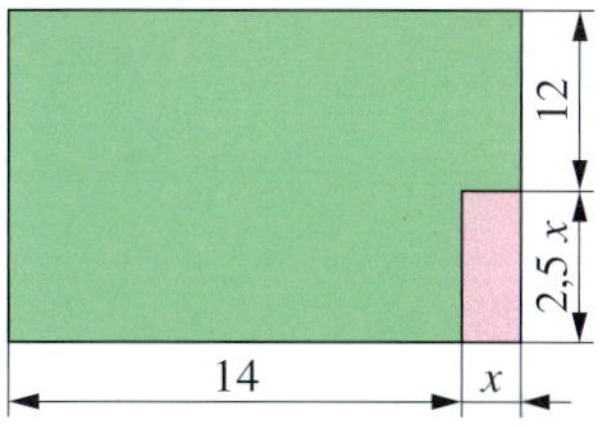


**35** Sein Wohnhaus hat Herr Peters in die Mitte eines 616 $m^2$ großen rechteckigen Grundstücks so gebaut, dass es von jeder Grundstücksgrenze gleich weit entfernt ist.
a) Wie lang sind die Grundstücksgrenzen? Verwende die Skizze (Maße in m).
b) Berechne die Grundfläche des Wohnhauses von Herrn Peters.
c) Gib den Flächeninhalt der gepflasterten Garageneinfahrt und des Eingangswegs an. Diese Flächen zählen zu den bebauten Flächen.
d) Berechne die nach der Abwassergebührenordnung jährlich entstehenden Kosten (siehe Aufgabe 34).

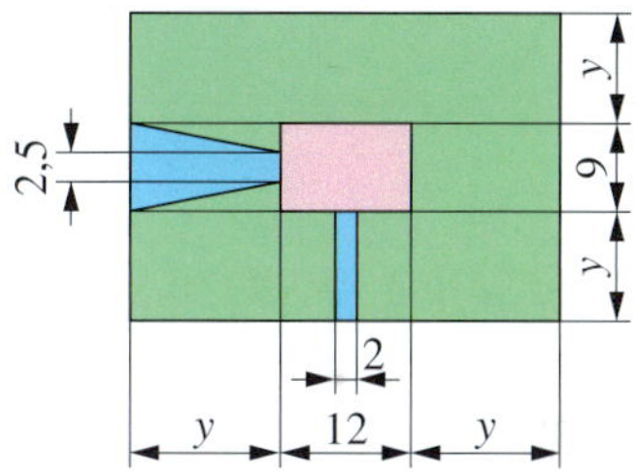


e) Im Juli baut Bauer Peters an die eine Seite seines Hauses ein Überdach für Brennholz, was als bebaute Fläche zählt. Durch das Überdach nimmt der Anteil der bebauten Fläche seines Grundstücks um 20 % zu.
Wie hoch sind die gsamten Abwasserkosten in diesem Jahr?

**36** Zum Bewässern des Blumengartens soll auf dem Petershof das Regenwasser in einer Tonne aus Zink gesammelt werden.
Die Tonne soll 90 cm hoch sein und leer nicht mehr als 75 kg wiegen, damit man sie noch transportieren kann.
Die Dicke der Wände soll 0,6 cm betragen.
Zink hat eine Dichte von 7,13 g pro $cm^3$.
Bestimme das Fassungsvermögen der Tonne.
Berechne dazu zuerst, wie viel Zink bei einer Masse von 75 kg verbraucht werden kann, und wie groß der Oberflächeninhalt bei einer Wandstärke von 0,6 cm dann sein darf.

**ZUM WEITERARBEITEN**
Recherchiere, wie viel Regen im Jahr in deiner Region fällt. Wie oft würde die Tonne im Bild gefüllt werden?

# Gewinnoptimierung – Mit dieser Schülerband ist zu rechnen!

Eine Schülerband spielt seit zwei Jahren zusammen und will sich für das SchoolJam Schülerband-Festival bewerben. Dafür müssen sie einen Demo-Song aufnehmen und einschicken.
Sie möchten gleich eine ganze CD mit eigenen Songs aufnehmen und diese bei ihren Auftritten zum Verkauf anbieten.

## Deutschlands beste Schülerband gesucht

**SchoolJam** ist ein bundesweites Schülerband-Festival, das jährlich veranstaltet wird. Gesucht werden die besten Schülerbands Deutschlands. Mitmachen können Schüler der Schulklassen 5–13, sowie Berufsschüler bis 21 Jahre.

Die Siegerband darf dann als *„Beste Schülerband Deutschlands"* beim großen deutschen Open-Air-Festival *„Hurricane"* auftreten.

Aber für wie viel Geld sollen sie die CD verkaufen?
Um dies festzustellen, erhoben sie eine Online-Umfrage unter Freunden, Familienangehörigen und Mitschülern, die zum Ergebnis rechts führte.

- Bei einem Preis von 10,– € könnte die Band 100 CDs verkaufen. Bei jeder Preissenkung um einen Euro kaufen sich fünf weitere Personen die CD.
- Steigern sie den Preis um einen Euro, dann kaufen die CD fünf Personen weniger.

**1** Wie viele CDs könnte die Schülerband verkaufen, wenn sie die CD für 9 € (8 €, 5 €, 12 €) anbieten würde?
Übertrage die Wertetabelle in dein Heft und vervollständige sie.

| **Absatz** | | | | | | | | 100 | | | | | | | |
|---|---|---|---|---|---|---|---|---|---|---|---|---|---|---|---|
| **Preis (in €)** | 3 | 4 | 5 | 6 | 7 | 8 | 9 | 10 | 11 | 12 | 13 | 14 | 15 | 16 | 17 |

**2** Zeichne die Funktion *Absatzmenge* → *Preis* in ein geeignetes Koordinatensystem und zeige, dass die zugehörige Funktionsgleichung $f(x) = -0{,}2x + 30$ lautet.

**3** Wie viel Geld nimmt die Band ein, wenn sie 100 CDs zu einem Preis von 10 € verkauft? Ändern sich die Einnahmen, wenn sie die CDs zu einem Preis von 8 € (12 €) verkauft? Beachte bei der Berechnung, dass die Band zu diesen Preisen eine andere Absatzmenge hat.

**4** Bestimme eine Funktionsgleichung, die die Einnahmen in Abhängigkeit vom Verkaufspreis darstellt. Lege dazu eine Wertetabelle an und ermittle den Scheitelpunkt. Überprüfe die Gleichung mit Hilfe eines Funktionenplotters und deiner Wertetabelle. Welche Bedeutung hat hier der Scheitelpunkt?

Um die CD zu produzieren, hatte die Schülerband Fixkosten in Höhe von 500 € (für die Aufnahmen im Tonstudio, das Leihen von Instrumenten und Geräten, u. ä.). Für die Herstellung jeder einzelnen CD fallen außerdem Kosten in Höhe von 1,50 € an.

**5** Wie hoch sind die Kosten der Band, wenn sie 100 CDs produzieren lässt? Bestimme eine Funktionsgleichung, die die Kosten in Abhängigkeit von der produzierten Stückzahl darstellt.

**6** Berechne den Gewinn der Schülerband, wenn sie 100 CDs zu 10 € verkauft. Zeige, dass die Funktion $f(x) = -0{,}2x^2 + 28{,}5x - 500$ den Gewinn der Band in Abhängigkeit von der produzierten (und verkauften) Stückzahl angibt.

a) Welche Bedeutung haben die Nullstellen der „Gewinnfunktion"?
b) Wie viele CDs sollte die Band herstellen lassen, wenn sie einen maximalen Gewinn erzielen möchte?
c) Überprüfe die rechnerischen Lösungen mit Hilfe eines Funktionenplotters.

**7** Die Schülerband hat sich dazu entschlossen, die CD für einen Preis von 11 € zu verkaufen. Bestimme die Höhe der Kosten, die die Band hat, wenn sie die passende Anzahl an CDs produzieren lässt. Wie viele CDs muss die Band mindestens verkaufen, damit sie keinen Verlust macht?

**8** Bisher hat die Band einen Gewinn von etwas mehr als 400 € erzielen können. Wie viele CDs konnten bislang verkauft werden?

**9** Die Band hat 150 CDs produzieren lassen. Wie hoch ist der Gewinn, wenn sie 5 CDs an Freunde verschenkt, 80 % zu 11 € und den Rest mit 15 % Rabatt verkauft?

# Vermischte Übungen

**1** Entscheide, ob es sich um rein quadratische, gemischt quadratische oder um allgemein quadratische Gleichungen handelt. Forme um, löse die rein und gemischt quadratischen Gleichungen und ordne ihnen die Lösungen unten zu.

a) $x^2 - 4 = 12$ b) $x^2 - 5x = 0$
c) $2x^2 - 10 = 14$ d) $x^2 = 9 - 8x$
e) $2x^2 - 8 = x^2 - 10$ f) $3x^2 - 2x = 27 - 2x$
g) $(x - 4)^2 = 25$ h) $5x^2 + 6 = 6$

| $x_1 = 4$; $x_2 = -4$ | keine Lösung | $x_1 = 3$; $x_2 = -3$ |
|---|---|---|
| $x_1 = 0$; $x_2 = 5$ | $x_1 = \sqrt{12}$; $x_2 = -\sqrt{12}$ | $x = 0$ |

**2** Löse die Gleichung und überprüfe durch das Zeichnen von Parabel und Gerade.

a) $x^2 + 2x - 3 = 0$ b) $x^2 - 2x - 8 = 0$
c) $x^2 + x + 5 = 0$ d) $x^2 - x + \frac{1}{4} = 0$

**3** Löse die Gleichungen.

a) $(x + 3)^2 = 9$ b) $(x + 12)^2 = 169$
c) $(x - 8)^2 = 81$ d) $(x - 24)^2 = 144$
e) $(8 + y)^2 = 121$ f) $(a - 0{,}5)^2 = 2{,}25$
g) $(x - 0{,}2)^2 = 0{,}49$ h) $(y - 45)^2 = 625$
i) $(9 - y)^2 = 256$ j) $(-3{,}5 + x)^2 = 49$

**4** Wende die binomischen Formeln an und löse die Gleichungen. Zur Kontrolle findest du die Lösungen in der Randspalte.

a) $x^2 + 12x + 36 = 121$
b) $x^2 - 16x + 64 = 225$
c) $x^2 + 36x + 324 = 361$
d) $x^2 - 17x + 72{,}25 = 144$
e) $x^2 + 28x + 196 = 324$
f) $x^2 + 1{,}8x + 0{,}81 = 1{,}96$

**5** Löse die quadratischen Gleichungen.

a) $x^2 + 9x - 52 = 0$
b) $x^2 + x - 56 = 0$
c) $x^2 + 21{,}5x - 102 = 0$
d) $x^2 - 17{,}6x - 7{,}2 = 0$
e) $x^2 - 12{,}5x = 0$
f) $3x^2 - 1{,}5x = 0$
g) $2x^2 + 4x - 30 = 0$
h) $5x^2 + 28x - 12 = 0$

**6** Wie viele Lösungen haben die quadratischen Gleichungen?
Begründe und gib die Lösungen an.

a) $(a + 12)^2 - 27 = 457$
b) $(y - 14)^2 + 45 = 25$
c) $(z - 4)^2 - 40 = -36$
d) $(b + 15)^2 + 12 = 12$
e) $(m - 1)^2 + 35 = 179$
f) $(17 + n)^2 + 16 = 33 - 17$
g) $\left(\frac{1}{2}s + 29\right)^2 - 42 = 102$
h) $(0{,}25u - 12)^2 = 0$

**7** Der Wasserstrahl kann annähernd durch die Gleichung $h(x) = -5{,}2x^2 + 0{,}4$ beschrieben werden. Dabei ist $h(x)$ die Höhe in m über dem Wasserspiegel.

a) In welcher Höhe über dem Wasserspiegel kommt der Wasserstrahl aus dem Brunnen?
b) In welcher Entfernung vom Baumstamm trifft der Strahl das Wasser, wenn das Rohr 20 cm lang ist?

**8** Ein Würfel hat einen Oberflächeninhalt von $37{,}5\,cm^2$. Welche Kantenlänge hat er?

**9** Eine 2 m hohe quadratische Säule hat einen Oberflächeninhalt von $35\,200\,cm^2$. Wie lang ist eine Seite der Grundfläche?

**10** Der Umfang eines rechteckigen Feldes beträgt 1034 m. Die Entfernung von einer Ecke zur diagonal gegenüberliegenden Ecke ist 407 m.
Wie lang ist jede Seite?

**11** Die Summe von zwei Zahlen ergibt 39. Das Produkt der beiden Zahlen ist 368. Wie lauten die beiden Zahlen?

**12** Ein Rechteck mit den Seitenlängen 4 m und 3 m soll wie unten in ein Quadrat und drei Rechtecke aufgeteilt werden.
Dabei soll der Flächeninhalt der blauen Fläche (Rechteck und Quadrat zusammen) $7\,m^2$ groß sein.
Wie lang muss die Quadratseite sein?

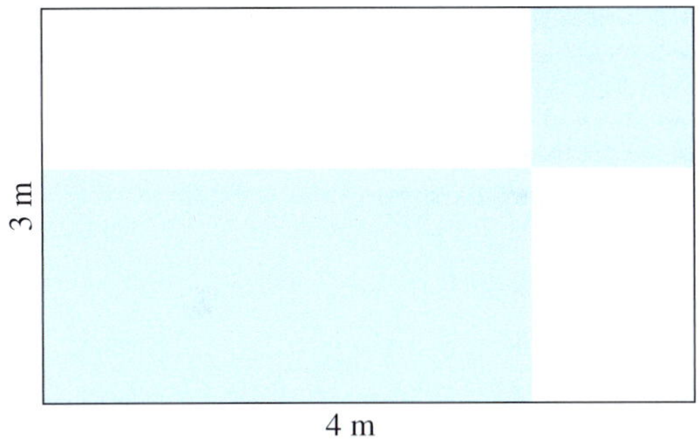


**13** Die Diagonale eines Rechtecks ist 7,5 cm lang. Sein Umfang beträgt 21 cm.
Berechne die Seitenlängen des Rechtecks.

**14** An einer Straßenkreuzung wird ein Gehweg angelegt.

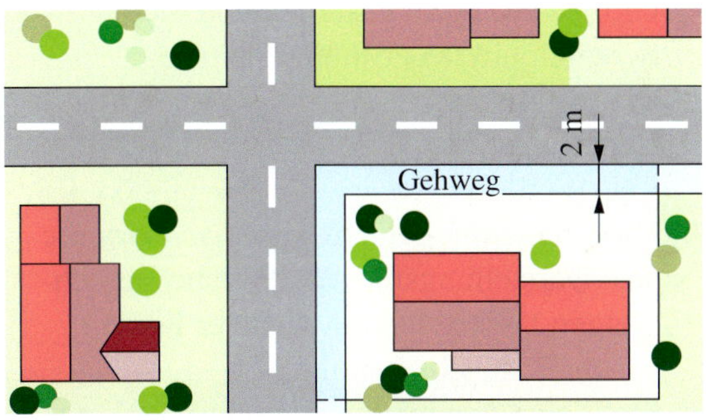


Von den Grundstücken wird ein 2 m breiter Streifen benötigt. Das Eckgrundstück mit $609\,m^2$ wird dadurch um $96\,m^2$ kleiner.
Wie lang und breit war das Grundstück vorher?

**15** Ein Rechteck hat den Flächeninhalt $A$.
Finde den Faktor, mit dem beide Seiten des Rechtecks multipliziert werden müssen, damit sich der Flächeninhalt verdoppelt (verdreifacht, vervierfacht).
Ist eine Gesetzmäßigkeit erkennbar?
Notiere deine Vorgehensweise und Ergebnisse und stelle sie in der Klasse vor.

**16** Wanted! Gesucht ist eine quadratische Gleichung mit …
a) der Lösung $x_1 = -5$ und $x_2 = 3$
b) keiner Lösung
c) einer Lösung
d) gleicher Lösung wie $x^2 - 5x - 24 = 0$

**17** Vergrößert man den Radius eines Kreises um 2 cm, so entsteht ein Kreis, dessen Flächeninhalt dreimal so groß ist wie der des ersten Kreises.
Bestimme den Radius des ersten Kreises.

**18** Die Seite einer Raute ist 20 cm lang.
Die Längen ihrer Diagonalen unterscheiden sich um 8 cm.
a) Wie lang sind die Diagonalen?
b) Welchen Flächeninhalt hat die Raute?

**19** Im Stadion führt die Laufbahn um ein rechteckiges Fußballfeld.
An die Torseiten grenzen zwei Halbkreisflächen. Die Gesamtfläche aus dem Fußballfeld und den beiden Halbkreisflächen ist der Innenbereich der Laufbahn.

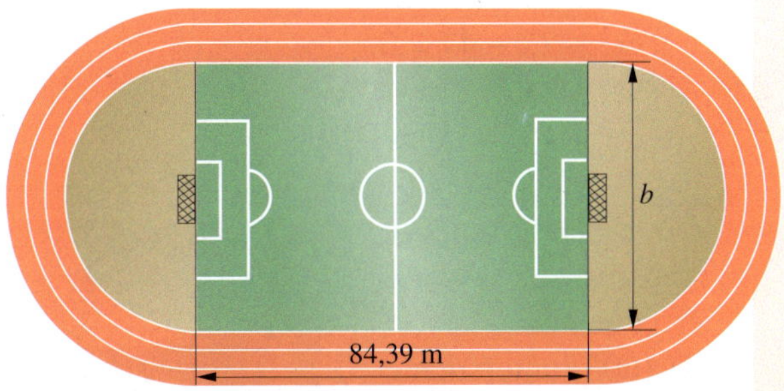


a) Laufbahnen entsprechen internationalen Vereinbarungen, um die Leistungen der Läufer vergleichbar zu machen. Diese Vereinbarungen legen für den Innenbereich eine Fläche von $10\,345{,}86\,m^2$ fest.
Berechne die Breite $b$ des Innenbereichs.
Verwende dazu das Maß aus der Grafik.
b) Bedeutende Leichtathletikwettbewerbe finden meist in Stadien statt, in denen acht Laufbahnen angelegt worden sind.
Wie groß ist die für die acht Laufbahnen benötigte Fläche, wenn jede Bahn eine Breite von 1,22 m hat?

**20** 300 Bakterien vermehren sich in zwei Stunden auf 675 Bakterien.
Um wie viel Prozent vermehren sie sich stündlich?

**21** Gegeben ist die Gleichung $4x^2 = 12x$.
Marion dividiert beide Seiten durch $4x$ und erhält $x = 3$ als Lösung.
Nimm dazu Stellung.

**22** Thomas meint, dass man die Lösung von vielen quadratischen Gleichungen der Form $x^2 + px + q = 0$ auch raten kann, wenn man sich $p$ und $q$ ansieht.

| Gleichung | $p$ | $q$ | $x_1$ | $x_2$ |
|---|---|---|---|---|
| $x^2 - 12x + 32 = 0$ | −12 | 32 | 4 | 8 |
| $x^2 + 2x - 15 = 0$ | 2 | −15 | 3 | −5 |
| $x^2 - 9x + 18 = 0$ | −9 | 18 | 6 | 3 |

a) Welche rechnerischen Zusammenhänge bestehen zwischen $p$ und $q$ und den beiden Lösungen $x_1$ und $x_2$?
b) Bestimme die Lösungen der Gleichungen mit diesem Verfahren. Überprüfe deine Lösungen durch eine Probe.
① $x^2 - 15x + 56 = 0$
② $x^2 - 7x - 44 = 0$
③ $x^2 - 13x + 36 = 0$
④ $x^2 + 15x + 50 = 0$

**23** Der Franzose Francois Viète (meist Vieta genannt, 1540 bis 1603) untersuchte die Zusammenhänge zwischen der Gleichung $x^2 + px + q = 0$ und ihren Lösungen $x_1$ und $x_2$. Er stellte fest, dass die folgende Beziehung gilt: $x^2 + px + q = (x - x_1)(x - x_2)$.
Man nennt diese Form der Darstellung auch **Linearfaktorform**.

a) Begründe, warum $x_1$ und $x_2$ Lösungen der Gleichung $(x - x_1)(x - x_2) = 0$ sind.
b) Zeige durch Umformen der Gleichung $x^2 + px + q = (x - x_1)(x - x_2)$, dass $x_1 + x_2 = -p$ und $x_1 \cdot x_2 = q$ gilt.

**24** Welche Lösungen gehören zu welchen Gleichungen? Ordne zu.

A) $x_1 = 5$; $x_2 = -3$
B) $x_1 = 1$; $x_2 = 4$
C) $x_1 = 5$; $x_2 = 3$
D) $x_1 = -5$; $x_2 = -3$
E) $x_1 = -1$; $x_2 = 4$
F) $x_1 = -4$; $x_2 = -1$

1) $x^2 - 5x + 4 = 0$
2) $x^2 - 8x + 15 = 0$
3) $x^2 - 2x - 15 = 0$
4) $x^2 + 5x + 4 = 0$
5) $x^2 - 3x - 4 = 0$
6) $x^2 + 8x + 15 = 0$

**25** Welche quadratische Gleichung hat die folgenden Lösungen?
a) $x_1 = 7$ und $x_2 = 3$
b) $x_1 = -5$ und $x_2 = 6$
c) $x_1 = -4$ und $x_2 = 12$
d) $x_1 = 8$ und $x_2 = -4$

**26** Quadratische Funktionen kann man in der Scheitelpunktform, in der Normalform oder in der Linearfaktorform angeben.
a) Die folgenden sechs Funktionsterme gehören zu nur zwei verschiedenen Funktionen. Welche der angegebenen Funktionsterme gehören zur gleichen Funktion?
Gib jeweils die Nullstellen und die Scheitelpunkte der Funktionen an.
$f_1(x) = (x - 2)(x - 4)$  $f_2(x) = (x - 1)^2 - 9$
$f_3(x) = x^2 - 2x - 8$  $f_4(x) = (x + 2)(x - 4)$
$f_5(x) = (x - 3)^2 - 1$  $f_6(x) = x^2 - 6x + 8$
b) Vergleiche mit deinem Tischnachbarn die drei Darstellungsformen. Welche Berechnungen lassen sich mit welcher Form besonders leicht ausführen?
Stellt eure Ergebnisse auf einem Plakat oder einer Folie dar und präsentiert sie euren Mitschülerinnen und Mitschülern.
c) Forme die angegebenen Funktionsterme jeweils in die beiden anderen Darstellungsformen um.
Gib die Nullstellen und den Scheitelpunkt der Funktionen an.
① $f(x) = (x - 5)(x - 3)$
② $g(x) = x^2 - 4x - 12$
③ $h(x) = (x - 2)^2 - 1$

**27** Für welche Werte von $a$ hat die Gleichung $(x + 2)(x - a) = 0$ genau eine Lösung? Begründe.

**28** Zeichne ein Dreieck, ein Viereck, ein Fünfeck und ein Sechseck. Zeichne alle Verbindungen zwischen den Eckpunkten ein.

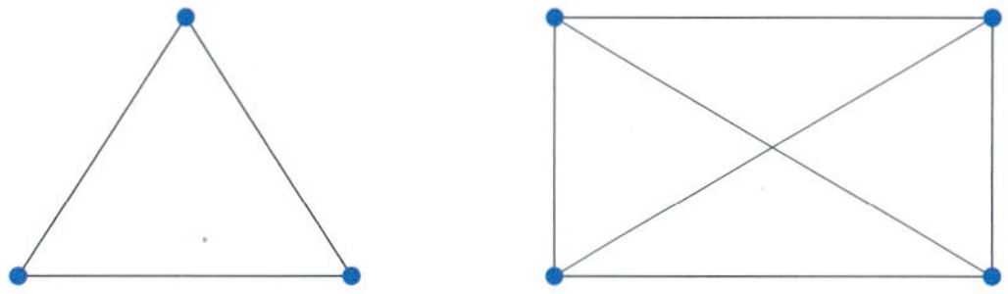

a) Wie viele Verbindungslinien gibt es bei einem Achteck, einem Zehneck und einem Zwanzigeck?

b) Zeige, dass man die Anzahl der Verbindungslinien zwischen $n$ Eckpunkten mit folgender Funktion berechnen kann:
$f(n) = 0{,}5\,n^2 - 0{,}5\,n$

c) Bei welcher Figur gibt es genau 153 Verbindungslinien?

d) Auf einer Party begrüßt jeder Gast jeden anderen Gast mit einem Küsschen. Es wurden insgesamt 276 Küsschen gegeben. Wie viele Gäste sind auf der Party? (Stell dir vor, dass jeder Eckpunkt eine Person darstellt, die einer anderen Person ein Begrüßungsküsschen schenkt.)

**29** Die Summe der ersten $n$ Zahlen, die nach einem bestimmten Muster gebaut sind, lässt sich mit Hilfe einer quadratischen Funktion berechnen.

a) Ordne Summen und Terme einander zu.

① $1 + 3 + 5 + 7 + 9 + \ldots$

② $2 + 4 + 6 + 8 + 10 + \ldots$

③ $4 + 8 + 12 + 16 + 20 + \ldots$

Ⓐ $n^2$ Ⓑ $2n^2 + 2n$ Ⓒ $n^2 + n$

b) Wie viele gerade Zahlen muss man addieren, um 240 zu erhalten?

c) Wie viele ungerade Zahlen muss man addieren, um als Summe 144 zu erhalten?

d) Gibt es eine Summe der Vielfachen von 4, die den Wert 1000 annimmt?

e) Finde einen Term für die Summe aus
$2 + 6 + 10 + 14 + \ldots$
und bestimme eine Anzahl von Summanden, sodass die Summe 450 ergibt.

**30** Die Abbildung zeigt die finnische Nationalflagge.

a) Zeichne die Figur für $a = 1{,}1$ m und $b = 1{,}8$ m im Maßstab 1 : 10. Das blaue Kreuz hat die Breite $x = 0{,}3$ m.
Beachte, dass die weißen Rechtecke links vom Kreuz halb so groß sind wie die Rechtecke rechts vom Kreuz.

b) Gib den Inhalt der weißen Fläche in Originalgröße an.

c) Zeige, dass sich der Flächeninhalt des weißen Anteils der Fahne durch $A(x) = x^2 - 2{,}9\,x + 1{,}98$ [in m²] berechnen lässt, wenn man die Seitenlängen der Fahne beibehält und die Breite $x$ des blauen Kreuzes verändert.

d) Wie breit muss der Streifen sein, damit die weiße Fläche $\frac{2}{3}$ der Gesamtfläche ausmacht?

**31** Beim Kugelstoßen hängt die Flugweite von der Anfangsgeschwindigkeit, dem Abwurfwinkel und der Abwurfhöhe ab. Wenn man den Luftwiderstand vernachlässigt, dann lässt sich die Flugbahn der Kurve einer Kugel näherungsweise durch eine Parabel beschreiben. Die Kugel eines Kugelstoßers bewegt sich auf der Bahn $f(x) = -0{,}04\,x^2 + 0{,}6\,x + 2{,}16$.
Dabei ist $x$ die horizontale Entfernung der Kugel vom Abwurfpunkt in m und $f(x)$ die Höhe der Kugel in m.

a) Welche maximale Höhe erreicht die Kugel während des Fluges?

b) Wie weit fliegt die Kugel?

c) 10 m vom Abstoßpunkt entfernt befindet sich eine Markierung. In welcher Höhe befindet sich die Kugel über der Markierung?

**ZUM WEITERARBEITEN**
Zu welcher Summe von Aufgabe 29 passt dieses Bild? Begründe.

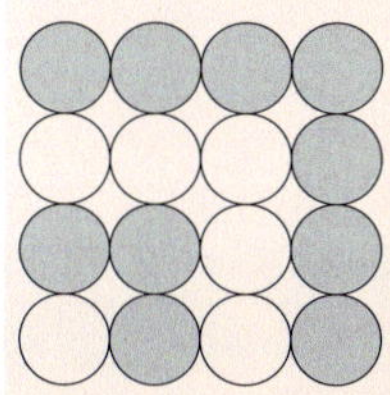

## Fallversuche

Der **Fallturm** an der Bremer Universität ragt 146 m in die Höhe. Er ist eine weltweit einmalige Forschungseinrichtung.
In seiner 112 m langen Röhre können Experimente in Schwerelosigkeit durchgeführt werden.
Die Turmspitze dient als Veranstaltungsraum.

a) Berechne die Fallzeit einer Kapsel durch die Fallröhre des Turms, wenn für den freien Fall annähernd das Weg-Zeit-Gesetz $s = 5t^2$ gilt.
Der Weg $s$ wird in Metern, die Zeit $t$ in Sekunden angegeben. Begründe, warum es hier nur eine Lösung gibt.

b) Beim senkrechten Fall einer Kugel von einem hohen Gebäude gilt für den zurückgelegten Weg die Gleichung $s = 5t^2$. Welchen Fallweg legt die Kugel in 0,5 s; 1 s; 1,5 s; 2 s; 2,5 s; 3 s zurück?

c) Im Kasten rechts findest du die Höhen verschiedener Gebäude. Berechne mit Hilfe des Weg-Zeit-Gesetzes $s = 5t^2$, wie lange eine Kugel von der Spitze des Gebäudes zu Boden fällt.

| | |
|---|---|
| Berliner Fernsehturm | 368 m |
| Berliner Funkturm | 147 m |
| Kölner Dom | 157 m |
| Düsseldorfer Fernsehturm | 218 m |

d) Sara behauptet: Die Fallkapsel aus dem Bremer Fallturm wäre auf dem Mond bei gleicher Fallhöhe $\sqrt{139{,}6}\,s^2$ unterwegs. Bestimme dazu passend den Parameter $a$ in der Gleichung $s = a \cdot t^2$ und gib die Gleichung an.

e) Stell dir vor, aus einem Raumschiff, das sich 100 m über der Mondoberfläche befindet, wird für Astronauten ein Paket abgeworfen.
Die Vorschrift $h(t) = 100 - 0{,}8\,t^2$ ordnet jeder Fallzeit $t$ (in s) die Höhe $h$ (in m) über der Mondoberfläche zu. In welcher Höhe befindet sich das Paket nach 2 (4; 6; 8) Sekunden?
Nach welcher Zeit ungefähr wird das Paket auf der Mondoberfläche aufschlagen?

f) Ein Schrottauto hängt an einem Kran in 7,5 m Höhe. Wenn das Auto fallen würde, hätte es nach $t$ Sekunden näherungsweise eine Höhe $h$ über dem Erdboden.
Begründe, mit welcher Gleichung das Fallen des Autos beschrieben werden kann.
① $h = 5t^2 + 7{,}5$ ② $h = -5t^2 - 7{,}5$ ③ $h = 7{,}5 - 5t^2$ ④ $0 = 5t^2 - 7{,}5 - h$

g) Eine Kugel wird mit einer Anfangsgeschwindigkeit von $v_0 = 200\,\frac{\text{m}}{\text{s}}$ senkrecht in die Höhe geschossen. Nach wie vielen Sekunden erreicht sie die Höhe $h = 320\,\text{m}$?
Benutze zur Lösung die Formel $h = v_0 \cdot t - \frac{1}{2} g \cdot t^2$ mit $g \approx 10\,\frac{\text{m}}{\text{s}^2}$.
Finde eine Begründung, warum es zwei Lösungen gibt.

h) Wie könnte man mit Stoppuhr und einem Stein die Höhe einer Brücke bestimmen, wenn man auf der Brücke steht?

# Alles klar?

Entscheide, ob die Aussagen richtig oder falsch sind.
Begründe deine Entscheidung im Heft und korrigiere gegebenenfalls.

## 1 Quadratische Gleichungen zeichnerisch lösen

a) Die quadratische Gleichung $x^2 + 0{,}5\,x - 3 = 0$ passt zur Abbildung rechts.

b) Die quadratische Gleichung $x^2 + 0{,}5\,x - 3 = 0$ hat zwei Lösungen.

c) Die Lösungen der quadratischen Gleichung $x^2 + 0{,}5\,x - 3 = 0$ sind $-2$ und $-6$.

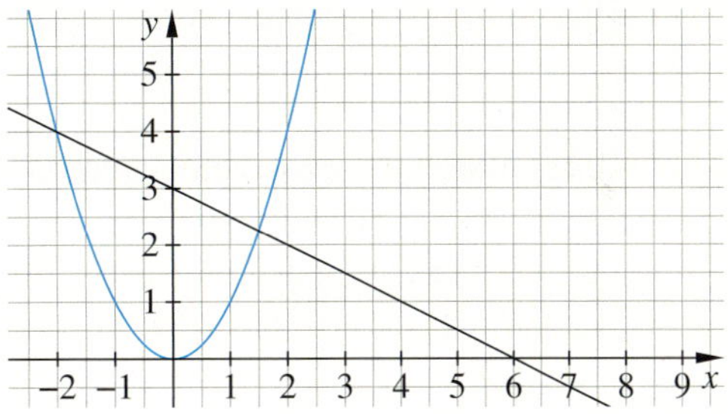


d) Den Schnittpunkt eines Graphen mit der $y$-Achse nennt man Nullstelle.

e) Die Nullstellen der Funktion mit der Gleichung $y = x^2 + 2\,x - 3$ (siehe Abbildung) heißen $-1$ und $-4$.

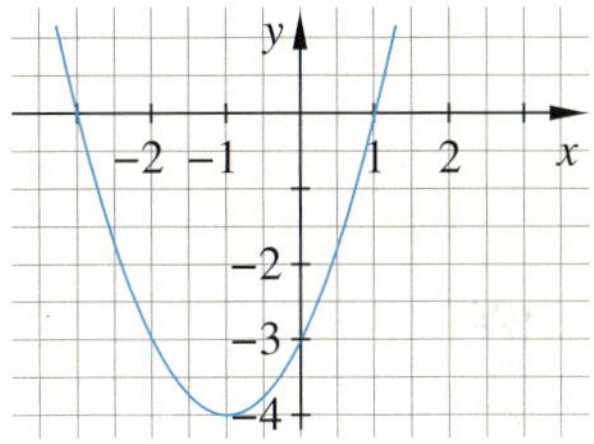


f) Alle Funktionsgleichungen der Form $y = x^2 + b$ haben genau eine Nullstelle.

## 2 Rein quadratische und gemischt quadratische Gleichungen

a) Die Gleichungen $2\,x^2 - 4 = 12$ und $x^2 = 9 - 8\,x$ sind rein quadratische Gleichungen.

b) Die Gleichung $2\,x^2 + 2 = 100$ hat genau eine Lösung, nämlich $x = 7$.

c) Die Gleichung $x^2 + 4 = 0$ hat keine Lösung.

d) Die Gleichung $x\,(x + 5) = 0$ hat die Lösungen $x_1 = -5$ und $x_2 = 5$.

e) Die gemischt quadratische Gleichung $0{,}4\,x - x^2 = 0$ hat die Lösungen $x_1 = 0{,}4$ und $x_2 = 0$.

## 3 Allgemein quadratische Gleichungen lösen

a) Die Gleichung $-x^2 - 4\,x + 5 = 0$ in die Normalform umgewandelt lautet $x^2 + 4\,x - 5 = 0$.

b) Die Gleichung $2\,x^2 - 8\,x + 19 = 0$ in die Normalform umgewandelt heißt $x^2 - 4\,x + 19 = 0$.

c) $3\,x^2 + 6\,x + 3 = 0$ kann umgewandelt werden zu $(x + 1)^2 = 0$.

d) Wenn man die $p$-$q$-Formel auf die Gleichung $x^2 - 6\,x + 5 = 0$ anwendet, so ergeben sich die Lösungen $x_1 = -3 + \sqrt{9 - 5}$ und $x_2 = -3 - \sqrt{9 - 5}$.

e) Für die Gleichung $x^2 - 3\,x - 10 = 0$ beträgt die Diskriminante $D = 12{,}25$.

f) Die Gleichung $x^2 - 3\,x - 10 = 0$ hat genau eine Lösung und zwar $x_1 = 5$.

g) Die Lösungen der Gleichung $-5\,x^2 + 120\,x - 700 = 0$ heißen 10 und 14.

h) Das Produkt einer Zahl und ihrer um 9 größeren Zahl ist 1620.
Die Zahlen heißen 36 und $-45$.

i) In einem rechtwinkligen Dreieck mit der Hypotenusenlänge 45 cm ist eine Kathete 9 cm länger als die andere. Die Katheten sind 27 cm und 36 cm lang.

**BEACHTE**
Die Lösungen zu den Aufgaben auf dieser Seite sowie dazu passende Trainingsaufgaben findest du ab Seite 212.

# Zusammenfassung

→ Seite 64

## Quadratische Gleichungen zeichnerisch lösen

Quadratische Gleichungen sind Gleichungen, in denen die Variable in der zweiten Potenz (also als $x^2$), aber in keiner höheren Potenz vorkommt.

Schnittpunkte von Graphen können als Lösungen einer Gleichung gedeutet werden, in der die Funktionsvorschrift auf beiden Seiten des Gleichheitszeichens stehen.
Die Lösungen der Gleichung $x^2 = mx + n$ entsprechen den $x$-Werten der Schnittpunkte der Graphen zu $y = x^2$ und zu $y = mx + n$.

$x^2 + \frac{1}{2}x - 3 = 0$
$x^2 = -\frac{1}{2}x + 3$
Normalparabel $y = x^2$
und
Gerade $y = -\frac{1}{2}x + 3$
$x_1 = -2;\ x_2 = 1{,}5$

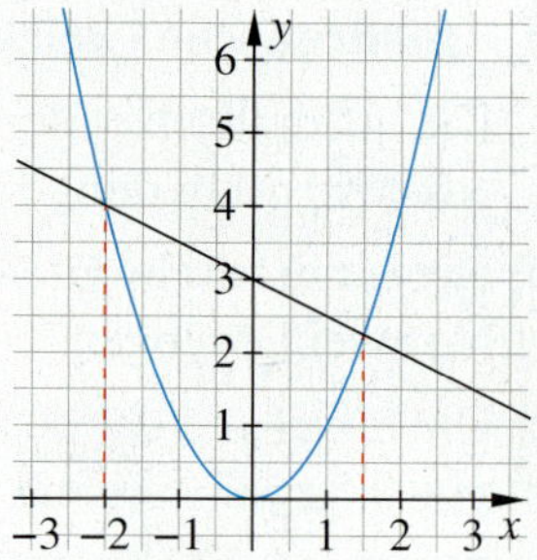


Den $x$-Wert vom Schnittpunkt eines Graphen mit der $x$-Achse nennt man Nullstelle.
Eine quadratische Funktion kann zwei, eine oder keine Nullstellen besitzen.

→ Seite 68

## Rein quadratische und gemischt quadratische Gleichungen

Gleichungen, bei denen die Variable ausschließlich in der zweiten Potenz vorkommt, heißen **rein quadratische Gleichungen**.
Sie lassen sich umformen zu $x^2 = d$. Es gilt:
- $d > 0$: zwei Lösungen
- $d = 0$: eine Lösung, nämlich $x = 0$
- $d < 0$: keine Lösung

$$5x^2 - 20 = 0 \quad |:5$$
$$x^2 - 4 = 0 \quad |+4$$
$$x^2 = 4 \quad |\sqrt{\phantom{x}}$$

$d > 0$, es gibt zwei Lösungen
$x_1 = 2$ und $x_2 = -2$

**Gemischt quadratische Gleichungen** der Form $x^2 + bx = 0$ lassen sich durch Zerlegen in zwei Faktoren $x\,(x + b) = 0$ lösen.

$$x^2 + 4x = 0$$
$$x\,(x + 4) = 0$$
$x_1 = 0$ und $x_2 = -4$

→ Seite 72

## Allgemein quadratische Gleichungen lösen

Jede quadratische Gleichung kann in die **Normalform $x^2 + px + q = 0$** umgeformt und dann mit Hilfe einer quadratischen Ergänzung oder mit der $p$-$q$-Formel gelöst werden.

$$2x^2 - 20x + 48 = 0 \quad |:2$$
$$x^2 - 10x + 24 = 0 \quad |\text{ quad. Ergänzung}$$
$$\underbrace{x^2 - 10x + \left(\tfrac{10}{2}\right)^2}_{(x-5)^2} + 24 = \left(\tfrac{10}{2}\right)^2 \quad |-24$$
$$(x - 5)^2 = 1$$
$x_1 - 5 = 1 \quad |+5$ und $x_2 - 5 = -1 \quad |+5$
$x_1 = 6$ und $x_2 = 4$

***p*-*q*-Formel:**

$$x_1 = -\frac{p}{2} + \sqrt{\left(\frac{p}{2}\right)^2 - q} \quad \text{und}$$
$$x_2 = -\frac{p}{2} - \sqrt{\left(\frac{p}{2}\right)^2 - q}$$

$x^2 - 5x - 24 = 0 \qquad p = -5$ und $q = -24$
$$x_{1,2} = -\left(-\tfrac{5}{2}\right) \pm \sqrt{\left(-\tfrac{5}{2}\right)^2 - (-24)}$$
$$x_{1,2} = \tfrac{5}{2} \pm \sqrt{\tfrac{25}{4} + 24}$$
$$x_{1,2} = \tfrac{5}{2} \pm \sqrt{\tfrac{121}{4}}$$
$$x_{1,2} = \tfrac{5}{2} \pm \tfrac{11}{2}$$
$x_1 = 8$ und $x_2 = -3$

# Datenerhebungen hinterfragen

„Traue niemals einer Statistik, die du nicht selbst gefälscht hast."

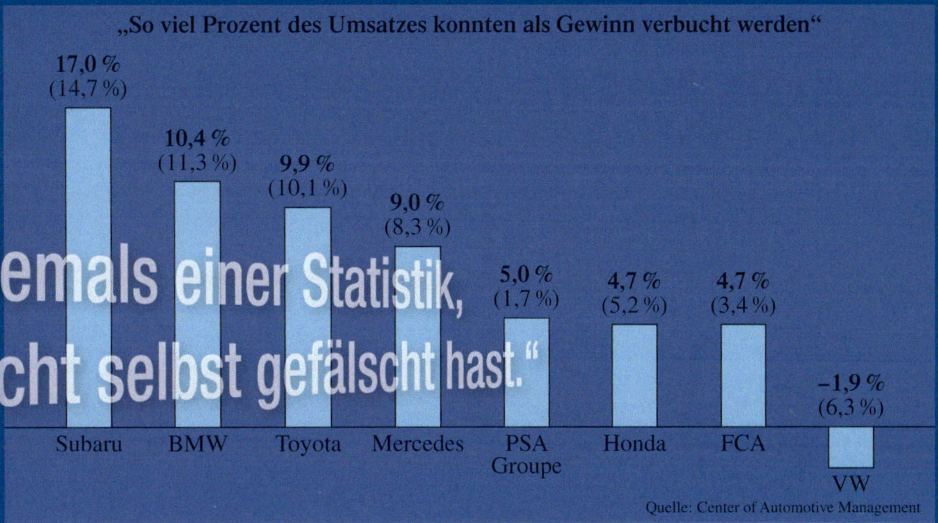


**Japaner an der Weltspitze**

Subaru ist der rentabelste Autobauer der Welt. Die japanische Marke konnte 17 % ihres Umsatzes 2015 als Gewinn verbuchen. Der Überschuss von VW sank dramatisch auf minus 1,9 %. Schuld ist die Dieselkrise, für die VW 2015 16,2 Milliarden Euro zurückgestellt hat.

Werden die Daten in der obigen Grafik richtig dargestellt?

In diesem Kapitel lernst du, Daten und ihre Darstellung in Diagrammen zu manipulieren und Manipulationen zu erkennen.

# Noch fit?

**1** Zeichne zu den Angaben in der Tabelle ein Säulendiagramm.
Wähle auf der $y$-Achse 1 cm für 10 %.

| Bestandteile eines Hühnereis | Gewichtsanteile |
|---|---|
| Wasser | 75 % |
| Eiweiße | 13 % |
| Fette | 11 % |
| Vitamine, Mineralstoffe | ? |

**2** Stelle die Bestandteile von Schokolade in einem Kreisdiagramm dar (Radius 5 cm).
Berechne zuerst aus den Prozentangaben die entsprechenden Winkelgrößen.

| Kakaobutter | Milchpulver | Zucker | Kakaomasse | Sonstiges |
|---|---|---|---|---|
| 18 % | 22 % | 46 % | 12 % | 2 % |

**3** Welche Zuordnung ist proportional, antiproportional oder keins von beidem? Begründe.

**a)**

| $x$ | 0 | 5 | 10 | 15 | 30 |
|---|---|---|---|---|---|
| $y$ | 0 | 10 | 20 | 30 | 60 |

**b)**

| $x$ | 1 | 2 | 4 | 8 | 12 |
|---|---|---|---|---|---|
| $y$ | 12 | 6 | 3 | 1,5 | 1 |

**4** Gib in Prozent an.

**a)** $\frac{1}{10}$ **b)** $\frac{4}{5}$ **c)** $\frac{12}{30}$ **d)** $\frac{2}{1}$ **e)** $\frac{2}{3}$

**5** Bestimme den Prozentwert.

**a)** 1 % von 600 € **b)** 50 % von 740 kg **c)** 25 % von 84 cm **d)** 17 % von 300 €

**6** Zeichne die Winkel.

**a)** $\alpha = 12°$ **b)** $\beta = 60°$ **c)** $\gamma = 90°$ **d)** $\delta = 140°$ **e)** $\varepsilon = 275°$

**7** In einer Fabrik für Taschenlampen werden Qualitätskontrollen durchgeführt.

**a)** Bei einer Artikelkontrolle wurden 480 Taschenlampen untersucht; 12 waren defekt.
Bei der nächsten Kontrolle waren von 700 Taschenlampen 14 nicht in Ordnung. Berechne die relativen Häufigkeiten, drücke sie in Prozentzahlen aus und erläutere das Ergebnis.

**b)** Ein Werk gibt in einem Verkaufsprospekt für Großhändler an, dass eine gelieferte Taschenlampe mit einer Wahrscheinlichkeit von nur 0,007 defekt ist. Ein Händler bestellt 750 Stück. Mit wie vielen defekten Taschenlampen muss er ungefähr rechnen?

## Bunt gemischt

1. Ergänze den Satz im Heft: In einem Dreieck beträgt die Summe der Innenwinkel ▢.
2. Berechne und gib an, welches Rechengesetz verwendet wurde:
   $7 \cdot 42 = 7 \cdot (40 + 2) = 7 \cdot 40 + 7 \cdot 2 =$ ▢
3. Welchen Flächeninhalt hat ein Quadrat mit der Seitenlänge $a = 5{,}2$ cm? Wie verändert sich der Flächeninhalt, wenn die Seitenlänge verdoppelt (verdreifacht) wird?
4. Wie verändert sich das Volumen eines Würfels mit der Kantenlänge $a = 5$ cm, wenn die Kantenlänge verdoppelt wird?

# Manipulationen beim Darstellen von Daten

## Erforschen und Entdecken

**1** Betrachte die beiden Diagramme.

a) Welche Fehler fallen dir auf? Erläutere und berichtige sie.

b) Denke dir zu jedem Diagramm eine Überschrift aus.

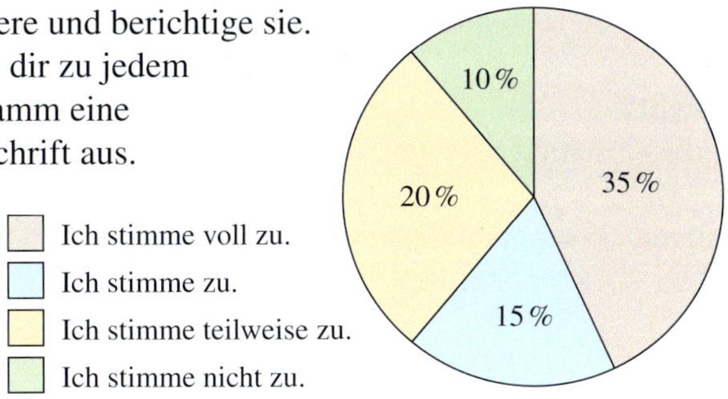


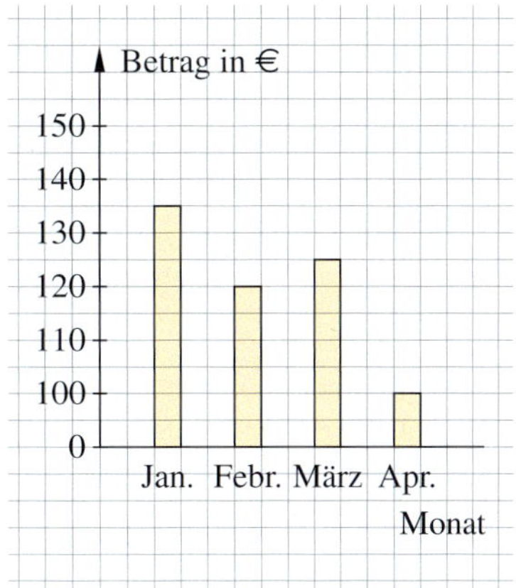


**2** Das linke der beiden Diagramme stellt die Umsatzentwicklung eines Unternehmens in den letzten 10 Jahren dar. Der Geschäftsführer wählt jedoch das rechte Diagramm, um die Umsatzentwicklung darzustellen.

a) Welchen Eindruck vermittelt das rechte Diagramm verglichen mit dem linken?

b) Nenne Gründe, wie dieser andere Eindruck entsteht.

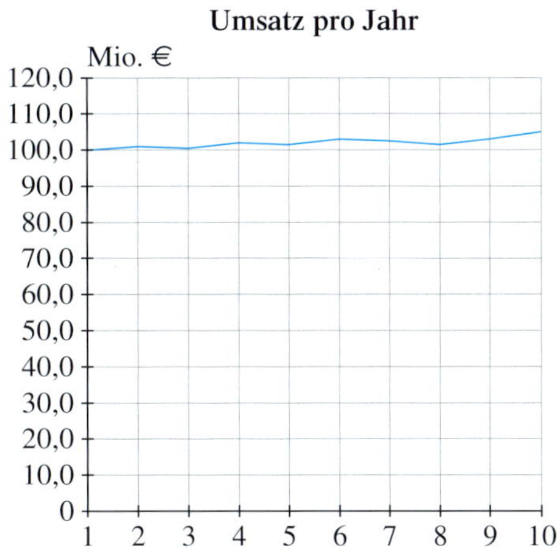


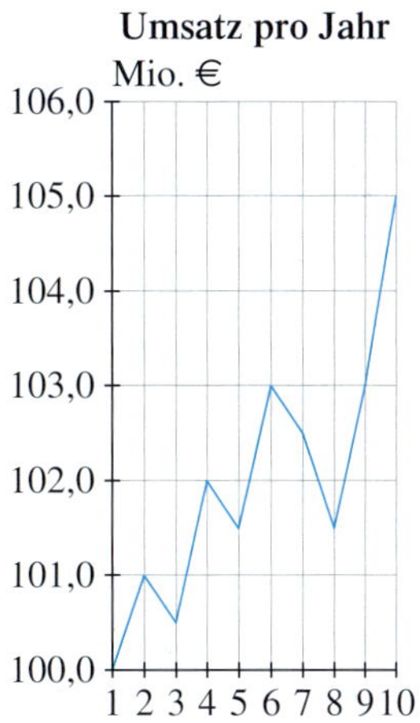


**3** Maxi fühlt sich gegenüber seinen Freunden benachteiligt. Er meint, er bekommt deutlich weniger Taschengeld als seine Freunde. Um diese Ungerechtigkeit zu veranschaulichen, zeichnet er ein Piktogramm.

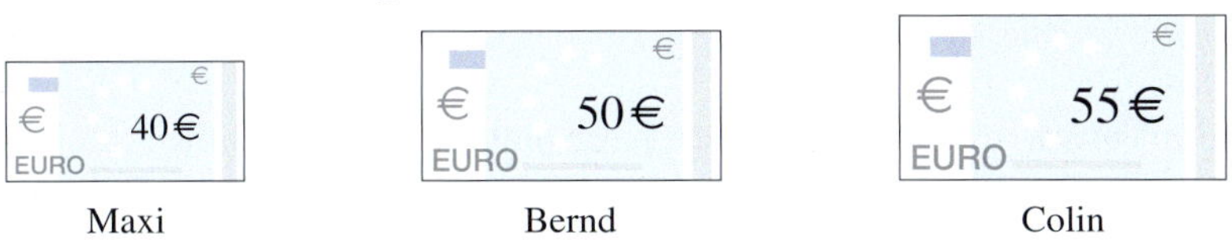


a) Mit welchem Trick stellt Maxi den Sachverhalt übertrieben dar?

b) Wie könnte ein korrektes Piktogramm aussehen? Zeichne es.

c) Wie könnte ein Piktogramm aussehen, das diese Ungerechtigkeit noch stärker in den Vordergrund rückt? Zeichne auch dieses.

d) Welches Piktogramm wird Maxi vermutlich verwenden, wenn er mit seinen Eltern über höheres Taschengeld verhandelt?
Was für ein Diagramm könnten seine Eltern wählen?

## Lesen und Verstehen

Der amerikanische Schriftsteller Darrell Huff definiert in seinem Buch „Wie lügt man mit Statistik“ mehrere Fragen, mit denen man Manipulationen erkennen kann:

- **Sagt wer?** Wer hat die Statistik in Auftrag gegeben?
  Hat er ein Interesse an einem bestimmten Ergebnis? An welchem?
- **Woher weiß er das?** Wie kamen die Zahlen zustande?
  Wie und wo wurde gefragt?
- **Wurden die Daten korrekt dargestellt?**
  Beginnt die *y*-Achse bei null? Sind die Abstände auf den Achsen gleichmäßig?
  Fehlen Angaben?
  Könnte die Abbildung durch Farbgebung, Form und Fläche das Auge täuschen?

**BEISPIELE**

Die beiden Diagramme zeigen den gleichen Sachverhalt: die Anzahl der deutschen Gesamtschulen mit Ganztagsbetrieb in verschiedenen Jahren.
Es entsteht jedoch ein anderer Eindruck, weil im ersten Diagramm die *y*-Achse nicht bei null beginnt.

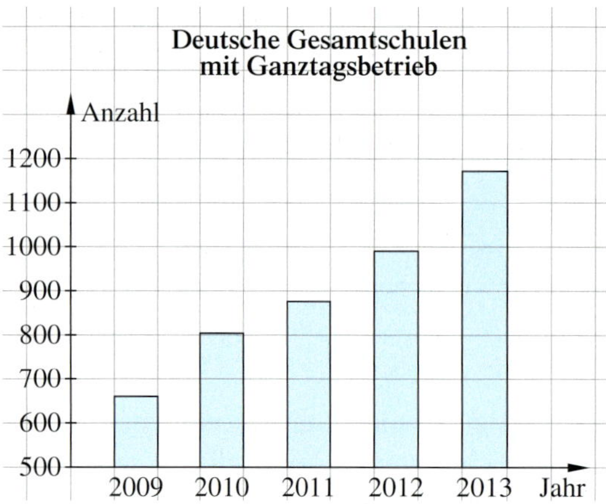


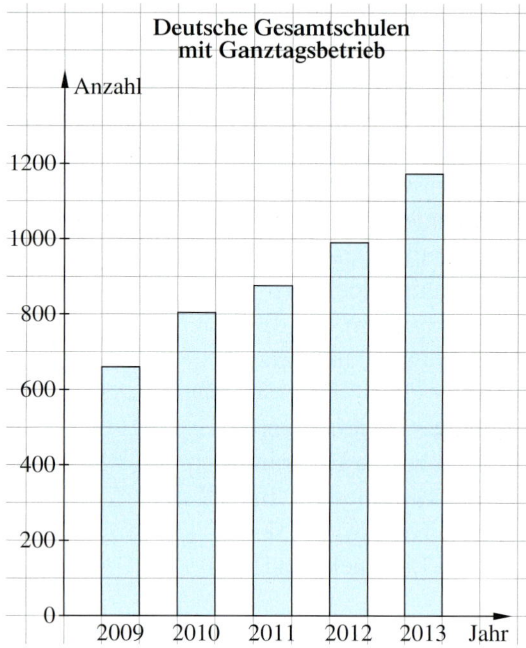


Bei einem Piktogramm wird die **Veränderung in der Höhe und in der Breite** abgetragen. So entsteht ein Missverhältnis zwischen Wert und Fläche, z. B. führt eine Verdopplung des Wertes zu einer Vervierfachung der Fläche.

Bei einem Kreisdiagramm werden die Anteile zu „keine Angabe“ oder „weiß nicht“ nicht dargestellt. Dadurch erscheint der höhere Anteil (hier „Nein“) noch größer.
Hier wurden 100 Personen befragt zum Thema:
„Ist Wein das Lieblingsgetränk der Deutschen?“

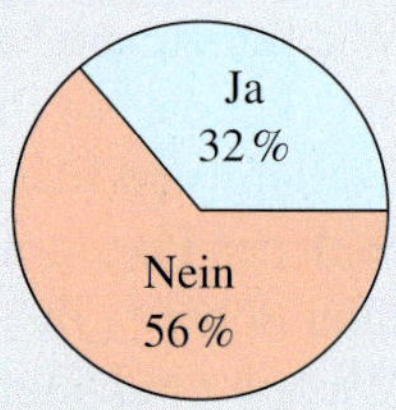

## Basisaufgaben

**1** Betrachte das Diagramm.

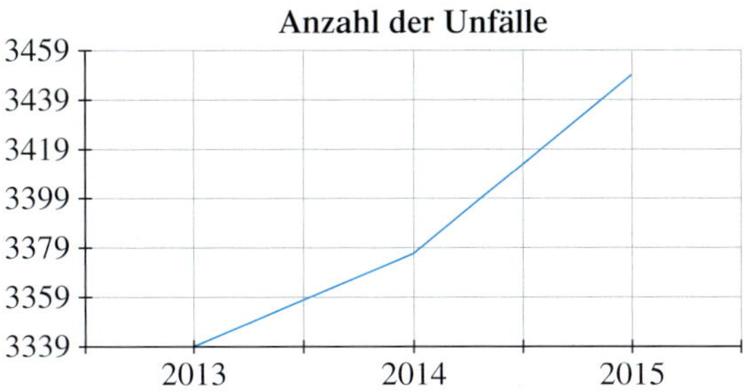


a) Vervollständige im Heft: Das Diagramm wurde manipuliert, weil die $y$-Achse …
Deshalb wirkt es so, als ob …

b) Wer könnte ein Interesse an dieser Manipulation haben?

c) Zeichne ein nicht manipuliertes Diagramm.

**2** Im Rhein leben derzeit 63 Fischarten. Der Lachs vermehrt sich seit 1994 in einigen Nebenflüssen sogar wieder natürlich.

| Anz. Jahre | 0 | 1 | 2 | 3 | 4 | 5 |
|---|---|---|---|---|---|---|
| Anz. Lachse | 100 | 130 | 169 | 220 | 287 | 371 |

Prüfe, in welchen Diagrammen die Daten korrekt dargestellt wurden.

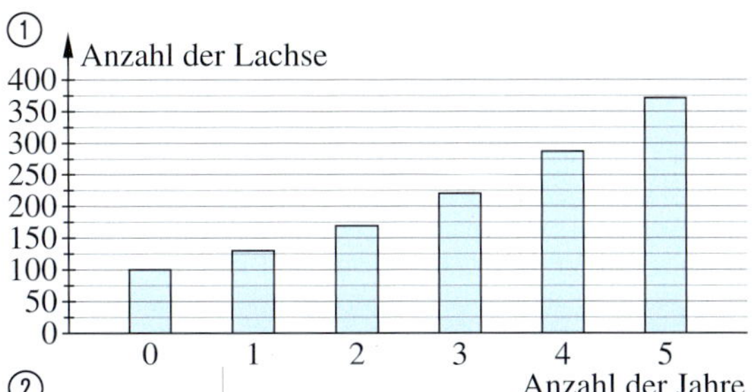


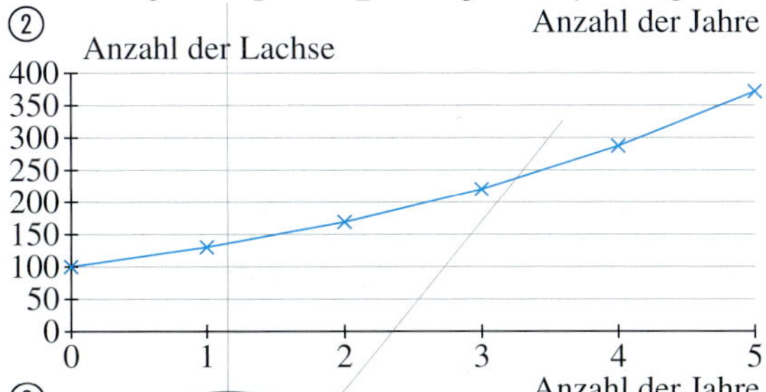


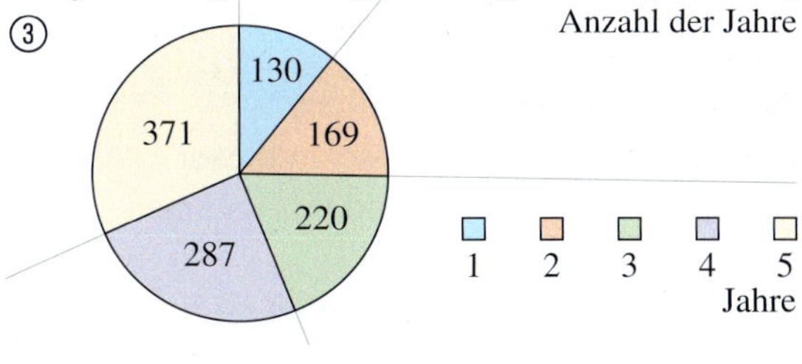


**3** Manche Menschen können die Raten für ihre Handyrechnung nicht zahlen. Das Piktogramm zeigt den prozentualen Anteil der Verträge, bei denen es Zahlungsschwierigkeiten gibt. Es werden zwei Altersgruppen unterschieden.

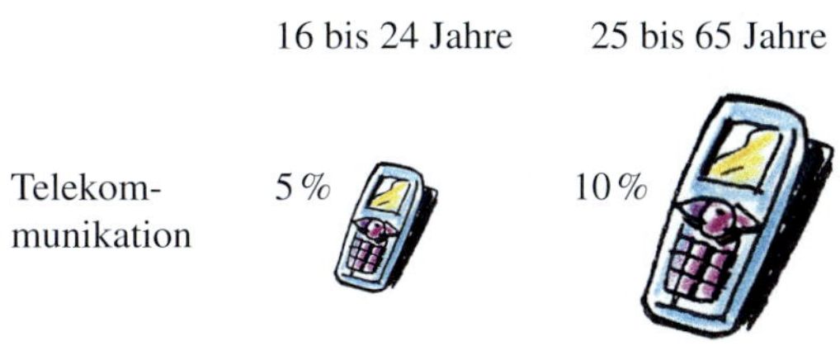


a) Erläutere den Inhalt des Diagramms.

b) Beschreibe die Manipulation und ihre Wirkung.

c) Wer könnte ein Interesse an dieser Manipulation haben?

**4** Das Thema Klimawandel führt zu hitzigen Debatten. Deshalb finden sich gerade dazu viele manipulierte Diagramme.

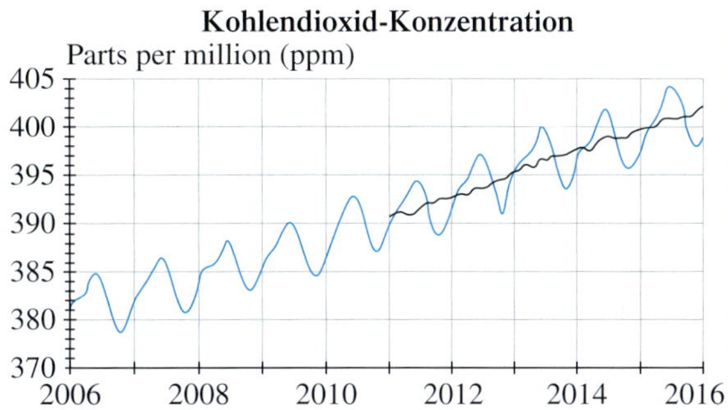


a) Erläutere den Inhalt des Diagramms.

b) Welche Manipulation steckt in dieser Abbildung? Zeichne das Diagramm richtig, der ungefähre Kurvenverlauf reicht. Vergleiche die Wirkung.

**5** „Bist du mit dem Freizeitangebot in deiner Stadt zufrieden?" wurden 1900 Jugendliche gefragt. Das Kreisdiagramm stellt die Ergebnisse der Umfrage in einer Zeitschrift dar.

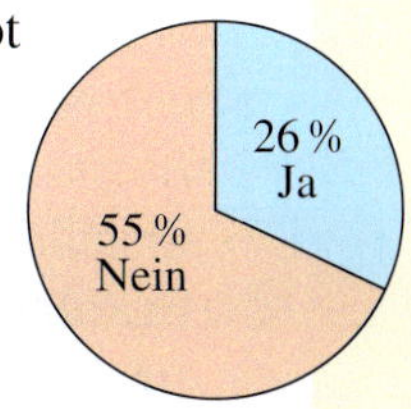


a) Was fällt dir auf?

b) Zeichne ein korrektes Kreisdiagramm und schreibe einen Leserbrief.

## Weiterführende Aufgaben

**6** Die JIM-Studie beschäftigt sich mit dem Medienumgang von 12- bis 19-Jährigen. In jedem Jahr wurden 1200 Jugendliche zwischen 16 und 17 Jahren gefragt, ob sie ein Smartphone besitzen.

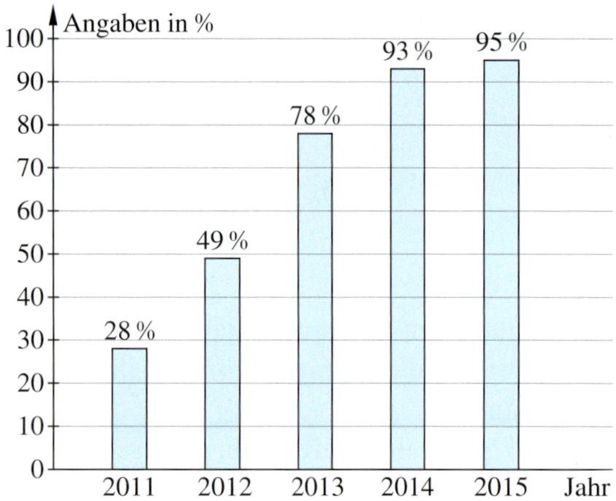


a) Übertrage dieses korrekte Säulendiagramm in dein Heft.

b) Zeichne ein Säulendiagramm, das ausdrückt, wie erschreckend diese Entwicklung ist.

c) Zeichne ein Liniendiagramm, das die Unterschiede zwischen 2011 und 2015 weniger deutlich hervortreten lässt.

d) Erstelle ein manipuliertes Piktogramm nur für die Jahre 2011 und 2015. Nutze als Symbol rechteckige Handys, die in Länge und Breite verändert sind.

**7** Im Jahr 2015 wurden in der JIM-Studie 1179 Jugendliche im Alter zwischen 12 und 19 Jahren befragt, welches Smartphone sie nutzen.

| Marke | Samsung | Apple iPhone | Sony Xperia | LG | HTC One | HTC | Huawei | Sonstige |
|---|---|---|---|---|---|---|---|---|
| Anteil | 45 % | 23 % | 6 % | 5 % | 3 % | 3 % | 3 % | |

a) Gib den Anteil für „Sonstige“ an und erstelle ein korrektes Kreisdiagramm.

b) Erstelle ein manipuliertes Kreisdiagramm. Es soll so aussehen, als hätte Samsung einen Anteil von über 50 %.

c) Erstelle ein manipuliertes Kreisdiagramm. Darin sollen nur die Marken Samsung und Apple vorkommen.

**8** Der VW-Abgas-Skandal wurde im September 2015 aufgedeckt: Der VW-Konzern verwendete über Jahre eine illegale Abschalteinrichtung in der Motorsteuerung der Diesel-Fahrzeuge, um die US-amerikanischen Abgasnormen zu umgehen.
Lies ab, wie viele Autos der vier Marken wegen der Manipulationen in Deutschland zurückgerufen werden mussten.
Warum ist die Grafik so nicht richtig?

**9** Lies den Text aufmerksam durch und betrachte die dazugehörige Grafik.

### Auch die Reifen zählen

Die Bedeutung des richtigen Reifendrucks wird oft unterschätzt. Doch schon bei einem Minderdruck von 0,2 bar erhöht sich der Rollwiderstand und sorgt somit für einen Mehrverbrauch von etwa einem Prozent. Ist der Druck noch geringer, steigt der Spritkonsum weiter. Deshalb alle 14 Tage Reifendruck checken. Zusätzliches Einsparpotenzial bieten rollwiderstandsoptimierte Reifen. Durch spezielle Gummimischungen und Profile rollen sie leichter als herkömmliche Pneus. Je nach Einsatzbedingung – Fahren mit konstantem Tempo ist am wirkungsvollsten – sparen sie zwischen 0,3 und 0,7 l/100 km. Welcher Reifen besonders sparsam ist, zeigt der ADAC Reifentest.

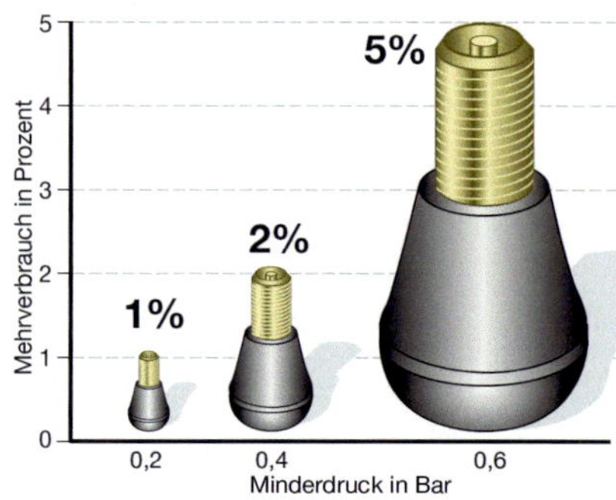


a) Wie wurde hier manipuliert?

b) Wer könnte ein Interesse an dieser Manipulation haben und aus welchen Gründen?

c) Zeichne ein korrektes Säulendiagramm.

# Methode: Manipulationen bei Befragungen

Das Ergebnis einer Umfrage lässt sich bereits durch die Art der Fragestellung und die Auswahl der Antwortmöglichkeiten manipulieren.

In einer Umfrage zum Thema „Wie würdest du die Berichterstattung in deiner Tageszeitung beschreiben?“ könnten zum Beispiel drei Antworten vorgegeben sein:

❑ sachgerecht ❑ neutral ❑ kenntnisreich

Hier gibt es keine Möglichkeit, eine negative Einschätzung abzugeben.
In einem neutralen Fragebogen müsste es weitere Möglichkeiten geben:

❑ einseitig ❑ oberflächlich ❑ schlecht recherchiert

**1** Entscheide, ob mit der Möglichkeit im linken oder im rechten Kasten manipuliert werden soll. Beschreibe, auf welche Art das geschieht und welches Interesse dahinter stehen könnte.

a) „Welche Informationsquelle hältst du für besonders verlässlich?“

Wikipedia oder Kaffeesatzlesen?

Informationsseiten im Internet, Internetforen, Lexikon, Zeitungen, Erwachsene fragen, Wahrsagerei, Sonstige

b)

Würdest du an deiner Schule für die Einführung von Schuluniformen stimmen?
❑ ja ❑ nein ❑ egal

Würdest du an deiner Schule für die Einführung von Schuluniformen stimmen, damit sich die Schülerinnen und Schüler weniger über ihre Kleidung definieren?
❑ ja ❑ nein ❑ egal

c) „Welche Sportart magst du am liebsten?“

Befragung von 1200 Personen in der Innenstadt

Befragung von 12 Zuschauern bei einem Fußballspiel

**2** Erkläre, wie der Fragebogen manipuliert. Erstelle einen neutralen Fragebogen.

Sollte man unreife Jugendliche schon wählen lassen? Haben sie sich mit politischen Themen genug auseinandergesetzt, um eine begründete Wahl treffen zu können?

**Sollte das Wahlalter auf nur 16 Jahre herabgesetzt werden?**

❑ eher ja ❑ weiß nicht
❑ eher nein ❑ nein

**3** Arbeitet in Kleingruppen.
Wählt ein Thema, z. B. vegetarisches Essen in der Mensa, Verkauf von Süßigkeiten an der Schule oder Einführung von Schuluniformen. Legt fest, welches Ergebnis ihr erzielen möchtet. Plant einen Fragebogen, der euer gewünschtes Ergebnis unterstützt.

a) Führt die Befragung durch.
b) Präsentiert euer Ergebnis in eurem Kurs und erläutert, wie ihr den Fragebogen aufgebaut habt. Nennt mögliche Verbesserungen.

# Methode: Diagramme mit dem Computer manipulieren

## 1. Datensatz für das Diagramm vorbereiten und markieren

Trage die Daten, die in einem Diagramm dargestellt werden sollen, in eine Tabelle ein. Markiere mit der Maus den Bereich **B1** bis **S1** und mit gedrückter Strg-Taste den Bereich **B2** bis **S2**.

| | A | B | C | D | E | F | G | H | I | J | K | L | M | N | O | P | Q | R | S |
|---|---|---|---|---|---|---|---|---|---|---|---|---|---|---|---|---|---|---|---|
| 1 | Jahr und Monat | Jun 13 | Sep 13 | Dez 13 | Mrz 14 | Jun 14 | Sep 14 | Dez 14 | Mrz 15 | Jun 15 | Sep 15 | Dez 15 | Mrz 16 | Jun 16 | Sep 16 | Dez 16 | Mrz 17 | Jun 17 | Sep 17 |
| 2 | Umsatz | 100 | 200 | 300 | 500 | 500 | 750 | 800 | 1000 | 1500 | 9000 | 12000 | 13000 | 12500 | 12400 | 12000 | 12500 | 19000 | 32500 |

## 2. Diagrammtyp auswählen

Klicke im obersten Menü auf die Schaltfläche ***Einfügen***.

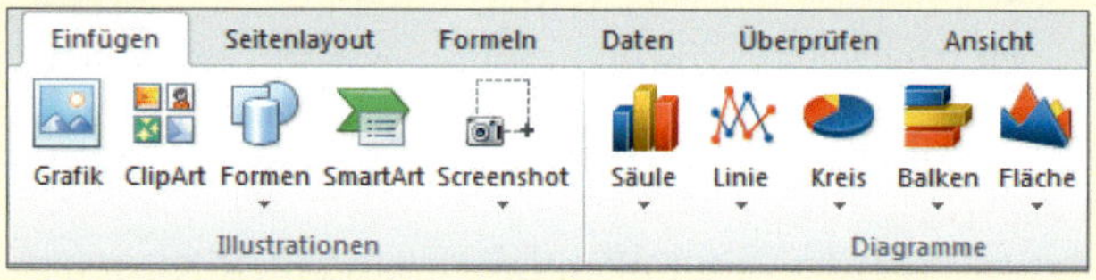


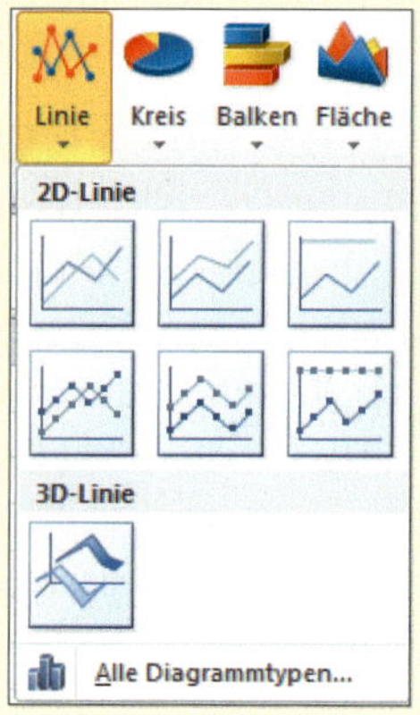


Es werden mögliche Diagrammtypen angezeigt.
Klicke auf ***Linie*** und wähle links oben die erste Darstellungsform.

Das korrekte Diagramm wird angezeigt:

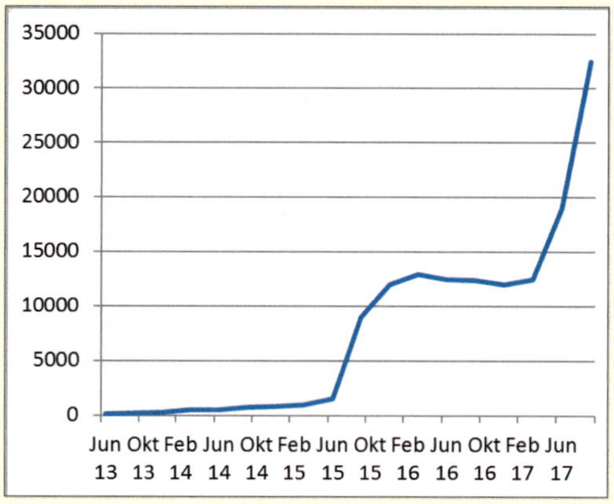


## 3. Skalen-Manipulationen durchführen

### Zeitraum begrenzen

Klicke mit der linken Maus-Taste doppelt auf die *x*-Achse (Monat/Jahr).
Es öffnet sich ein Fenster ***Achse formatieren***, nimm dort die Einstellungen wie im linken Bild vor. Es entsteht das rechte Diagramm.

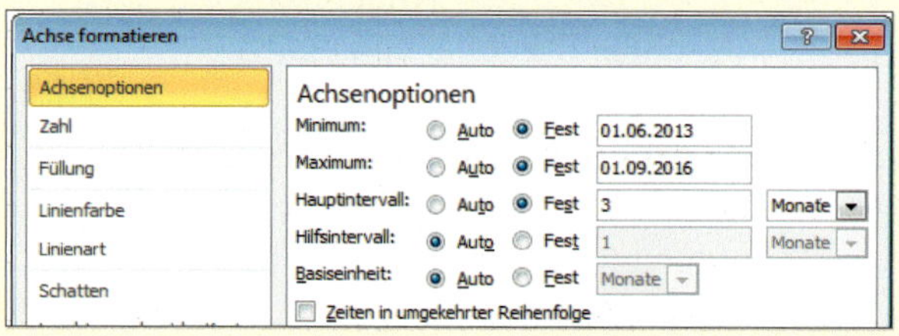


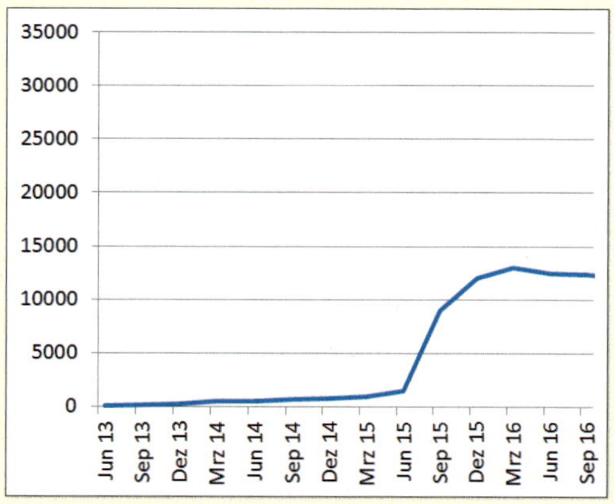

## Höheres Maximum auf der *y*-Achse

Gehe vom korrekten Diagramm aus. Klicke mit der linken Maus-Taste doppelt auf die *y*-Achse (Monat/Jahr), klicke in dem geöffneten Fenster auf ***Achse formatieren*** und nimm die Einstellungen wie im linken Bild vor.

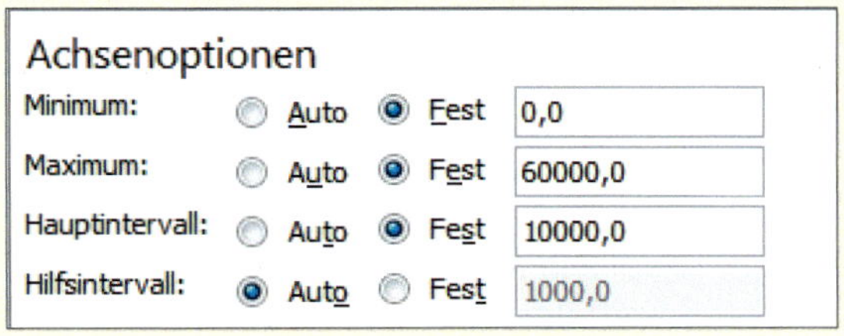


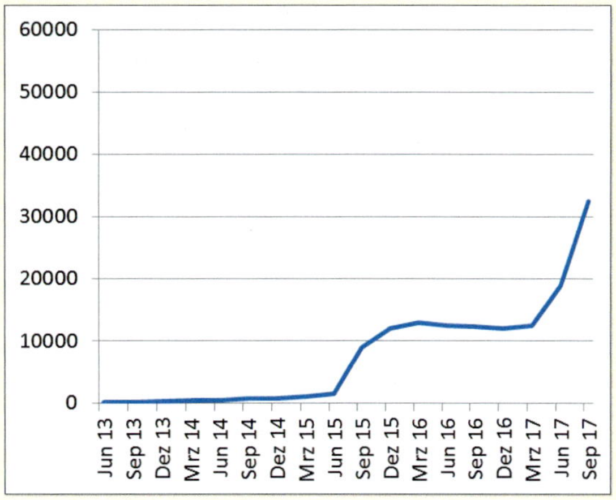


## Niedriges Maximum auf der *y*-Achse

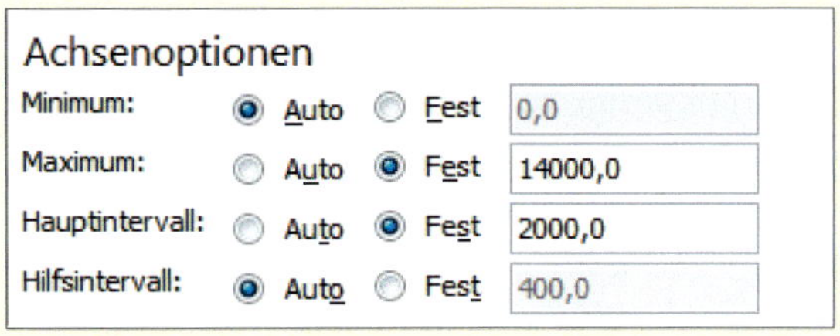


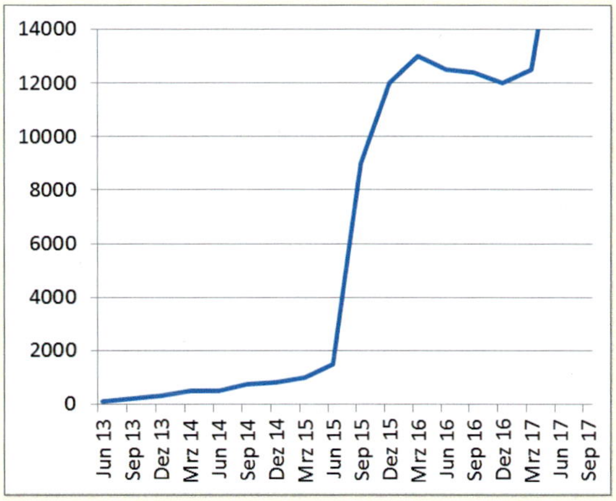


## *y*-Achse beginnt nicht bei null

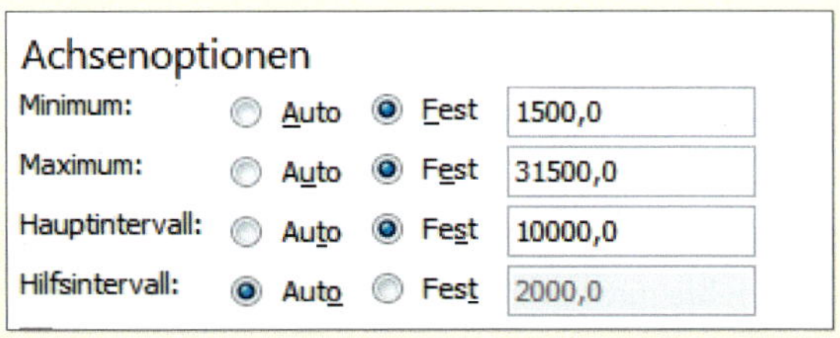


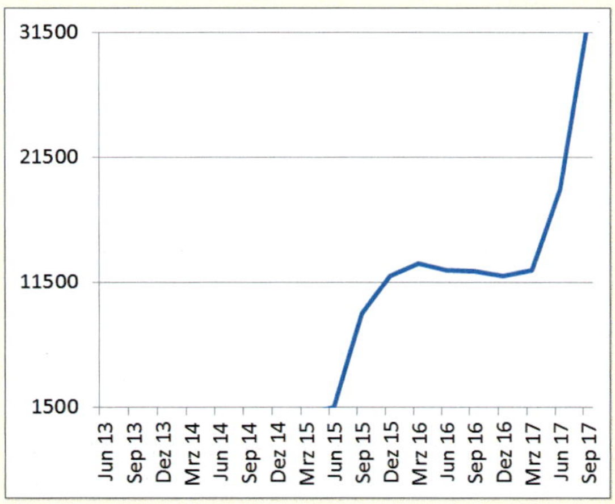


**1** Erstelle eine Tabelle mit dem Umsatz von McDonalds in Deutschland über mehrere Jahre.

a) Suche im Internet nach möglichst aktuellen Daten (ab 2012 nur noch geschätzt).

b) Erstelle ein Säulendiagramm.

c) Verändere unter ***Achsenoptionen*** die Einteilung der Größenachse (Doppelklick auf die *y*-Achse): Lege den Wert „Minimum“ verschieden fest.
Was passiert, wenn du den Wert „Hauptintervall“ änderst?
Bestätige jeweils mit der Schaltfläche ***Schließen*** und speichere das fertige Diagramm ab.

# Vermischte Übungen

**1** Verschiedene Jugendliche wurden befragt, ob sie mindestens einmal pro Woche in ein Fastfood-Restaurant gehen. Mit „ja" antworteten …

| in 2014 | in 2015 | in 2016 | in 2017 |
|---|---|---|---|
| 35 % | 42 % | 47 % | 50 % |

a) Zeichne ein korrektes Säulendiagramm.
b) Zeichne ein Diagramm, das ausdrückt, wie erschreckend diese Entwicklung ist. Wer könnte ein Interesse daran haben, dass ein solches Diagramm veröffentlicht wird?

**2** Dies sind die Ergebnisse einer Befragung von 12-bis 19-Jährigen zum Thema „Welche Kommunikationsart im Internet benutzt du täglich?":

| | |
|---|---|
| WhatsApp | 85 % |
| Online Communities | 39 % |
| Facebook | 38 % |
| E-Mails | 23 % |
| Snapchat | 23 % |
| Online-Spiel | 12 % |
| Skype | 10 % |
| Twitter | 7 % |

a) Warum sind diese Daten nicht für eine Darstellung im Kreisdiagramm geeignet?
b) Zeichne ein korrektes Diagramm.
c) Zeichne ein manipuliertes Diagramm, bei dem WhatsApp noch stärker vertreten aussieht.

**3** Im Jahr 2015 wurden Jugendliche befragt, wie lange sie im Durchschnitt täglich mit Computer-, Konsolen-, Online-, Tablet- und Handyspielen beschäftigt sind.

- *Jungen:*
  Mo. – Fr.: 122 min; Sa. + So.: 167 min
- *Mädchen:*
  Mo. – Fr.: 50 min; Sa. + So.: 58 min

Zeichne ein doppeltes Säulendiagramm mit Mo. – Fr. bzw. Sa. + So auf der $x$-Achse.

**4** Das Piktogramm zeigt die Einwohnerzahlen von China, Russland, den USA und Europa.

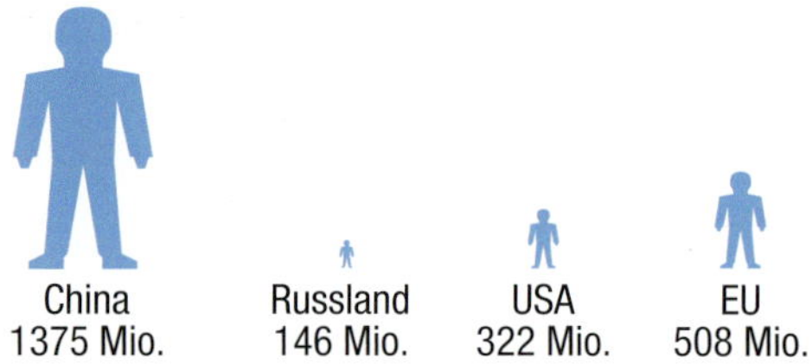


a) Bewerte das Piktogramm. Mit welchem Mittel wird der Betrachter manipuliert?
b) Wer könnte Auftraggeber der Darstellung sein und was will er damit bezwecken?

**5** Die Piktogramme sollen zeigen: Dirk bekommt von seinen Eltern für den Führerschein 1000 €, sein Freund Kai bekommt von seinen Eltern 1200 €.

a) Was unterscheidet die beiden Darstellungsarten? Beschreibe.
b) Welche Darstellung ist korrekt?
c) Welche Darstellung sollte Dirk zu seinen Großeltern mitnehmen, in der Hoffnung, dass sie ihn auch mit Geld unterstützen?

**6** Zum Thema „Wirkung von Alkohol" machten Jugendliche folgende Aussagen:

| | |
|---|---|
| Ich fühle mich lockerer, wenn ich Alkohol getrunken habe. | 41 % |
| Bei mir hat der Alkohol keine besondere Wirkung. | 21 % |
| Alkohol lässt mich schneller ermüden. | 15 % |
| Keine Angabe | 23 % |

a) Zeichne ein korrektes Kreisdiagramm und ein manipuliertes, welches den Bereich „keine Angaben" nicht mit abbildet. Beschreibe die Wirkung.
b) Fällt dir noch eine weitere Darstellungsmöglichkeit ein, die den jugendgefährdenden Aspekt besonders hervorhebt? Setze diese um und stelle sie deinem Kurs vor.

**7** Jugendliche wurden befragt, wie viel Zeit sie im Durchschnitt jeden Tag mit dem Spielen von Games verbringen.

| Dauer pro Tag | Anteil der Befragten |
|---|---|
| mehr als 120 min | 6 % |
| 120 min | 5 % |
| 90 min | 6 % |
| 60 min | 11 % |
| 45 min | 10 % |
| 30 min | 25 % |
| unter 30 min | 37 % |

**a)** Warum sind diese Daten für eine Darstellung im Kreisdiagramm geeignet?
**b)** Zeichne ein korrektes Kreisdiagramm.

**8** Für ein Sportmagazin soll unter der Überschrift „Des Deutschen liebste Sportart" eine Umfrage durchgeführt werden. Die umfangreiche Datenerhebung erfolgt im Fußballstadion, in einer Fußgängerzone, in einer Schule und im Fitness-Studio. Welche Ergebnisse werden an den verschiedenen Orten zu erwarten sein? Begründe.

**9** Das Statistische Bundesamt hat in einem Datenreport die Grafik unten veröffentlicht. Es haben sich etliche Fehler eingeschlichen. Wie viele und welche Fehler findest du?

**Zeitaufwand für verschiedene Aktivitäten an einem Werktag – Erwachsene**

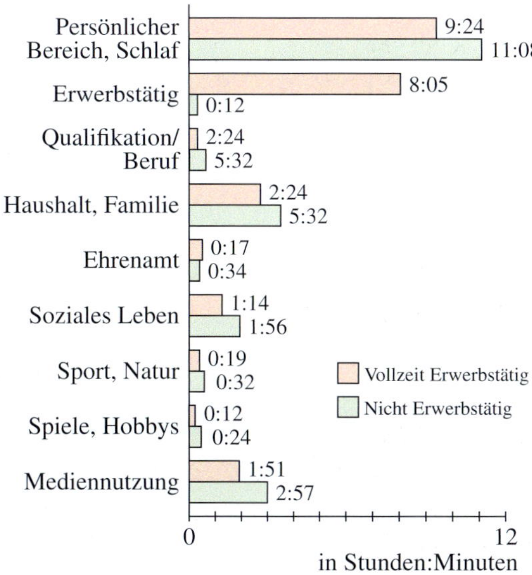


Quelle: Bundesamt, Datenreport 2004

**10** Entwerft einen Fragebogen zum Thema „Der moderne Jugendliche ist digital und mobil mit dem Smartphone unterwegs". Beginnt so:

- Ich bin Schüler/in der Jahrgangsstufe …
  ❑ 5/6 ❑ 7/8 ❑ 9/10
- Ich bin ein …
  ❑ Junge ❑ Mädchen
- Ich habe ein Smartphone:
  ❑ Ja ❑ Nein

**a)** Führt die Umfrage durch und wertet die Daten aus.
**b)** Stellt eure Ergebnisse einmal aus Schülersicht und einmal aus Elternsicht dar.
**c)** Präsentiert eure Ergebnisse in Form einer Wandzeitung.
**d)** Formuliert eure Ergebnisse in einem Artikel für die Schülerzeitung.

**11** Am Ende eines jeden Jahres erstellen Firmen eine Bilanz. Darin steht z. B., ob sich ihr Umsatz im Vergleich zum Vorjahr vergrößert bzw. vermindert hat. Für die Öffentlichkeit werden Bilanzen besonders dargestellt. Die vier Säulendiagramme stellen die Jahresbilanz der Jahre 2012 und 2013 gegenüber.

**Geschäftsjahr 2013**

Kennzahlen aus der Bilanz 2013 der Audi AG im Vergleich zum Vorjahr

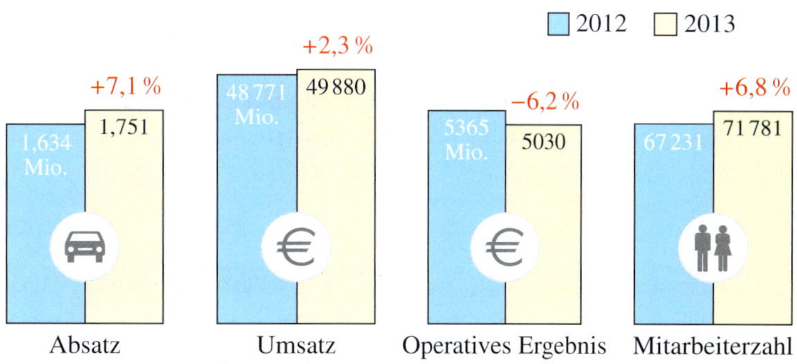


Quelle: Audi AG

**a)** Beschreibe, welchen Eindruck die Grafiken beim ersten Anblick vermitteln und wodurch das erreicht wird.
**b)** Wie könnten die Ergebnisse des Konzerns schlechter dargestellt werden?
**c)** Zeichne eine korrekte Darstellung.

## Sinkende Spritpreise

In den Zeitungsartikeln und Grafiken auf dieser Seite geht es um den Preisverlauf bei Super E10 und Diesel im Jahr 2015.

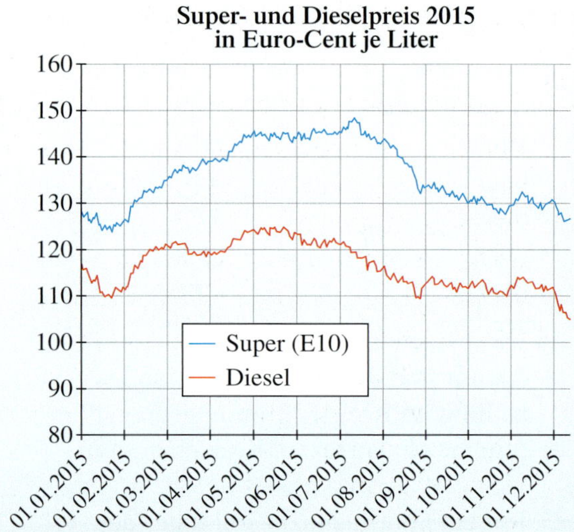


a) Entnimm der Grafik rechts, wie hoch der Preis für Super E10 jeweils ungefähr am Monatsersten war. Erstelle dazu eine Tabelle.

b) Auf der Internetseite des ADAC findet man die Tabelle unten. Zeichne dazu ein Liniendiagramm und vergleiche es mit der Grafik rechts. Wodurch könnten Unterschiede zustande gekommen sein?

**Kraftstoffpreisentwicklung 2015**

| | Jan. | Feb. | März | April | Mai | Juni | Juli | Aug. | Sept. | Okt. | Nov. | Dez. |
|---|---|---|---|---|---|---|---|---|---|---|---|---|
| **Super E10** | 126,5 | 132,2 | 138,1 | 142,4 | 145,8 | 146,5 | 146,8 | 140,2 | 134,0 | 131,0 | 132,0 | 127,5 |

c) Beantworte für jede der drei Grafiken: Welchen Eindruck vermittelt die Grafik auf den ersten Blick? Wodurch kommt das? Wer könnte ein Interesse an solch einer Darstellung haben?

d) Fertige eine Grafik an, die die Preisentwicklung von Super E10 dramatisiert. Nutze die Zahlen in der Tabelle oben.

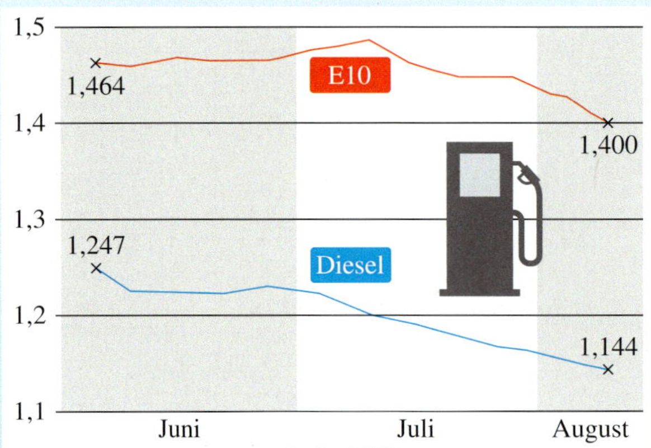

Quelle: ADAC

***So stark sank der Spritpreis***

Billiges Rohöl machte es möglich: Ein Liter Super E10 kostete 2015 im Jahresmittel knapp 1,37 €, das sind gut 12 Cent weniger als im Vorjahr. Diesel verbilligte sich im Schnitt um 18 Cent auf knapp 1,17 €. Dabei gilt: Gut 0,87 € (Super E10) bzw. 0,66 € (Diesel) sind Steuern.

**Preisverlauf 2015 bei Super E10 und Diesel**

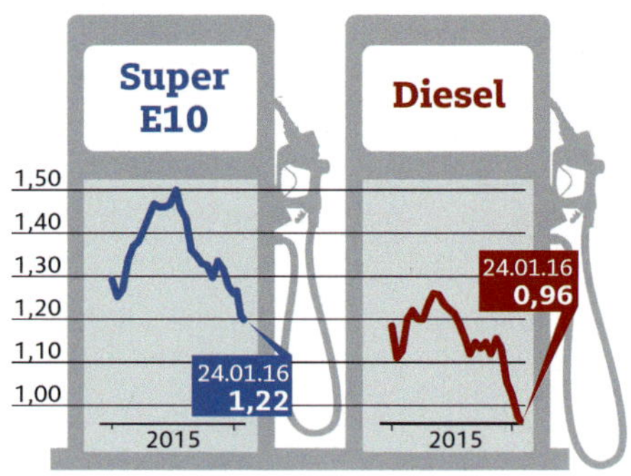


Quelle: adac.de/tanken

8 ADAC *motorwelt* 2/2016

e) Erstelle ein manipuliertes Piktogramm zum Preisverlauf von Super E10.

f) Recherchiere im Internet weitere Diagramme zu diesem Thema.

# Alles klar?

Entscheide, ob die Aussagen richtig oder falsch sind.
Begründe deine Entscheidung im Heft und korrigiere gegebenenfalls.

## 1 Manipulationen beim Darstellen von Daten

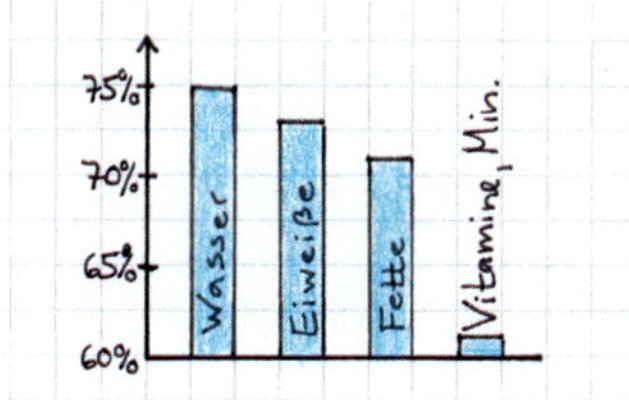


a) Ein Hühnerei besteht zu 75 % aus Wasser, zu 13 % aus Eiweißen, zu 11 % aus Fetten und zu 1 % aus Vitaminen und Mineralstoffen. Diese Daten wurden im Säulendiagramm korrekt dargestellt.

b) Die Säulendiagramme zum Schulweg zeigen, dass die vier Verkehrsmittel jeweils von gleich vielen Schülern benutzt werden.

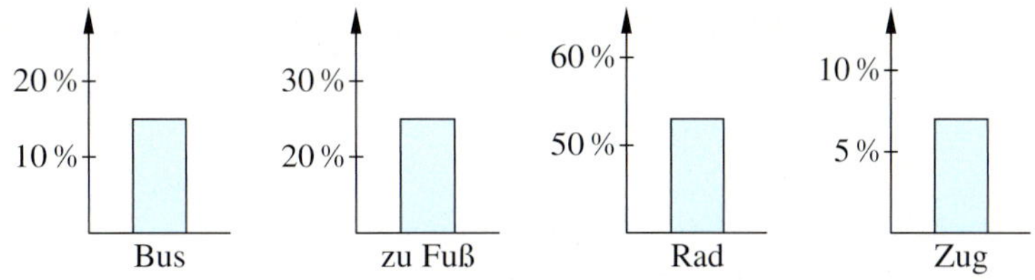


c) Das Kreisdiagramm stellt die Daten aus der Tabelle manipuliert dar.

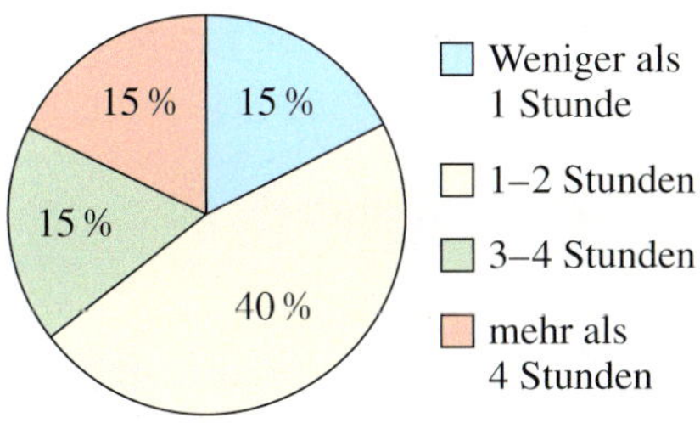


| | |
|---|---|
| gar nicht | III |
| weniger als 1 Stunde | III |
| 1–2 Stunden | ~~IIII~~ III |
| 2–3 Stunden | III |
| mehr als 4 Stunden | III |

d) Im oberen Diagramm kann man ablesen, dass der Fahrradbestand in Deutschland zwischen 2008 und 2015 extrem angestiegen ist.

e) Das obere Diagramm ist korrekt, da die Zahlenwerte an den Säulen besser ablesbar sind als im unteren Diagramm.

f) Wenn man für eine autofreie Innenstadt werben will, dann würde man am ehesten das untere Diagramm veröffentlichen.

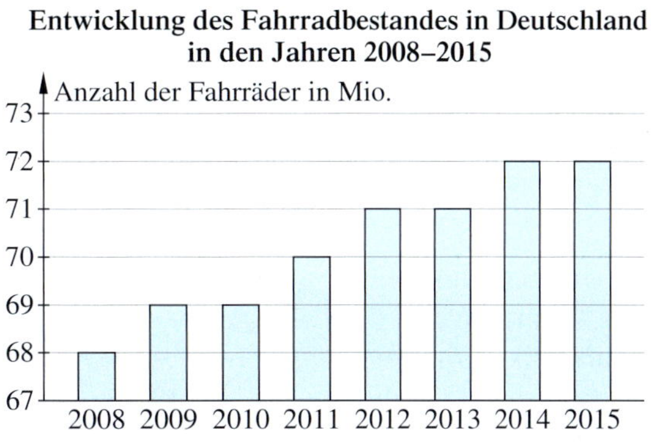


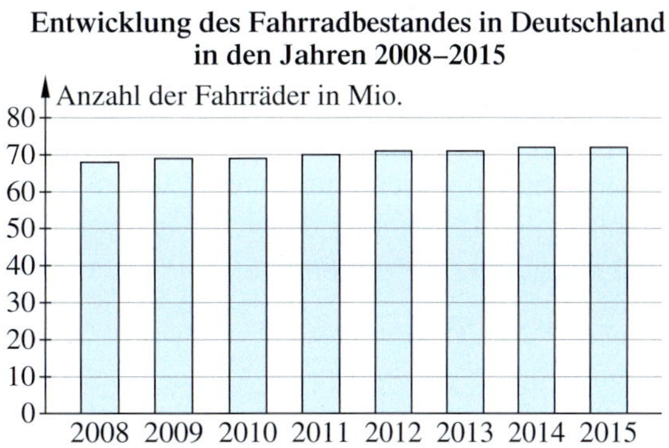


**BEACHTE**
Die Lösungen zu den Aufgaben auf dieser Seite sowie dazu passende Trainingsaufgaben findest du ab Seite 214.

# Zusammenfassung

→ Seiten 90, 93

## Manipulationen beim Darstellen von Daten und bei Befragungen

Daten lassen sich unterschiedlich darstellen: als Tabelle, im Säulendiagramm oder auch im Kreisdiagramm.

Winkelgröße
: 3,6 ↓ ↑ · 3,6
relative Häufigkeit (in %)

| Baumart | Fläche in ha |
|---|---|
| Kiefer | 2 429 623 |
| Fichte | 2 763 219 |
| Eiche | 1 129 706 |
| Buche | 1 680 072 |
| Sonstige | 2 624 893 |

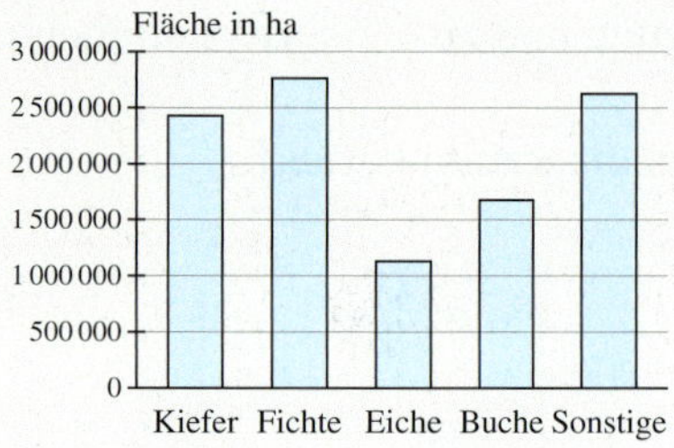


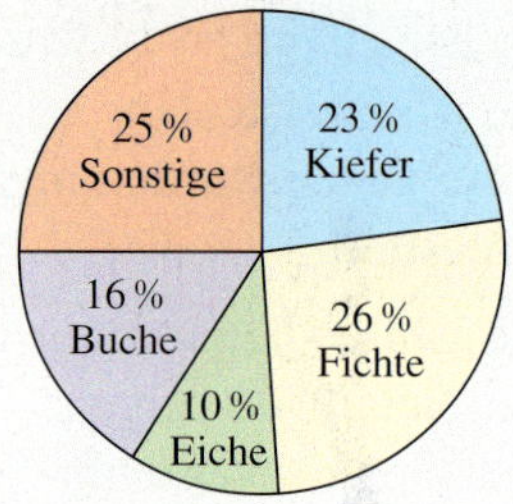


**Diagramme** können **manipuliert** werden. Durch verschiedene Methoden wird ein Eindruck erzeugt, der durch eine neutrale Darstellung nicht entstanden wäre.

Mögliche Manipulationen sind z. B.:

- fehlerhaftes Koordinatensystem ($y$-Achse)

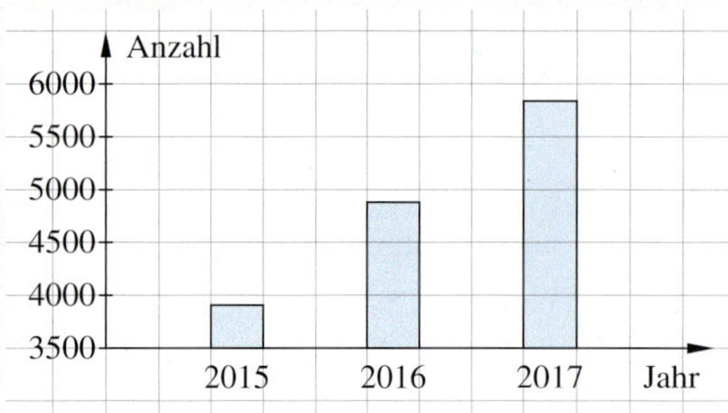


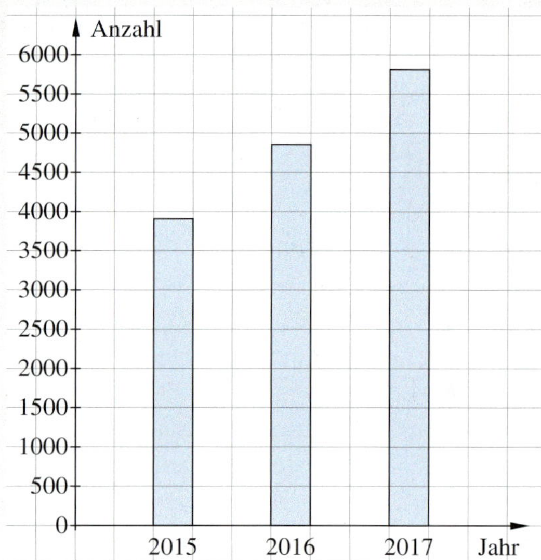


- Missverhältnis zwischen Wert und Piktogramm

- unvollständige Darstellung der Daten (Anteil „keine Angaben“ fehlt)

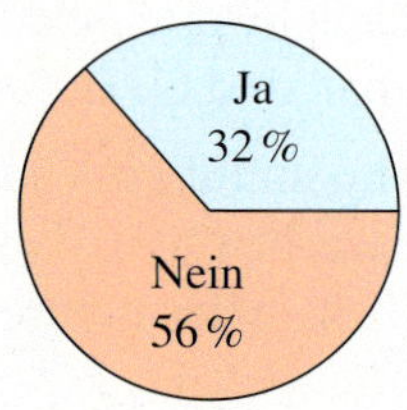


Das **Ergebnis** einer Befragung kann man **beeinflussen**, zum Beispiel durch einseitige Informationen, durch eingeschränkte Auswahlmöglichkeiten oder durch die Auswahl und Anzahl der Befragten.

**Sollte man unreife Jugendliche schon ab 16 Jahren wählen lassen?**

❑ eher ja ❑ weiß nicht
❑ eher nein ❑ nein

# Potenzen und Zehnerpotenzen

Betrachtet man Sand unter einem Mikroskop, erkennt man filigrane Gebilde. Sand besteht aus den Gehäusen von einzelligen Meeresbewohnern, den Foraminiferen. Seit ca. 560 Millionen Jahren besiedeln diese Lebewesen den Meeresboden. Das sind $5{,}6 \cdot 10^8$ Jahre.
Die kleinsten dieser Tiere haben eine Größe von etwa 40 Mikrometer. Das sind $4 \cdot 10^{-5}$ m.

In diesem Kapitel lernst du, wie man Zahlen potenziert und wie sich das auf die Größe der Zahlen auswirkt. Du erfährst, wie man ganz kleine und ganz große Zahlen übersichtlich mit Zehnerpotenzen schreiben kann. Darüber hinaus lernst du Gesetze kennen, die dir das Arbeiten mit Potenzen erleichtern.

# Noch fit?

**1** Zeichne das Schrägbild eines Würfels mit der Kantenlänge $a = 3\,\text{cm}$.
a) Welche Zeichenvorschriften gelten für Schrägbilder? Notiere sie.
b) Berechne das Volumen des Würfels.
c) Wie lang sind alle Kanten zusammen?

**2** Berechne geschickt ohne Taschenrechner.
a) $2 \cdot 47 \cdot 50$ b) $8 \cdot 40 \cdot 125 \cdot 25$ c) $250 \cdot 17 \cdot 40 \cdot 2$
d) $36 \cdot 25 : 9$ e) $625 \cdot 8 : 5 : 5$ f) $600 \cdot 15 : 12$

**3** Vereinfache die Terme durch Ausklammern.
a) $ab + ac + a^2 + a^2bc$ b) $x^2y^2z + xyz^2$ c) $35xy + 7xz + 42xyz$
d) $7{,}5ab + 3ac - 9bc$ e) $\frac{1}{3}x^2y + \frac{2}{6}x^2y^2$ f) $144uv^2 - 12u^2v - 72uv^2$

**4** Ergänze die Wertetabellen.

a)

| $x$ | 0,1 | 1 | | 2 | | | 12,5 |
|---|---|---|---|---|---|---|---|
| $f(x) = x^2$ | | | 2,89 | | 30,25 | 121 | |

b)

| $x$ | 0,001 | 2,7 | | | 10,1 | 100,1 | 1000,01 |
|---|---|---|---|---|---|---|---|
| $f(x) = 2{,}7x$ | | | 22,95 | 24,3027 | | | |

c)

| $x$ | 1 | 5 | 6 | | | | |
|---|---|---|---|---|---|---|---|
| $f(x) = 2{,}5x^2$ | | | | 140,625 | 250 | 1000 | 1210 |

d)

| $x$ | 1 | 2 | | | | 7,1 | |
|---|---|---|---|---|---|---|---|
| $f(x) = 2{,}5x + 4$ | | | 11,5 | 15,25 | 18 | | 29 |

**5** Löse die quadratischen Gleichungen.
a) $x^2 + 0{,}4x = 5{,}25$ b) $x^2 + 5{,}2x = -2{,}35$ c) $2x^2 + 132x = -2178$

**6** Subtrahiert man von einer Zahl $x$ die Zahl 4 und multipliziert diese Differenz mit der Zahl $x$, so erhält man 12. Gib $x$ an. Findest du mehrere Möglichkeiten?

**7** Addiert man zu einer Zahl $x$ die Zahl 6 und multipliziert die Summe mit dem Vierfachen der Zahl, so erhält man 288. Wie lautet $x$?

**8** Quadriert man eine Zahl und addiert dazu 3, erhält man 147. Welche Zahl ist gemeint?

## Bunt gemischt

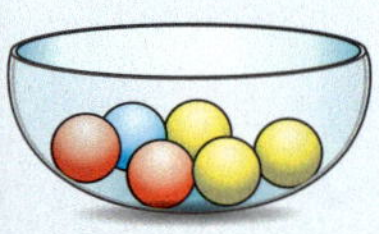

1. Bestimme 30 % von 49 €.
2. Betrachte die Urne. Wie hoch ist die Wahrscheinlichkeit, eine rote Kugel zu ziehen?
3. Beachte Punkt- vor Strichrechnung: $7 + 3 \cdot 9 - 14 : 2$
4. Ein Dreieck hat die Maße $g = 34\,\text{cm}$ und $h_g = 22\,\text{cm}$. Berechne den Flächeninhalt.
5. Setze im Heft ein: Größer, kleiner oder gleich? $45 : 5 + 4$ ▢ $45 : (5 + 4)$
6. Wenn man die Seitenlänge eines Quadrats verdoppelt, dann ▢ sich der Flächeninhalt.

# Potenzen und Wurzeln

## Erforschen und Entdecken

**1** Ordne den Aussagen die gesuchten Zahlen zu.

Ⓐ Eine Zahl wird mit sich selbst 3-mal hintereinander multipliziert und das Ergebnis ist 216.

Ⓑ Eine Zahl wird mit sich selbst 5-mal hintereinander multipliziert und das Ergebnis ist 1024.

Ⓒ Eine Zahl wird mit sich selbst multipliziert und das Ergebnis ist 49.

3 | 4 | 5 | 6 | 7 | 8

Ⓓ Eine Zahl wird mit sich selbst 4-mal hintereinander multipliziert und das Ergebnis ist 4096.

Ⓔ Eine Zahl wird mit sich selbst 8-mal hintereinander multipliziert und das Ergebnis ist 6561.

Ⓕ Eine Zahl wird mit sich selbst 6-mal hintereinander multipliziert und das Ergebnis ist 15 625.

**2** Wenn man ein Blatt Papier faltet, dann verdoppelt sich die Dicke bei jedem Falten. Ein Blatt Papier ist 0,1 mm dick.

a) Übertrage die Tabelle in dein Heft und fülle sie aus.

| Anzahl der Faltungen | 0 | 1 | 2 | 3 | 4 | 5 | 6 | … | |
|---|---|---|---|---|---|---|---|---|---|
| Dicke in mm | 0,1 | 0,2 | | | | | | | 102,4 |

b) Wie oft müsste man ein Papier falten, damit der Stapel etwa so hoch wie ein Mensch ist?

c) Könnte man mit weniger als 25 Faltungen eine Dicke von 100 m erreichen?

d) Bei jedem Falten halbiert sich der Oberflächeninhalt des Blatts.
Übertrage die Tabelle in dein Heft und fülle sie aus.

| Anzahl der Faltungen | 0 | 1 | 2 | 3 | 4 | 5 | 6 | … | |
|---|---|---|---|---|---|---|---|---|---|
| Anteil vom ursprünglichen Oberflächeninhalt | 1 | $\frac{1}{2}$ | | | | | | | $\frac{1}{512}$ |

e) Wie oft lässt sich ein Blatt Papier wirklich falten?
Probiere es an einem DIN-A4-Blatt aus.

**ERINNERE DICH**
1 m = 100 cm
1 cm = 10 mm

**3** Berechne die Ketten bis zum Ziel. Startzahl ist immer die Zahl 3.

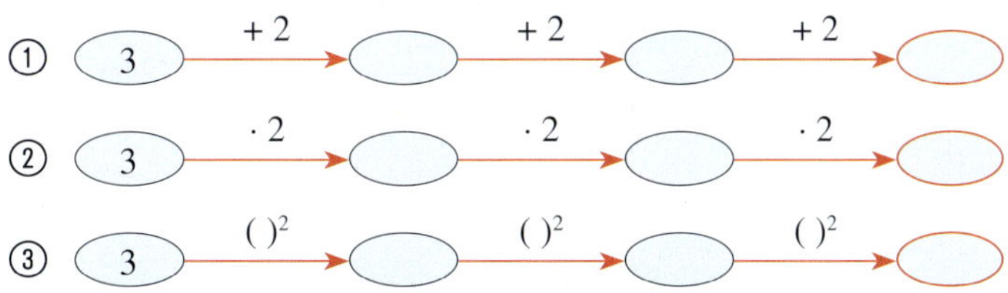


a) Beschreibe und vergleiche: Wie wachsen die Ergebnisse jeweils an?

b) Starte jeweils mit der Zahl 0,5. Vergleiche wieder, wie die Ergebnisse wachsen.

c) Mit welcher Startzahl wird jeweils die 1000 annähernd bzw. genau erreicht?

d) Kann bei jeder Kette genau die 1 erreicht werden?
Welche Startzahl braucht man dazu jeweils?

## Lesen und Verstehen

Diese Skulptur steht an der Zentralbibliothek in Nizza und heißt „Tête Carrée".
Das bedeutet „eckiger Kopf".
Der würfelförmige „Kopf" hat ein Volumen von $2744\,m^3$.
Bevor das Bauwerk verwirklicht wurde, baute der Künstler ein Modell im Maßstab 1 : 10.
Die Seitenlänge des Modells betrug $a = 1{,}4\,m$ und hatte ein Volumen von $2{,}744\,m^3$.

So berechnet man das Volumen eines Würfels:
Die Seitenlänge $a$ wird dreimal mit sich selbst multipliziert.
$V_{Modell} = 1{,}4\,m \cdot 1{,}4\,m \cdot 1{,}4\,m = 2{,}744\,m^3$

Das mehrmalige Multiplizieren einer Zahl mit sich selbst nennt man **Potenzieren**.
Als verkürzende Schreibweise benutzt man die Potenzschreibweise:

$\underbrace{a \cdot a \cdot \ldots \cdot a}_{n \text{ Faktoren}} = a^n$

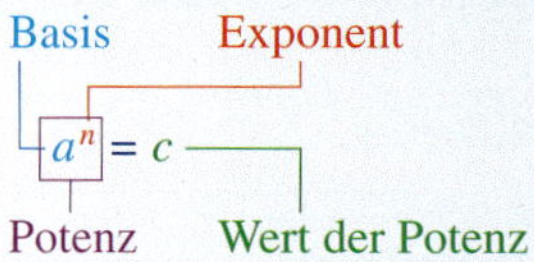


Die Basis $a$ gibt den Faktor an, der Exponent die Anzahl der Faktoren.

**BEISPIEL 1**

$V_{Tête} = 14\,m \cdot 14\,m \cdot 14\,m = (14\,m)^3 = 2744\,m^3$
$5 \cdot 5 = 5^2 = 25$
$3 \cdot 3 \cdot 3 \cdot 3 = 3^4 = 81$
$10 \cdot 10 \cdot 10 \cdot 10 \cdot 10 = 10^5 = 100\,000$
$(-7) \cdot (-7) \cdot (-7) \cdot (-7) = (-7)^4 = 2401$
$\left(\frac{2}{3}\right) \cdot \left(\frac{2}{3}\right) = \left(\frac{2}{3}\right)^2 = \frac{2^2}{3^2} = \frac{4}{9}$
$2v \cdot 2v \cdot 2v = (2v)^3$
$\underbrace{2 \cdot 2}_{4} \cdot \underbrace{2 \cdot 2}_{4} \cdot \underbrace{2 \cdot 2}_{4} \cdot \underbrace{2 \cdot 2}_{4} = 2^8 = 256$
$4 \cdot 4 \cdot 4 \cdot 4 = 4^4 = 256$

Wenn man eine Zahl mit 0 potenziert, so ist das Ergebnis 1, also $a^0 = 1$.

$555^0 = 1$ und $1^0 = 1$

Umgekehrt kann man aus dem Volumen eines Würfels die Seitenlänge $a$ berechnen.
Wenn man die ***n*-te Wurzel** aus einer positiven Zahl ziehen soll, dann sucht man diejenige positive Zahl, die $n$-mal mit sich selbst multipliziert die Zahl unter der Wurzel ergibt.

**BEISPIEL 2**

$\sqrt[3]{2744} = 14$, denn $14 \cdot 14 \cdot 14 = 2744$
$\sqrt[2]{25} = 5$, denn $5 \cdot 5 = 25$
$\sqrt[4]{81} = 3$, denn $3 \cdot 3 \cdot 3 \cdot 3 = 81$
$\sqrt[5]{100\,000} = 10$
$\sqrt[4]{2401} = 7$
$\sqrt{\frac{4}{9}} = \frac{2}{3}$
$\sqrt[3]{(2v)^3} = 2v$
$\sqrt[3]{-64}$ nicht lösbar, weil $-64$ negativ ist

Der Taschenrechner berechnet Potenzen und Wurzeln mit Hilfe der Tasten [$x^2$]; [$x^y$]; [$\sqrt{\ }$] und [$\sqrt[y]{x}$].
Achte bei der Eingabe von negativen Zahlen darauf, dass du sie in Klammern setzt, bevor du sie quadrierst oder potenzierst.

**BEISPIEL** $(-3)^8 \rightarrow$ [(] [−] [3] [)] [$x^y$] [8] [=] = 6561

## Basisaufgaben

**1** Schreibe als Potenz.

**BEISPIEL** $6 \cdot 6 \cdot 6 \cdot 6 = 6^4$

a) $5 \cdot 5 \cdot 5 \cdot 5 \cdot 5 \cdot 5$
b) $\frac{1}{2} \cdot \frac{1}{2} \cdot \frac{1}{2} \cdot \frac{1}{2}$
c) $3 \cdot 3 \cdot 3 \cdot 3$
d) $x \cdot x \cdot x \cdot x \cdot x \cdot x \cdot x$
e) $4a \cdot 4a \cdot 4a \cdot 4a$
f) $0{,}1u \cdot 0{,}1u \cdot 0{,}1u$
g) $(-7) \cdot (-7) \cdot (-7) \cdot (-7) \cdot (-7)$
h) $(-4b) \cdot (-4b) \cdot (-4b)$

**2** Schreibe die Potenzen als Produkt.

**BEISPIEL** $(-5)^3 = (-5) \cdot (-5) \cdot (-5)$

a) $4^3$ b) $(-5)^4$ c) $\left(\frac{1}{3}\right)^6$
d) $b^7$ e) $(-a)^3$ f) $(3v)^6$

**3** Berechne den Wert der Potenzen.

a) $4^4$ b) $6^3$ c) $5^4$
d) $2^7$ e) $17^2$ f) $7^5$
g) $3{,}2^3$ h) $0{,}1^5$ i) $0{,}5^4$

**4** Berechne mit dem Taschenrechner und erkläre die unterschiedlichen Ergebnisse.

a) $-3^4$ und $(-3)^4$
b) $\frac{2^2}{3}$ und $\left(\frac{2}{3}\right)^2$
c) $4 \cdot 5^3$ und $(4 \cdot 5)^3$
d) $5 + 6^2$ und $(5 + 6)^2$

**5** Setze das richtige Zeichen ein (<; >; =).

a) $6^4 \square 6^3$ b) $0{,}1^5 \square 0{,}1^4$
c) $3^4 \square 5^4$ d) $7^3 \square 6^4$
e) $2^8 \square 4^4$ f) $(-3)^4 \square 3^4$
g) $(-3)^5 \square 3^5$ h) $7^2 \square (-2)^7$
i) $0{,}2^3 \square 0{,}02^3$ j) $0{,}1^5 \square 0{,}01^7$
k) $\left(\frac{1}{2}\right)^4 \square \frac{1}{2^4}$ l) $\left(\frac{2}{5}\right)^3 \square \frac{2^3}{5}$

**6** Was muss jeweils eingesetzt werden?

a) $9^{\square} = 81$ b) $3^{\square} = 27$
c) $2^{\square} = 32$ d) $\square^3 = 125$
e) $\square^4 = 81$ f) $\square^{\square} = 8$
g) $\square^3 = 343$ h) $\square^5 = 1024$
i) $\square^{\square} = 1024$ j) $9^{\square} = 6561$

**7** Peter rechnet $2{,}3^2 = 4{,}9$.
Schreibe für Peter eine Erklärung, was er falsch gemacht hat und wie er richtig rechnet.

**8** Ziehe im Kopf die Quadratwurzel.

a) $\sqrt{9}$ b) $\sqrt{36}$ c) $\sqrt{100}$
d) $\sqrt{121}$ e) $\sqrt{0{,}01}$ f) $\sqrt{0{,}16}$
g) $\sqrt{40\,000}$ h) $\sqrt{1\,000\,000}$ i) $\sqrt{0{,}0004}$

**9** Berechne, indem du mit dem Taschenrechner die Quadratwurzel ziehst.

a) $\sqrt{484}$ b) $\sqrt{1296}$ c) $\sqrt{12{,}96}$
d) $\sqrt{1135{,}69}$ e) $\sqrt{2209}$ f) $\sqrt{44\,521}$

**10** Zwischen welchen natürlichen Zahlen liegt die Zahl?

**BEISPIEL** $\sqrt{5}$ liegt zwischen 2 und 3,
denn $\sqrt{4} = 2$ und $\sqrt{9} = 3$.

a) $\sqrt{18}$ b) $\sqrt{30}$ c) $\sqrt{85}$
d) $\sqrt{110}$ e) $\sqrt{600}$ f) $\sqrt{1000}$

**11** Berechne $\sqrt{4}$; $\sqrt{40}$; $\sqrt{400}$; $\sqrt{4000}$; $\sqrt{40\,000}$ …
Was fällt dir auf?

**12** Berechne die Kantenlänge.

a) Papierwürfel mit $V = 512\,\text{cm}^3$
b) Käsewürfel mit $V = 15\,625\,\text{mm}^3$
c) Zuckerwürfel mit $V = 5{,}832\,\text{cm}^3$

**13** Berechne, indem du mit Hilfe des Taschenrechners die dritte Wurzel ziehst.

a) $\sqrt[3]{1\,000\,000}$ b) $\sqrt[3]{27\,000}$ c) $\sqrt[3]{15\,625}$
d) $\sqrt[3]{35\,937}$ e) $\sqrt[3]{1953{,}125}$ f) $\sqrt[3]{9{,}261}$

**14** Aus den folgenden Zahlen lässt sich die Quadratwurzel oder die dritte Wurzel ziehen. Das Ergebnis ist immer eine rationale Zahl.

**BEISPIEL** $\sqrt{169} = 13$, denn $13 \cdot 13 = 169$

a) 8 b) 144 c) 27
d) 729 e) 225 f) 1024
g) 6,25 h) 0,001 i) 0,125

**15** Wie lang sind die Seiten bzw. Kanten?

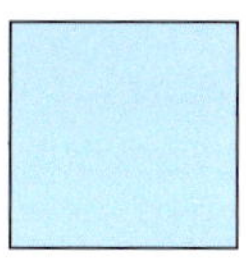
$A = 64\,\text{cm}^2$

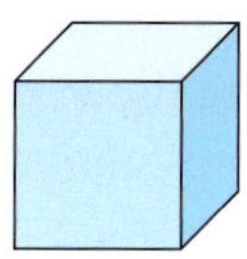
$V = 64\,\text{cm}^3$

**BEACHTE**
Die Lösungen zu Aufgabe 8 ergeben in der richtigen Reihenfolge den Namen eines Landes. Auf welchem Kontinent liegt dieses Land?
0,02 (A); 0,1 (Z); 0,4 (U); 3 (V); 6 (E); 10 (N); 11 (E); 200 (E); 1000 (L)

## Methode: Zahldarstellungen mit Hilfe von Zehnerpotenzen

Die Darstellung von sehr großen, aber auch von sehr kleinen Dezimalbrüchen wird schnell unübersichtlich. Für Zahlen wie z. B. 10 000 000 000 oder 0,000 000 000 1 reichen außerdem oftmals die Stellen im Display eines Taschenrechners nicht aus.
Mit Hilfe von Zehnerpotenzen können sehr große und sehr kleine Zahlen übersichtlich dargestellt werden. Dabei wird genutzt, dass die Stufenzahlen des Dezimalsystems auch als Zehnerpotenzen geschrieben werden können. Die Tabelle zeigt den Ausschnitt einer Stellenwerttafel mit den unterschiedlichen Schreibweisen der Stufenzahlen.

| | T | H | Z | E | z | h | t |
|---|---|---|---|---|---|---|---|
| **Potenzschreibweise** | $10^3$ | $10^2$ | $10^1$ | $10^0$ | $10^{-1} = \frac{1}{10^1}$ | $10^{-2} = \frac{1}{10^2}$ | $10^{-3} = \frac{1}{10^3}$ |
| **Dezimalschreibweise** | 1000 | 100 | 10 | 1 | 0,1 | 0,01 | 0,001 |

**BEACHTE**
Der Exponent der Zehnerpotenz gibt an, um wie viele Stellen das Komma des Faktors verschoben wird.
positiv → rechts
negativ ← links

In der **wissenschaftlichen Schreibweise** wird eine Zahl in ein Produkt aus einem Faktor und einer Zehnerpotenz zerlegt. Der erste Faktor ist größer oder gleich eins und kleiner als zehn.

**BEISPIELE** ① $86\,000\,000\,000 = 8{,}6 \cdot 10^{10}$ ② $0{,}000\,000\,000\,041\,2 = 4{,}12 \cdot 10^{-11}$

| Dezimalschreibweise | wissenschaftliche Schreibweise |
|---|---|
| 1 800 000 | $\mathbf{1{,}8 \cdot 10^6}$ |
| 18 000 000 | $\mathbf{1{,}8 \cdot 10^7}$ |
| 400 000 000 | $\mathbf{4 \cdot 10^8}$ |
| 705 000 000 000 | $\mathbf{7{,}05 \cdot 10^{11}}$ |
| 0,000 000 074 | $\mathbf{7{,}4 \cdot 10^{-8}}$ |
| 0,000 003 598 | $\mathbf{3{,}598 \cdot 10^{-6}}$ |
| 0,000 010 004 5 | $\mathbf{1{,}000\,45 \cdot 10^{-5}}$ |

Die Abbildung zeigt, wie der Taschenrechner die Zahl $8{,}6 \cdot 10^{10}$ anzeigt.
Bei einigen Taschenrechnern kann über die Taste EXP der Exponent einer Zehnerpotenz eingetippt werden.

**BEACHTE**
Bei Zahlen zwischen 0 und 1 ist der Exponent der Zehnerpotenz negativ.

**16** Vervollständige die Tabelle im Heft.

| Potenzschreibweise | Dezimalschreibweise |
|---|---|
| $10^6$ | 1 000 000 |
| $10^4$ | |
| | 1000 |
| | 100 |
| | 1 |
| $10^{-1}$ | |
| $10^{-3}$ | |
| | 0,0001 |
| $10^{-7}$ | |
| | 0,000 000 000 1 |

**17** Übersetze die Potenz in ein Zahlwort.
**BEISPIEL** $10^4$ → zehntausend

**a)** $10^5$ **b)** $10^3$ **c)** $10^7$ **d)** $10^2$
**e)** $10^9$ **f)** $10^0$ **g)** $10^1$ **h)** $10^{11}$

**18** Ordne je zwei Kästchen einander zu. Ergänze die beiden leeren Kästchen im Heft.

| | | | |
|---|---|---|---|
| Million | eins | $10^{12}$ | Billiarde |
| $10^0$ | $10^3$ | 1 200 000 | |
| $10^{15}$ | Billion | Milliarde | |
| Trillion | $10^{18}$ | $10^9$ | |

**19** Der Durchmesser eines menschlichen Haares beträgt ca. 0,1 mm = 0,0001 m. Gib die Maße in Potenzschreibweise an.

**20** Übersetze in die wissenschaftliche Schreibweise.

a) 2000 b) 700 000
c) 9 000 000 d) 60 000 000
e) 0,04 f) 0,0005
g) 0,000 006 h) 0,008
i) 4 Trillionen j) 8 Billiarden
k) 6 Billionen l) 7,5 Milliarden
m) 2 800 000 000 n) 45 000 000
o) 63 400 000 000 p) 897 600 000
q) 0,000 004 3 r) 0,000 000 112
s) 0,012 08 t) 0,000 000 084

**21** Schreibe in Dezimalschreibweise.

a) $4{,}8 \cdot 10^{7}$ b) $9{,}76 \cdot 10^{6}$
c) $8{,}321 \cdot 10^{11}$ d) $5{,}001 \cdot 10^{8}$
e) $1{,}54 \cdot 10^{-4}$ f) $3 \cdot 10^{-6}$
g) $2{,}1045 \cdot 10^{-7}$ h) $4{,}001\,01 \cdot 10^{-3}$

**22** Was ist gleich? Ordne in deinem Heft. Markiere jeweils die wissenschaftliche Schreibweise.

$120 \cdot 10^{4}$ | $1{,}2 \cdot 10^{6}$ | $1{,}2 \cdot 10^{5}$ | $12 \cdot 10^{5}$ | $0{,}12 \cdot 10^{7}$ | 1 200 000 | $1200 \cdot 10^{2}$ | $12 \cdot 10^{4}$ | 120 000 | $0{,}12 \cdot 10^{6}$

## Weiterführende Aufgaben

**23** Für welche Zahlen ist die Quadratzahl (Quadratwurzel) …

a) größer als eins? b) kleiner als eins?
c) genau eins? d) negativ?

**24** Die folgenden Zahlen sind Werte von Potenzen der Form $a^3$. Welche Endziffer muss $a$ haben? Überlege zunächst und begründe deine Annahme. Überprüfe dann mit Hilfe des Taschenrechners.

a) 4913 b) 1728 c) 2197
d) 15 625 e) 6859 f) 1331
g) 39 304 h) 287 496 i) 21 952

**25** Schreibe die Potenzen als Produkt. Worin liegt der Unterschied?

a) $4v^3$ und $(4v)^3$
b) $a \cdot 5^2$ und $(a \cdot 5)^2$
c) $-x^6$ und $(-x)^6$
d) $\frac{b^4}{3}$ und $\left(\frac{b}{3}\right)^4$

**26** Schreibe als Potenz.

a) 1000 b) 216 c) 196
d) $\frac{1}{81}$ e) $\frac{121}{144}$ f) 0,000 001
g) 0,0256 h) 729 i) 343

**27** *„Ein Mol eines Stoffes enthält ca. 602 Trilliarden Teilchen dieses Stoffes.“* Gib die Zahl in der wissenschaftlichen Schreibweise an.

**28** Die 30 Schülerinnen und Schüler der 10 a möchten Spenden für ein Kinderhilfsprojekt in Peru sammeln.

Jeder verschickt zwei E-Mails mit einem Spendenaufruf. In der ersten Runde verschickt die Klasse also 60 E-Mails.
Jeder Empfänger leitet den Aufruf an zwei Bekannte weiter …

a) Wie viele E-Mails werden in der zweiten Runde verschickt, wenn alle mitmachen?
b) Wie viele Leute werden in der vierten Runde informiert?
c) Wie viele Leute wissen nach der vierten Runde insgesamt Bescheid?
d) Warum werden in Wirklichkeit wohl deutlich weniger Leute informiert?
e) Leider verbreitet ein Schüler per E-Mail einen Virus. Wie viele können bis zur vierten Runde davon betroffen sein?

**29** Ein Darstellen-&-Gestalten-Kurs lädt zu einer Aufführung ein. Jeder Kursteilnehmer bekommt 200 Flyer. Die Flyer verteilen sie je zur Hälfte an zwei Bekannte, die wiederum ihre Flyer an zwei Bekannte aufteilen usw.

a) Wie viele Runden dauert es, bis alle Flyer verteilt sind? Beachte, dass immer eine ganze Anzahl an Flyern weitergegeben werden soll.

b) Wie viele Runden würde es dauern, wenn in jeder Runde die jeweiligen Stapel gedrittelt würden?

c) Schätze, wie viele Tage es dauert, bis alle Flyer verteilt sind. Hältst du dieses Prinzip für durchführbar? Begründe.

**BEACHTE**
zu Aufgabe 35: „Flops“ steht für „Floating Point Operations“ (Gleitkommaoperationen).

**30** Bei der Herstellung deines Mathematikbuchs wurden mehrere Buchseiten auf einem sehr großen Bogen Papier gedruckt. Anschließend wurde der Bogen insgesamt dreimal halbiert, bis die einzelnen Teile die Größe der Doppelseite 114/115 hatten.

a) Skizziere, wie solch ein großer Druckbogen geteilt wird. Schreibe die Anzahl der entstandenen Seiten als Potenz.

b) Wie groß ist solch ein Bogen Papier, der in der Druckerei benutzt wird? Miss dazu die Seitenlängen des Buches.

**31** Die Entfernung von der Erde bis zum Mond beträgt $3{,}84 \cdot 10^5$ km. Ein Blatt Papier ist 0,1 mm dick.

| Anzahl der Faltungen | Dicke des Papiers |
|---|---|
| 0 | 0,1 mm |
| 1 | 0,2 mm |
| 2 | 0,4 mm |
| … | … |

a) Wie oft muss man das Papier falten, damit der Stapel theoretisch bis zum Mond reicht? Löse durch Probieren mit dem Taschenrechner.

b) Wie hoch ist der Stapel dann ungefähr? Gib den Wert in Kilometern in der Dezimalschreibweise an.

**32** Ein Byte ist eine Maßeinheit aus der Informatik. Es steht für eine Folge von 8 Bit. Informiere dich über die folgenden Angaben und ordne sie der Größe nach.

Kilobyte | Gigabyte | Terabyte | Megabyte

**33** Informiere dich und schreibe in der Potenzschreibweise.
Wie viel Gramm sind ein …

a) Milligramm?
b) Mikrogramm?
c) Nanogramm?
d) Pikogramm?

**34** Rechne in die Einheit um, die in Klammern steht. Nutze die wissenschaftliche Schreibweise.

a) 40 Terabyte (Byte)
b) 38 Nanogramm (g)
c) 502 Gigameter (m)
d) 0,5 Pikometer (m)

**35** *Der Supercomputer „Sunway Taihu Light“ aus China ist mit 93 Petaflops (93 Billiarden Rechenoperationen pro Sekunde) der schnellste Computer der Welt (Stand Anfang 2017).*

*„Titan“ aus den USA auf Platz 3 liegt mit 17,59 Petaflops weit dahinter.*
*Deutschland ist mit „Hazel Hen“ ebenfalls unter den Top Ten der Superrechner vertreten. Er schafft eine Rechenleistung von 5,64 Petaflops und liegt damit auf dem 9. Platz.*
Schreibe die Zahlen aus dem Text in der Einheit Flops. Nutze die wissenschaftliche Schreibweise.

# Potenzgesetze

## Erforschen und Entdecken

**1** Jeweils drei gelbe und zwei grüne Kärtchen gehören zu einer Fünfergruppe.

$\frac{6 \cdot 6 \cdot 6 \cdot 6 \cdot 6}{6 \cdot 6 \cdot 6}$

$(a^m)^n$ | $a^{m+n}$ | $6^{15}$ | $6^8$ | $a^{m-n}$ | $\frac{6^5}{6^3}$ | $6^5 \cdot 6^3$

$6 \cdot 6 \cdot 6 \cdot 6 \cdot 6 \cdot 6 \cdot 6 \cdot 6 \cdot 6 \cdot 6 \cdot 6 \cdot 6 \cdot 6 \cdot 6 \cdot 6$ | $\frac{a^m}{a^n}$

$6^2$ | $a^m \cdot a^n$ | $(6^5)^3$ | $a^{m \cdot n}$ | $6 \cdot 6 \cdot 6 \cdot 6 \cdot 6 \cdot 6 \cdot 6 \cdot 6$

a) Findet die Fünfergruppen. Vergleicht eure Einteilungen untereinander und begründet eure Entscheidungen.

b) Hinter den drei grünen Paaren mit den Variablen stecken Gesetze. Erläutert sie mit Hilfe der zugeordneten Beispiele und fasst sie in eigene Worte.

**2** Berechne mit Hilfe des Taschenrechners. Überprüfe, ob ein „=“ gesetzt werden kann.

① $4^3 \cdot 5^3$ ___ $4 \cdot 5^3$ ② $6^4 \cdot 7^4$ ___ $(6 \cdot 7)^4$ ③ $10^2 \cdot 10^3$ ___ $10^6$

④ $2^5 \cdot 3^2$ ___ $(2 \cdot 3)^7$ ⑤ $5^4 \cdot 2^4$ ___ $(5 + 2)^4$ ⑥ $10^3 \cdot 10^5$ ___ $10^8$

❶ $\frac{6^5}{3^2}$ ___ $\left(\frac{6}{3}\right)^3$ ❷ $\frac{5^2}{7^2}$ ___ $\frac{5}{7^2}$ ❸ $\frac{10^4}{10}$ ___ $\left(\frac{10}{10}\right)^3$

❹ $\frac{9^3}{6^3}$ ___ $\left(\frac{9}{6}\right)^3$ ❺ $\frac{8^2}{6^2}$ ___ $(8 - 6)^2$ ❻ $\frac{10^5}{10^2}$ ___ $10^3$

a) Überprüfe anhand weiterer Beispiele, ob Regeln vorliegen. Formuliert sie in eigenen Worten.

b) Erarbeite aus deinen Beobachtungen je eine Formel für die Multiplikation und die Division von Potenzen. Benutze in den Formeln die Variablen *a* und *b*.

**3** Fülle die Wertetabellen aus und zeichne die zugehörigen Graphen. Berechne die Werte mit Hilfe des Taschenrechners. Was fällt dir auf?

| $n$ | 1 | 2 | 3 | 4 | 5 | 6 | 7 | 8 |
|---|---|---|---|---|---|---|---|---|
| $2^{-n}$ | 0,5 | | | | | | | |

| $n$ | 1 | 2 | 3 | 4 | 5 | 6 | 7 | 8 |
|---|---|---|---|---|---|---|---|---|
| $\frac{1}{2^n}$ | | 0,25 | | | | | | |

| $n$ | 2 | 3 | 4 | 5 | 6 | 7 | 8 | 9 |
|---|---|---|---|---|---|---|---|---|
| $\sqrt[n]{100}$ | | | | | | | | |

| $n$ | 2 | 3 | 4 | 5 | 6 | 7 | 8 | 9 |
|---|---|---|---|---|---|---|---|---|
| $100^{\frac{1}{n}}$ | | | | | | | | |

**109-1**
Unter dem Webcode befindet sich ein Arbeitsblatt mit den Kärtchen.

**BEACHTE**
Summen, Differenzen, Produkte und Quotienten im Exponenten müssen bei der Eingabe in den Taschenrechner in Klammern gesetzt werden.
Bsp.: $10^{5+4}$ wird eingegeben als
1 0 $x^y$ ( 5 + 4 ).

## Lesen und Verstehen

Bei einer Hochzeit eröffnet das Brautpaar den Tanz. Dann werden die Gäste nach dem Schneeballprinzip auf die Tanzfläche geholt: In der zweiten Runde teilt sich das Brautpaar und jeder tanzt mit einem neuen Partner. Dann trennen sich diese Paare wieder usw. Nach drei Runden sind $2 \cdot 2 \cdot 2 = 2^3 = 8$ Leute auf der Tanzfläche. Nach weiteren zwei Runden sind es 32 Leute, denn $32 = 2 \cdot 2 \cdot 2^3 = 2^5$.

### Gesetze für Potenzen mit gleicher Basis:

Potenzen mit gleicher Basis werden **multipliziert**, indem man die Exponenten addiert und die Basis beibehält.
Es gilt $a^m \cdot a^n = a^{m+n}$.

**BEISPIEL 1**

$5^3 \cdot 5^4 = \underbrace{5 \cdot 5 \cdot 5}_{\text{3 Faktoren}} \cdot \underbrace{5 \cdot 5 \cdot 5 \cdot 5}_{\text{4 Faktoren}} = 5^{3+4} = 5^7$

$= 78\,125$

Potenzen mit gleicher Basis werden **dividiert**, indem man die Exponenten subtrahiert und die Basis beibehält.
Es gilt $a^m : a^n = \frac{a^m}{a^n} = a^{m-n}$ für $a \neq 0$.

Daraus ergibt sich

$a^{-n} = \frac{1}{a^n}$ und $a^0 = 1$

Außerdem gilt: $a^1 = a$.

**BEISPIEL 2**

$8^5 : 8^3 = \frac{8 \cdot 8 \cdot 8 \cdot 8 \cdot 8}{8 \cdot 8 \cdot 8} = 8^{5-3} = 8^2$

$10^2 : 10^5 = 10^{2-5} = \mathbf{10^{-3}}$ ebenso gilt

$10^2 : 10^5 = \frac{10 \cdot 10}{10 \cdot 10 \cdot 10 \cdot 10 \cdot 10}$

$= \frac{1}{10 \cdot 10 \cdot 10} = \frac{\mathbf{1}}{\mathbf{10^3}} = 0{,}001$, also gilt

$10^{-3} = \frac{1}{10^3}$

$4^0 = 1$ und $3^1 = 3$

BEACHTE

$0^1 = 0$, aber $0^0$ ist nicht definiert.

Potenzen werden **potenziert**, indem man die Basis mit dem Produkt der Exponenten potenziert. Es gilt $(a^m)^n = a^{m \cdot n}$.

Jede Wurzel lässt sich als Potenz schreiben:

$\sqrt[n]{a^m} = a^{\frac{m}{n}}$ für $a \geq 0$ und $n \geq 2$

$\sqrt[n]{a} = a^{\frac{1}{n}}$ für $a \geq 0$ und $n \geq 2$

**BEISPIEL 3**

$(5^2)^4 = 5^2 \cdot 5^2 \cdot 5^2 \cdot 5^2$

$= \underbrace{(5 \cdot 5) \cdot (5 \cdot 5) \cdot (5 \cdot 5) \cdot \overbrace{(5 \cdot 5)}^{\text{2 Faktoren}}}_{\text{4 Faktoren}}$

$= 5^{4 \cdot 2} = 5^{2 \cdot 4} = 5^8$

$\sqrt[3]{7^6} = 7^{\frac{6}{3}} = 7^2 = 49$

$\sqrt[3]{1000} = 1000^{\frac{1}{3}} = 10$

### Gesetze für Potenzen mit gleichem Exponenten:

Potenzen mit gleichen Exponenten werden **multipliziert**, indem man die Basen multipliziert und das Produkt mit dem Exponenten potenziert.
Es gilt $a^m \cdot b^m = (a \cdot b)^m$.

**BEISPIEL 4**

$6^4 \cdot 7^4 = 6 \cdot 6 \cdot 6 \cdot 6 \cdot 7 \cdot 7 \cdot 7 \cdot 7$

$= 6 \cdot 7 \cdot 6 \cdot 7 \cdot 6 \cdot 7 \cdot 6 \cdot 7$

$= (6 \cdot 7)^4 = 42^4 = 3\,111\,696$

Potenzen mit gleichen Exponenten werden **dividiert**, indem man die Basen dividiert und den Quotienten mit dem Exponenten potenziert.
Es gilt $a^m : b^m = \frac{a^m}{b^m} = (\frac{a}{b})^m$ für $b \neq 0$.

**BEISPIEL 5**

$6^5 : 3^5 = \frac{6 \cdot 6 \cdot 6 \cdot 6 \cdot 6}{3 \cdot 3 \cdot 3 \cdot 3 \cdot 3} = \frac{6}{3} \cdot \frac{6}{3} \cdot \frac{6}{3} \cdot \frac{6}{3} \cdot \frac{6}{3} = \frac{6^5}{3^5}$

$= \left(\frac{6}{3}\right)^5 = 2^5 = 32$

## Basisaufgaben

**1** Schreibe das Produkt als eine Potenz.

a) $4^5 \cdot 4^6$   b) $7^5 \cdot 7^2$
c) $(-3)^5 \cdot (-3)^2$   d) $(-2{,}5)^3 \cdot (-2{,}5)^8$
e) $1{,}8^3 \cdot 1{,}8^5$   f) $\left(\frac{1}{2}\right)^1 \cdot \left(\frac{1}{2}\right)^4$
g) $2^7 \cdot 2^{-4}$   h) $(-7)^4 \cdot (-7)^0$

**2** Berechne den Wert der Potenz.

a) $2^3 \cdot 2^7$   b) $3^2 \cdot 3^3$   c) $5^4 \cdot 5^{-2}$
d) $10^4 \cdot 10^3$   e) $0{,}1^2 \cdot 0{,}1^3$   f) $(-4)^2 \cdot (-4)^3$
g) $\left(-\frac{1}{2}\right)^3 \cdot \left(-\frac{1}{2}\right)^{-1}$   h) $1{,}5^5 \cdot 1{,}5^{-2}$   i) $4^0 \cdot 4^3$

**3** Schreibe den Quotienten als Potenz.

a) $\frac{2^9}{2^5}$   b) $\frac{(-5)^4}{(-5)^2}$
c) $\left(\frac{2}{3}\right)^7 : \left(\frac{2}{3}\right)^4$   d) $\frac{8^9}{8^5}$
e) $1{,}7^5 : 1{,}7^2$   f) $12^8 : 12^6$

**4** Berechne den Wert der Potenz.

a) $\frac{3^5}{3^3}$   b) $\frac{7^4}{7^2}$
c) $0{,}1^7 : 0{,}1^4$   d) $4^2 : 4^{-3}$
e) $625 : 5^2$   f) $4^7 : 64$
g) $\left(\frac{1}{3}\right)^4 : \left(\frac{1}{3}\right)^2$   h) $5^3 : 5^5$

**5** Schreibe als Quotient.

**BEISPIEL** $7^{-5} = \frac{1}{7^5} = \frac{1}{16\,807}$

a) $15^{-2}$   b) $9^{-3}$   c) $7^{-6}$
d) $29^{-1}$   e) $36^{-2}$   f) $2^{-16}$

**6** Schreibe als Potenz mit negativem Exponenten.

a) $\frac{1}{2^6}$   b) $\frac{1}{4^7}$   c) $\frac{1}{3^5}$
d) $\frac{1}{10^2}$   e) $\frac{1}{2{,}4^3}$   f) $\frac{1}{1{,}4^2}$

**7** Schreibe als Potenz mit negativem Exponenten.

**BEISPIEL** $\frac{1}{343} = \frac{1}{7^3} = 7^{-3}$

a) $\frac{1}{32}$   b) $\frac{1}{81}$   c) $\frac{1}{121}$
d) $\frac{1}{625}$   e) $\frac{1}{1000}$   f) $\frac{1}{1600}$
g) $\frac{1}{256}$   h) $\frac{1}{289}$   i) $\frac{1}{2025}$

**8** Berechne mit Hilfe des Potenzgesetzes. Überlege vorher, ob der Wert kleiner oder größer als eins sein wird.

a) $(2^3)^2$   b) $-(2^4)^3$   c) $(4^2)^{-3}$
d) $(-2^3)^{-4}$   e) $((-2)^3)^{-4}$   f) $(0{,}1^{-3})^2$
g) $(2^{-3})^{-2}$   h) $(1{,}5^{-2})^{-2}$   i) $(0{,}8^2)^1$

**9** Schreibe als Potenz. Überprüfe das Ergebnis, indem du den Wurzelausdruck und die Potenz mit dem Taschenrechner berechnest.

a) $\sqrt{324}$   b) $\sqrt[8]{256}$
c) $\sqrt[3]{4410{,}944}$   d) $\sqrt[4]{731{,}1616}$
e) $\sqrt[5]{371\,293}$   f) $\sqrt[6]{887{,}503\,681}$

**10** Schreibe auch als Wurzel und überprüfe das Ergebnis, indem du beides mit dem Taschenrechner berechnest.

a) $676^{\frac{1}{2}}$   b) $2197^{\frac{1}{3}}$   c) $256^{\frac{1}{4}}$
d) $81^{\frac{1}{4}}$   e) $1331^{\frac{1}{3}}$   f) $32\,768^{\frac{1}{5}}$

**11** Berechne mit Hilfe des Potenzgesetzes.

**BEISPIEL** $5^4 \cdot 6^4 = (5 \cdot 6)^4 = 30^4 = 810\,000$

a) $3^3 \cdot 4^3$   b) $2^5 \cdot 10^5$
c) $0{,}5^4 \cdot 16^4$   d) $2^{-3} \cdot 6^{-3}$
e) $(-3)^5 \cdot (-1)^5$   f) $2{,}7^3 \cdot (-2)^3$
g) $\left(\frac{1}{4}\right)^2 \cdot \left(\frac{2}{5}\right)^2$   h) $(-3)^3 \cdot (1{,}5)^3$

**12** Berechne mit Hilfe der Potenzgesetze.

**BEISPIEL** $36^4 : 6^4 = (36 : 6)^4 = 6^4 = 1296$

a) $81^3 : 9^3$   b) $(-63)^5 : 9^5$
c) $4{,}5^4 : 3^4$   d) $55^{-3} : 5{,}5^{-3}$
e) $\left(\frac{4}{5}\right)^3 : \left(\frac{6}{10}\right)^3$   f) $0{,}1^{-2} : 0{,}01^{-2}$
g) $2^5 : 5^5$   h) $1^{-3} : 4^{-3}$

**BEACHTE**
Die Lösungen zu Aufgabe 12 ergeben in der richtigen Reihenfolge den Namen eines Landes. Auf welchem Kontinent liegt dieses Land?
$-16\,807$ (H); 0,001 (I); 0,01 (A); 0,010 24 (N); $\frac{64}{27}$ (L); 5,0625 (A); 64 (D); 729 (T)

**13** Berechne mit Hilfe der Potenzgesetze.

a) $7^2 \cdot 3^2$   b) $5^2 \cdot (-6)^2$
c) $-5^3 \cdot \left(\frac{1}{2}\right)^3$   d) $0{,}1^3 \cdot 0{,}01^3$
e) $(2^3)^2 \cdot 3^6$   f) $7^2 \cdot 0{,}1^2$
g) $4^4 : 2^4$   h) $625 : 25^2$
i) $\frac{15^3}{5^3}$   j) $4^{-2} \cdot 2^{-2}$
k) $33^7 : 11^7$   l) $5^2 \cdot 4^{4\,-2}$
m) $1{,}5^3 \cdot 1{,}5^2$   n) $\left(\frac{1}{3}\right)^2 : \left(\frac{1}{3}\right)^4$
o) $4^7 : 4^{-4}$   p) $(-5)^5 \cdot (-5)^0$
q) $((2{,}5)^2)^3$   r) $((0{,}2)^2)^5$

**14** Verändere eine Zahl in der Aufgabe $3^5 \cdot 7^4$ so, dass du ein Potenzgesetz anwenden kannst. Gibt es mehrere Möglichkeiten?

**15** Überprüfe und füge im Heft ein Gleichheits- oder Ungleichheitszeichen ein.

a) $3^3 + 2^3$ ▢ $5^3$   b) $7^4 - 5^4$ ▢ $2^4$

## Weiterführende Aufgaben

**16** Überprüfe anhand der folgenden Beispiele, ob die Regel $a^m \cdot a^n = a^{m+n}$ auch für mehr als zwei Faktoren gilt. Setze im Heft ein „=“ oder ein „≠“ und erkläre anschließend das Ergebnis.

a) $3^2 \cdot 3^5 \cdot 3^3$ ▢ $3^{10}$
b) $2^4 \cdot 2^2 \cdot 2^5$ ▢ $2^{11}$
c) $4^1 \cdot 4^3 \cdot 4^2 \cdot 4^5$ ▢ $4^{11}$
d) $5^{10} \cdot 5^0 \cdot 5^4$ ▢ $5^{14}$

**17** Schreibe das Produkt als eine Potenz.

a) $a^2 \cdot a^5$ b) $u^3 \cdot u^{15}$
c) $\left(\frac{1}{3}\right)^5 \cdot \left(\frac{1}{3}\right)^a$ d) $\left(\frac{2}{x}\right)^7 \cdot \left(\frac{2}{x}\right)^5$
e) $2^x \cdot 2^y$ f) $5^3 \cdot 5^{-z}$
g) $b^7 \cdot b^v$ h) $\left(\frac{m}{3}\right)^5 \cdot \left(\frac{m}{3}\right)^{-4}$
i) $4^3 \cdot 4^4 \cdot 4^5$ j) $q^3 \cdot q^{-6} \cdot q^2$

**18** Schreibe als Produkt zweier Potenzen.

a) $3^{2+4}$ b) $(-7)^{5+2}$ c) $a^{x+y}$
d) $4^8$ e) $-2^6$ f) $(-5)^9$
g) $a^{3n+1}$ h) $a^{4+x}$ i) $a^{11}$

**19** Schreibe den Quotienten als eine Potenz.

a) $2{,}3^u : 2{,}3^v$ b) $\frac{a^{47}}{a^{36}}$
c) $\frac{2^3}{2^{-5}}$ d) $\frac{x^y}{x^{-y}}$
e) $a^x : a^2$ f) $5^v : (-5^v)$
g) $\left(\frac{2}{3}\right)^a : \left(\frac{2}{3}\right)^b$ h) $x^{-z} : x$

**20** Löse die Klammern auf.

a) $(3^2)^4$ b) $(a^6)^3$
c) $\left(\frac{1}{5}\right)^4$ d) $\left(a^{\frac{1}{2}}\right)^6$

**21** Schreibe als Bruch.

**BEISPIEL** $2^{-z} = \frac{1}{2^z}$

a) $10^{-a}$ b) $v^{-3}$ c) $u^{-x}$
d) $3^{-2y}$ e) $a^{-3b}$ f) $x^{-yz}$

**22** Übersetze und berechne.

a) Potenziere die 2. Potenz von 5 mit 3.
b) Potenziere 3 mit 4 und dividiere das Ergebnis durch 3 hoch 5.
c) Potenziere 4 mit 4. Bilde dann das Produkt aus 2 und 2 und potenziere es mit −5. Multipliziere zum Schluss beide Terme miteinander.

**23** Ordne passende Kästchen einander zu.

$a^{2+4}$ | $\frac{1}{a^2}$ | $a^{2-4}$ | $a^{-2}$ | $a^2 : a^4$ | $a^6$ | $a^2 \cdot a^4$

**24** Sortiere die drei Potenzen einer Farbe der Größe nach. Beginne mit dem kleinsten Wert.

$1^0$ | $-10^0$ | $0{,}5^6$ | $1^{-2}$ | $-10^5$ | $0{,}5^{-3}$ | $1^2$ | $-10^2$ | $0{,}5^{\frac{1}{2}}$

**25** Finde jeweils gleichwertige Terme.

$a^{\frac{1}{2}}$ | $\sqrt{a}$ | $a^2 \cdot b^{-1}$ | $\frac{(a \cdot b)^2}{b^{-3}}$ | $1 : a^{\frac{1}{2}}$ | $\frac{\sqrt{4a}}{2}$ | $\frac{a^2}{b}$ | $a^2 \cdot b^5$ | $\sqrt{a^{-1}}$

**26** In einem Bus fahren sieben Kinder. Jedes Kind hat sieben Rucksäcke. In jedem Rucksack sind sieben große Katzen. Jede große Katze hat sieben kleine Katzen. Wie viele Beine befinden sich im Bus?

**27** Bringe die einzelnen Karten in die richtige Reihenfolge. Zeige so, dass gilt: $a^{-n} = \frac{1}{a^n}$

Bei der Beweisführung gilt: $p, q, n \in \mathbb{N}$ und $q > p$ und $-n = p - q$.

- $a^{-n}$
- $= \frac{1}{a^n}$
- $= a^{p-q}$
- $= \frac{1}{\underbrace{a \cdot a \dots \cdot a}_{n\text{-mal}}}$
- $= \frac{\overbrace{a \cdot a \dots \cdot a}^{p\text{-mal}}}{\underbrace{a \cdot a \dots \cdot a}_{q\text{-mal}}}$
- $= a^p / a^q$

**28** Berechne und setze das richtige Zeichen (<; >; = ) in die Lücke.

a) $5^3 \cdot 20^3$ ___ $10^4$
b) $(2^{-3})^2$ ___ $(2^{-2})^3$
c) $4^{-3} \cdot 4^3$ ___ $20^0$
d) $32^2$ ___ $2^{11}$
e) $100^{-3}$ ___ $10^2$
f) $(4^2 \cdot 3^2)^3$ ___ $144^2$
g) $24^2 : 6^2$ ___ $4^2 \cdot 2^0$
h) $-(2^4)^3$ ___ $((-2)^4)^{-3}$

**29** Vereinfache und berechne, falls möglich.

a) $3 \cdot 4^2 + 2 \cdot 4^2$
b) $7 \cdot 36 + 3 \cdot 6^2$
c) $10^5 - 10^3$
d) $6 \cdot x^3 \cdot x^4$
e) $-20\,y^3 \cdot y^4 \cdot y^{-1}$
f) $10^{3+a} \cdot 10^{3-a}$
g) $x^8 \cdot \frac{1}{x^5}$
h) $5^{\frac{1}{2}} \cdot 6^{\frac{1}{2}} \cdot 7^{\frac{1}{2}}$

**30** Berechne mit Hilfe der Potenzgesetze.

a) $4^2 \cdot 3^2$
b) $4^2 \cdot (-3)^2$
c) $(-3)^3 \cdot \left(\frac{1}{2}\right)^3$
d) $0{,}01^3 \cdot 0{,}001^3$
e) $(4^3)^2 \cdot 3^6$
f) $5^2 \cdot 0{,}1^2$
g) $6^4 : 3^4$
h) $\frac{10^3}{5^3}$
i) $8^{-2} \cdot 4^{-2}$
j) $6^2 \cdot 4^{4-2}$
k) $4^5 \cdot 2^3 \cdot 2^2$
l) $16^5 : (4^{10} : 4^5)$

**31** Hat die Gleichung $a^4 = -81$ eine Lösung? Begründe.

**32** Ist das möglich? Begründe.

a) $x^3 = -8$
b) $x^6 = -64$
c) $x^3 = \frac{1}{3}$
d) $x^3 = -\frac{1}{8}$
e) $x^3 = 0{,}01$
f) $x^4 = -0{,}0016$

**33** Löse die Gleichungen.

a) $1024 = x^5$
b) $3 \cdot x^4 = 768$
c) $2 \cdot x^{-3} = \frac{1}{4}$
d) $x^2 - 2{,}25 = 0$
e) $x^5 = 32^4$
f) $17^2 + 13^2 = 58 + x^2$
g) $-x^3 = -3375$
h) $x \cdot \sqrt{x} = 15\,625$
i) $6^2 \cdot x = 4^2$
j) $81 - 3^3 = x + 3^2$
k) $81 - 3^2 = x + 3^3$
l) $\frac{8^{-3}}{8^2} \cdot x = 8^{-1}$

**34** Berechne in einer Tabelle die Potenzen $(a + a)^2$ und $(a \cdot a)^2$ für $a = 1$; $a = 0{,}5$; $a = -2$ und $a = 10$. Vergleiche die Werte.
Formuliere eine Regel, für welche Werte von $a$ die Potenz der Summe größer ist als die Potenz des Produkts.

**35** Richtig oder falsch?

a) Wenn die Basis positiv ist, so ist jede Potenz wieder positiv.
b) Wenn der Exponent negativ ist, so ist die Potenz negativ.
c) Wenn der Exponent negativ ist, so ist die Potenz kleiner eins.
d) Wenn die Basis negativ ist, so ist die Potenz negativ.
e) Wenn die Basis und der Exponent negativ sind, so ist die Potenz positiv.
f) Wenn die Basis negativ und der Exponent gerade ist, so ist die Potenz positiv.

**36** Vereinfache zunächst die Terme. Berechne die Wurzeln im Kopf.

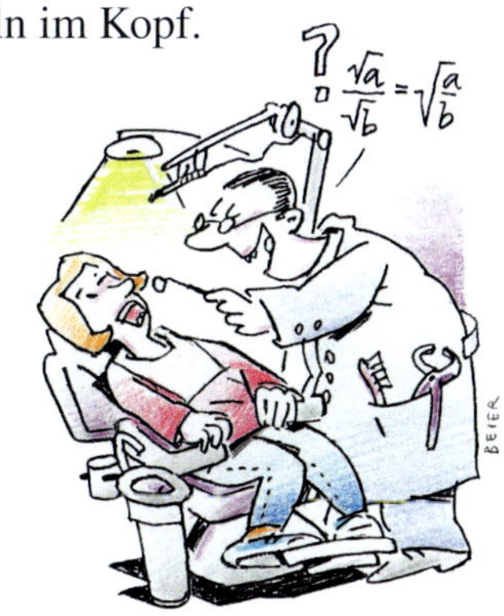


a) $\sqrt{4 \cdot 25}$
b) $\sqrt{10 \cdot 40}$
c) $\sqrt{6} \cdot \sqrt{6} \cdot \sqrt{6} \cdot \sqrt{6}$
d) $\sqrt{125 : 5}$
e) $\sqrt{3} \cdot \sqrt{3} \cdot \sqrt{3} \cdot \sqrt{3}$
f) $\sqrt{3} \cdot \sqrt{48}$
g) $\sqrt{200 - 31}$
h) $\frac{\sqrt{36 \cdot 6}}{2} \cdot \sqrt{6}$

**BEACHTE**
Die Lösungen zu Aufgabe 36 ergeben in der richtigen Reihenfolge den Namen eines Landes. Auf welchem Kontinent liegt dieses Land?
5 (T); 9 (L); 10 (L); 12 (A); 13 (N); 18 (D); 20 (E); 36 (T)

**37** Bringe die einzelnen Rechenschritte in die richtige Reihenfolge.
Zeige so, dass gilt: $\left(\frac{a}{b}\right)^{-1} = \frac{b}{a}$

$\left(\frac{a}{b}\right)^{-1}$ | $\frac{b}{a}$ | $1 \cdot \frac{b}{a}$ | $1 : \frac{a}{b}$ | $\frac{1}{\frac{a}{b}}$

**38** Sonja betrachtet die Zahlenfolge $0^3 = 0$; $0^2 = 0$; $0^1 = 0$ und schlussfolgert, dass auch $0^0 = 0$ gilt.
Christoph ist anderer Meinung. Er betrachtet die Reihe $3^0 = 1$; $2^0 = 1$; $1^0 = 1$ und behauptet, dass $0^0 = 1$ sei.

a) Überprüfe mit dem Taschenrechner.
b) Erkläre, wie Sonja und Christoph auf ihre verschiedenen Ergebnisse kommen.
c) Begründe, warum $0^0$ nicht definiert ist. Benutze hierfür das Potenzgesetz $a^m : a^n = \frac{a^m}{a^n} = a^{m-n}$.

# Mikrokosmos und Makrokosmos

Im Vergleich zum Weltall, dem Makrokosmos, ist die Welt des Menschen winzig. Vergleicht man sie dagegen mit dem Mikrokosmos der Kleinstlebewesen und der physikalischen Teilchen, ist die Welt des Menschen riesig.

| Längen in unserem Universum | |
|---|---|
| Durchmesser der Milchstraße | $10^{21}$ m |
| Entfernung zwischen Sonne und Pluto | $5{,}9 \cdot 10^{12}$ m |
| Sonnendurchmesser | $1{,}4 \cdot 10^{9}$ m |
| Erddurchmesser | $1{,}3 \cdot 10^{7}$ m |
| Durchmesser eines Regentropfens | $10^{-3}$ m |
| Wellenlänge des sichtbaren Lichts | $4 \cdot 10^{-7}$ m bis $8 \cdot 10^{-7}$ m |
| Atomradius | $10^{-10}$ m |

**1** Überlege dir drei Dinge, deren Längen größer als der Durchmesser eines Regentropfens und kleiner als der Erddurchmesser sind. Gib die Dinge wie in der Tabelle in m an.
Rechne dann alle Größenangaben in der Tabelle in km bzw. mm um.

Unser nächster Stern ist die Sonne. Sie ist ungefähr 150 Mio. km von der Erde entfernt. Unser nächstes Sonnensystem heißt Alpha Centauri. Der zentrale Stern Alpha Centauri C ist ca. 40 Billionen km von der Erde entfernt. Für solch große Entfernungsangaben wurde das **Lichtjahr** eingeführt. Ein Lichtjahr ist keine Zeiteinheit, sondern die Strecke, die das Licht in einem Jahr zurücklegt. Ein Lichtjahr misst etwa 9,46 Billionen km. Die Lichtgeschwindigkeit beträgt $c = 2{,}997\,924\,58 \cdot 10^{8}\,\frac{\text{m}}{\text{s}}$.

**2** Gib einen gerundeten Wert in $\frac{\text{km}}{\text{s}}$ für die Lichtgeschwindigkeit an.

Eine andere Entfernungsangabe ist die Astronomische Einheit (AE). Die AE beträgt 149 597 870 691 m. Das entspricht fast genau dem mittleren Abstand zwischen dem Erdmittelpunkt und dem Zentrum der Sonne. Entfernungen innerhalb des Sonnensystems werden meist in AE angegeben.

**3** Gib die AE in wissenschaftlicher Schreibweise an.

Wäre die Erde in einem Modell ein Ball mit 50 cm Durchmesser, wie groß müssten dann in diesem Modell Merkur (Durchmesser $4{,}9 \cdot 10^{3}$ km), Jupiter (Durchmesser $1{,}4 \cdot 10^{5}$ km) und die Sonne (siehe oben) sein?

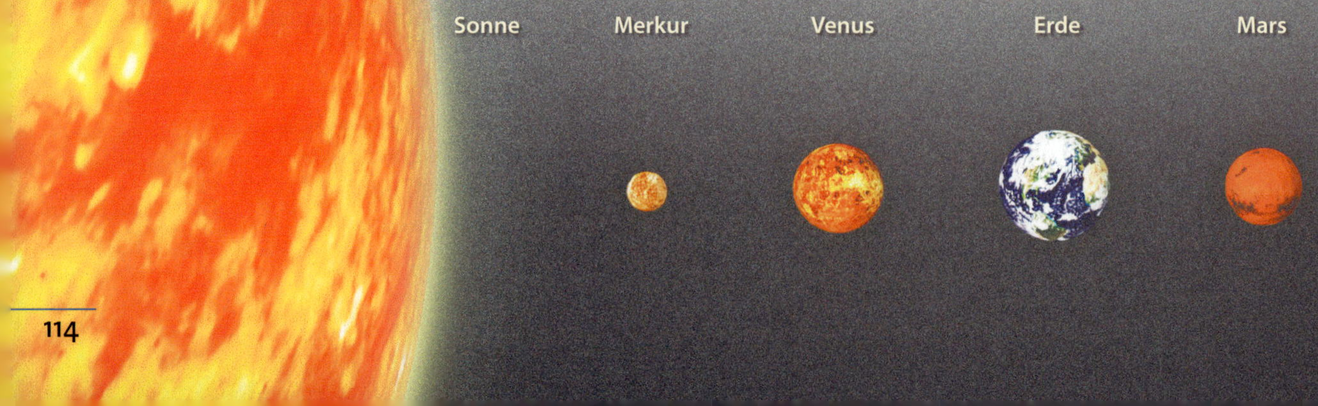

4 Um eine Vorstellung für die Lichtgeschwindigkeit zu bekommen, kann man folgendes Gedankenexperiment durchführen. Stell dir vor, dass sich ein Lichtstrahl um den Äquator der Erde wickelt.
Wie oft würde das Licht theoretisch in einer Sekunde den Äquator umkreisen?
Finde andere Vergleiche für unvorstellbare Größenangaben.

Der Äquator hat eine Länge von 40 075,016 686 km.

5 Im Jahr 2006 wurde entschieden, dass Pluto nicht mehr zu den Planeten gezählt wird. Recherchiere die Gründe.

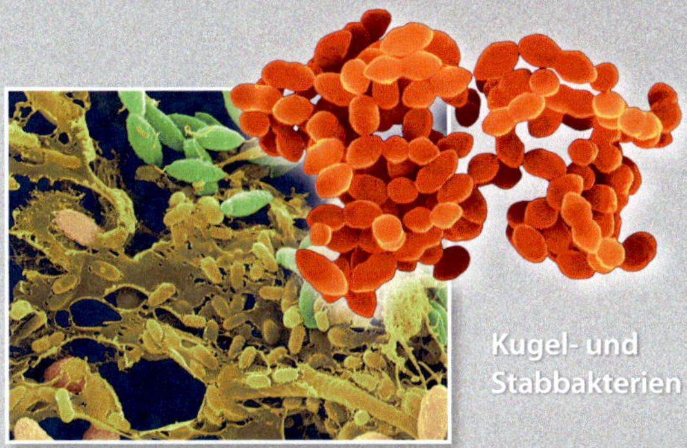

Kugel- und Stabbakterien

Bakterien zählen zu den einzelligen Lebewesen. Sie haben verschiedene Formen.
Es gibt zum Beispiel kugelförmige Bakterien, die einen mittleren Durchmesser von 0,15 µm haben. Es gibt auch stäbchenförmige Bakterien, die durchschnittlich 50 µm lang und 5 µm breit sind.
1000 µm (Mikrometer) = 1 mm

6 Für sehr kleine und sehr große Einheiten werden Vorsilben wie Kilo (k) oder Mikro (µ) benutzt. Erstelle eine Übersicht über die Vorsilben für Maßeinheiten.
Gib jeweils die zugehörige Zehnerpotenz an.

Viren werden nicht zu den Lebewesen gezählt, da sie sich nicht selbstständig reproduzieren können. Um Viren sichtbar zu machen, reicht ein Lichtmikroskop nicht mehr aus.
Dazu müssen Elektronenmikroskope verwendet werden.

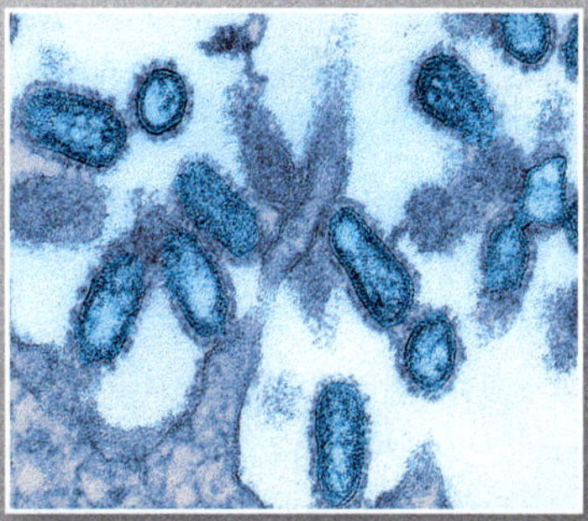

Viren

7 Viren sind um ein Vielfaches kleiner als Bakterien.
Informiere dich über die Größe und rechne sie gegebenenfalls in mm um.
Recherchiere, wie sich Viren reproduzieren.

# Vermischte Übungen

**1** Berechne die Kantenlängen der Würfel.

① $V = 125\,m^3$ ② $V = 2744\,cm^3$
③ $V = 405{,}224\,cm^3$ ④ $V = 1728\,mm^3$
⑤ $V = 0{,}015\,625\,m^3$ ⑥ $V = 0{,}512\,km^3$
⑦ $V = 0{,}000\,001\,km^3$ ⑧ $V = 1{,}728\,m^3$

**2** Ergänze die Tabelle im Heft.

| | |
|---|---|
| $3^4 = 81$ | $\sqrt[4]{81} = 3$ |
| $4^3 = 64$ | |
| | $\sqrt[5]{32} = 2$ |
| $8^4 =$ | |
| | $\sqrt[7]{823\,543} =$ |
| | $\sqrt[10]{1024} =$ |
| $17^5 =$ | |

**3** Zum Wiener Opernball kommen jährlich etwa 12 000 Gäste.

Stell dir vor, ein Paar fängt an zu tanzen. Dann werden die Anderen nach dem Schneeballprinzip auf die Tanzfläche geholt: In der zweiten Runde teilt sich das erste Paar und jeder holt einen neuen Partner hinzu. Dann trennen sich diese Paare wieder usw.

a) Wie viele Runden dauert es, bis alle Gäste auf der Tanzfläche sind?
b) Welche Zeit wird benötigt, wenn jeder 1,5 min mit einem Tanzpartner hätte?
c) Woran können diese theoretischen Berechnungen in der Praxis scheitern?

**4** Ein roter Würfel hat eine Kantenlänge von 3 cm. Sein Volumen ist 0,125-mal so groß wie das Volumen eines blauen Würfels.

a) Ist der rote Würfel größer oder kleiner als der blaue Würfel? Begründe.
b) Stelle eine passende Gleichung auf und berechne: Welche Kantenlänge hat der blaue Würfel?
c) Welche Kantenlänge müsste ein grüner Würfel haben, damit er doppelt so groß wie der rote Würfel wäre?

**5** Der indische König Sheram soll dem Erfinder des Schachspiels mit dem Namen Sessa Ibn Daher für seine geniale Erfindung einen Wunsch gewährt haben. Der Erfinder wünschte sich für das erste Schachbrettfeld ein Reiskorn, für das zweite Feld zwei Reiskörner, für das dritte Feld vier Reiskörner, für das vierte Feld acht Reiskörner usw. Der König stimmte dieser scheinbar bescheidenen Bitte gerne zu.

a) Wie viele Reiskörner müssten auf dem 64. und letzten Feld liegen?
b) 40 Reiskörner wiegen zusammen 1 g. Wie viele Tonnen Reis müssten auf dem letzten Feld liegen?
c) Auf dem gesamten Schachbrett müssten (bis auf ein Korn) doppelt so viele Körner wie auf dem letzten Feld liegen. Im Erntejahr 2014/2015 wurden weltweit 478,1 Mio. t Reis geerntet. Wie viele Jahre müsste geerntet werden, um Sessa Ibn Daher zu bezahlen?

**6** Berechne mit dem Taschenrechner.

a) $3000 \cdot 12\,000 \cdot 50\,000$
b) $0{,}21 \cdot 0{,}000\,000\,4 \cdot 0{,}000\,02$
c) $500 \cdot 24\,000 \cdot 3\,050\,000$
d) $47 \cdot 627\,000 \cdot 2\,000\,000\,000$

**7** Schreibe die Zahl in Worten.

a) $3 \cdot 10^6$ b) $5 \cdot 10^{12}$
c) $1{,}76 \cdot 10^9$ d) $1{,}05 \cdot 10^6$
e) $5{,}7 \cdot 10^{11}$ f) $4{,}9 \cdot 10^{13}$

**8** Schreibe als Bruch.

a) $10^{-3}$ b) $10^{-5}$ c) $10^{-6}$
d) 0,1 e) 0,01 f) 0,0001

**9** Notiere in der wissenschaftlichen Schreibweise.

a) 4 Billionen
b) 368 Milliarden
c) 46 Millionen
d) 5,8 Trilliarden
e) 0,000 000 035 782
f) 0,003 45
g) 9 783 400 000 000
h) 7 065 000 000

**10** Zeichne eine Strecke $\overline{AB}$ mit einer Länge von 20 cm ins Heft. Markiere $A$ als 0 und $B$ als $10^5$. Wo liegt dann $10^3$?

**11** Ordne den Umrechnungen eine passende Zehnerpotenz zu.

**BEISPIEL** $cm^3 \rightarrow m^3$ entspricht $10^{-6}$

$cm \rightarrow m$ | $cm^2 \rightarrow m^2$ | $m \rightarrow mm$ | $ml \rightarrow \ell$ | $mm \rightarrow cm$ | $dm \rightarrow km$ | $dm^3 \rightarrow m^3$ | $m^2 \rightarrow cm^2$ | $cm^2 \rightarrow mm^2$

**12** Bei der Umrechnung von $m^3$ in andere Volumeneinheiten werden bestimmte Zehnerpotenzen verwendet.

a) Welche Zehnerpotenzen kommen als Umrechnungsfaktoren vor?
b) Begründe, warum der Faktor $10^4$ nicht vorkommen kann.

**13** Ein Gletscher hat eine durchschnittliche Fließgeschwindigkeit von $6{,}4 \cdot 10^{-6}\,\frac{m}{s}$. Berechne die Zeit, die ein Gletscher benötigt, um sich 100 m weiterzubewegen.

**14** Ein Silberatom hat einen Atomradius von ca. $1{,}44 \cdot 10^{-10}$ m. Wie viele Silberatome müsste man theoretisch aneinander legen, bis eine Kette von einem Meter entsteht? Notiere das Ergebnis in der wissenschaftlichen Schreibweise.

**15** Steckbrief der roten Blutkörperchen

| | |
|---|---|
| **Durchmesser** | 7,5 Mikrometer (µm) |
| **Dicke** | 2 µm am Rand und 1 µm im Zentrum |
| **Konzentration im Blut** | 4,5 bis 5,5 Mio. pro $mm^3$ |
| **Anzahl im Blut** | 24 bis 30 Billionen |
| **Neuproduktion des Körpers** | etwa 200 Milliarden pro Tag |
| **Gesamtoberfläche** | 4000 bis 4500 $m^2$ |

a) Gib den Durchmesser und die Dicke der roten Blutkörperchen in Millimetern an.
b) Wandle die anderen Angaben in die wissenschaftliche Schreibweise um.
c) Wie viele rote Blutkörperchen werden pro Sekunde neu gebildet?
d) Könnte man theoretisch mit der Oberfläche aller roten Blutkörperchen eines Menschen ein Fußballfeld abdecken?
e) Wie viel Prozent der Blutkörperchen werden täglich neu gebildet?
f) Mit welchem Vergrößerungsfaktor wurde das Foto in der Randspalte aufgenommen?

**BEACHTE**
1 mm = 1000 µm

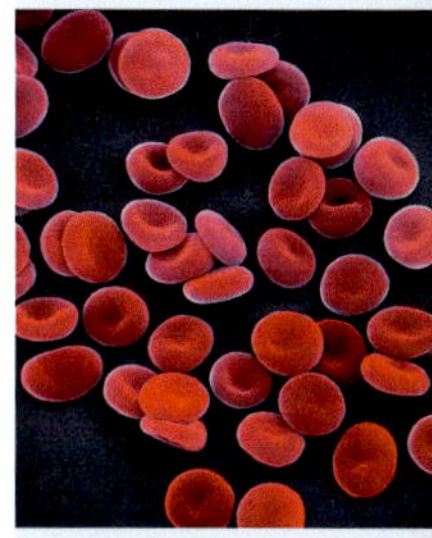

**16** Die Erde bewegt sich mit einer durchschnittlichen Geschwindigkeit von $3 \cdot 10^4\,\frac{m}{s}$ um die Sonne. Wie viele Kilometer legt die Erde in 365 Tagen zurück?

**17** Pro Stunde wächst ein menschlicher Zehennagel etwa $1{,}2 \cdot 10^{-3}$ mm. Wie lange dauert es, bis er um 1 mm gewachsen ist?

**18** Berechne mit Hilfe des Potenzgesetzes. Überlege vorher, ob der Wert kleiner oder größer als eins sein wird.

a) $(5^3)^2$
b) $-(3^4)^3$
c) $(6^2)^2$
d) $((-2)^4)^2$
e) $(5^2)^{-3}$
f) $(-8^3)^{-4}$
g) $((-7)^3)^{-4}$
h) $(0{,}01^{-3})^2$
i) $(3^{-3})^{-2}$

**19** Schreibe als Potenz. Berechne die Werte mit dem Taschenrechner. Überprüfe die Ergebnisse mit den Werten in der Randspalte.

a) $\sqrt[3]{44^9}$
b) $\sqrt[9]{44^3}$
c) $\sqrt[5]{10^6}$
d) $\sqrt[6]{2^{-7}}$
e) $\sqrt{10^{10}}$
f) $\sqrt[8]{5^{-4}}$

**BEACHTE**
Unter den folgenden Werten findest du die Lösungen zu Aufgabe 19:
100 000
15,848 931 92
0,445 449 359
1 000 000
85 184
3,530 348 335
0,447 213 595

## Stammbäume

Dies ist der Stammbaum der königlichen Familie von Großbritannien. Er beginnt mit König George VI., dem Vater von Königin Elisabeth II., und endet bei seinen Urenkeln.

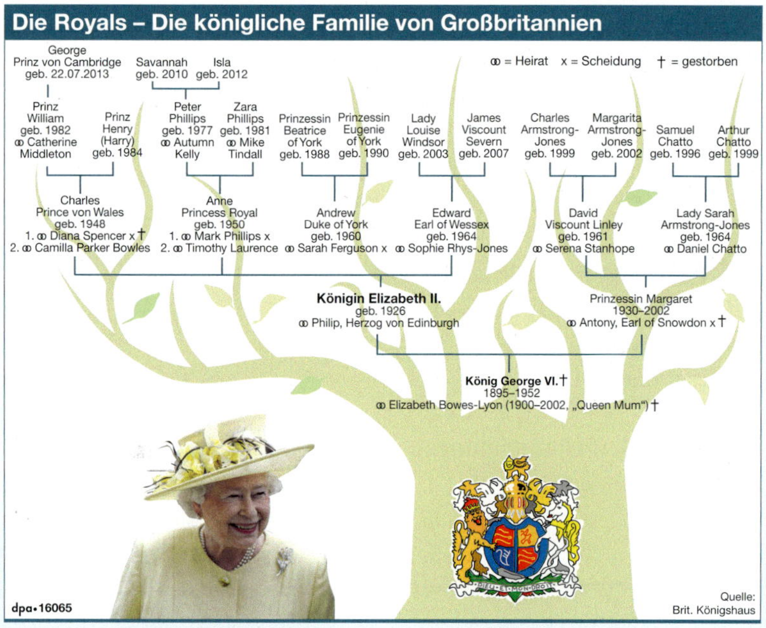


König George VI. bildet in diesem Ausschnitt die erste Generation, Prinz William ist Kind der vierten Generation. Nahezu alle Nachkommen haben zwei Kinder bekommen. Eine Ausnahme bildet Königin Elisabeth II. mit vier Kindern.

Gehe bei den folgenden Aufgaben vereinfachend davon aus, dass die Personen in allen Generationen jeweils gleich viele Kinder bekommen haben.

a) In jeder Generation bekommen die Personen zwei Kinder. Wie viele Kinder gibt es dann in der vierten Generation?

b) In der fünften Generation gibt es insgesamt 81 Kinder. Wie viele Kinder hat dann jede Person im Stammbaum bekommen?

c) In jeder Generation hat jeder drei Kinder bekommen. Das Paar der ersten Generation möchte gerne seine Kinder, Enkel und Urenkel beschenken. Wie viele Geschenke werden benötigt?

d) Wie viele Kinder gibt es insgesamt in der sechsten Generation, wenn es in der dritten Generation 16 Kinder gab?

e) Ist es möglich, dass es in einer vierten Generation zwanzig Kinder gibt?

f) Zeichne den Stammbaum deiner Familie. Fange bei einem Urgroßelternpaar oder – wenn du eine große Familie hast – bei einem Großelternpaar an.

g) In jeder Generation hat jeder zwei Kinder bekommen. Das Paar der ersten Generation überlegt, wie es sein Vermögen von 50 000 € an die Nachkommen verteilen könnte. Die Idee sieht folgendermaßen aus: Die Kinder bekommen jeweils 10 000 €, die Enkel die Hälfte der Kinder, die Urenkel wiederum die Hälfte der Enkel.
Reichen die 50 000 € dafür aus?
Wenn nein, wie viel müssten die Kinder bekommen, damit der Geldbetrag so aufgeteilt werden kann?

# Alles klar?

Entscheide, ob die Aussagen richtig oder falsch sind.
Begründe deine Entscheidung im Heft und korrigiere gegebenenfalls.

## 1 Potenzen und Wurzeln

a) Die Basis $a$ einer Potenz gibt an, welche Zahl mehrfach addiert werden soll.

b) Bei der Potenz $3^5$ wird die Zahl 3 fünfmal hintereinander mit sich selbst multipliziert.

c) $2^4 = 2 \cdot 4$

d) $(-5) \cdot (-5) \cdot (-5) \cdot (-5) = -625$

e) $4a \cdot 4a \cdot 4a = 64a^3$

f) Wird die Potenz $(-3)^4$ mit dem Taschenrechner berechnet, so lautet die Eingabe (bei den meisten Taschenrechnern) [−] [3] [$x^y$] [4] [=]

g) $7^4 > 6^5$

h) $2^{10} = 4^5$

i) $\sqrt{144} = 11$

j) Aus $-729$ lässt sich keine dritte Wurzel ziehen, da die Zahl negativ ist.

k) $\sqrt[5]{15\,625} = 5$

l) Wenn $4^x = 256$, dann ist $x = 4$.

m) $3^0$ ist nicht lösbar.

## 2 Zahldarstellung mit Hilfe von Zehnerpotenzen

a) Eine Million schreibt man in der Potenzschreibweise als $10^6$.

b) $0{,}001 = 10^{-4}$

c) $12 \cdot 10^5 = 1{,}2 \cdot 10^6$

d) $30\,000\,000\,000 = 3 \cdot 10^{11}$

e) In der wissenschaftlichen Schreibweise ist $420\,000 = 42 \cdot 10^4$.

f) $3{,}8 \cdot 10^{11} < 4{,}9 \cdot 10^{10}$

g) $57 \cdot 639\,000 \cdot 4\,000\,000\,000 = 1{,}456\,92 \cdot 10^{12}$

## 3 Potenzgesetze

a) $4^7 \cdot 4^3 = 4^4 = 256$

b) $3^3 : 3^{-2} = 3^5 = 243$

c) Potenziert man eine Zahl $x \neq 0$ mit $-1$, so entspricht das Ergebnis dem Quotienten $\frac{1}{x}$.

d) $(2^3)^5 = 2^{15} = 32\,768$

e) $v \cdot v \cdot v \cdot u \cdot u \cdot u = v^3 \cdot u^3 = v \cdot u^3$

f) $7^3 \cdot 3^3 = 10^3 = 1000$

g) $2^0 \cdot 4^0 = 3^0 \cdot 5^0$

h) $6^6 : 3^6 = 64$

**BEACHTE**
Die Lösungen zu den Aufgaben auf dieser Seite sowie dazu passende Trainingsaufgaben findest du ab Seite 216.

# Zusammenfassung

→ Seite 104

## Potenzen und Wurzeln

Ein Produkt aus gleichen Faktoren schreibt man kürzer als Potenz.
Die Basis gibt den Faktor $a$ an, der Exponent die Anzahl der Faktoren.
Wird eine Zahl $a \neq 0$ mit 0 potenziert, so ist das Ergebnis 1, also $a^0 = 1$.

$$\underbrace{a \cdot a \cdot \ldots \cdot a}_{n \text{ Faktoren}} = a^n$$

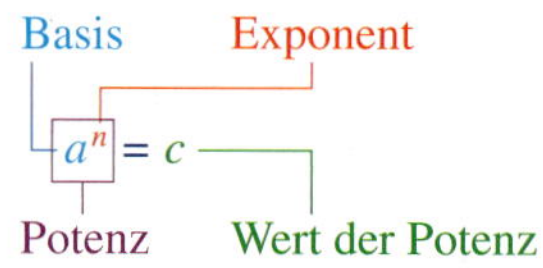


Die Umkehrung des Potenzierens ist das Wurzelziehen.

$a^n = c$ | $n$-te Wurzel ziehen
$a = \sqrt[n]{c}$

→ Seite 106

## Zahldarstellungen mit Hilfe von Zehnerpotenzen

In der **wissenschaftlichen Schreibweise** wird eine Zahl in ein Produkt aus einem Faktor und einer Zehnerpotenz zerlegt. Der erste Faktor ist größer oder gleich eins und kleiner als zehn.

$86\,000\,000\,000 = 8{,}6 \cdot 10^{10}$
5 Millionen $= 5 \cdot 10^6$
43 Milliarden $= 4{,}3 \cdot 10^{10}$
$0{,}0076 = 7{,}6 \cdot 10^{-3}$

Bei Zahlen mit Betrag zwischen 0 und 1 ist der Exponent der Zehnerpotenz negativ.

$0{,}000\,000\,000\,041\,2 = 4{,}12 \cdot 10^{-11}$

→ Seite 110

## Potenzgesetze

Potenzen mit gleicher Basis werden multipliziert, indem man die Exponenten addiert und die Basis beibehält. $a^m \cdot a^n = a^{m+n}$

Potenzen mit gleicher Basis werden dividiert, indem man die Exponenten subtrahiert und die Basis beibehält. $a^m : a^n = \frac{a^m}{a^n} = a^{m-n}$ für $a \neq 0$

Potenzen werden **potenziert**, indem man die Basis mit dem Produkt der Exponenten potenziert. $(a^m)^n = a^{m \cdot n}$
Für $a \neq 0$ gilt: $a^0 = 1$ und $a^{-n} = \frac{1}{a^n}$

Jede Wurzel lässt sich als Potenz schreiben. $\sqrt[n]{a^m} = a^{\frac{m}{n}}$ für $a \geq 0$ und $n \geq 2$

Potenzen mit gleichen Exponenten werden **multipliziert**, indem man die Basen multipliziert und das Produkt mit dem Exponenten potenziert. $a^m \cdot b^m = (a \cdot b)^m$

Potenzen mit gleichen Exponenten werden **dividiert**, indem man die Basen dividiert und den Quotienten mit dem Exponenten potenziert. $a^m : b^m = \frac{a^m}{b^m} = \left(\frac{a}{b}\right)^m$ für $b \neq 0$

# Wachstum

Jedes Leben beginnt mit einer einzigen Zelle, die sich nach und nach immer wieder teilt. Beim Menschen beginnt die Zellteilung sofort nach der Befruchtung der Eizelle. Nach ca. 30 Stunden ist die erste Teilung abgeschlossen. Aus den zwei Zellen entstehen vier, nach ca. drei Tagen sind es bereits 16 Zellen. So wächst das neu entstandene Leben immer weiter …

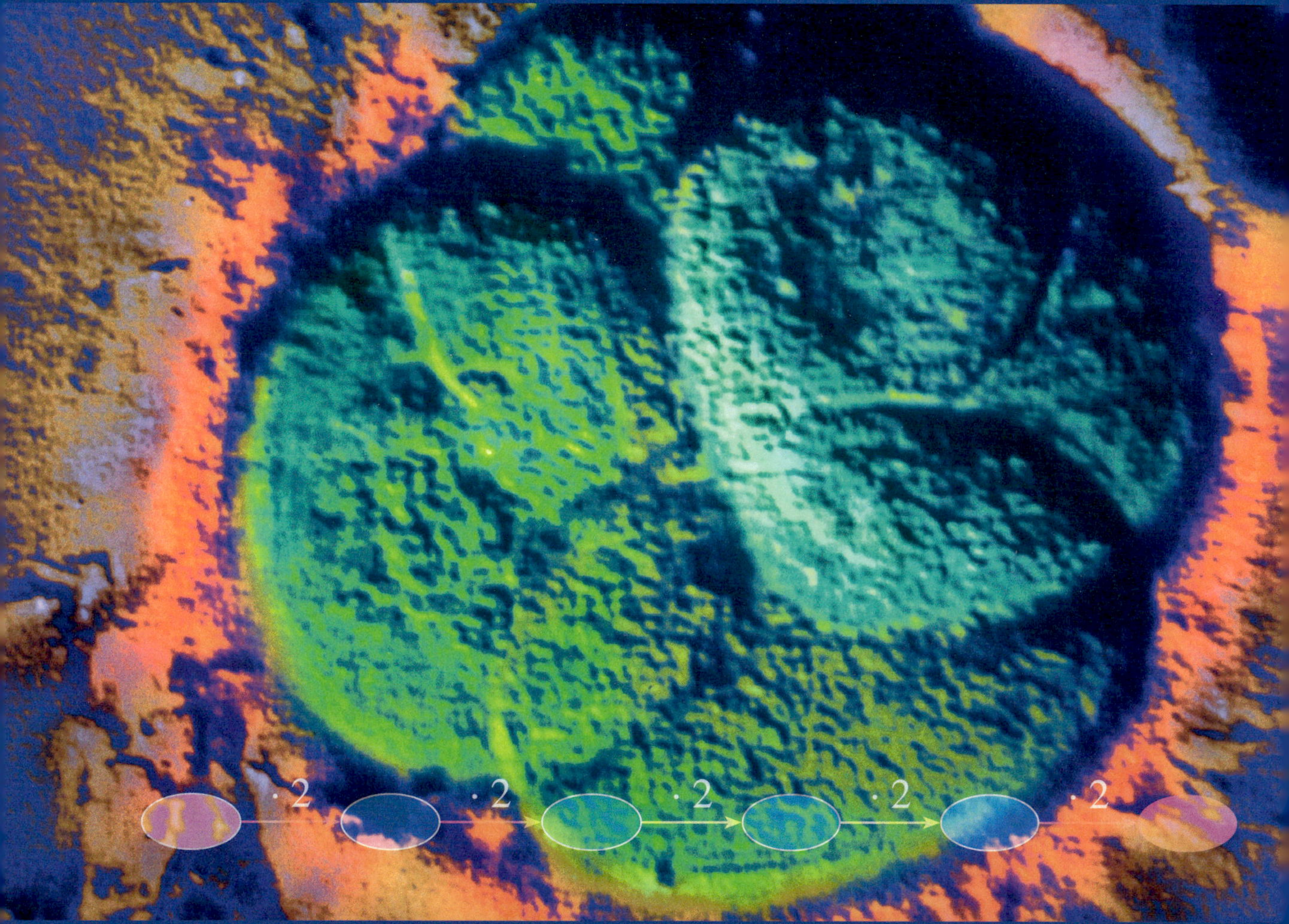


In diesem Kapitel lernst du verschiedene Arten von Wachstum kennen. Zum Beispiel wachsen Bakterien und zerfallen radioaktive Elemente exponentiell. Du erfährst, wie man Graphen und Daten in Tabellen auf positives und negatives Wachstum untersucht. Darüber hinaus lernst du, zwischen linearem, quadratischem und exponentiellem Wachstum zu unterscheiden und zukünftige Werte zu berechnen.

# Noch fit?

**1** Berechne den fehlenden Wert im Kopf.

a) 10 % von 50 €
b) $\frac{1}{2}$ von 2500 m
c) 50 % von 230 Schülern
d) $\frac{3}{4}$ von 10 000 m
e) $\frac{1}{8}$ von 16 Kuchenstücken
f) 2 % von 500 kg

**2** Löse die Gleichung.

a) $3 + x = 17$
b) $5x - 6 = 19$
c) $7 - x = 3$
d) $5 + 0{,}4x = 30$
e) $4x + 3 = 2x$
f) $\frac{1}{x} = 8$

**3** Betrachte die fünf Graphen der linearen Funktionen.

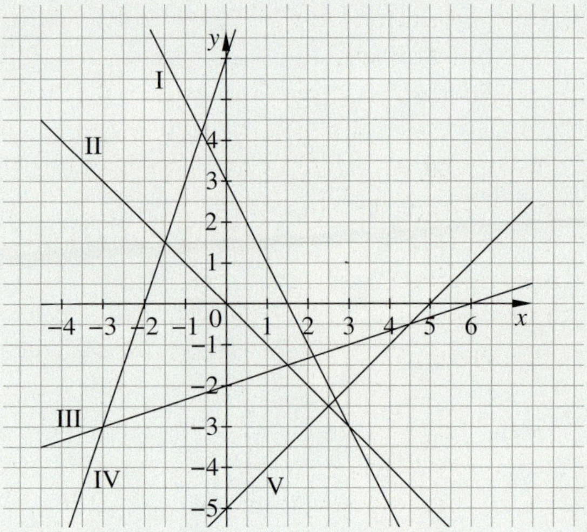


a) Gib die allgemeine Gleichung einer linearen Funktion an.
b) Notiere die Funktionsgleichungen zu den fünf Graphen.
c) Welche Graphen haben eine negative Steigung?
Wie ist das an der Zeichnung erkennbar und woran sieht man das in der Gleichung? Beschreibe.
d) Welcher Graph hat die größte Steigung und woran sieht man das in der Gleichung?
e) Zeichne die Graphen zu folgenden Funktionsgleichungen in dein Heft:
① $f_1(x) = 2x + 5$
② $f_2(x) = 1{,}5x - 3$
③ $f_3(x) = -\frac{1}{2}x + 4{,}5$

**4** Berechne den Wert der Potenzen.

a) $3^4$
b) $5^3$
c) $6^4$
d) $3{,}7^3$
e) $0{,}01^5$
f) $0{,}35^6$

**5** Einige Kleidungsstücke aus der Winterkollektion werden im Februar 30 % billiger angeboten. Berechne die reduzierten Preise. Die ursprünglichen Preise lauten:

a) Jacke: 98 €
b) Skianzug: 235 €
c) Pullover: 65 €
d) Mantel: 189 €
e) Handschuhe: 8 €
f) Schal: 12 €

**6** Ein Automobilkonzern bietet 4000 € Preisnachlass auf alle Modelle beim Kauf eines Neuwagens. Berechne den Preisnachlass in Prozent.
Die ursprünglichen Preise lauten:

a) Kombi: 28 500 €
b) Van: 32 400 €
c) Cabrio: 31 700 €

## Bunt gemischt

1. Berechne die Quadrate der Zahlen 11 bis 20.
2. Die mittlere Entfernung von der Erde zum Mond beträgt $3{,}84401 \cdot 10^8$ m = km.
3. Das Volumen einer Kugel berechnet man nach der folgenden Formel:
4. Berechne den Wert der Funktion $f(x) = x^2 + 5$ für $x = 3$ und $x = -2$.
5. Rechne die Angaben in die Einheit um, die in Klammern steht.
① 1730 m (km) ② 525 t (kg) ③ 180 min (h) ④ 250 ml (ℓ)

# Exponentielles Wachstum

## Erforschen und Entdecken

**1** Fabian hat zum 10. Geburtstag von seinem Großvater 80 000 € bekommen. Er darf das Geld allerdings bis zum 18. Geburtstag nicht verwenden. Deshalb wurde es mit 4 % Zinsen angelegt. Eine Ausnahme gibt es jedoch: Fabian darf jährlich die Zinsen abheben und ausgeben, wenn er möchte.

Das möchte Fabian am liebsten auch tun, der Bankberater rät ihm aber, die Zinsen nicht abzuheben.

a) Wie viel Zinsen könnte Fabian in den 8 Jahren insgesamt abheben?

b) Der Bankberater zeigt Fabian die Tabelle rechts: So würde sich sein Kapital entwickeln, wenn er die Zinsen auf dem Konto lässt und dadurch jedes Jahr Zinseszinsen erhält. Fülle die Tabelle weiter aus und vergleiche den Zinsgewinn bei beiden Varianten.

c) Diskutiert über die Vor- und Nachteile der Varianten. Wofür würdet ihr euch entscheiden? Begründet.

| Laufzeit in Jahren | Kapital zu Beginn | Zinsen | Kapital am Ende |
|---|---|---|---|
| 1 | 80 000 € | 3200 € | 83 200 € |
| 2 | 83 200 € | 3328 € | 86 528 € |
| 3 | 86 528 € | | |
| 4 | | | |
| 5 | | | |
| 6 | | | |
| 7 | | | |
| 8 | | | |

**EINNERE DICH**
Zinseszinsen entstehen, wenn Zinsen weiter angelegt werden und wiederum Zinsen erbringen.

**2** Schafft eine Firma Maschinen, Büromöbel, Personenkraftwagen oder Ähnliches an, so wird der Wert dieser Anschaffung in der Buchhaltung erfasst. Da diese Anschaffungen aber mit der Zeit an Wert verlieren, kann die Firma diese Werte jährlich mit 20 % abschreiben.
In der Bilanz des Unternehmens taucht also ein Wertverlust von 20 % pro Jahr auf.
Diese Entwicklung ist im Graphen rechts dargestellt.

a) Wie teuer war die Neuanschaffung?

b) Wie viel ist sie nach 3 (5) Jahren noch wert?

c) Berechne den Wert für das 7. Jahr.

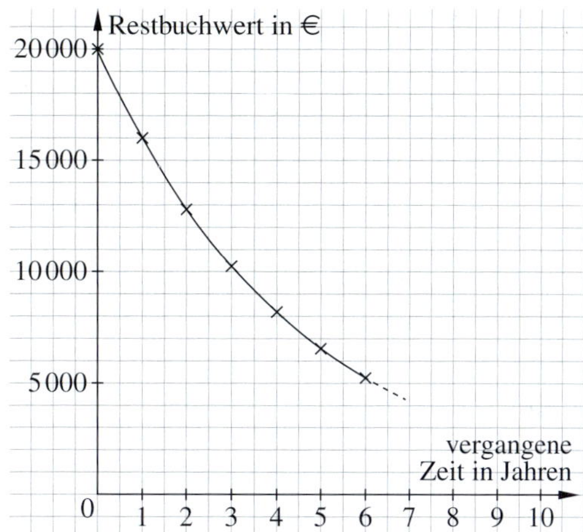


**3** Ein Süßwarenhersteller erhöht den Inhalt seiner Verpackungen um 14,3 %.
Die alte Verpackung enthielt 175 g. Wie viel Gramm enthält die neue Verpackung?
Maya hat folgendermaßen gerechnet:

175 g · 1,143 = 200,025 g

Die Berechnung über eine Zuordnungstabelle sieht so aus:

| Anteil | Masse |
|---|---|
| 100 % | 175 g |
| 1 % | 1,75 g |
| 114,3 % | 200,025 g |

a) Erkläre Mayas Rechenweg. Wo erkennt man hier den Prozentsatz?
Wie hängen die beiden Lösungswege zusammen?
Welchen Weg würdest du wählen?

b) Mit welchem Faktor müsste Maya multiplizieren, wenn sich die Verpackungsgröße um 42,8 % auf 250 g erhöht? Überprüfe durch eine Rechnung.

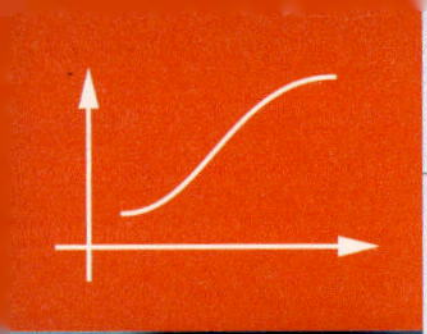

## Lesen und Verstehen

Die Firma Mokitia hat ein neues Smartphone mit ungeahnten Möglichkeiten entwickelt und auf den Markt gebracht. Es ist heiß begehrt und sein Absatz entwickelt sich rasant. Er wächst um monatlich 15 %.
Gleichzeitig sind die heutigen Smartphones ohne diese ungeahnten Möglichkeiten nicht mehr so gefragt und ihr Absatz nimmt monatlich um 4 % ab.

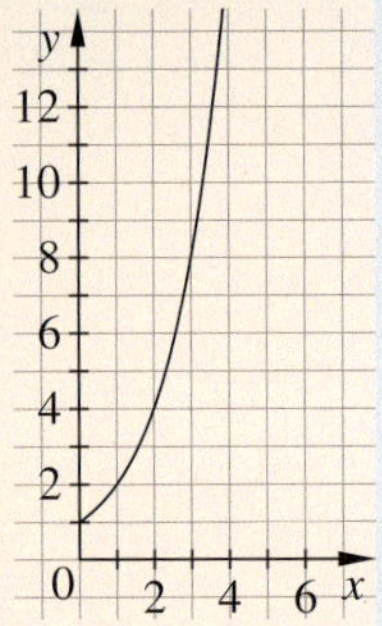


Zunahme:
$q = 2;\ w_0 = 1$

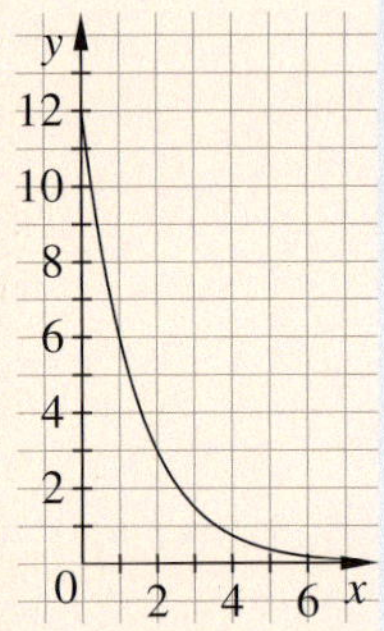


Abnahme:
$q = 0{,}5;\ w_0 = 12$

Wenn ein Ausgangswert in gleich bleibenden Zeitspannen mit einem konstanten Faktor $q$ multipliziert wird, so spricht man von **exponentiellem Wachstum**.
Es gilt:
$\boldsymbol{w_1 = w_0 \cdot q}$
Dabei steht $w_0$ für den Ausgangswert und $w_1$ für den folgenden Wert.

Wenn für den Wachstumsfaktor $\boldsymbol{q > 1}$ gilt, liegt **exponentielle Zunahme** vor.

Gilt für den Wachstumsfaktor $\boldsymbol{0 < q < 1}$, liegt **exponentielle Abnahme** vor.

Bei $q = 1$ erfolgt keine Änderung.

**BEISPIEL 1**
neue Geräte (exponentielle Zunahme)

| Monat | September | Oktober | November |
|---|---|---|---|
| Absatz | 5,3 Mio. | 6,095 Mio. | 7,009 Mio. |

+ 15 % · 1,15    + 15 % · 1,15

$w_{\text{Okt}} = 5{,}3 \text{ Mio.} \cdot 1{,}15 = 6{,}095 \text{ Mio.}$

alte Geräte (exponentielle Abnahme)

| Monat | September | Oktober | November |
|---|---|---|---|
| Absatz | 89,7 Mio. | 86,11 Mio. | 82,67 Mio. |

− 4 % · 0,96    − 4 % · 0,96

$w_{\text{Nov}} = 86{,}11 \text{ Mio.} \cdot 0{,}96 = 82{,}67 \text{ Mio.}$

Der Wachstumsfaktor $q$ und die Wachstumsrate $p\%$ stehen in folgendem Zusammenhang:

$q = 1 + p\,\% = 1 + \frac{p}{100}$ (Zunahme)
bzw.
$q = 1 - p\,\% = 1 - \frac{p}{100}$ (Abnahme)

**BEISPIEL 2**
$q = 1 + 15\,\% = 1 + 0{,}15 = 1{,}15$
$q = 1 - 4\,\% = 1 - 0{,}04 = 0{,}96$

Bei einem konstanten Wachstumsfaktor $q$ wächst bzw. sinkt eine Größe $w_0$ nach $x$ gleichen Zeitspannen auf die Größe $f(x)$, es gilt: $\boldsymbol{f(x) = w_0 \cdot q^x}$
Eine Funktion mit dieser Funktionsgleichung nennt man Exponentialfunktion.

**BEISPIEL 3**
Ausgehend von den Absatzzahlen von September lassen sich die Werte sowohl für die Zukunft als auch für die Vergangenheit in einem Schritt berechnen.
Dabei ist $q = 1{,}15$ und $w_0 = 5{,}3$ Mio.

| Monat | Juli | August | September | Oktober | November | Dezember |
|---|---|---|---|---|---|---|
| Absatzzahlen in Mio. | $f(-2) = 4{,}008$ | $f(-1) = 4{,}609$ | $f(0) = 5{,}300$ | $f(1) = 6{,}095$ | $f(2) = 7{,}009$ | $f(3) = 8{,}061$ |
| Gleichung | $f(-2) = w_0 \cdot q^{-2}$ | $f(-1) = w_0 \cdot q^{-1}$ | $f(0) = w_0 \cdot q^0$ | $f(1) = w_0 \cdot q^1$ | $f(2) = w_0 \cdot q^2$ | $f(3) = w_0 \cdot q^3$ |

## Basisaufgaben

**1** Übertrage die Tabelle ins Heft und ergänze wie in der ersten Zeile.

| **Wachstumsrate *p%*** | **Wachstumsfaktor *q*** |
|---|---|
| Zunahme um 5 % | $1 + \frac{5}{100} = 1 + 0{,}05 = 1{,}05$ |
| Zunahme um 12 % | |
| Abnahme um 10 % | |
| Abnahme um 3 % | |
| | 1,26 |
| | 0,85 |
| Zunahme um 1,4 % | |
| Abnahme um 2,5 % | |
| | 0,988 |
| | 1,08 |
| | 0,925 |

**2** Ergänze die Tabellen im Heft.

a)

| **Monat** | September | Oktober | November |
|---|---|---|---|
| **Absatz** | 6570 | | |

+ 10 % · 1,1    + 10 % · 1,1

b)

| **Jahr** | 2016 | 2017 | 2018 |
|---|---|---|---|
| **Umsatz** | 6570 | | |

– 8 % · 0,92    – 8 % · 0,92

**3** Handelt es sich in der Tabelle um exponentiellen Zuwachs um 4%, um exponentiellen Zuwachs um 5% oder um keinen exponentiellen Zuwachs? Begründe.

a)

| **Jahr** | 2014 | 2015 | 2016 | 2017 |
|---|---|---|---|---|
| **Euro** | 75 000 | 78 750 | 82 687,50 | 86 821,88 |

b)

| **Jahr** | 2014 | 2015 | 2016 | 2017 |
|---|---|---|---|---|
| **Euro** | 82 000 | 85 280 | 88 691,20 | 92 238,85 |

**4** Was liegt vor: eine exponentielle Abnahme um 5 %, eine exponentielle Abnahme um 4 % oder keine exponentielle Abnahme?

a)

| **Jahr** | 2014 | 2015 | 2016 | 2017 |
|---|---|---|---|---|
| **Euro** | 36 000 | 34 200 | 33 470 | 30 104 |

b)

| **Jahr** | 2014 | 2015 | 2016 | 2017 |
|---|---|---|---|---|
| **Euro** | 32 000 | 30 720 | 29 491,20 | 28 311,55 |

**5** Übertrage die Tabelle unten viermal in dein Heft und ergänze sie mit …

a) einer exponentiellen Zunahme um 5 %.
b) einer exponentiellen Zunahme um 6 %.
c) einer exponentiellen Abnahme um 3 %.
d) einer exponentiellen Abnahme um 12 %.

| **Jahr** | 2014 | 2015 | 2016 | 2017 |
|---|---|---|---|---|
| **Euro** | 55 000 | | | |

**6** Ergänze die Tabelle im Heft. Trage die Punkte anschließend in ein Koordinatensystem ein und verbinde sie zu einem Graphen.

a) Zunahme um jährlich 20 %

| **Jahr** | 2014 | 2015 | 2016 | 2017 | 2018 |
|---|---|---|---|---|---|
| **Absatz** | 50 | | | | |

b) Abnahme um jährlich 20 %

| **Jahr** | 2014 | 2015 | 2016 | 2017 | 2018 |
|---|---|---|---|---|---|
| **Absatz** | 100 | | | | |

**7** Ein Kapital von 5000 € wird mit 3 % pro Jahr verzinst. Jährlich werden die Zinsen gutgeschrieben und bleiben auf dem Konto.

| **Zeitpunkt** | **Kapital** |
|---|---|
| zu Beginn | 5000 € |
| nach 1 Jahr | 5150 € |
| nach 2 Jahren | |
| nach 3 Jahren | |
| … | |

a) Wie lautet der Wachstumsfaktor $q$?
b) Wie hoch ist das Kapital nach 5 Jahren? Ergänze die Tabelle im Heft.
c) Auf welchen Betrag ist das Kapital nach 10 Jahren angewachsen? Gib den Term zur Berechnung an und berechne in einem Schritt.
d) Stelle den Zuwachs des Kapitals in einem Koordinatensystem dar. Beachte die Hilfe in der Randspalte.
e) Angenommen, die Zinsen wären jedes Jahr ausgezahlt worden. Wie viel weniger Zinsen wären es nach 10 Jahren gewesen?

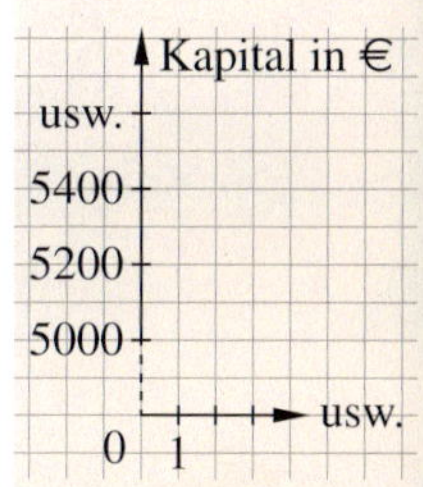

## Methode: Berechnung des Wachstumsfaktors $q$ und des Ausgangswerts $w_0$

Für jeden exponentiellen Wachstumsprozess gilt: $w_1 = w_0 \cdot q$
Dabei steht $w_0$ für den Ausgangswert und $w_1$ für den folgenden Wert.

Wenn für einen Wachstumsprozess zwei aufeinanderfolgende Werte gegeben sind, so kann man daraus den Wachstumsfaktor $q$ errechnen. Dazu setzt man die bekannten Werte in die Formel ein und löst nach $q$ auf.

**BEISPIEL 1**
Gegeben: $w_0 = 25\,000$ € und $w_1 = 26\,250$ €
Dann ist $26\,250\text{ €} = 25\,000\text{ €} \cdot q \quad |: 25\,000\text{ €}$
$1{,}05 = q$ Es gab also eine Zunahme um 5 %.

Ebenso kann man den Ausgangswert $w_0$ berechnen, wenn $q$ und $w_1$ bekannt sind.

**BEISPIEL 2**
Gegeben: $w_1 = 32\,400$ Verkäufe, Wachstumsfaktor $q = 0{,}9$ (also eine Abnahme)
Dann ist $32\,400 = w_0 \cdot 0{,}9 \quad |: 0{,}9$
$36\,000 = w_0$ Im Vorjahr gab es noch 36 000 Verkäufe.

## Weiterführende Aufgaben

**8** Mit Wachstumsraten kann man berechnen, wie viele Menschen in einem Land oder weltweit in Zukunft leben werden.
In Deutschland liegt die jährliche Wachstumsrate bei −0,17 % (Stand 2016).
a) Gib den Wachstumsfaktor $q$ an.
b) Nach diesen Berechnungen leben 2017 ca. 82,2 Mio. Menschen in Deutschland. Wie viele waren es in 2016?

**9** Mitte 2016 lebten in Äthiopien 101,7 Mio. Menschen. Ein Jahr davor waren es 99,6 Mio. Menschen.
Welcher Wachstumsfaktor $q$ ergibt sich?
Wie hoch ist die Wachstumsrate in %?
Beschreibe, wie man beides berechnet.

**10** Auf ein Konto wurden 3400 € eingezahlt. Nach einem Jahr sind daraus 3453,04 € geworden.
a) Ermittle den Wachstumsfaktor $q$ und den Zinssatz.
b) Wie viel Geld wäre nach drei weiteren Jahren auf dem Konto?

**11** Laut Angabe der „Deutschen Stiftung Weltbevölkerung" lebten 2016 auf der Erde ca. 7,418 Mrd. Menschen. Die jährliche Wachstumsrate betrug ca. 1,2 %.
a) Wie viele Menschen leben nach diesen Zahlen 2017 (2020, 2025) auf der Erde?
b) Wie viele Menschen waren es nach diesen Zahlen im Jahr 2000?

**12** Ein Stahlblock wird zur Bearbeitung auf eine Temperatur von 950 °C erhitzt.
Er kühlt stündlich um den gleichen prozentualen Anteil ab. Nach einer Stunde hat er noch eine Temperatur von 779 °C.
a) Berechne den Wachstumsfaktor $q$.
b) Welche Temperatur hat der Stahlblock nach fünf Stunden?
c) Nach wie vielen Stunden hat der Stahlblock Zimmertemperatur?
Löse durch Probieren.

**13** Im Jahr 2016 lebten in China 1,379 Mrd. Menschen, im Jahr 2006 waren es 1,314 Mrd. Wie hoch war der jährliche Wachstumsfaktor?

# Wachstumsarten untersuchen

## Erforschen und Entdecken

**1** Übertrage die vier Tabellen in dein Heft. Berechne die fehlenden Werte im Kopf und notiere die Ergebnisse.

① 

| $2 \cdot 0$ | $2 \cdot 1$ | $2 \cdot 2$ | $2 \cdot 3$ | $2 \cdot 4$ | $2 \cdot 5$ | $2 \cdot 6$ | $2 \cdot 7$ |
|---|---|---|---|---|---|---|---|
| | | | | | | | |

② 

| $0^2$ | $1^2$ | $2^2$ | $3^2$ | $4^2$ | $5^2$ | $6^2$ | $7^2$ |
|---|---|---|---|---|---|---|---|
| | | | | | | | |

③ 

| $2^0$ | $2^1$ | $2^2$ | $2^3$ | $2^4$ | $2^5$ | $2^6$ | $2^7$ |
|---|---|---|---|---|---|---|---|
| | | | | | | | |

④ 

| $\left(\frac{1}{2}\right)^0$ | $\left(\frac{1}{2}\right)^1$ | $\left(\frac{1}{2}\right)^2$ | $\left(\frac{1}{2}\right)^3$ | $\left(\frac{1}{2}\right)^4$ | $\left(\frac{1}{2}\right)^5$ | $\left(\frac{1}{2}\right)^6$ | $\left(\frac{1}{2}\right)^7$ |
|---|---|---|---|---|---|---|---|
| | | | | | | | |

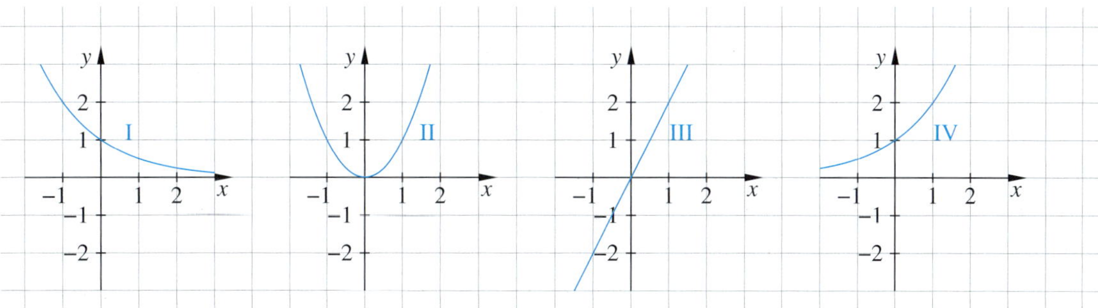


a) Ordne den Tabellen die verschiedenen Funktionsvorschriften aus der Randspalte und die zugehörigen Funktionsgraphen zu.
b) Beschreibe den Verlauf der einzelnen Funktionsgraphen im Vergleich zueinander.
c) Ist der Verlauf in den Funktionsvorschriften schon erkennbar? Begründe.

**127-1**
Hier findest du ein Arbeitsblatt mit den vier Tabellen zum Ausducken.

$f(x) = 2^x$
$f(x) = 2x$
$f(x) = \left(\frac{1}{2}\right)^x$
$f(x) = x^2$

**2** Die Grafik zeigt die Entwicklung des genutzten Datenvolumens im Mobilfunk in Deutschland von 2008 bis 2015.
a) In welchem Jahr lag der größte Zuwachs in Prozent vor?
b) Wann war der zahlenmäßig größte (geringste) Zuwachs zu verzeichnen?
c) Bestimme die absoluten (also zahlenmäßigen) Zuwächse von 2010 bis 2011 und von 2014 bis 2015.
Vergleiche die Angaben in Prozent mit den absoluten Zahlen.
Was fällt dir auf?
Welche Angaben hältst du für aussagekräftiger? Diskutiert untereinander und begründet eure Meinungen.

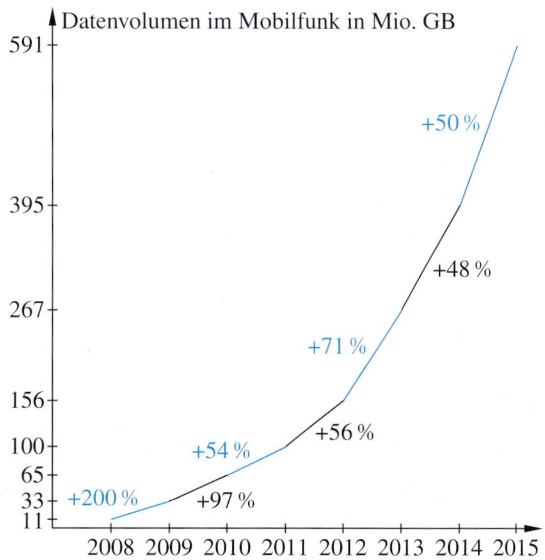

## Lesen und Verstehen

Eine Firma stellt ihre Jahresumsätze in einem Diagramm dar. So erkennt man leicht Zuwächse (positives Wachstum) und Abnahmen (negatives Wachstum). Im Diagramm stehen die Umsätze in absoluten Zahlen.

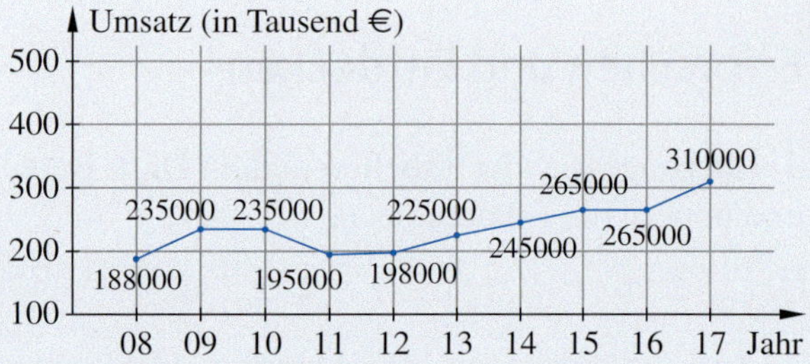


Bei **positivem Wachstum** (Zunahme) ist (in gleichen Zeitspannen) der folgende Wert immer größer als der vorherige Wert.
$x_1 < x_2$ (Jahr) und $f(x_1) < f(x_2)$ (Umsatz)

Bei **negativem Wachstum** (Abnahme) ist (in gleichen Zeitspannen) der folgende Wert immer kleiner als der vorherige Wert.
$x_1 < x_2$ (Jahr) und $f(x_1) > f(x_2)$ (Umsatz)

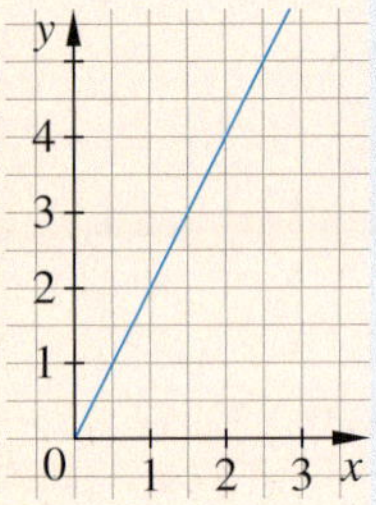


**Lineares Wachstum** liegt vor, wenn sich in gleichen Zeitspannen der folgende Wert immer um den gleichen Wert $m$ verändert.
Für $m > 0$ handelt es sich um positives lineares Wachstum (lineare Zunahme).
Für $m < 0$ handelt es sich um negatives lineares Wachstum (lineare Abnahme).

Lineares Wachstum lässt sich durch eine Funktion der Form $f(x) = m \cdot x + w_0$ beschreiben. Dabei ist $w_0$ der Ausgangswert zu Beginn des Wachstumsprozesses.

**BEISPIEL 1**
Von 2013 bis 2015 liegt (positives) lineares Wachstum vor. Der Umsatz der Firma stieg pro Jahr um $m = 20\,000$ €.
Dabei wird der Umsatz im Jahr 2013 als Ausgangswert festgesetzt, also ist hier $w_0 = 225\,000$ €.
$f(0) = 20\,000\,€ \cdot 0 + 225\,000\,€ = 225\,000\,€$
$f(1) = 20\,000\,€ \cdot 1 + 225\,000\,€ = 245\,000\,€$
$f(2) = 20\,000\,€ \cdot 2 + 225\,000\,€ = 265\,000\,€$
(neuer Wert = Zuwachs · Jahre + Ausgangswert)

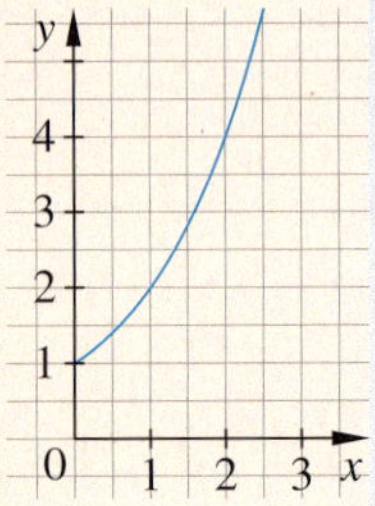


Beim **exponentiellen Wachstum** werden die Zu- oder Abnahmen in % angegeben. Zur Berechnung nachfolgender Werte wird ein alter Wert mit dem Wachstumsfaktor mit entsprechendem Exponenten multipliziert:
$w_x = w_0 \cdot q^x$

**BEISPIEL 2**
In den nächsten vier Jahren erwartet die Firma jährlich 8 % mehr Umsatz:
$w_{2021} = 310\,000\,€ \cdot 1{,}08^4 = 421\,752\,€$
Von 2010 auf 2011 gab es einen Rückgang um etwa 17 %. Es gilt:
$235\,000\,€ \cdot 0{,}83 \approx 195\,000\,€$

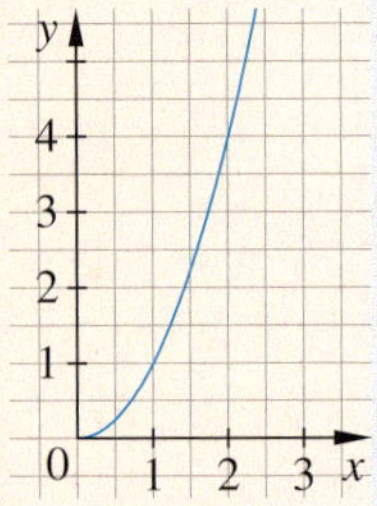


**Quadratisches Wachstum** lässt sich durch eine Funktion der Form $f(x) = a \cdot x^2$ beschreiben.
Für $a > 0$ handelt es sich um eine quadratische Zunahme.
Für $a < 0$ handelt es sich um eine quadratische Abnahme.

**BEISPIEL 3**
Als die Firma gegründet wurde, war zunächst ein Mitarbeiter beschäftigt. Im zweiten Jahr waren es schon vier. Im dritten Jahr hatte die Firma neun Mitarbeiter.
In diesem Fall ist $a = 1$.

Um lineares und quadratisches Wachstum zu erkennen, untersucht man die absoluten Zahlen. Um exponentielles Wachstum zu erkennen, untersucht man die prozentualen Veränderungen.

## Basisaufgaben

**1** Betrachte die Diagramme.

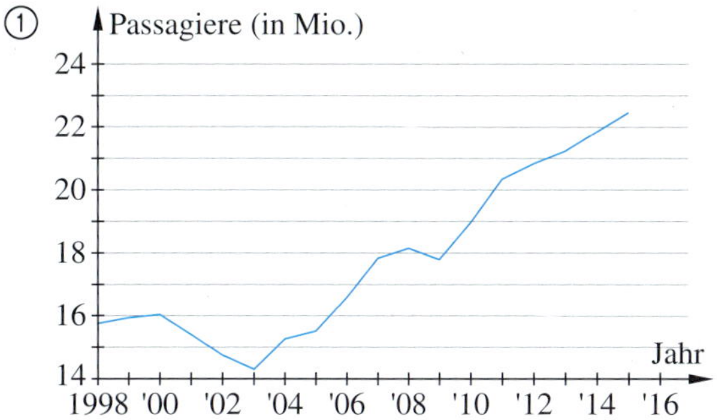


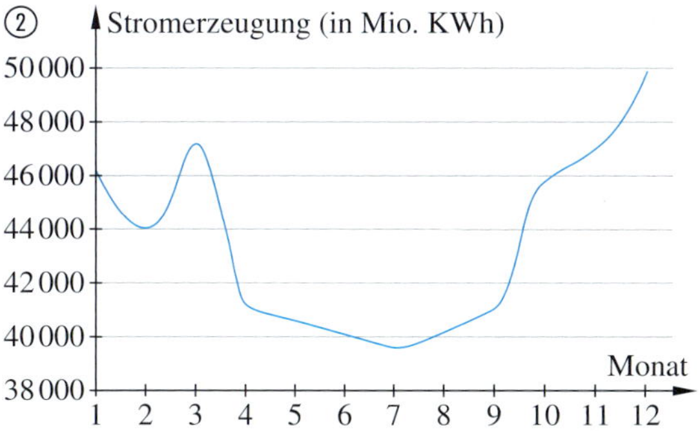


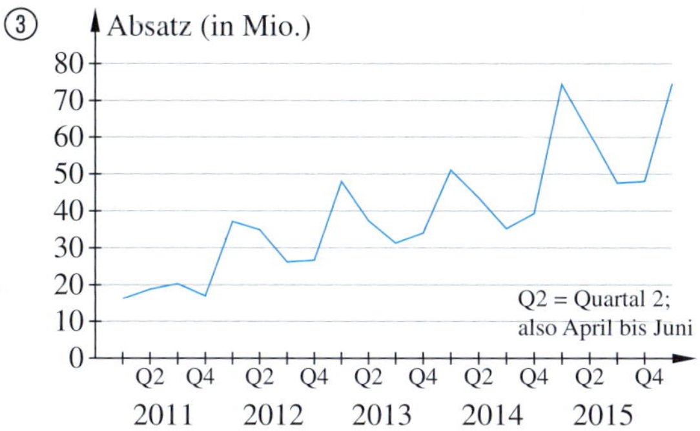


a) Beantworte für jedes Diagramm: In welchen Zeiträumen liegt negatives Wachstum vor?

b) Betrachte die Diagramme ① und ②. Gib an, in welchen Teilbereichen lineares Wachstum vorliegt.

c) Wähle ein Diagramm aus und finde mögliche Ursachen für den Zuwachs bzw. die Abnahme der Werte.

**2** Welche Funktionsvorschriften führen auf lineares, welche auf exponentielles und welche auf quadratisches Wachstum?

a) $f_1(x) = 3x^2$
b) $f_2(x) = 2x$
c) $f_3(x) = 1{,}4^x$
d) $f_4(x) = (x-5)^2 - 2$
e) $f_5(x) = 0{,}6^x$
f) $f_6(x) = -2x + 7$

**3** Welche Tabelle zeigt lineare Zunahme bzw. lineare Abnahme? Welche Tabellen zeigen eine exponentielle Entwicklung?

a)

| Jahr | 2014 | 2015 | 2016 | 2017 |
|---|---|---|---|---|
| Betrag in € | 65000 | 75000 | 85000 | 95000 |

b)

| Jahr | 2014 | 2015 | 2016 | 2017 |
|---|---|---|---|---|
| Betrag in € | 65000 | 71500 | 78650 | 86515 |

c)

| Jahr | 2014 | 2015 | 2016 | 2017 |
|---|---|---|---|---|
| Betrag in € | 65000 | 58500 | 52650 | 47385 |

d)

| Jahr | 2014 | 2015 | 2016 | 2017 |
|---|---|---|---|---|
| Betrag in € | 65000 | 55000 | 45000 | 35000 |

**4** Erstelle vier Tabellen wie in Aufgabe 3. Starte jeweils mit 50000 € und trage ein:

a) linearer Zuwachs um 5000 €
b) lineare Abnahme um 5000 €
c) exponentieller Zuwachs um 5 %
d) exponentielle Abnahme um 5 %

**5** Übertrage die Tabellen in dein Heft, ergänze sie und zeichne jeweils die zugehörigen Graphen direkt darunter. Ordne dann die Begriffe aus der Randspalte den Graphen und Wertetabellen zu.

a)

| $x$ | 0 | 1 | 2 | 3 | 4 |
|---|---|---|---|---|---|
| $f(x) = x^2$ | | | | | |

b)

| $x$ | 0 | 1 | 2 | 3 | 4 |
|---|---|---|---|---|---|
| $f(x) = 2 \cdot 1{,}2^x$ | | | | | |

c)

| $x$ | 0 | 1 | 2 | 3 | 4 |
|---|---|---|---|---|---|
| $f(x) = -2x$ | | | | | |

d)

| $x$ | 0 | 1 | 2 | 3 | 4 |
|---|---|---|---|---|---|
| $f(x) = 10 \cdot 0{,}7^x$ | | | | | |

e)

| $x$ | 0 | 1 | 2 | 3 | 4 |
|---|---|---|---|---|---|
| $f(x) = -2x^2$ | | | | | |

exponentielles Wachstum

lineares Wachstum

positives Wachstum

quadratisches Wachstum

negatives Wachstum

## Weiterführende Aufgaben

**6** Auf einem Sommerfest wird Kiba für 2 € pro Glas verkauft. Die Gäste bestellen unterschiedlich viele Gläser. $x$ steht für die Anzahl der Gläser.

a) Die Funktionsgleichung für den Preis lautet: $f(x) = 2x$. Um was für eine Funktion handelt es sich?

b) Zeichne ein Säulendiagramm zu dieser Gleichung für $x = 0; 1; \ldots; 10$.

c) Gib den Zuwachs der Säulen jeweils in Prozent an. Was fällt dir auf?

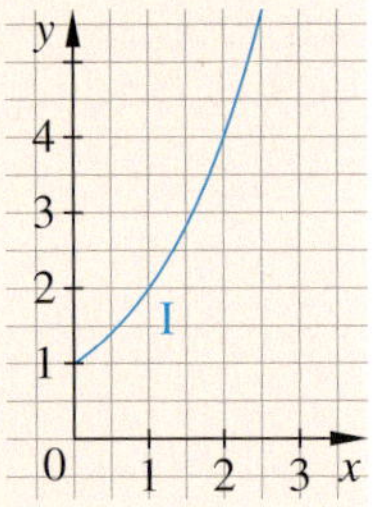


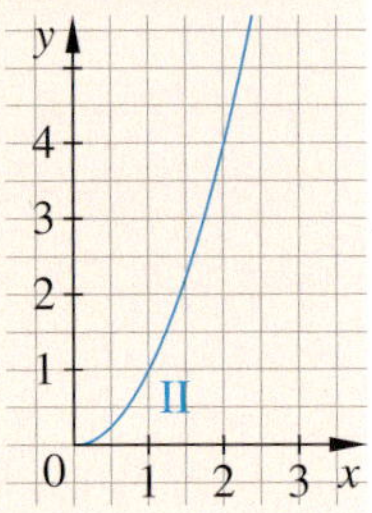


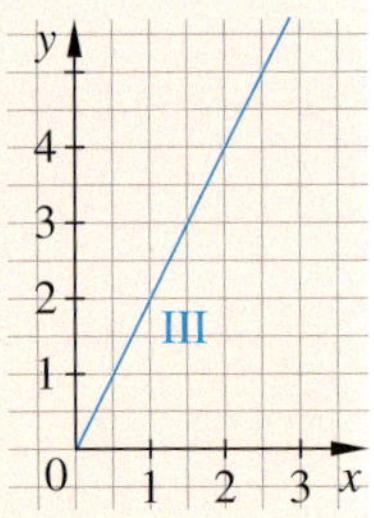


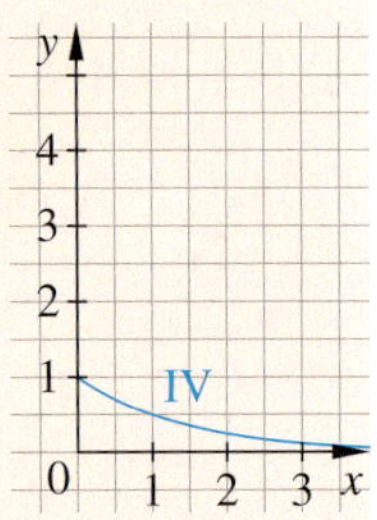


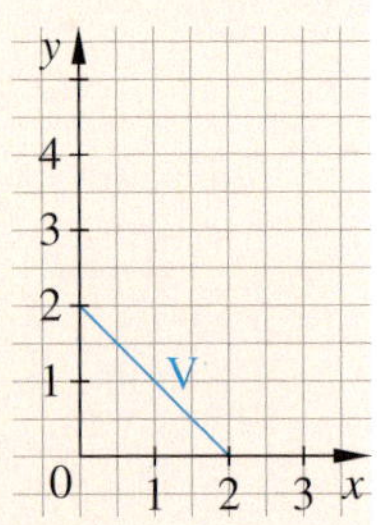


**7** Ordne die Begriffe lineares, quadratisches oder exponentielles Wachstum zu.

a) Eine Schale Erdbeeren kostet 2,50 €. David kauft drei Schalen.

b) Für 2000 € Kapital bekommt man im ersten Jahr Zinsen in Höhe von 40 €. Im zweiten Jahr sind insgesamt 80,80 € Zinsen auf dem Konto. Im dritten Jahr betragen die gesamten Zinsen 122,42 €.

c) Aylin und Vera sind an der Nordsee im Urlaub und liegen am Strand. Aylin baut eine Sandburg. Für die ersten 10 cm Höhe benötigt sie eine Minute. Um die Burg 20 cm hoch zu bauen, braucht sie insgesamt 4 Minuten. Nach 9 Minuten ist die Burg 30 cm hoch.

d) Eine Kerze brennt über 12 Stunden, bis sie von alleine erlischt.

**8** Verfasse einen Eintrag in deinem Lerntagebuch zu verschiedenen Wachstumsarten. Stelle dazu lineares, quadratisches und exponentielles Wachstum einander gegenüber.

a) Nenne jeweils ein Beispiel und stelle die typischen Eigenschaften anschaulich dar.

b) Ordne die fünf Graphen aus der Randspalte der jeweiligen Wachstumsart zu.

c) Bei welchen Graphen bzw. Bereichen handelt es sich um negatives, bei welchen um positives Wachstum?

**9** Starte bei 5000. Welcher Wert wird nach fünf Schritten erreicht? Rechne in einem Schritt und notiere jeweils die zugehörige Rechnung.

a) lineare Abnahme um je 55

b) prozentuale Zunahme um je 7 %

c) prozentuale Abnahme um je 4,5 %

d) lineare Zunahme um je 260

**10** Anfang des Jahres 2014 begann die Ausbreitung des Ebola-Fiebers in mehreren Staaten Westafrikas. Bereits Ende Oktober überstieg die Zahl der Ebola-Kranken die Marke von 10 000. Nach Angaben der Welt-Gesundheitsorganisation WHO verdoppelte sich die Zahl der Ebola-Infektionsfälle alle drei bis vier Wochen.

Die Tabelle gibt die Zahl der Infektionsfälle von Mai bis September 2014 an:

| Monat | Mai | Juni | Juli | Aug. | Sept. |
|---|---|---|---|---|---|
| Zahl der Infektionsfälle | 239 | 418 | 760 | 1711 | 4293 |

a) Stelle die Daten aus der Tabelle in einem Koordinatensystem dar.

b) Selina behauptet, dass die Zahl der Ebola-Infektionsfälle exponentiell wächst. Stimmt das? Begründe.

c) Die Punkte (5|239) und (8|1711) liegen auf dem Graphen einer Exponentialfunktion. Berechne den Wachstumsfaktor und den Anfangswert. Gib die Funktionsvorschrift an.

d) Prognostiziere mit Hilfe der Vorschrift aus c) die Zahl der Infektionsfälle für Oktober, November und Dezember.

# Bakterienwachstum und radioaktiver Zerfall

## Erforschen und Entdecken

**1** Betrachte die Kärtchen und kläre Begriffe, die dir unbekannt sind.

verdoppeln

Radioaktivität

$f(x) = w_0 \cdot 2^x$

Zerfall

Halbwertszeit

halbieren

Wachstum

Escherichia coli

alt neu

$f(x) = w_0 \cdot 0{,}5^x$

Bakterien

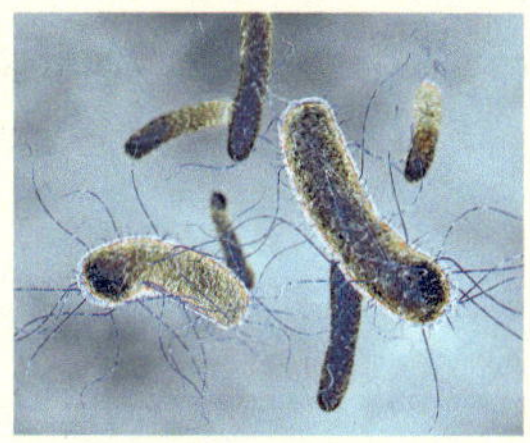

Verdopplungszeit

Uran

Zellteilung

Isotope

a) Ordne die Begriffe in zwei Gruppen an.
b) Beschreibe die beiden Gruppen, die du gebildet hast. Versuche, die Zusammenhänge innerhalb der beiden Gruppen zu erklären.
c) Beschreibe, was die jeweilige Funktionsgleichung aussagt.

**2** *Rätselfrage:* Auf einem See wachsen Seerosen, die ihre Anzahl jährlich verdoppeln. Nach acht Jahren ist der halbe See zugewachsen.
Wie lange dauert es noch, bis der ganze See damit bedeckt ist?
Die meisten Leute beantworten die Frage folgendermaßen: „In weiteren acht Jahren ist der See zugewachsen."
a) Wie lautet die richtige Antwort?
b) Wo ist der Denkfehler bei der oben genannten Antwort?
c) Gib eine Funktionsgleichung an, mit der dieses Phänomen berechnet werden kann, wenn zu Beginn 1 $m^2$ mit Seerosen bedeckt ist.
Wofür stehen $x$ und $f(x)$ in der Gleichung?
d) Wie viele Quadratmeter waren nach drei Jahren bedeckt?
e) Wie groß ist die Gesamtfläche des Sees?

**3** Untersuche die beiden Funktionen $f(x) = 2^x$ und $g(x) = 0{,}5^x$.
a) Lege für $f(x)$ und $g(x)$ jeweils eine Wertetabelle an. Setze auch negative $x$-Werte ein.
b) Zeichne die zugehörigen Funktionsgraphen in ein gemeinsames Koordinatensystem. Vergleiche den Verlauf der beiden Graphen miteinander.
c) Überprüfe deine Zeichnung mit Hilfe eines Funktionenplotters.

**131-1**
Unter dem Webcode findest du die Kärtchen auf einem Arbeitsblatt zum Ausschneiden.

## Lesen und Verstehen

Bakterienwachstum und radioaktiver Zerfall lassen sich durch spezielle Exponentialfunktionen beschreiben. Diese Exponentialfunktionen zeichnen sich durch ihren Wachstumsfaktor $q$ aus.

**BEACHTE**
Salmonellen sind Bakterien. Sie kommen z. B. in rohen Eiern oder abgestandenem Wasser vor und können Krankheiten hervorrufen.

Viele Bakterien bestehen aus nur einer Zelle. Bei der Vermehrung teilt sie sich in zwei Zellen. Teilung und Zellwachstum dauern je nach Bakterienart eine bestimmte Zeit.
Diese Zeitspanne nennt man Verdopplungszeit.

Nach jeder Verdopplungszeit hat sich die Anzahl der Bakterien verdoppelt.
Die zugehörige Funktionsgleichung lautet
$f(x) = w_0 \cdot 2^x$.
Der Wachstumsfaktor ist $q = 2$.
Der Exponent $x$ gibt die Anzahl der Verdopplungszeiten an.
$w_0$ ist der Anfangswert für $x = 0$.

**BEISPIEL 1**
Salmonellen verdoppeln sich ca. alle 20 min.
Ihre Anzahl nimmt exponentiell zu.

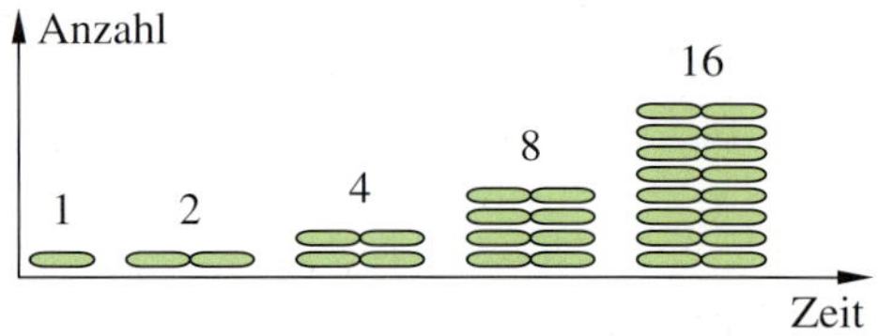


In einer Speiseprobe wurden zu Beginn einer Untersuchung 120 Salmonellen gefunden.
Die Tabelle zeigt, wie die Salmonellenanzahl zu einer bestimmten Zeit berechnet werden kann.

| Zeit (in min) | −40 | −20 | 0 | 20 | 40 | 50 |
|---|---|---|---|---|---|---|
| Anzahl der Verdopplungszeiten $x$ | $\frac{-40}{20} = -2$ | $-1$ | $0$ | $1$ | $2$ | $2{,}5$ |
| Bakterienzahl $f(x) = 120 \cdot 2^x$ | $f(-2) = 120 \cdot 2^{-2} = 30$ | $f(-1) = 120 \cdot 2^{-1} = 60$ | $f(0) = 120 \cdot 2^0 = 120$ | $f(1) = 120 \cdot 2^1 = 240$ | $f(2) = 120 \cdot 2^2 = 480$ | $f(2{,}5) = 120 \cdot 2^{2{,}5} = 679$ |

Radioaktive Stoffe wandeln sich in andere Stoffe um. Dabei zerfallen ihre Atomkerne durch Strahlung nach einer bestimmten Zeit. Diese Zeitspanne nennt man Halbwertszeit.

Nach jeder Halbwertszeit hat sich die Anzahl der radioaktiven Atomkerne halbiert. Die zugehörige Funktionsgleichung lautet $f(x) = w_0 \cdot 0{,}5^x$.
Der Wachstumsfaktor ist 0,5.
$x$ gibt die Anzahl der Halbwertszeiten an.

**BEISPIEL 2**
Nach 10 min gibt es nur noch die Hälfte der Atomkerne von $^{13}N$.
Ihre Anzahl nimmt exponentiell ab.

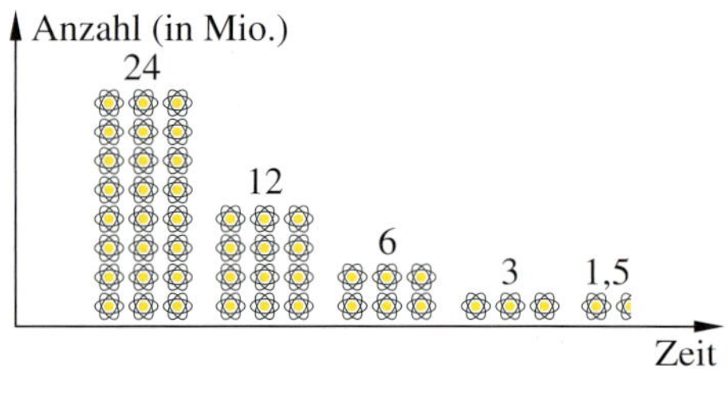


Zu Beginn einer Messung liegen 6 g radioaktiver Stickstoff $^{13}N$ vor. Die Atomkerne von $^{13}N$ zerfallen. Somit nimmt die Masse des radioaktiven Stickstoffs wie in der Tabelle ab.

| Zeit (in min) | −20 | −10 | 0 | 10 | 20 | 25 |
|---|---|---|---|---|---|---|
| Anzahl der Halbwertszeiten $x$ | $\frac{-20}{10} = -2$ | $-1$ | $0$ | $1$ | $2$ | $2{,}5$ |
| Masse (in g) $f(x) = 6 \cdot 0{,}5^x$ | $f(-2) = 6 \cdot 0{,}5^{-2} = 24$ | $f(-1) = 6 \cdot 0{,}5^{-1} = 12$ | $f(0) = 6 \cdot 0{,}5^0 = 6$ | $f(1) = 6 \cdot 0{,}5^1 = 3$ | $f(2) = 6 \cdot 0{,}5^2 = 1{,}5$ | $f(2{,}5) = 6 \cdot 0{,}5^{2{,}5} \approx 1{,}1$ |

## Basisaufgaben

**1** Das radioaktive Element Protactinium hat eine Halbwertszeit von ca. 1 min.

a) Stelle die Anzahl der radioaktiven Atomkerne für die ersten 7 Minuten in einem Diagramm dar. Beginne bei 1000 Atomkernen.

b) Wie groß ist die Wachstumsrate $q$ pro Minute?

c) Wie viele Atomkerne liegen nach 8 min (10 min) noch vor?

**2** Die Verdopplungszeit des Bakteriums *Treponema pallidum* liegt je nach äußeren Faktoren zwischen 4 und 18 Stunden.
Zu Beginn der Messung liegen 23 Erreger vor. Stelle das Anwachsen der Anzahl der Bakterien bis fünf Verdopplungszeiten nach Beginn in einer Tabelle dar.

**3** Der Erreger *Mycobacterium tuberculosis* kann beim Menschen, aber auch bei Tieren die Lungenkrankheit Tuberkulose hervorrufen.
Die Vermehrung dauert bei dieser Bakterienart relativ lange. Die Verdopplungszeit beträgt 18 Stunden.

a) In einer Probe wurden 44 Erreger gezählt. Lege eine Tabelle an und trage die Anzahl der Bakterien nach den ersten drei Verdopplungszeiten ein.

b) Wie viele Erreger enthielt die Probe zwei (fünf) Verdopplungszeiten vor Beginn der Messung?

c) Informiere dich über die Krankheit und ihre Verbreitung. In welchen Ländern tritt sie noch auf? Was wird getan, um eine Ausbreitung zu verhindern?

## Weiterführende Aufgaben

**4** Eines der am besten erforschten Lebewesen ist das Bakterium *Escherichia coli* (*E. coli*). *E. coli* ist ein natürlicher Darmbewohner, kann aber auch Erkrankungen hervorrufen. *E. coli* verdoppelt sich nach 20 min. Eine Probe mit *E.coli*-Bakterien wird im Labor untersucht. Nach drei Stunden befinden sich 768 000 Bakterien in der Probe.

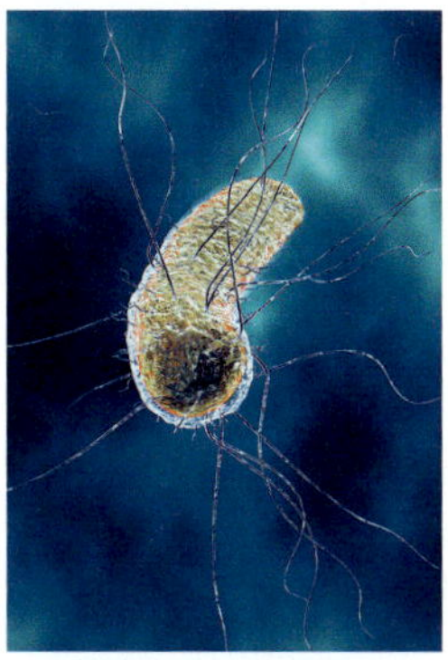

a) Wie viele Bakterien waren es zu Untersuchungsbeginn?

b) Wie viele waren es $1\frac{1}{2}$ Stunden vor Untersuchungsbeginn?

c) Wie viele Bakterien enthält die Probe 24 Stunden nach Untersuchungsbeginn? Gehe davon aus, dass genügend Nährstoffe für die Bakterien vorhanden sind.

d) Wie viel Zeit ist ungefähr vergangen, wenn die Bakterienzahl 10 000 überschreitet? Schätze ab.

**5** Milchsäurebakterien sind in Milchprodukten wie z. B. Joghurt oder Käse zu finden. Sie bewirken, dass die Milch sauer wird. Je nach Temperatur liegen ihre Verdopplungszeiten zwischen 20 min und 60 min.

a) Wie viele Bakterien sind nach zwei (zwölf) Stunden aus einem einzigen Bakterium entstanden? Berechne die Anzahl der Bakterien bei einer Verdopplungszeit von 40 min.

b) Wie hoch ist die Bakterienzahl nach acht Stunden bei einer Verdopplungszeit von 50 min? Beschreibe, wie du den Exponenten ermittelst.

**6** Zu Beginn einer Messung liegen 5 g radioaktives Francium $^{223}Fr$ vor. Die Halbwertszeit von $^{223}Fr$ beträgt ca. 22 min.

a) Wie viel Gramm $^{223}Fr$ enthält die vorliegende Probe nach 110 min?

b) Auf wie viel Gramm hat sich die Masse nach fünf Stunden reduziert? Schreibe die zugehörige Funktionsgleichung auf.

# Altersbestimmung mit Hilfe der Radiocarbon-Methode

Die Höhlenmalereien im Hintergrund stammen aus den Drakensbergen in Südafrika.

Die Eigenschaften von radioaktivem Kohlenstoff werden in der Archäologie zur Altersbestimmung genutzt. Mit Hilfe der sogenannten Radiocarbon-Methode (lat. radio für „strahlen", carboneum für „Kohlenstoff") kann das Alter von Fundstücken berechnet werden. Z. B. ließ sich das Alter der Höhlenmalerei im Hintergrund auf 2000 Jahre berechnen.

Die Radiocarbon-Methode basiert auf den folgenden vier Voraussetzungen:

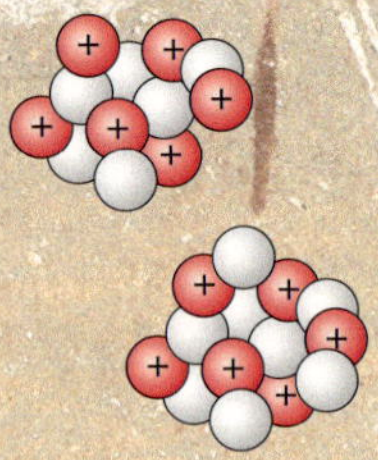

**1. Kohlenstoff (C) liegt in verschiedenen Formen vor**

Jedes C-Atom enthält im Kern sechs positiv geladene Teilchen, die Protonen. Zusätzlich gibt es neutrale Teilchen, die Neutronen. Fast 99 % der C-Atome besitzen sechs Neutronen, es gibt aber auch C-Atome mit z. B. acht Neutronen.
Atomkerne, die sich durch die Anzahl ihrer Neutronen voneinander unterscheiden, nennt man **Isotope**. Sie werden nach der Anzahl ihrer Kernteilchen benannt. Es gibt z. B. $^{12}C$ und $^{14}C$. $^{14}C$ ist radioaktiv. Seine Atomkerne zerfallen und senden dabei Strahlung aus.

**2. $^{12}C$ und $^{14}C$ stehen in einem konstanten Verhältnis zueinander**

Radioaktives $^{14}C$ wird in der Atmosphäre ständig neu gebildet. Es entsteht bei der Reaktion von Luftstickstoff mit Neutronen, die durch kosmische Strahlung freigesetzt werden. Andererseits zerfallen ständig radioaktive $^{14}C$-Kerne. Neubildung und Zerfall gleichen sich aus. Daher ist der Anteil von $^{14}C$ in der Atmosphäre konstant.
Das Verhältnis von $^{14}C$ und $^{12}C$ beträgt ca. $1 : 10^{12}$. Auf ein radioaktives $^{14}C$-Atom kommen also ca. 1 Billion $^{12}C$-Atome. Ein Gramm Kohlenstoff eines Lebewesens enthält ca. $5 \cdot 10^{10}$ $^{14}C$-Atome.

**3. Radioaktives $^{14}C$ ist in allen Kohlenstoffverbindungen enthalten**

$^{14}C$ ist auch ein Bestandteil von Kohlenstoffdioxid ($CO_2$). Grüne Pflanzen nehmen $CO_2$ bei der Fotosynthese aus der Luft auf. Somit enthalten Pflanzen radioaktives $^{14}C$. Über die Nahrungskette wird $^{14}C$ auch von Menschen und Tieren aufgenommen. Aber nicht nur Lebewesen enthalten $^{14}C$, sondern auch alle pflanzlichen und tierischen Produkte.

**4. Die Kohlenstoff-Stoppuhr wird aktiviert**

In einem lebenden Organismus entspricht das Verhältnis zwischen $^{14}C$ und $^{12}C$ genau dem der Atmosphäre. Stirbt das Lebewesen, so wird kein neues $^{14}C$ mehr aufgenommen und die „$^{14}C$-Stoppuhr" beginnt zu laufen. Durch den radioaktiven Zerfall nimmt der Anteil des $^{14}C$ mit der Zeit immer weiter ab. Somit ist der $^{14}C$-Anteil am gesamten Kohlenstoff des Lebewesens ein Maß für den Zeitpunkt des Sterbens. Die Halbwertszeit von $^{14}C$ beträgt ca. 5730 Jahre. Mit der Tabelle kann das Alter von Fundstücken bestimmt werden.

| Zeit in Jahren | 0 | 5730 | 11 460 | 30 000 |
|---|---|---|---|---|
| Anzahl $x$ der Halbwertszeiten | 0 | 1 | 2 | $\frac{30000}{5730} \approx 5{,}24$ |
| Aktivität in %: $f(x) = 100 \cdot 0{,}5^x$ | 100 | $100 \cdot 0{,}5^1 = 50$ | $100 \cdot 0{,}5^2 = 25$ | $100 \cdot 0{,}5^{5,24} = 2{,}65$ |

**1** Das Turiner Grabtuch halten gläubige Katholiken für das Tuch, in dem Jesus nach der Kreuzigung begraben wurde. Mit Hilfe der $^{14}C$-Analyse untersuchten 1988 drei unabhängige Institute aus Zürich, Oxford und Arizona die Echtheit des Tuches.

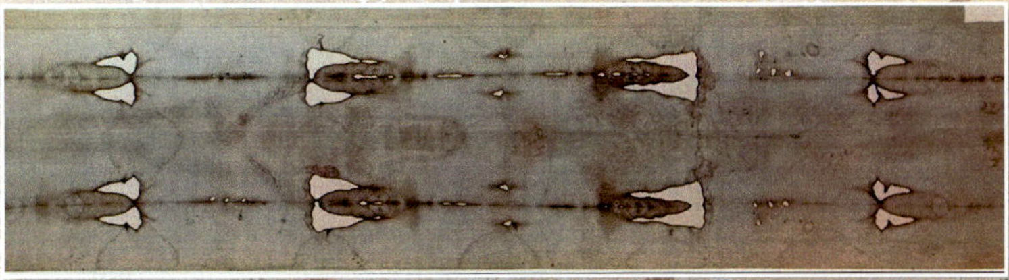

a) Wie hoch hätte die Aktivität des $^{14}C$ in Prozent sein müssen, damit das Tuch tatsächlich ein Grabtuch Jesu hätte sein können?

b) Die drei Institute stellten Aktivitäten von 91,6 %, 93 % und 92,3 % des üblichen Anteils fest. In welchem Jahrhundert muss der Stoff gewebt worden sein?

c) Die erste gesicherte Erwähnung des Grabtuches fällt in das Jahr 1357. Passt dies mit den Untersuchungsergebnissen zusammen?

**2** Nahe der nordrhein-westfälischen Stadt Erkelenz wurde im Jahr 1991 der älteste erhaltene Holzbau der Welt freigelegt. Zum Bau des Brunnens wurde Eichenholz verwendet.
Wissenschaftler ermittelten im Eichenholz mit Hilfe der Radiocarbon-Methode eine Aktivität von 42 % eines noch lebenden Baums.

a) Ermittle durch Probieren, wie viele Halbwertszeiten vergangen sind, seit die Eichen gefällt wurden.

b) In welchem Jahrhundert wurde der Brunnen ungefähr errichtet?

**3** Im Jahr 1991 haben Wanderer in den Ötztaler Alpen eine Gletscherleiche gefunden. Der Fundort brachte der Leiche sehr schnell den Namen Ötzi.
Mit Hilfe der Radiocarbon-Methode wurde das Alter von Ötzi bestimmt. Demnach war der Fund ca. 5200 Jahre alt.

a) Wie viele $^{14}C$-Atome lagen in einem g Kohlenstoff dieses Leichnams noch vor?

b) Wie viele Atome werden noch nach insgesamt 10 000 Jahren vorliegen?

c) Wie alt ist ein Organismus ungefähr, wenn noch 10 % der ursprünglichen $^{14}C$-Atome vorliegen? Erläutere deinen Lösungsweg.

**4** Rechts abgebildet ist der Backenzahn eines Wollhaarmammuts. Die Aktivität des Kohlenstoffs im Zahn wurde in einem Labor untersucht. Das errechnete Alter des Zahns beträgt 20 000 Jahre.

a) Wie hoch war die Aktivität des Kohlenstoffs im Backenzahn im Vergleich zu einem lebenden Zahn?

b) Bestimme die Anzahl der $^{14}C$-Atome, die in 1 g Kohlenstoff, entnommen aus diesem Zahn, noch vorhanden sind.

# Vermischte Übungen

**BEACHTE**
Die Lösungen zu Aufgabe 1 ergeben in der richtigen Reihenfolge den Namen eines Landes. Auf welchem Kontinent liegt dieses Land?
0,015625 (N); 6,25 (O); 960 (A); 125000,125 (M)

**1** Welche Startzahl erfüllt die folgenden Bedingungen?

a) Nach vier Verdopplungen wird 100 erreicht.
b) Nach nur drei Verdopplungen wird die Million um eins überschritten.
c) Nach fünf Halbierungen wird die 30 erreicht.
d) Nach sechs Verdopplungen lautet das Ergebnis 1.

**2** Ergänze jede Tabelle einmal mit linearem und einmal mit exponentiellem Wachstum.

a)

| $x$ | 1 | 2 | 3 | 4 | 5 |
|---|---|---|---|---|---|
| $y$ | 2 | 4 | | | |

b)

| $x$ | 1 | 2 | 3 | 4 | 5 |
|---|---|---|---|---|---|
| $y$ | 10 | 100 | | | |

c)

| $x$ | 1 | 2 | 3 | 4 | 5 |
|---|---|---|---|---|---|
| $y$ | 500 | 450 | | | |

**3** Ein Tagesgeldkonto ist ein verzinstes Konto. Es gibt keine Kündigungsfrist, der Kontoinhaber kann also täglich über sein Guthaben verfügen.
Ein Kapital von 60000 € wird auf einem Tagesgeldkonto angelegt. Der Zinssatz beträgt 3,6 % pro Jahr.
Wie hoch sind die Zinsen insgesamt, wenn das Geld für drei Jahre (fünf Jahre) auf dem Tagesgeldkonto bleibt?

**4** In asiatischen und afrikanischen Ländern ist die Bevölkerungszunahme meist größer als in westlichen Industrieländern. Die höchste Wachstumsrate verzeichnete 2016 der Südsudan mit 4,02 %. Dort lebten zu dieser Zeit 12,043 Mio. Einwohner.

a) Berechne nach diesen Vorgaben die voraussichtliche Bevölkerungszahl für die Jahre 2017 bis 2020 und 2030.
b) Wie viele Menschen lebten nach diesen Zahlen 2006 im Südsudan?

**5** Der folgende Artikel wurde 2008 im Internet veröffentlicht.

### Das magere Autojahr

Im Gesamtjahr 2007 fiel die Nachfrage nach Neuwagen dem Verband [der Automobilindustrie] zufolge in Deutschland um 9 % auf 3,149 Mio. Fahrzeuge. Als Ursachen gelten neben der Mehrwertsteuererhöhung auch die Klimadebatte und die allgemeine Teuerung, speziell die hohen Benzinpreise.

Die Autoindustrie erreichte beim Export und der Produktion dagegen neue Rekordwerte. Drei von vier Autos gehen inzwischen ins Ausland. Im Dezember ging jedoch auch der Export zurück und lag mit 284900 Pkw 2 % unter Vorjahresniveau.

Quelle: manager-magazin.de

a) Suche aus dem Text alle Werte heraus, mit denen sich ein Wachstum berechnen lässt. Ordne ihnen die entsprechenden Fachbegriffe aus diesem Kapitel zu.
b) Gib jeweils den Wachstumsfaktor $q$ an.
c) Gehe von einem gleichbleibenden Rückgang für das nächste Jahr aus und berechne die Anzahl der Neuzulassungen in Deutschland in 2008.
d) Recherchiere im Internet (z. B. beim VDA), ob sich die Anzahl der Neuzulassungen wirklich entwickelt hat wie in c).

**6** In einer Thermoskanne befindet sich heißes Wasser mit einer Temperatur von 85 °C. Stündlich nimmt die Temperatur des Wassers in der Kanne um ca. 5 % ab.

a) Bestimme den Wachstumsfaktor $q$. Stelle eine passende Funktionsgleichung zur Berechnung der Temperatur auf.
b) Welche Temperatur hat das Wasser nach vier Stunden?
c) Bestimme grafisch, wann das Wasser bis auf Raumtemperatur abgekühlt ist.

**7** Wie lautet die Funktionsgleichung zur Temperaturabnahme der Flüssigkeit?

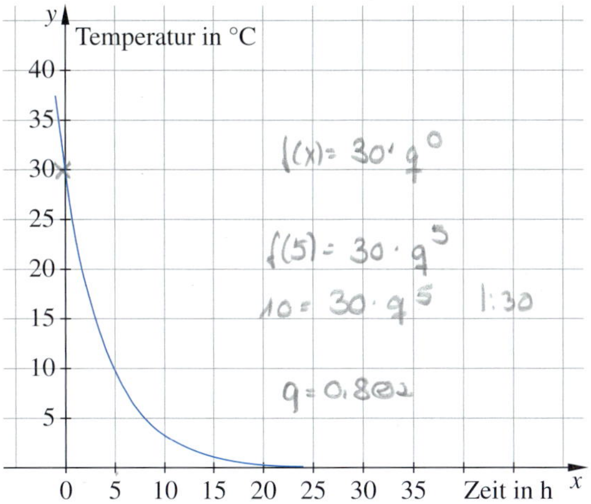


**8** Zu Beginn einer Messung liegen 24 g radioaktives Kupfer $^{64}Cu$ vor.
Übertrage die Tabelle in dein Heft und fülle die entsprechenden Felder aus.

| Zeit (in h) | −26 | −13 | 0 | 13 | 26 | 45 |
|---|---|---|---|---|---|---|
| Anzahl der Halbwertszeiten | | −1 | 0 | | | |
| Masse (in g) | | | 24 | 12 | | |

**9** Eine kleine Tasse Espresso (30 ml) enthält ungefähr 40 mg Koffein. Nach dem Trinken dauert es etwa 45 min, bis die gesamte Koffeinmenge in der Blutbahn aufgenommen ist. Das Koffein wird dann in Stoffwechselprozessen abgebaut. Die biologische Halbwertszeit von Koffein liegt bei gesunden Erwachsenen zwischen 2,5 Stunden und 4,5 Stunden.

a) Berechne die mittlere Halbwertszeit von Koffein im Blutkreislauf. Diese soll für die weiteren Berechnungen zugrunde gelegt werden.
b) Wie viel mg Koffein ist im Körper nach fünf Stunden noch enthalten?
c) Bis zu welcher Uhrzeit kann Espresso getrunken werden, wenn um 22:00 Uhr nur noch 10 mg (15 mg) Koffein im Blut enthalten sein sollen?

**10** Beim Bergsteigen kann man feststellen, dass die Temperatur abnimmt, je höher man kommt. Pro 100 Höhenmeter sinkt die Temperatur um etwa 0,6 °C. Hauptursache dafür ist die Entfernung von der Erdoberfläche, die Wärme speichert und dann wieder ausstrahlt.
a) Stelle die Abnahme der Temperatur im Koordinatensystem bis 1000 m Höhe dar. Die Temperatur auf Meereshöhe (0 m) soll 20 °C betragen.
b) Um welche Art von Wachstum handelt es sich? Begründe.
c) Gib eine Funktionsgleichung an.
d) Auf 1500 m Höhe wird eine Temperatur von 7 °C gemessen. Wie viel Grad Celsius sind es dann in 650 m Höhe?

**11** Führt den Bierschaumversuch in Dreiergruppen durch. Entnehmt das Versuchsmaterial und die Vorbereitung der Randspalte. Tragt eure Messdaten in eine Tabelle ein:

| Zeit (in s) | 0 | 10 | 20 | 30 | 40 | … |
|---|---|---|---|---|---|---|
| Höhe (in cm) | | | | | | |

Wenn ihr soweit vorbereitet seid, gießt das Bier in das Glas. Messt sofort die Höhe der Schaumkrone und wiederholt die Messung in einem Rhythmus von 10 s, bis der Schaum nicht mehr oder fast nicht mehr da ist.

a) Übertragt eure Werte in ein Koordinatensystem. Verbindet die einzelnen Werte zu einem Graphen.
b) Findet eine Funktionsgleichung, die dem Kurvenverlauf annähernd entspricht. Beschreibt euer Vorgehen. Wie seid ihr mit eventuellen Schwierigkeiten umgegangen?
c) Ermittelt für eure Biersorte den Wachstumsfaktor $q$ bezogen auf 10 s.
d) Bestimmt die Halbwertszeit für den Zerfall des Bierschaumes. Vergleicht euren Wachstumsfaktor und eure Halbwertszeit mit anderen Gruppen.

**Versuchsmaterial:**
- verschiedene Sorten alkoholfreies Bier
- ein Bierglas mit zylindrischer Form
- ein langes Lineal
- eine Stoppuhr
- Stift und Papier

**Vorbereitung:**
Verteilt untereinander die Aufgaben „Höhe messen", „Zeit messen" und „Messdaten notieren".

## In der Schuldenfalle

Wenn man bei einer Bank einen Kredit aufnehmen möchte, so prüft die Bank vorher, ob dieser Kredit später auch zurückgezahlt werden kann. Das liegt im Interesse der Bank und es schützt den Kreditnehmer vor zu viel Schulden. Anders bei Ratenkäufen: Dabei vereinbart man z. B. mit einem Technikgeschäft eine Rückzahlung für ein erworbenes Produkt.
Bei solchen Ratenkäufen geht es den Unternehmen vor allem darum, ihre Produkte zu verkaufen. So kann man z. B. einen Fernseher erwerben, ohne dass jemand darauf achtet, ob man die Rückzahlungen überhaupt leisten kann.

Falls die Banken keinen Kredit geben, so kann man sich dennoch bei privaten Anbietern Geld leihen. Private Anbieter nutzen aber unter Umständen eine Notsituation aus und verleihen Geld zu überhöhten Zinsen. Wenn der Zinssatz mindestens doppelt so hoch ist wie marktüblich, dann spricht man von **Wucherzinsen**.

a) Berechne die Jahreszinsen für einen Kredit über 2000 € zu einem Zinssatz von 7,9 %.

b) Ein Kredit über 1500 € zu 7,0 % soll nach einem Jahr abbezahlt sein.
Welche monatliche Rate muss gezahlt werden?

c) Stefan hat für seine erste eigene Wohnung über Ratenkäufe Folgendes angeschafft:
Bett: 349 € zu 1,9 % — Schrank: 269 € zu 1,5 %
Fernseher: 629 € zu 2 % — Hifi-Anlage: 498 € zu 0,7 %
Die Finanzierung läuft über 12 Monate. Wie viel zahlt Stefan insgesamt monatlich?

d) Begründe, warum Möbelhäuser oder Technikgeschäfte bei Ratenkäufen einen günstigeren Zinssatz anbieten als Banken.

e) Frau A nimmt einen Kredit über 5000 € zu einem Zinssatz von 5,9 % auf.
Herr B nimmt einen Kredit über 5000 € zu einem Zinssatz von 11,8 % auf.
Wie viel Zinsen fallen jeweils für ein Jahr an? Vergleiche.

f) Herr C leiht 6000 € zu einem Wucherzinssatz von 13,9 % pro Jahr und zahlt drei Jahre lang nichts zurück. Auf welchen Betrag sind die Schulden dann angewachsen?

g) Beschreibe: Warum kann sich jemand dazu gezwungen sehen, einen Kredit zu einem Wucherzinssatz aufzunehmen?

h) Frau D leiht 8000 € zu einem Wucherzinssatz von 14,5 % pro Jahr und kann nichts zurückzahlen. Wann sind ihre Schulden auf mindestens das Doppelte angewachsen?

i) Max sagt: „Bei einer Null-Prozent-Finanzierung kann es gar nicht zu einer Überschuldung kommen, da ja keine Zinsen gezahlt werden.“
Nimm dazu Stellung und begründe deine Meinung.

# Alles klar?

Entscheide, ob die Aussagen richtig oder falsch sind.
Begründe deine Entscheidung im Heft und korrigiere gegebenenfalls.

## 1 Exponentielles Wachstum

| **Monat** | Oktober | November | Dezember |
|---|---|---|---|
| **Absatz (in €)** | 5,200 Mio. | 5,720 Mio. | 6,292 Mio. |

+ 10 % · 1,1    + 10 % · 1,1

a) In der Tabelle rechts wird eine exponentielle Zunahme dargestellt.

b) Wenn sich der Absatz von Dezember bis Januar weiter so wie in der Tabelle entwickelt, dann wird der Absatz im Januar über 7 Mio. betragen.

c) Unterhalb der Tabelle steht der Wachstumsfaktor $q = 10\,\%$ und die Wachstumsrate $p\,\% = 1{,}1$.

d) In den letzten drei Jahren hat eine Firma jährlich 10 % weniger Umsatz gemacht. Von anfänglich 90 000 € sank der Umsatz in den drei Jahren auf nur noch 65 610 €.

e) Es dauert 25 Jahre, bis sich ein Kapital von 10 000 € bei einem Zinssatz von 2,7 % pro Jahr verdoppelt hat.

f) Im Jahr 2016 leben 208 Mio. Menschen in Brasilien. Im Jahr 2050 werden es 238 Mio. Menschen sein. Der jährliche Wachstumsfaktor $q$ beträgt demnach 1,144.

g) Ende 2016 lebten 38,3 Mio. Menschen in Uganda. Die Wachstumsrate betrug 3,24 %. Also lebten dort fünf Jahre zuvor nur 32,66 Mio. Menschen.

**BEACHTE**
Die Lösungen zu den Aufgaben auf dieser Seite sowie dazu passende Trainingsaufgaben findest du ab Seite 218.

## 2 Wachstumsarten untersuchen

a) Die Graphen in der Randspalte verzeichnen alle eine Zunahme.

b) Bei den Graphen in der Randspalte handelt es sich um exponentielles Wachstum (oben), um lineares Wachstum (mitte) und um quadratisches Wachstum (unten).

c) Bei einer exponentiellen Abnahme verringert sich der Ausgangswert immer um den gleichen Wert.

d) Lässt man ein Kapital zehn Jahre lang auf einem Konto und entnimmt keine Zinsen, so wächst das Kapital quadratisch an.

e) Der Graph zur Funktionsvorschrift $f(x) = 2x$ wächst linear, der Graph zu $g(x) = 300 \cdot 1{,}2^x$ wächst quadratisch und der Graph zu $h(x) = 2x^2$ wächst exponentiell.

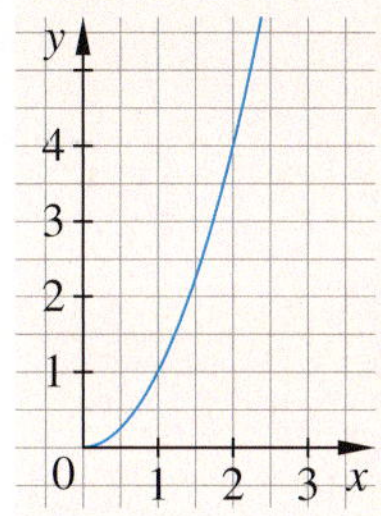


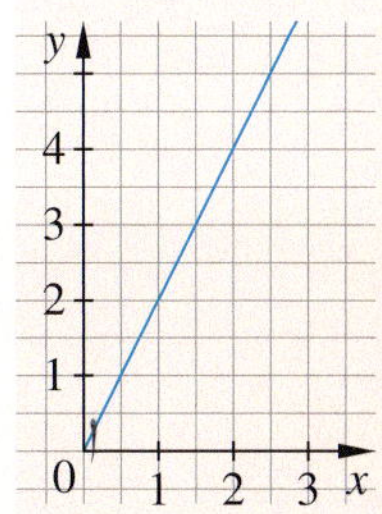


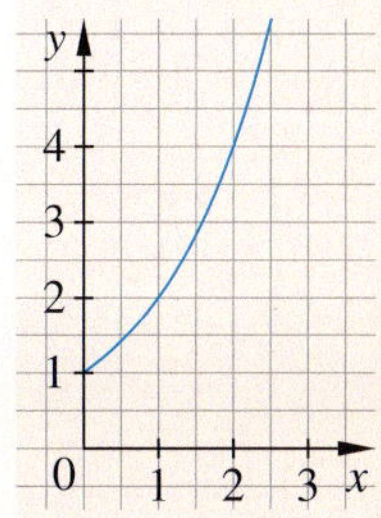


## 3 Bakterienwachstum und radioaktiver Zerfall

a) Berechnet man das Wachstum von Bakterien, so ist der Wachstumsfaktor $q = 0{,}5$. Bei der Berechnung der Anzahl der Atomkerne beim radioaktiven Zerfall ist $q = 2$.

b) Salmonellen haben eine Verdopplungszeit von 20 min. Also sind nach einer Stunde achtmal so viele Erreger in einer Probe wie zu Beginn der Messung.

c) Protactinium zerfällt mit einer Halbwertszeit von etwa 1 min. Wenn zu Beginn einer Messung 5000 Atomkerne vorliegen, so sind es schon nach 5 min nur noch weniger als 500 Atomkerne.

d) Der Graph in der Abbildung könnte das Wachstum eines Bakteriums zeigen.

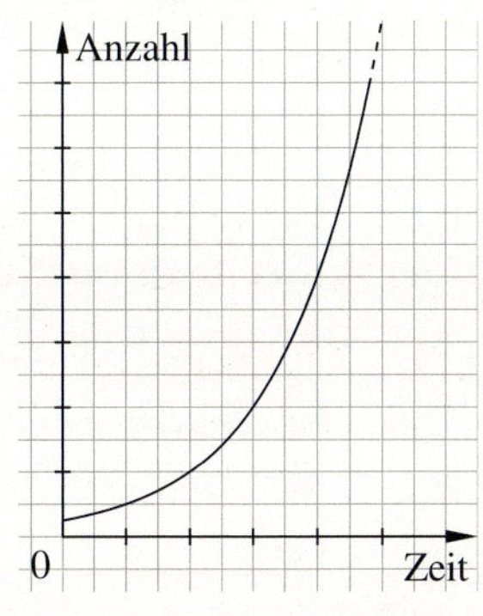

# Zusammenfassung

→ Seite 124

## Exponentielles Wachstum

Wenn sich eine Größe in gleich bleibenden Abständen um einen konstanten Wachstumsfaktor $q$ ändert, so spricht man von exponentiellem Wachstum.
Es gilt:
$w_1 = w_0 \cdot q$
($w_0$ Ausgangswert; $w_1$ folgender Wert; Wachstumsfaktor $q = 1 + p\,\%$ bzw. $1 - p\,\%$)

Wenn für den Wachstumsfaktor $\boldsymbol{q > 1}$ gilt, liegt **exponentielle Zunahme** vor.
Gilt für den Wachstumsfaktor $\boldsymbol{0 < q < 1}$, liegt **exponentielle Abnahme** vor.

exponentielle Zunahme

| **Monat** | September | Oktober | November |
|---|---|---|---|
| **Absatz** | 5,3 Mio. | 6,095 Mio. | 7,009 Mio. |

· 1,15 · 1,15

$w_{Okt} = 5{,}3$ Mio. $\cdot 1{,}15 = 6{,}095$ Mio.

exponentielle Abnahme

| **Monat** | September | Oktober | November |
|---|---|---|---|
| **Absatz** | 89,7 Mio. | 86,11 Mio. | 82,67 Mio. |

· 0,96 · 0,96

$w_{Nov} = 86{,}11$ Mio. $\cdot 0{,}96 = 82{,}67$ Mio.

Nach $x$ gleichen Zeitspannen wächst bzw. sinkt eine Größe $w_0$ auf die Größe $f(x)$, wobei gilt:
$\boldsymbol{f(x) = w_0 \cdot q^x}$ Diese Funktion nennt man **Exponentialfunktion**.

→ Seite 128

## Wachstumsarten untersuchen

Bei **positivem Wachstum** (Zunahme) ist in gleichen Zeitspannen der folgende Wert immer größer als der vorherige Wert.
Bei **negativem Wachstum** (Abnahme) ist in gleichen Zeitspannen der folgende Wert immer kleiner als der vorherige Wert.

**Lineares Wachstum** liegt vor, wenn sich in gleichen Zeitspannen der folgende Wert immer um den gleichen Wert $m$ verändert.
Es gilt: $f(x) = m \cdot x + w_0$

Der Umsatz stieg von $w_0 = 225\,000$ € ausgehend jedes Jahr um $m = 20\,000$ € an.

$f(x) = 20\,000\,€ \cdot x + 225\,000\,€$
$f(0) = 20\,000\,€ \cdot 0 + 225\,000\,€ = 225\,000\,€$
$f(1) = 20\,000\,€ \cdot 1 + 225\,000\,€ = 245\,000\,€$

**Quadratisches Wachstum** lässt sich durch $f(x) = a \cdot x^2$ beschreiben.
Für $a > 0$ gilt quadratische Zunahme.
Für $a < 0$ gilt quadratische Abnahme.

Bei Firmengründung war nur ein Mitarbeiter beschäftigt. Im 2. Jahr waren es 4.
Im 2. Jahr hatte die Firma 9 Mitarbeiter.
In diesem Fall ist $a = 1$ und $f(x) = x^2$.

Beim **exponentiellen Wachstum** werden die Zu- oder Abnahmen in Prozent angegeben.
Für die Berechnung nachfolgender Werte gilt: $f(x) = w_0 \cdot q^x$

→ Seite 132

## Bakterienwachstum und radioaktiver Zerfall

Der Zuwachs an Bakterien und die Abnahme von Atomkernen verläuft exponentiell. Dabei gibt $x$ die Anzahl der Zeitspannen an, in denen sich die Anzahlen verdoppeln bzw. halbieren.

**Bakterienwachstum** lässt sich durch die Gleichung $f(x) = w_0 \cdot 2^x$ beschreiben.
**Radioaktiver Zerfall** lässt sich durch die Gleichung $f(x) = w_0 \cdot 0{,}5^x$ beschreiben.

# Trigonometrie

Das Wort Trigonometrie kommt aus dem Griechischen und bedeutet Dreiecksberechnung. Die Grundaufgabe der Trigonometrie besteht darin, aus drei Größen eines gegebenen Dreiecks (also z. B. aus zwei Seitenlängen und einer Winkelgröße) andere Größen dieses Dreiecks zu berechnen. Die Trigonometrie dient seit alter Zeit dazu, Längen, Winkel und Flächeninhalte bei Landvermessungen oder auf See zu berechnen. Schon im Mittelalter orientierten sich Seefahrer an den Sternen und bestimmten durch Winkelberechnungen ihre Position auf See.

In diesem Kapitel lernst du, aus der Länge von zwei Seiten eines rechtwinkligen Dreiecks die Größen der beiden spitzen Innenwinkel zu berechnen. Das konntest du bisher nur über eine Zeichnung. Du erfährst außerdem, wie du alle Größen eines rechtwinkligen Dreiecks ermitteln kannst, wenn die Länge einer Seite und die Größe eines spitzen Winkels bekannt ist.

# Noch fit?

**1** Kürze so weit wie möglich.

a) $\frac{25}{85}$  b) $\frac{125}{175}$  c) $\frac{28}{70}$  d) $\frac{121}{231}$  e) $\frac{108}{120}$

**2** Zeichne eine Planfigur, markiere die bekannten Größen und konstruiere das Dreieck $ABC$.

a) $a = 6{,}5\,\text{cm}$, $b = 5{,}5\,\text{cm}$, $c = 10{,}5\,\text{cm}$
b) $a = 5\,\text{cm}$, $\beta = \gamma = 60°$
c) $b = 4{,}5\,\text{cm}$, $c = 8{,}5\,\text{cm}$, $\alpha = 75°$
d) $a = 3\,\text{cm}$, $c = 5\,\text{cm}$, $\beta = 45°$

**3** Konstruiere ein rechtwinkliges Dreieck $ABC$ ($\gamma = 90°$).

a) $c = 9\,\text{cm}$, $\alpha = 38°$  b) $a = 5{,}4\,\text{cm}$; $b = 3{,}7\,\text{cm}$  c) $c = 8{,}5\,\text{cm}$, $\beta = 65°$

**4** Nutze den Satz des Pythagoras und berechne im rechtwinkligen Dreieck $ABC$ ($\gamma = 90°$) …

a) die Länge der Hypotenuse $c$.
① $a = 4{,}5\,\text{cm}$; $b = 3{,}2\,\text{cm}$  ② $a = 10\,\text{mm}$; $b = 1{,}0\,\text{cm}$

b) die Länge der fehlenden Kathete.
① $a = 2{,}4\,\text{cm}$; $c = 9{,}6\,\text{cm}$  ② $b = 7{,}4\,\text{cm}$; $c = 17{,}8\,\text{cm}$

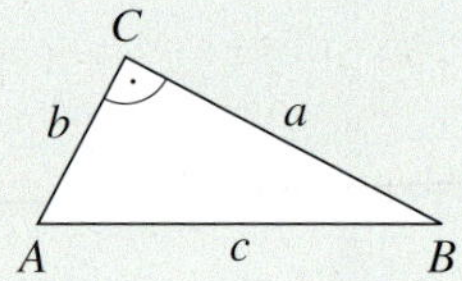


**5** Berechne die Länge der Strecke $x$.

a)
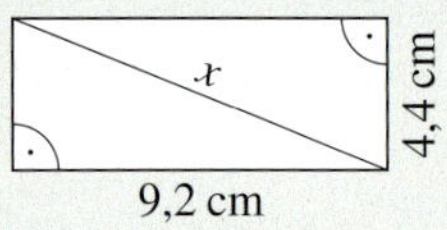


b)
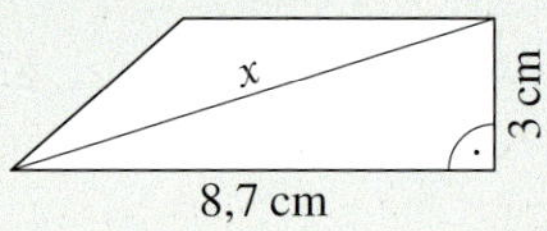


c)
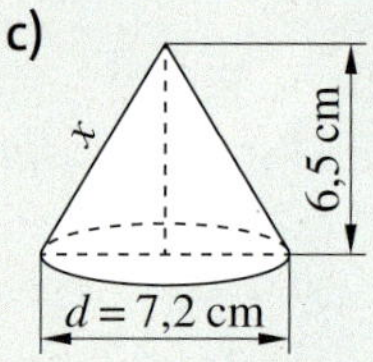


d)
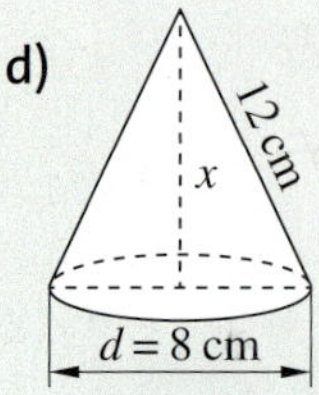


**6** Berechne die Länge der Strecke $x$ mit dem Höhen- und mit dem Kathetensatz.

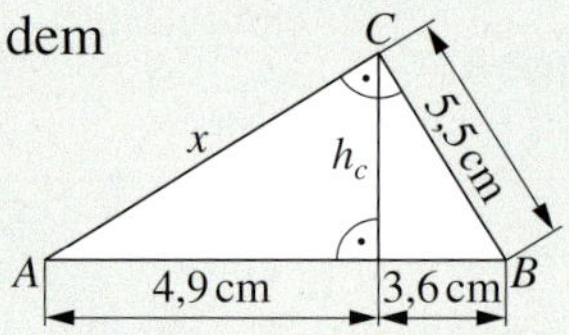


**7** Berechne mit Hilfe der Strahlensätze jeweils die Länge der Strecke $x$.

a)
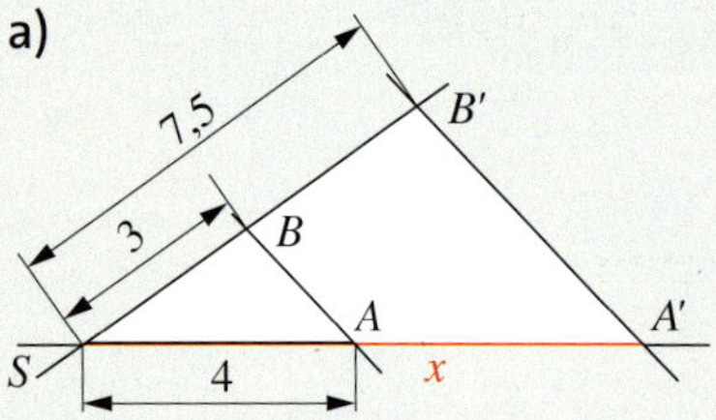


b)
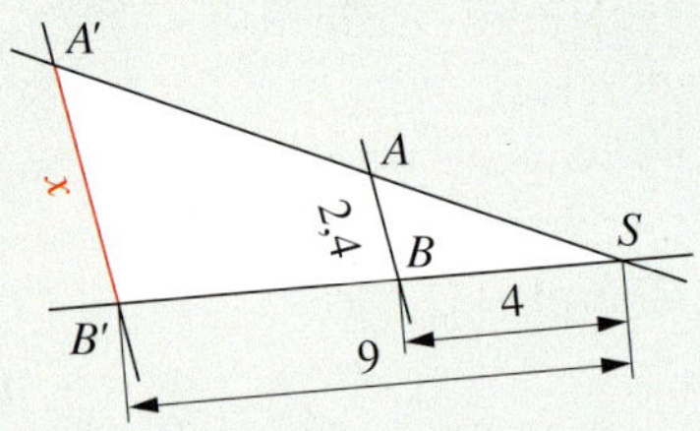


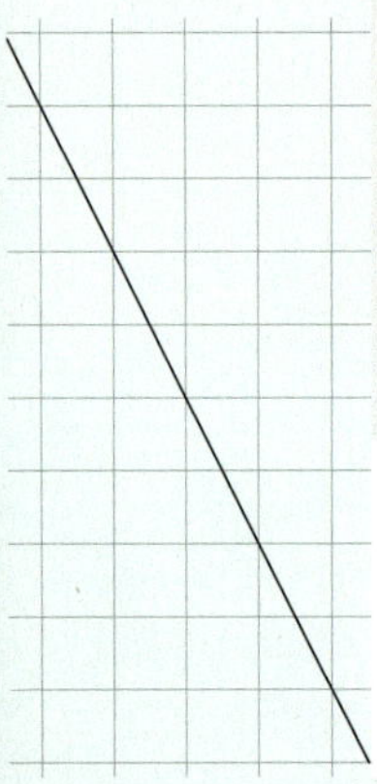

### Bunt gemischt

1. In der Randspalte ist der Graph der Funktion $y = -2x + 5$ abgebildet. Übertrage die Zeichnung in dein Heft und ergänze das zugehörige Koordinatensystem.
2. Notiere die Gleichung einer linearen Funktion, die die $y$-Achse im Punkt P (0|3) schneidet.
3. Berechne im Kopf: $1 - 5 \cdot \sqrt{25}$

# Seitenverhältnisse im rechtwinkligen Dreieck

## Erforschen und Entdecken

**1** Ein großer Automobilkonzern hat für einen Werbespot sein neues Pkw-Top-Modell die Ski-Sprungschanze Pitkävuori im finnischen Kaipola mit etwa 60 $\frac{\text{km}}{\text{h}}$ hinauffahren lassen. Auf dem letzten Abschnitt der Schanze wurde eine Steigung von fast 80 % bewältigt.

a) Erläutere anhand einer Skizze den Begriff Steigung. Verwende dabei die Begriffe Höhenunterschied und Horizontalunterschied.

b) Erkläre, was unter 80 % Steigung zu verstehen ist.

c) Kann es Steigungen geben, die größer als 100 % sind? Können Steigungen beliebig groß werden? Begründe.

**2** Konstruiere die folgenden Dreiecke.

① $a = 3\,\text{cm}$, $b = 4\,\text{cm}$, $c = 5\,\text{cm}$

② $a = 4{,}5\,\text{cm}$, $b = 6\,\text{cm}$, $\gamma = 90°$

③ $a = 5\,\text{cm}$, $b = 4\,\text{cm}$, $c = 6{,}4\,\text{cm}$

④ $\alpha = 37°$, $c = 8\,\text{cm}$, $\beta = 53°$

⑤ $a = 7\,\text{cm}$, $b = 5{,}6\,\text{cm}$, $\gamma = 90°$

a) Welche Eigenschaft haben alle fünf Dreiecke?

b) Miss in jedem Dreieck die Seitenlängen und notiere sie.

c) Auf wie viele Arten kann man aus den drei Seiten $a$, $b$, $c$ ein Verhältnis zweier Seiten bilden? Notiere alle diese Seitenverhältnisse mit Hilfe der Variablen $a$, $b$ und $c$.

d) Übertrage die Tabelle unten ins Heft. Berechne für alle fünf Dreiecke die Seitenverhältnisse $\frac{a}{b}$, $\frac{a}{c}$ und $\frac{b}{c}$. Geht eventuell arbeitsteilig vor. Was fällt auf? Welche Erklärung gibt es dafür?

| | Dreieck ① | Dreieck ② | Dreieck ③ | Dreieck ④ | Dreieck ⑤ |
|---|---|---|---|---|---|
| $\frac{a}{b}$ | | | | | |
| $\frac{a}{c}$ | | | | | |
| $\frac{b}{c}$ | | | | | |

**3** Untersuche mit einer dynamischen Geometrie-Software unterschiedliche Seitenverhältnisse in einem rechtwinkligen Dreieck.

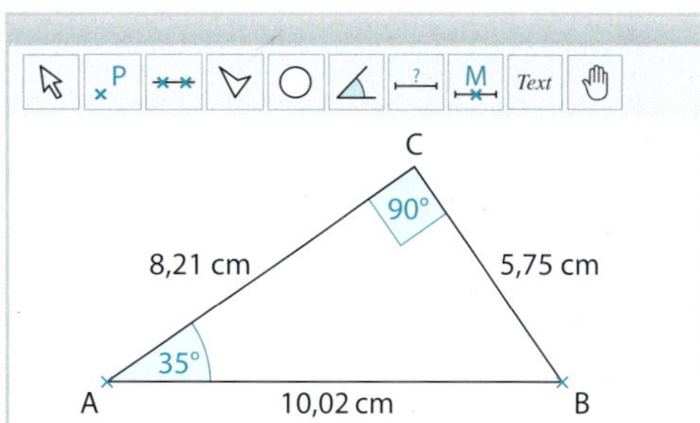


a) Konstruiere ein rechtwinkliges Dreieck mit $\gamma = 90°$ und einem selbst festgelegten Winkel $\alpha$. Lass dir die Seitenverhältnisse $\frac{a}{b}$, $\frac{a}{c}$ und $\frac{b}{c}$ anzeigen.
Verändere die Längen der Seiten unter Beibehaltung des rechten Winkels und des Winkels $\alpha$. Wie verändern sich die Seitenverhältnisse?

b) Verändere die Größe des Winkels $\alpha$, behalte aber den rechten Winkel bei. Beobachte die Veränderungen bei den Seitenverhältnissen $\frac{a}{b}$, $\frac{a}{c}$ und $\frac{b}{c}$.
Formuliere, wenn möglich, Sätze wie z. B. „Je größer der Winkel $\alpha$ ist, desto …“.
Was passiert mit dem Seitenverhältnis $\frac{a}{c}$, wenn der Winkel $\alpha$ sehr klein wird?

c) Verändere die Länge der Seite $b$ und behalte den rechten Winkel bei. Was passiert mit den anderen Seiten und dem Winkel $\alpha$? Formuliere deine Beobachtungen.

## Lesen und Verstehen

Ein Flugzeug hebt ab. Der Pilot muss darauf achten, dass nach dem Abheben eine Steigung von 8 % nicht überschritten wird.
Mit Hilfe eines rechtwinkligen Dreiecks kann die Steigung bestimmt werden.

In jedem rechtwinkligen Dreieck wird die **Steigung *m*** aus dem Quotienten von **Höhen**- und **Horizontalunterschied** ermittelt.

Steigung $m = \frac{\text{Höhenunterschied}}{\text{Horizontalunterschied}}$

Man kann jeder Steigung *m* einen Winkel $\alpha$ zuordnen.
Je größer die Steigung, desto größer ist auch der **Steigungswinkel** $\alpha$.

**BEISPIEL**
Ist der Höhenunterschied einer Strecke $\overline{AC} = 8\,\text{m}$ und ihr Horizontalunterschied 100 m, so beträgt die Steigung der Strecke $\overline{AC}$ 8 %.

$\frac{8\,\text{m}}{100\,\text{m}} = \frac{8}{100} = 0{,}08 = 8\,\%$

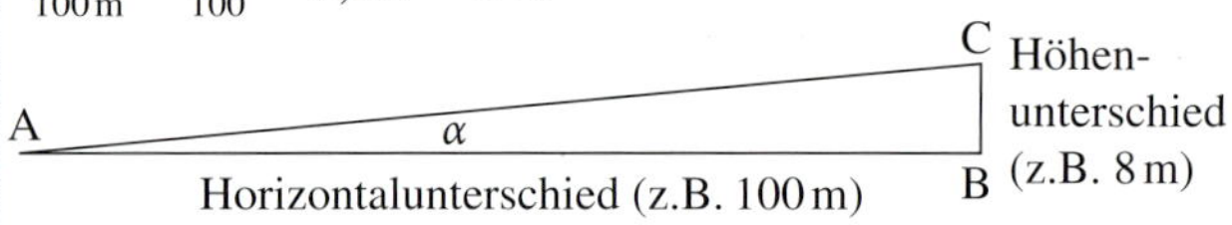


**BEACHTE**
Bei jeder trigonometrischen Berechnung muss zuerst der Betrachtungswinkel ($\alpha$ oder $\beta$) festgelegt werden, bevor man An- und Gegenkathete bestimmen kann.

So werden die Seiten in einem rechtwinkligen Dreieck mit spitzem Winkel $\alpha \neq 90°$ bezeichnet:

Die Kathete, die dem Winkel $\alpha$ gegenüberliegt, nennt man **Gegenkathete von $\alpha$**.

Die Kathete, die an dem Winkel $\alpha$ anliegt, nennt man **Ankathete von $\alpha$**.

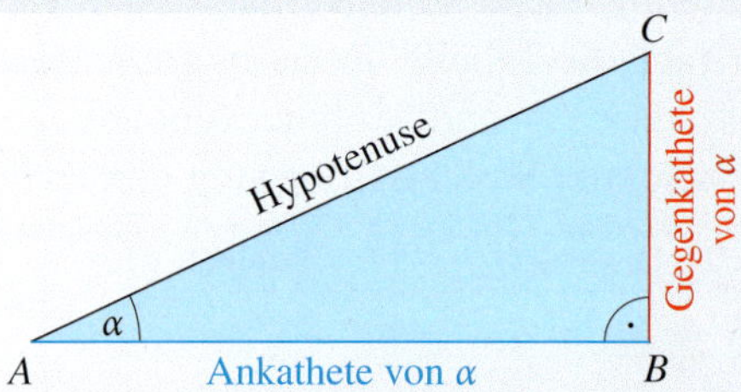


Mit diesen Bezeichnungen erhalten die Seitenverhältnisse im rechtwinkligen Dreieck besondere Namen. Vom Winkel $\alpha$ aus gesehen gilt für diese Quotienten:

**BEACHTE**
Die Formeln gelten genauso für $\beta$ (aber nicht für den rechten Winkel).
Zum Beispiel:
$\sin \beta = \frac{\text{Gegenkathete von } \beta}{\text{Hypotenuse}}$

Der **Tangens von $\alpha$** entspricht der Steigung.

$\tan \alpha = \frac{\text{Gegenkathete von } \alpha}{\text{Ankathete von } \alpha}$

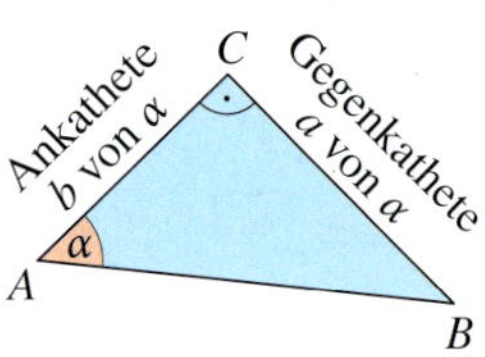


$\tan \alpha = \frac{a}{b}$

**Sinus von $\alpha$**

$\sin \alpha = \frac{\text{Gegenkathete von } \alpha}{\text{Hypotenuse}}$

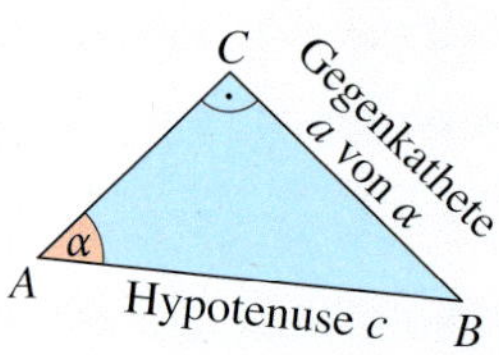


$\sin \alpha = \frac{a}{c}$

**Kosinus von $\alpha$**

$\cos \alpha = \frac{\text{Ankathete von } \alpha}{\text{Hypotenuse}}$

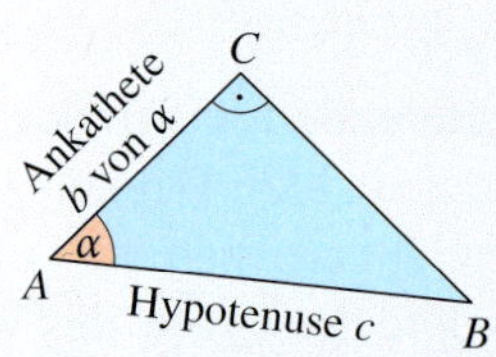


$\cos \alpha = \frac{b}{c}$

Diese Seitenverhältnisse sind in ähnlichen rechtwinkligen Dreiecken, also bei einem festen spitzen Winkel $\alpha$, immer gleich.

## Basisaufgaben

**1** Nenne im rechtwinkligen Dreieck die Gegenkathete und die Ankathete von $\alpha$ (von $\beta$).

a)
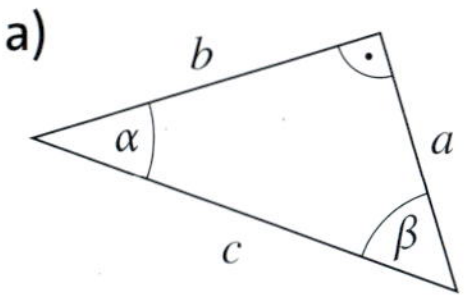


b)
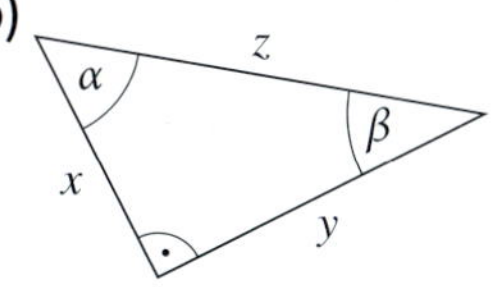


**2** Gib den Sinus für alle spitzen Winkel als Seitenverhältnis an.

a)
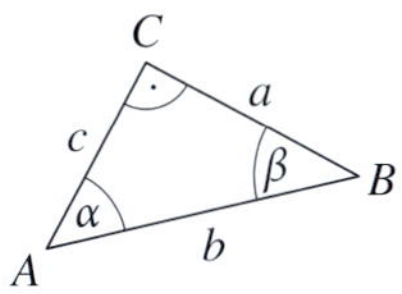


b)
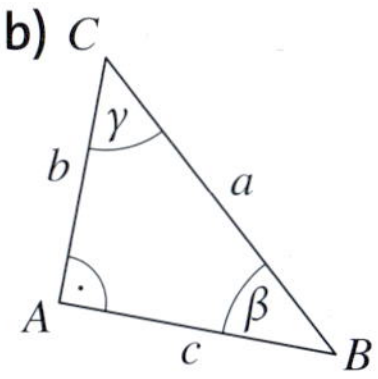


c)
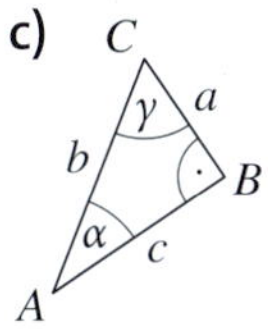


**3** Für den Winkel $\alpha$ gelten die Gleichungen:

$\sin\alpha = \frac{a}{c}$

$\cos\alpha = \frac{b}{c}$

$\tan\alpha = \frac{a}{b}$

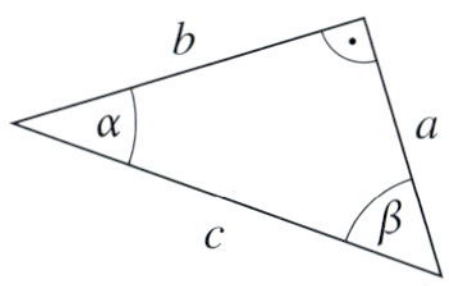


a) Formuliere diese Gleichungen mit Worten und verwende die Begriffe Gegenkathete, Ankathete und Hypotenuse.

b) Stelle die entsprechenden Gleichungen für den Winkel $\beta$ auf.

**4** Bestimme, wenn möglich, bei den unten abgebildeten Dreiecken die Hypotenuse sowie die Gegenkathete und die Ankathete …

a) von $\alpha$ aus gesehen.

b) von $\beta$ aus gesehen.

c) Begründe, in welchen Fällen es nicht möglich ist, Hypotenuse, Gegenkathete und Ankathete anzugeben.

①
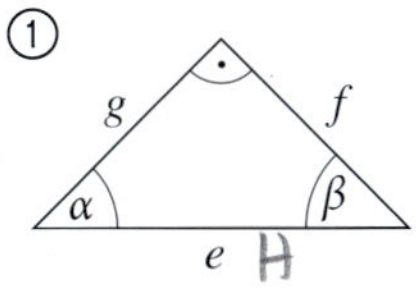


②
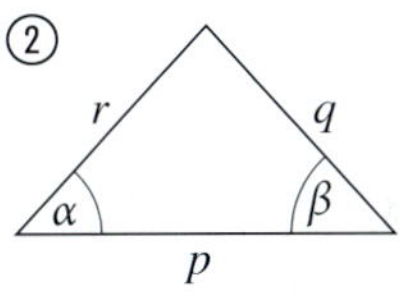


③
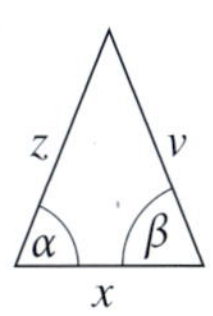


④
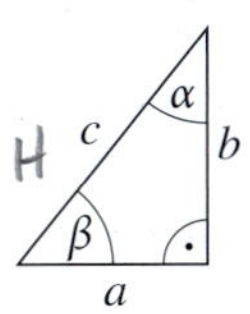


**5** Gib Sinus, Kosinus oder Tangens als Seitenverhältnis an.

a)
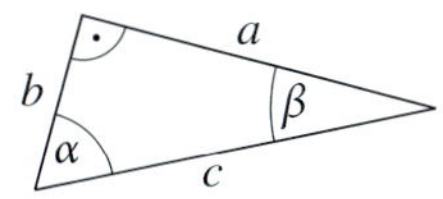


① $\sin\alpha$ ② $\cos\beta$

b)
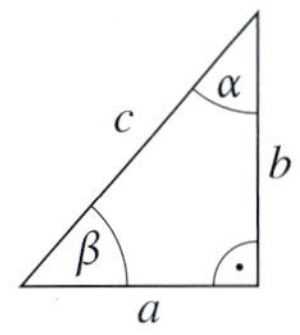


① $\cos\alpha$ ② $\tan\beta$

c)
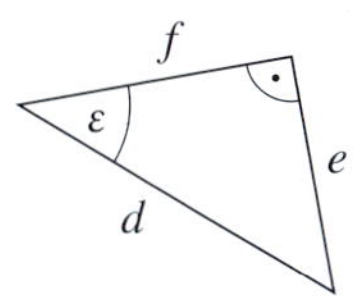


① $\sin\varepsilon$ ② $\tan\varepsilon$

d)
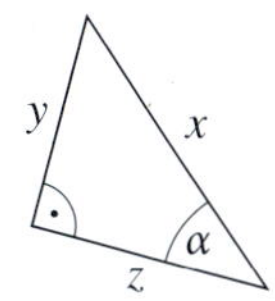


① $\sin\alpha$ ② $\tan\alpha$

**6** Gib jeweils an, ob es sich bei ① oder ② um den Sinus, Kosinus oder Tangens des eingezeichneten Winkels handelt.

a)
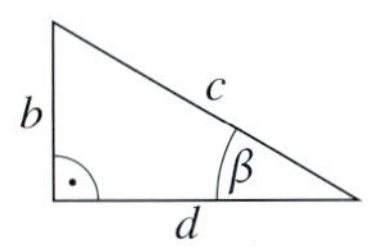


① $\frac{b}{c}$ ② $\frac{d}{c}$

b)
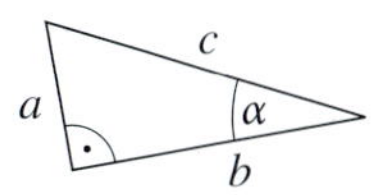


① $\frac{b}{c}$ ② $\frac{a}{b}$

c)
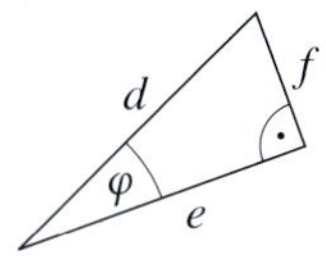


① $\frac{f}{d}$ ② $\frac{e}{d}$

d)
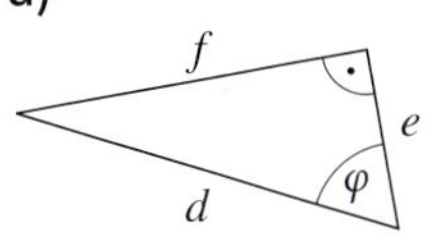


① $\frac{f}{d}$ ② $\frac{f}{e}$

**7** Ordne zu und finde heraus, welche der angegebenen Seitenverhältnisse gelten.

a)
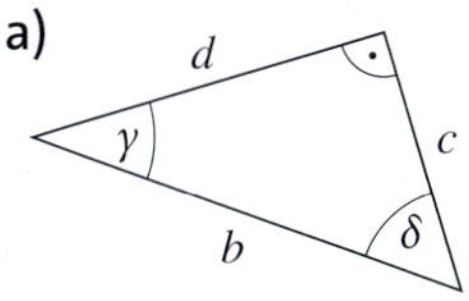


b)
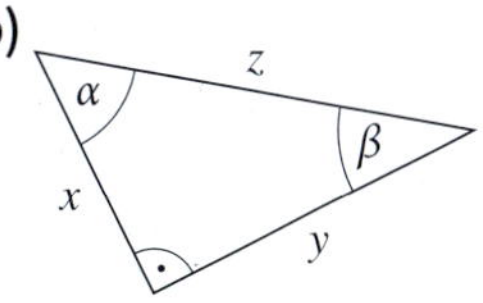


$\sin\delta = \frac{d}{b}$ | $\tan\delta = \frac{d}{c}$ | $\cos\beta = \frac{z}{y}$

$\cos\beta = \frac{x}{z}$

$\sin\alpha = \frac{x}{z}$ | $\sin\delta = \frac{b}{d}$ | $\sin\alpha = \frac{y}{z}$

$\tan\gamma = \frac{c}{d}$ | $\cos\alpha = \frac{z}{x}$ | $\cos\gamma = \frac{d}{b}$

**BEACHTE**
(zu Aufgabe 9, 10 und 11):
Beim Taschenrechner muss die MOD-Einstellung auf DEG (englisch: degree = Grad) stehen.
Je nach Taschenrechnermodell kann die Berechnung unterschiedlich sein. Lies eventuell in der Bedienungsanleitung nach.

**8** Ermittle durch Zeichnen von Steigungsdreiecken und Abmessen zu jedem Steigungswinkel die entsprechende prozentuale Steigung. Ergänze die Tabelle im Heft. Führe sie in 10°-Schritten zwischen 20° und 80° weiter.

| **Steigungswinkel** | 10° | 20° | … | 80° | 89° |
|---|---|---|---|---|---|
| **Steigung in %** | | | | | |

**9** Zeichne je drei Steigungsdreiecke mit der gegebenen Steigung. Überprüfe deine Dreiecke, indem du den Steigungswinkel $\alpha$ misst und den Tangens von $\alpha$ berechnest.
a) 10 %   b) 150 %   c) 75 %

**10** Bestimme mit dem Taschenrechner die Werte für Sinus, Kosinus und Tangens.
a) 6°; 12°; 46°; 83°
b) 0,5°; 14,4°; 22,5°; 89,9°
c) 0,08°; 1,95°; 33,22°; 74,76°

## Weiterführende Aufgaben

**11** Finde einen Zusammenhang zwischen Sinus, Kosinus und Tangens. Fülle dazu im Heft die Tabelle mit Hilfe des Taschenrechners aus. Was fällt dir auf? Finde eine Begründung für deine Beobachtung.

| $\alpha$ | $\sin\alpha$ | $\cos\alpha$ | $\frac{\sin\alpha}{\cos\alpha}$ | $\tan\alpha$ |
|---|---|---|---|---|
| 0° | | | | |
| 15° | | | | |
| 30° | | | | |
| 45° | | | | |
| 60° | | | | |
| 75° | | | | |
| 90° | | | | |

**12** Fabian behauptet, dass der Wert für den Tangens eines Winkels nicht größer als 100 werden kann.
a) Stimmt das? Begründe deine Antwort.
b) Wie groß kann der Tangens eines Winkels werden? Probiere.

**13** Lisa behauptet: „Je kleiner der Zahlenwert für Sinus $\alpha$ wird, desto größer wird der Wert für Kosinus $\alpha$."
a) Stimmt das? Finde und berechne mindestens drei Beispiele.
b) Wie verhält sich dann der Zahlenwert für Tangens $\alpha$?

**14** Stefan behauptet: „Das Seitenverhältnis für den Sinus eines Winkels beträgt 1,2." Finde solch ein Seitenverhältnis.

**15** Verdopple in einem rechtwinkligen Dreieck die Winkelgröße eines spitzen Winkels, der kleiner als 45° ist.
Wie verändern sich Sinus, Kosinus und Tangens des Winkels, wenn die Länge der Hypotenuse unverändert bleibt?

**16** Die Winkelgröße eines spitzen Winkels im rechtwinkligen Dreieck wird halbiert. Fertige eine passende Skizze an.
a) Beschreibe, wie sich die Gegenkathete des halbierten Winkels verändert.
b) Wie verändert sich der Tangens des halbierten Winkels?
c) Verändert sich auch der Kosinus des halbierten Winkels? Begründe.

**17** Wie ändern sich in einem rechtwinkligen Dreieck $ABC$ mit $\beta = 90°$ die Verhältnisse $\frac{a}{c} = \tan\alpha$ und $\frac{a}{b} = \sin\alpha$, wenn die folgenden Veränderungen an $\alpha$ vorgenommen werden und die Länge der Ankathete von $\alpha$ gleich bleibt?
a) $\alpha$ wird verkleinert (vergrößert).
b) $\alpha$ nähert sich der Winkelgröße 90°.

**18** In einem rechtwinkligen Dreieck gilt: $\sin\alpha = \frac{1}{2}$.
Was muss für die Hypotenuse und die Gegenkathete gelten?
Zeichne ein Beispiel ins Heft.
Du kannst auch mit einer dynamischen Geometrie-Software arbeiten.

# Streckenberechnung mit sin, cos, tan

## Erforschen und Entdecken

**1** Eine Boeing 737-300 soll auf dem Düsseldorfer Flughafen landen. Der letzte Teil des Landeanflugs beginnt 17 km entfernt vom Aufsetzpunkt. Die Boing gleitet geradlinig mit einem Gleitwinkel von $\alpha = 3°$.

a) Kann es sein, dass der letzte Teil des Landeanflugs in ca. 890 m Höhe beginnt?

b) Finde eine Möglichkeit, um allgemein die Höhe $h$ aus dem Winkel $\alpha$ und der Länge $l$ zu berechnen.

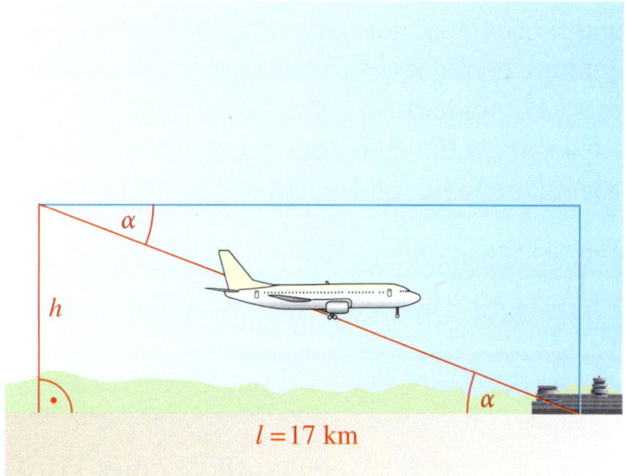


**2** Höhenbestimmung bei Bäumen

*Versuchsmaterial:*
- Winkelmesser (z. B ein großes Geodreieck)
- Taschenrechner
- ein mindestens 30 cm langes Lineal

*Versuchsdurchführung:*

a) Überlegt euch zu dritt oder viert ein allgemeines Verfahren, um mit dem angegebenen Material die Höhe eines Baumes zu berechnen. Nutzt dazu den Winkel $\alpha$.

b) Stellt eure Vorgehensweise mit Skizzen und einem kurzen Text dar.

c) Vergleicht eure Notizen in der Lerngruppe. Überlegt gemeinsam, welche Fehler auftreten können.

d) Testet euer Verfahren an einem realen Baum oder Gebäude und versucht es eventuell zu verbessern.

e) Dokumentiert in Kleingruppen mit Skizzen, Fotos und Text den Versuch auf einem Wandplakat. Präsentiert auch eure Rechenwege und die Ergebnisse eurer Berechnungen.

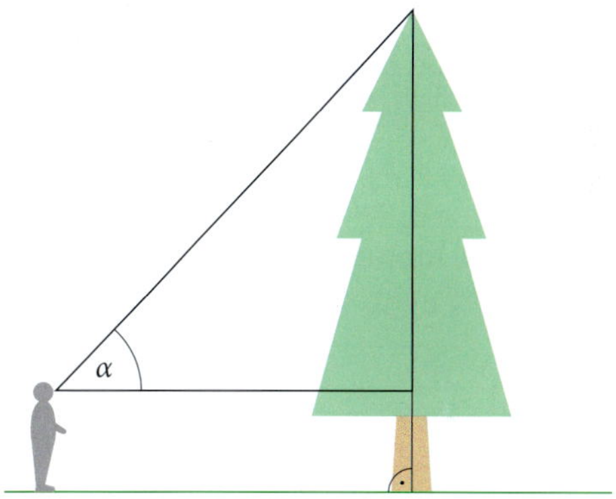


**3** Rechtwinklige Dreiecke kommen in ganz unterschiedlichen Sachzusammenhängen vor.

① 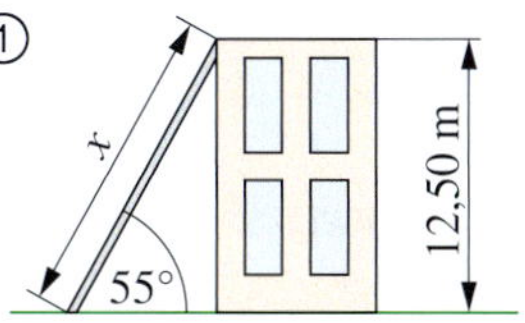

Feuerwehrleiter am Haus

② 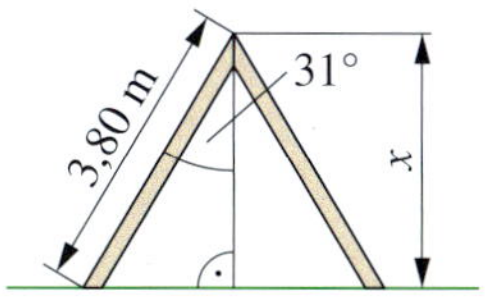

Stehleiter

③ 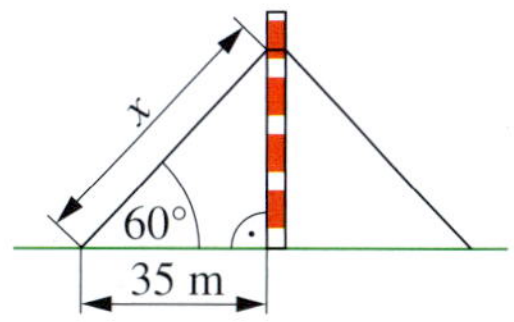

Abspannseile beim Sendemast

a) Gib jeweils in eigenen Worten an, welche Länge gesucht ist.

b) Bisher kennst du die Möglichkeit, solche Aufgaben zeichnerisch zu lösen. Berechne nun die fehlenden Längen und beschreibe dein Vorgehen.

c) Vergleicht zu zweit eure Lösungen und Vorgehensweisen.

## Lesen und Verstehen

Ein Funk-Sendemast wird mit Abspannseilen gesichert, die fest im Boden verankert sind und mit dem Boden einen Winkel von 62° bzw. 42° bilden.
Inga schätzt die Höhe des Sendemasts auf 60 m, Lukas auf 100 m, Elena auf 35 m und Martin auf 80 m. Wer hat die beste Schätzung?

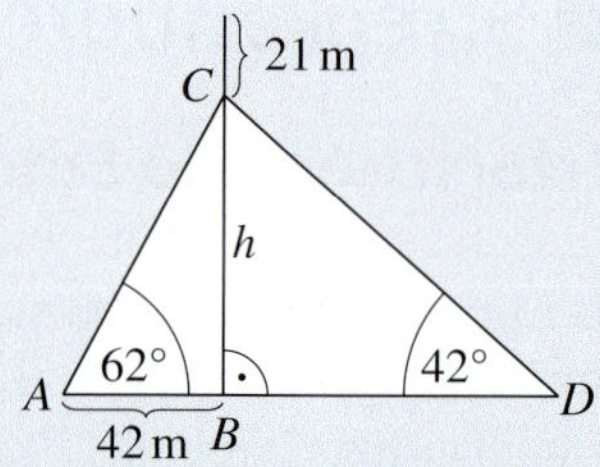


Wenn in einem rechtwinkligen Dreieck eine Seite und ein Winkel gegeben sind, so können mit Hilfe von Sinus, Kosinus und Tangens die beiden anderen Seiten berechnet werden.

**BEACHTE**
Bisher brauchtest du für die Berechnung von Seitenlängen im rechtwinkligen Dreieck den Satz des Pythagoras und die Angabe von zwei Seitenlängen.

**BEISPIEL 1**

**Berechnung der Gegenkathete eines Winkels**

Welche Höhe hat der Sendemast?

*gegeben:* $\alpha = 62°$, $c_1 = 42\,\text{m}$; *gesucht:* $h$ (in m)

*Lösung:*
$$\tan\alpha = \frac{\text{Gegenkathete}}{\text{Ankathete}}$$
$$\tan\alpha = \frac{h}{c_1} \quad | \cdot c_1$$
$$h = c_1 \cdot \tan\alpha$$
$$h = 42\,\text{m} \cdot \tan 62°$$
$$h \approx 79\,\text{m}$$

*Antwort:* Der Sendemast hat eine Höhe von ca. 79 m + 21 m = 100 m. Lukas' Schätzung war am besten.

*Skizze:*

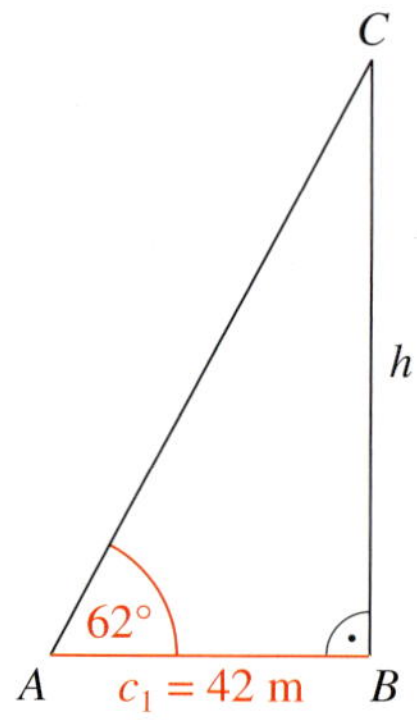


**BEISPIEL 2**

**Berechnung der Hypotenuse**

Welche Länge hat das Abspannseil $b$?

*gegeben:* $h \approx 79\,\text{m}$, $\delta = 42°$; *gesucht:* $b$ (in m)

*Lösung:*
$$\sin\delta = \frac{\text{Gegenkathete}}{\text{Hypotenuse}}$$
$$\sin\delta = \frac{h}{b} \quad | \cdot b$$
$$b \cdot \sin\delta = h \quad | : \sin\delta$$
$$b \approx \frac{79\,\text{m}}{\sin 42°}$$
$$b \approx 118\,\text{m}$$

*Antwort:* Das Abspannseil $b$ ist ca. 118 m lang.

*Skizze:*

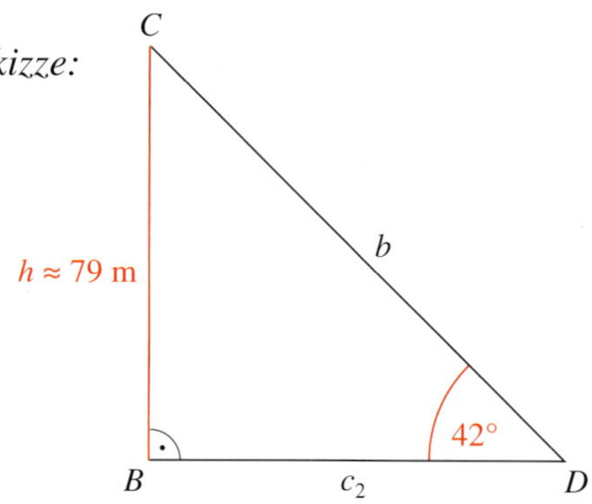


**BEISPIEL 3**

**Berechnung der Ankathete eines Winkels**

Wie lang ist der Abstand zwischen Sendemast und rechter Bodenverankerung (Punkt $D$)?

*gegeben:* $b \approx 118\,\text{m}$, $\delta = 42°$; *gesucht:* $\overline{BD} = c_2$

*Lösung:*
$$\cos\delta = \frac{\text{Ankathete}}{\text{Hypotenuse}}$$
$$\cos\delta = \frac{c_2}{b} \quad | \cdot b$$
$$b \cdot \cos\delta = c_2$$
$$c_2 \approx 118\,\text{m} \cdot \cos 42°;\ c_2 \approx 87{,}69\,\text{m}$$

*Antwort:* Der Abstand beträgt ca. 88 m.

*Skizze:*

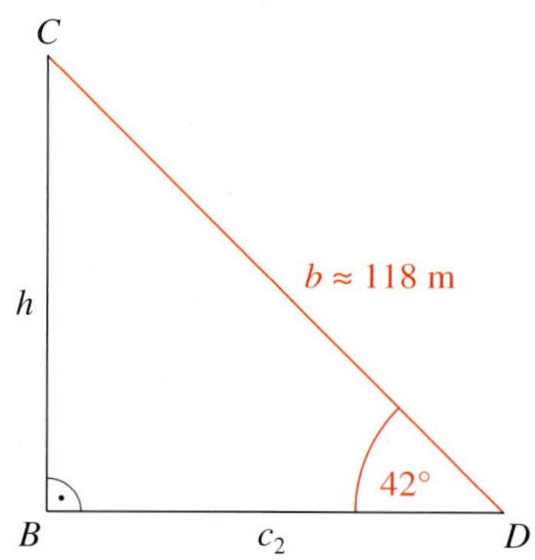

## Basisaufgaben

**1** Berechne die Länge der grün markierten Dreiecksseite. Gib zuerst an, ob die Länge der Gegenkathete, der Ankathete oder der Hypotenuse gesucht ist.

a)
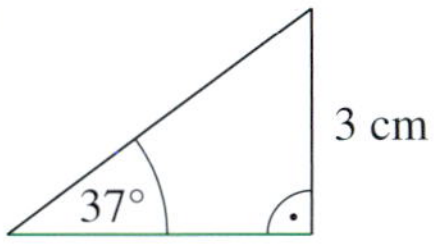


b)
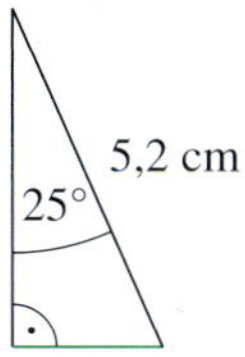


c)
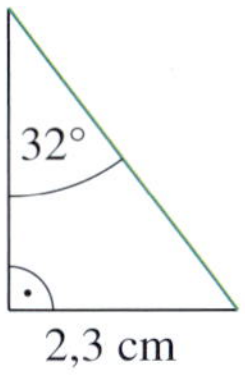


d)
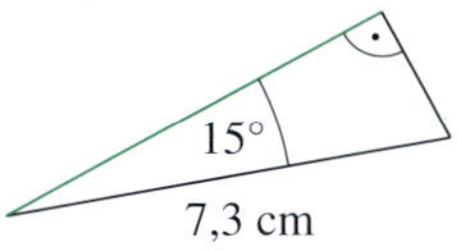


e)
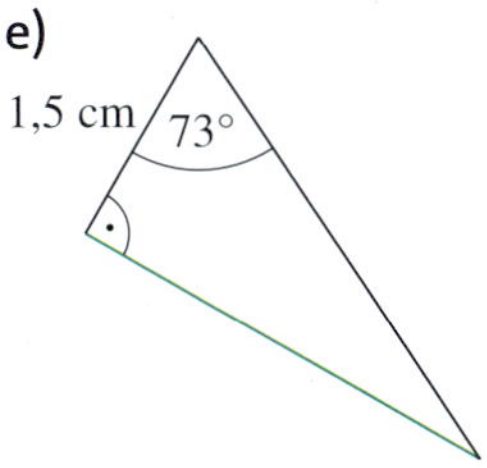


f)

**2** Berechne die beiden fehlenden Seiten im rechtwinkligen Dreieck mit der Hypotenuse $c$. Fertige zunächst eine Skizze an.

a) $a = 12{,}7\,\text{cm}$; $\alpha = 24°$
b) $b = 15{,}9\,\text{dm}$; $\beta = 65°$
c) $c = 112{,}3\,\text{cm}$; $\beta = 48°$
d) $c = 58{,}3\,\text{cm}$; $\alpha = 74°$
e) $a = 0{,}33\,\text{m}$; $\alpha = 47°$
f) $b = 19{,}8\,\text{dm}$; $\alpha = 60°$
g) $a = 78\,\text{mm}$; $\beta = 40°$

**3** Zeichne für das Dreieck $ABC$ eine Skizze und markiere die gegebenen Größen farbig. Berechne die fehlenden Größen.

| | $\alpha$ | $\beta$ | $\gamma$ | $a$ | $b$ | $c$ |
|---|---|---|---|---|---|---|
| a) | 43° | | 90° | | 3,9 cm | |
| b) | | 47° | 90° | | 4,1 cm | |
| c) | 90° | 32° | | | 2,6 cm | |
| d) | 71° | 90° | | | | 6,6 cm |
| e) | | 90° | 14° | | | 5,2 cm |
| f) | 90° | | 29° | | | 3,8 cm |
| g) | 26° | | 90° | | 6,7 cm | |

**4** Eine Rollstuhlrampe in einem öffentlichen Gebäude soll eine Höhe von 45 cm überwinden. Der Steigungswinkel darf höchstens 3,4° betragen.
Wie lang muss die Strecke sein, auf der der Rollstuhl nach unten fährt?

**5** Der Steigungswinkel einer geraden Wasserrutsche beträgt 22°. Die Rutsche ist 4 m lang. Wie viele Meter beträgt der Höhenunterschied?

**6** Die 5,80 m langen Dachbalken eines Hauses bilden einen Winkel von 30° mit dem Dachboden. Wie breit ist das Haus?

**7** Bei der Feuerwehr wird eine Steckleiter eingesetzt, die aus einem, zwei, drei oder vier Leiterteilen bestehen kann.
Sie wird in einem Winkel von 70° angelehnt.

a) Berechne jeweils, wie hoch die Leiter reicht.
b) Wie weit steht jeweils das Fußende von der Wand entfernt?

| | **Leiterlänge** |
|---|---|
| **1 Leiterteil** | 2,66 m |
| **2 Leiterteile** | 4,57 m |
| **3 Leiterteile** | 6,48 m |
| **4 Leiterteile** | 8,39 m |

**8** Ein Betrachter steht 41 m vom Fußpunkt eines Turms entfernt. Von dort sieht er die Spitze des Turmes unter einem Winkel von 25,5°. Die Augen des Betrachters befinden sich in einer Höhe von 1,5 m.
Wie hoch ist der Turm?

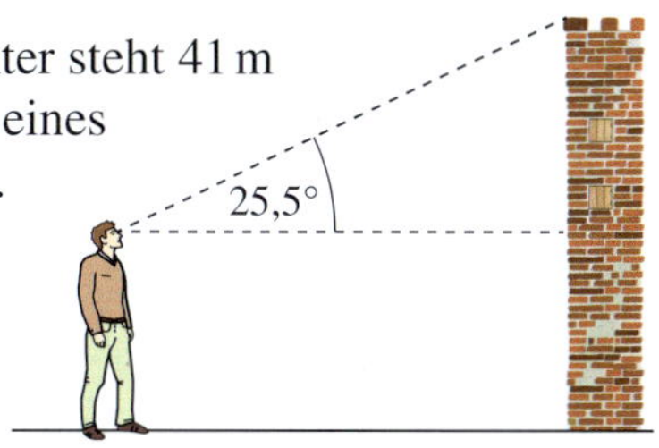


**9** Auf ein 8 m breites Haus soll ein gleichschenkliges Satteldach mit einem Sonnenkollektor gebaut werden. Das Dach muss für den Sonnenkollektor eine Neigung von 44° nach Süden haben. Wie hoch sollte das Dach sein? Beginne mit einer Skizze. Begründe, warum der Satz des Pythagoras nicht angewendet werden kann.

**BEACHTE**
Die Lösungen (ohne Einheiten) zu Aufgabe 2 ergeben in der richtigen Reihenfolge den Namen eines Landes. Auf welchem Kontinent liegt dieses Land?
0,31 (G); 0,45 (U); 7,41 (P); 16,07 (U); 17,54 (U); 28,52 (P); 31,22 (A); 34,29 (I); 39,6 (N); 56,04 (E); 65,45 (E); 75,14 (A); 83,46 (N); 101,82 (A)

# Weiterführende Aufgaben

## Anwendungen in der Geometrie

**10** Ein Parallelogramm $ABCD$ hat die Maße $a = 14\,\text{cm}$; $b = 8\,\text{cm}$; $a_1 = 6{,}4\,\text{cm}$ und $\tan\alpha = 0{,}75$.

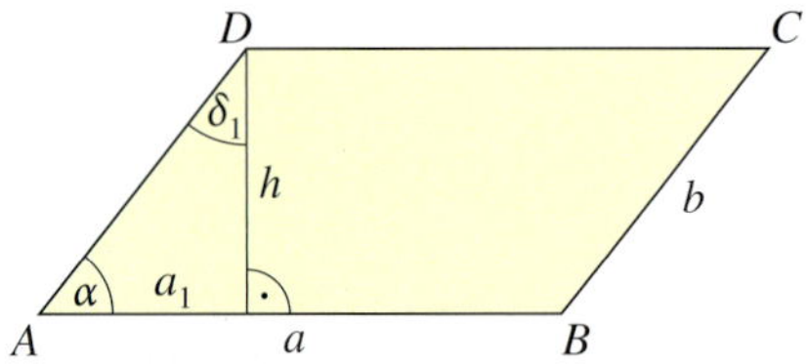


a) Gib den Quotienten für $\tan\alpha$ an.

b) Wie lang ist die Höhe $h$?

c) Berechne $\tan\delta_1$. Was fällt dir auf?

**11** Im gleichschenkligen Trapez $ABCD$ gilt $a = 8\,\text{cm}$, $c = 3{,}2\,\text{cm}$ und $\alpha = 53{,}13°$. Wie lang ist die Höhe $h$?

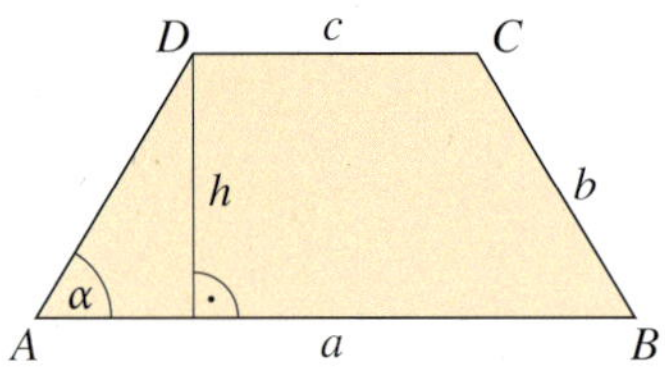


**12** In einem gleichschenkligen Dreieck $ABC$ ist $\alpha = 72°$ und $b = 6{,}9\,\text{cm}$.

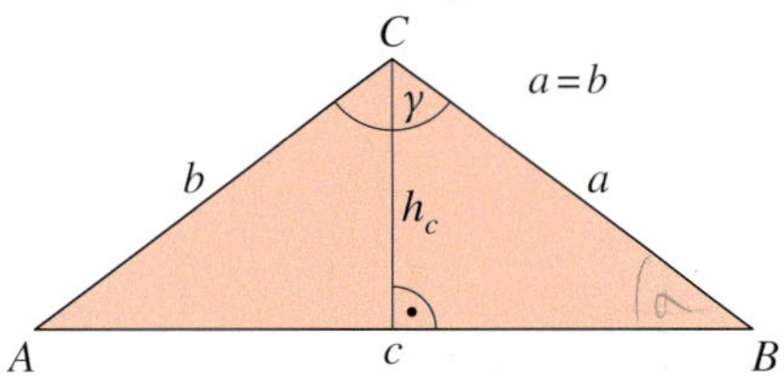


a) Berechne die Länge der Seite $c$.

b) Berechne den Flächeninhalt des Dreiecks.

**13** Die Diagonalen eines Rechtecks schneiden sich unter einem Winkel von $\varepsilon = 40°$. Berechne die Längen der Rechteckseiten, wenn die Diagonale $e = 25\,\text{cm}$ lang ist.

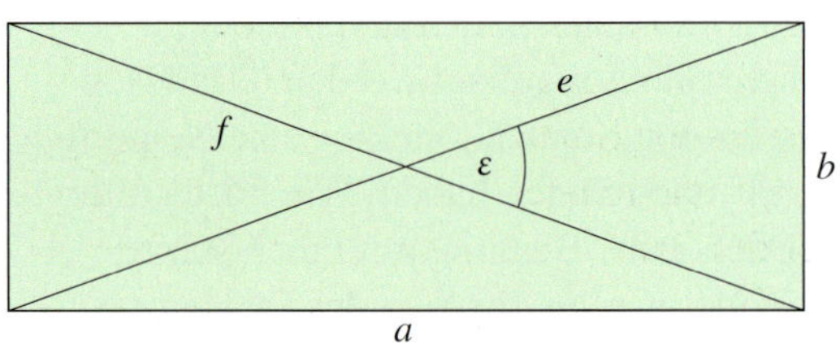


## Anwendungen in der Vermessung

**14** Mit Hilfe eines Theodoliten kann man Höhen- und Tiefenwinkel messen.

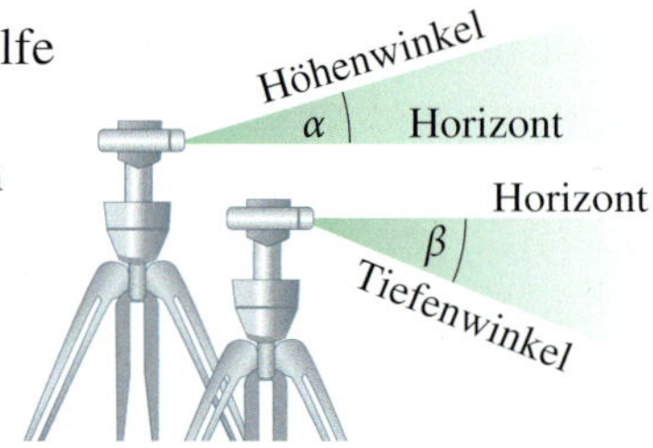

Die Instrumentenhöhe $h_2$ beträgt 1,45 m. Wie hoch ist der Leuchtturm?

① $\alpha = 24°$; $e = 30\,\text{m}$ ② $\alpha = 48°$; $e = 30\,\text{m}$

③ $\alpha = 24°$; $e = 300\,\text{m}$ ④ $\alpha = 48°$; $e = 300\,\text{m}$

**15** Ein 1,5 m hoher Theodolit steht auf einer Kaimauer, die 6,20 m hoch ist.

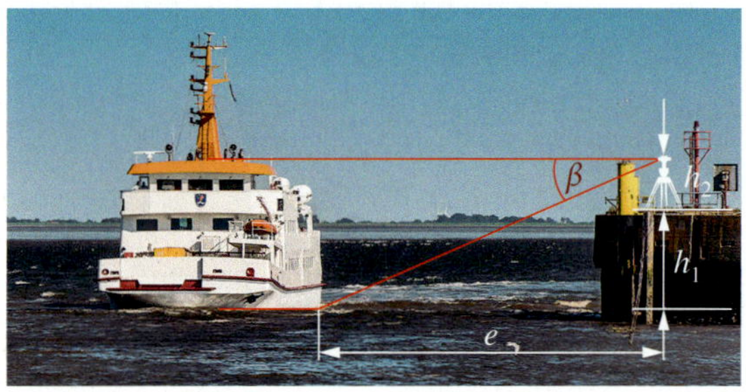


Das Schiff erscheint unter dem Tiefenwinkel $\beta = 2{,}6°$. Berechne die Entfernung $e$.

**16** Von der 30,75 m hohen Plattform eines Aussichtsturms wird eine Felswand anvisiert. Der Fußpunkt der Felswand erscheint unter einem Tiefenwinkel von 2,5°, der Gipfel der Felswand unter einem Höhenwinkel von 10,3°. Die Fußpunkte von Turm und Felswand befinden sich auf derselben Höhe.

a) Wie weit ist die Felswand vom Turm entfernt?

b) Welche Höhe hat die Felswand?

# Winkelberechnung mit sin, cos, tan

## Erforschen und Entdecken

**1** Zeichne auf ein DIN-A4-Blatt eine Diagonale ein.
a) Wie können die Winkel zwischen Diagonale und den Seiten exakt berechnet werden?
b) Vergleiche mit deinem Nachbarn: Welche Strategien wendet ihr an?
c) Kontrolliert eure Ergebnisse durch eine Messung.

**2** Die Pilatusbahn in der Schweiz ist seit 1889 die steilste Zahnradbahn der Welt und bahnt sich ihren 4618 m langen Weg von Alpnachstad nach Pilatus Kulm. Auf einer 1200 m langen Steigungsstrecke bewältigt sie einen Höhenunterschied von 518,5 m.
a) Wie viel Prozent Steigung sind das?
b) Finde heraus, welchen Steigungswinkel dieser Streckenabschnitt hat. Fertige dazu eine Zeichnung an.
c) Überprüfe deinen Steigungswinkel mit einer Rechnung. Wie hätte man den Steigungswinkel berechnen können, ohne eine Zeichnung anzufertigen?

**3** Dirk Nowitzki hat mit seinem Trainer am perfekten Wurf gearbeitet. Damit der Ball ohne Berührung des Korbrings und ohne Verwendung des Spielbretts ins Netz fallen kann, muss der Einfallswinkel $\beta$ eine bestimmte Mindestgröße haben. Rechts siehst du Dirk Nowitzki beim Freiwurf in einem Spiel der deutschen Nationalmannschaft gegen Argentinien bei der Weltmeisterschaft 2002.
a) Recherchiere den inneren Durchmesser des Korbrings und den Durchmesser eines Basketballs für Männer in der NBA (National Basketball Association).
b) Arbeitet zu zweit oder dritt. Übertragt die Skizze rechts ins Heft. Schätzt dann, wie groß der Einfallswinkel mindestens sein muss, damit der Ball im Korb landet, ohne den Korb oder das Brett zu berühren. Berechnet den Einfallswinkel.
c) Stellt euer Ergebnis der Klasse vor.

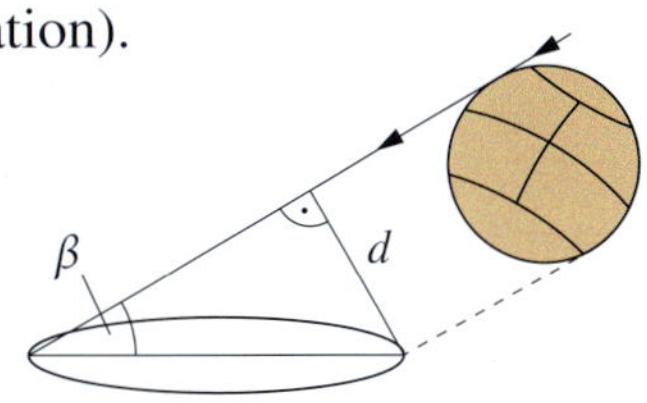

## Lesen und Verstehen

Eine Straße hat eine Steigung von 12 %. Bei 100 m Horizontalunterschied beträgt der Höhenunterschied also 12 m.
Wie groß ist dann der Steigungswinkel $\alpha$?

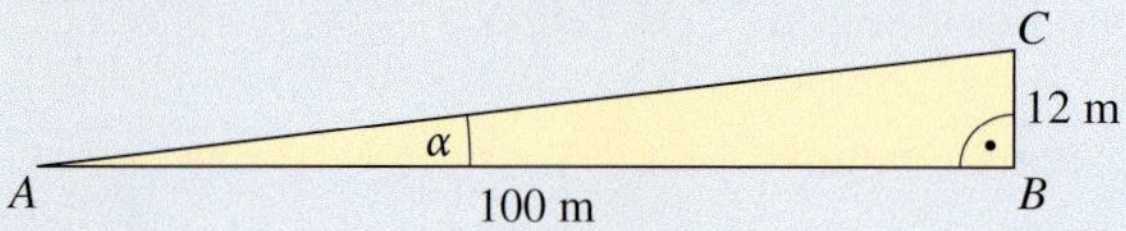

> In jedem rechtwinkligen Dreieck gilt:
> Aus zwei Seitenlängen lassen sich die Winkelgrößen mit Hilfe von Sinus, Kosinus oder Tangens berechnen. Wenn ein spitzer Winkel gegeben ist, kann der fehlende Winkel auch mit dem Innenwinkelsummensatz berechnet werden.

**BEISPIEL 1**

**Berechnung des Steigungswinkels $\alpha$**

*gegeben*: $c = 100\,\text{m}$, $a = 12\,\text{m}$; *gesucht*: $\alpha$

*Lösung:* $\tan\alpha = \frac{a}{c}$

$\tan\alpha = \frac{12\,\text{m}}{100\,\text{m}}$

$\tan\alpha = 0{,}12$ (Taste SHIFT tan oder 2nd tan)

$\alpha = 6{,}8°$

*Antwort*: Bei einer Steigung von 12 % misst der Steigungswinkel $\alpha = 6{,}8°$.

Mit Hilfe des Taschenrechners kann man aus dem Sinus, dem Kosinus oder dem Tangens eines Winkels den Winkel selbst berechnen. Auch hier muss die MOD-Einstellung auf DEG (Gradmaß) stehen.

**BEISPIEL 2**

Von einem rechtwinkligen Dreieck ($\gamma = 90°$) sind die Kathete $b = 7{,}8\,\text{cm}$ und die Hypotenuse $c = 11{,}5\,\text{cm}$ gegeben.
Gesucht: $\alpha$, $\beta$

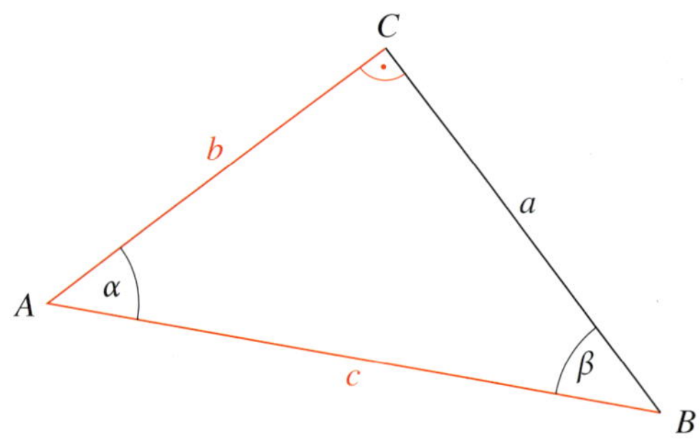


① Berechne den Winkel $\alpha$.

$\cos\alpha = \frac{7{,}8\,\text{cm}}{11{,}5\,\text{cm}}$

$\cos\alpha \approx 0{,}6782$

$\alpha \approx 47{,}3°$ Der Winkel $\alpha$ ist ca. 47,3° groß.

② Berechne den Winkel $\beta$.

1. Möglichkeit

$\sin\beta = \frac{7{,}8\,\text{cm}}{11{,}5\,\text{cm}}$

$\sin\beta \approx 0{,}6782$

$\beta \approx 42{,}7°$ Der Winkel $\beta$ ist ca. 42,7° groß.

2. Möglichkeit

$\alpha + \beta + \gamma = 180°$

$\beta = 180° - \gamma - \alpha$

$\beta = 180° - 90° - 47{,}3° = 42{,}7°$

## Basisaufgaben

**1** Berechne die Größe des Winkels mit dem Taschenrechner. Runde auf Hundertstel.

a) $\sin\alpha = 0{,}387$ b) $\sin\alpha = 0{,}89$
c) $\cos\alpha = 0{,}135$ d) $\cos\alpha = 0{,}64$
e) $\tan\alpha = 4{,}18$ f) $\tan\alpha = 0{,}6135$
g) $\cos\alpha = 0{,}9455$ h) $\sin\alpha = 0{,}7389$

**2** Zeichne ein passendes rechtwinkliges Dreieck. Vergleicht eure Vorgehensweisen.

a) $\tan\alpha = \frac{6}{4}$ b) $\sin\alpha = \frac{12}{21}$
c) $\cos\alpha = \frac{4}{10}$ d) $\sin\alpha = \frac{3}{4}$

**3** Schätze anhand einer Zeichnung die Größe des Winkels und überprüfe dein Ergebnis mit dem Taschenrechner.

**BEISPIEL** Zeichnung für $\sin\alpha = 0{,}5 = \frac{5}{10}$ mit Gegenkathete $a = 5\,\text{cm}$ und Hypotenuse $c = 10\,\text{cm}$.

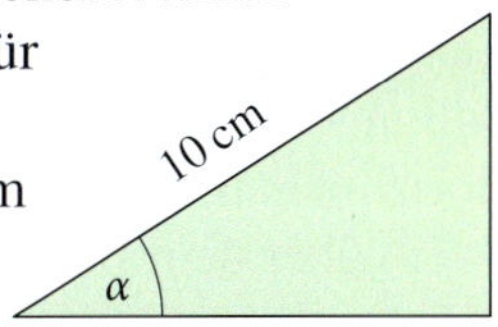


a) $\sin\alpha = 0{,}5$ b) $\cos\alpha = 0{,}5$
c) $\tan\alpha = 0{,}8$ d) $\sin\beta = 0{,}7$
e) $\cos\beta = 1$ f) $\tan\beta = 2{,}7$

**4** Berechne die Größe des angegebenen Winkels. Runde auf eine ganze Zahl.

a)
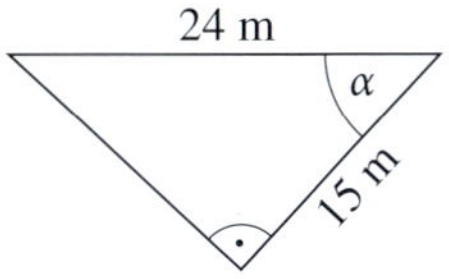


b)
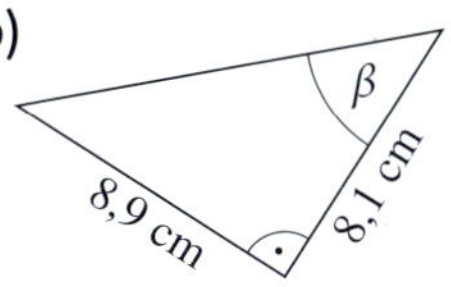


c)
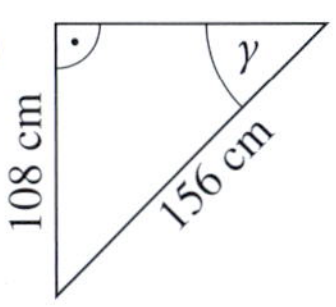


d)
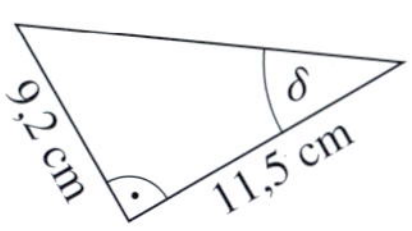


**5** Berechne die Größe der Innenwinkel.

a)
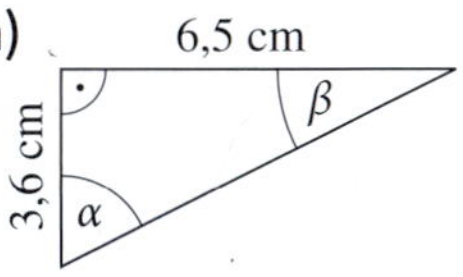


b)
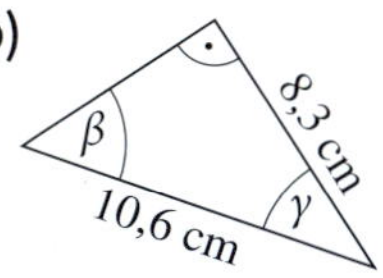


c)
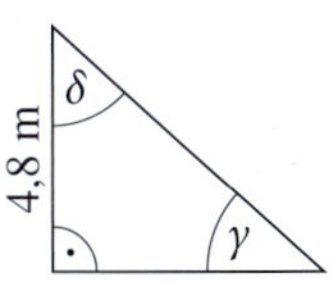


d)
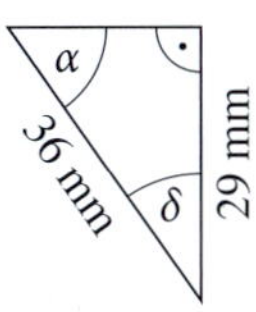


**6** Bestimme die Steigungswinkel für die folgenden Steigungen.

a) 5 % b) 50 % c) 90 %
d) 100 % e) 200 % f) 500 %

**7** Finde die Fehler und korrigiere sie.

a) $\sin\alpha = \frac{40\,\text{mm}}{8{,}9\,\text{cm}}$
$\sin\alpha = 0{,}4494;\ \alpha \approx 26{,}7°$

b) $\cos\alpha = \frac{40}{8{,}9}$

c) $\tan\beta = \frac{40\,\text{mm}}{8{,}9\,\text{cm}}$

d) $\tan\gamma = \frac{8{,}9\,\text{cm}}{40\,\text{mm}}$
$\tan\gamma = 0{,}2225$
$\gamma = 77{,}1°$

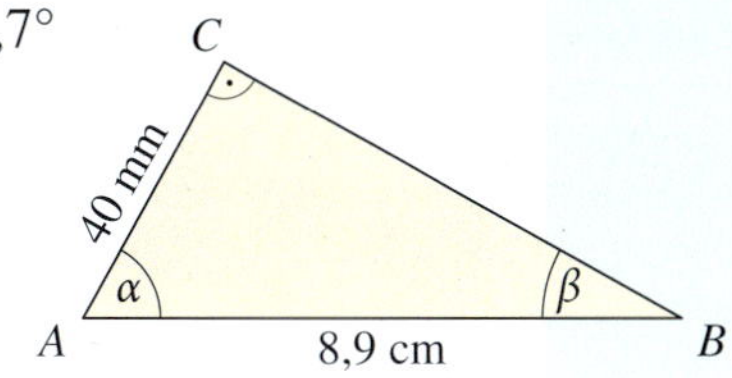


**8** Berechne für das rechtwinklige Dreieck mit $a = 4{,}5\,\text{cm}$ und der Hypotenuse $b = 7{,}6\,\text{cm}$ die Größe des Winkels $\alpha$ auf zwei Wegen.

**9** Berechne im Dreieck $ABC$ ($\gamma = 90°$) die Winkel $\alpha$ und $\beta$. Fertige eine Skizze an.

a) $a = 35\,\text{mm};\ c = 79\,\text{mm}$
b) $b = 0{,}43\,\text{dm};\ c = 7{,}2\,\text{cm}$
c) $a = 6{,}2\,\text{cm};\ b = 6{,}2\,\text{cm}$
d) $b = 94\,\text{cm};\ c = 2{,}066\,\text{m}$
e) $a = 0{,}8\,\text{m};\ c = 111\,\text{cm}$

**BEACHTE**
Die Lösungen zu Aufgabe 9 ergeben in der richtigen Reihenfolge den Namen eines Landes. Auf welchem Kontinent liegt dieses Land?
26,3° (K); 27,1° (T); 36,6° (A); 43,9° (N); 45,0° (C); 45,0° (H); 46,1° (A); 53,4° (S); 62,9° (S); 63,7° (A)

**10** Berechne die Winkelgrößen der anderen Winkel sowie die Länge der dritten Seite im rechtwinkligen Dreieck $ABC$ mit $\beta = 90°$.

a) $a = 2{,}9\,\text{cm};\ c = 6{,}3\,\text{cm}$
b) $a = 4{,}7\,\text{cm};\ c = 4{,}7\,\text{cm}$
c) $a = 8{,}4\,\text{cm};\ c = 2{,}3\,\text{cm}$
d) $a = 17{,}8\,\text{dm};\ b = 36{,}4\,\text{dm}$
e) $b = 15\,\text{cm};\ c = 1{,}1\,\text{dm}$
f) $b = 8{,}5\,\text{cm};\ c = 63\,\text{mm}$

**11** Berechne die beiden fehlenden Winkelgrößen und die fehlende Seitenlänge. Beginne jeweils mit einer Skizze des Dreiecks.

a) $b = 4{,}1\,\text{cm};\ c = 7{,}3\,\text{cm};\ \alpha = 90°$
b) $a = 3{,}8\,\text{cm};\ c = 6{,}8\,\text{cm};\ \gamma = 90°$
c) $c = 7{,}9\,\text{cm};\ a = 6{,}6\,\text{cm};\ \beta = 90°$
d) $b = 6{,}3\,\text{cm};\ a = 10{,}7\,\text{cm};\ \alpha = 90°$
e) $c = 12\,\text{mm};\ b = 2{,}3\,\text{cm};\ \beta = 90°$
f) $a = 0{,}8\,\text{dm};\ b = 12\,\text{cm};\ \gamma = 90°$

## Weiterführende Aufgaben

**12** Bestimme möglichst genau die prozentualen Steigungen dieser beiden Straßen.

**13** Der Slickrock Trail ist ein über die Grenzen der USA hinaus bekannter Rundkurs für Mountainbikes in der Nähe von Moab, Utah.
Prüfe, ob der Mountainbikefahrer hier ein Gefälle von mehr als 100 % überwindet.

**14** Unter welchem Winkel steigt die Straße an? Schätze zuerst.
Wie groß ist der Höhenunterschied für diesen Streckenabschnitt? Wie groß ist der Horizontalunterschied?

**15** Ein Straßenschild kündigt eine Steigung von 19 % an.

a) Mit welchem Steigungswinkel muss man bei der angekündigten Steigung rechnen?
b) Welche Strecke legt man bei 80 m Höhenunterschied zurück?

**16** Der schiefe Turm von Pisa mit einer Höhe von 55 m wurde wieder so weit aufgerichtet, dass das obere Turmende horizontal nur noch 4,1 m von seiner ursprünglichen Position abweicht.
Fertige eine Skizze an und berechne den Neigungswinkel des Turms.

**17** An einer Wetterwarte steigt ein Wetterballon senkrecht auf. Ein Beobachter befindet sich 1 km von der Wetterwarte entfernt.

a) Kann es sein, dass der Beobachter den Ballon unter einem Winkel von 24° zur Horizontalen sieht, wenn der Ballon sich 447 m über dem Boden befindet?
Beachte, dass die Augenhöhe des Beobachters 1,60 m beträgt.
Fertige zuerst eine passende Skizze an.
b) Wie weit war der Messballon in diesem Augenblick vom Beobachter entfernt?

**18** Eine Treppe läuft sich bequem, wenn bei ihrer Herstellung eine alte Zimmermannsregel beachtet wird:
2 Stufenhöhen + 1 Auftritt = Schrittweite

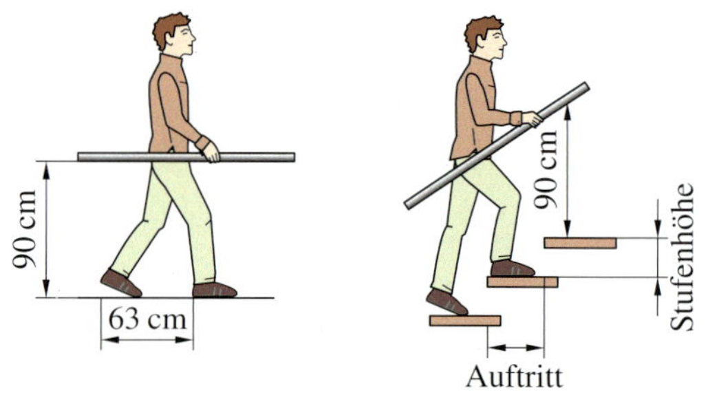


In Wohnhäusern hat es sich bewährt, für die Stufenhöhe etwa 18 cm zu wählen.
Gehe von einer Schrittweite von 63 cm aus.

a) Ermittle die Neigung eines dazugehörenden Treppengeländers in Prozent.
b) Überprüfe in deiner Umgebung, ob man die genannte Regel beim Bau von Treppen beachtet hat.

**19** Wie verändert sich im rechtwinkligen Dreieck $ABC$ mit $\gamma = 90°$ der Wert der Verhältnisse ① $\frac{a}{c}$ und ② $\frac{b}{c}$, wenn der Winkel $\alpha$ verändert wird?

a) „Je größer $\alpha$, desto …"
b) „Je kleiner $\alpha$, desto …"
c) „Wenn $\alpha$ sich 0° nähert, dann …"
d) Überlege dir selbst Aufgaben zu diesen Seitenverhältnissen, löse diese und tausche sie mit einem Mitschüler.

**20** Begründe folgende Aussage:
Im rechtwinkligen Dreieck $ABC$ mit $\gamma = 90°$ gilt: $\sin\alpha = \cos\beta$ und $\sin\beta = \cos\alpha$.

**21** Berechne die beiden fehlenden Größen im rechtwinkligen Dreieck $ABC$.
Entwirf zunächst eine Planfigur und markiere die gegebenen und gesuchten Stücke in verschiedenen Farben.

| | $\alpha$ | $\beta$ | $\gamma$ | $a$ | $b$ |
|---|---|---|---|---|---|
| a) | 42° | | 90° | 4 cm | |
| b) | 90° | | 60° | 8,2 cm | |
| c) | | 59° | 90° | | 12 cm |
| d) | | 90° | | 5,1 cm | 9,4 cm |
| e) | | | 90° | 4,7 cm | 7,6 cm |
| f) | 90° | 73° | | 5 cm | |
| g) | | 90° | | 1,8 cm | 2,4 cm |
| h) | 55° | | 90° | | 4 cm |
| i) | 61° | | 90° | 0,7 dm | |

**22** Berechne die Winkel, unter denen sich die Diagonalen eines Rechtecks mit der Länge $a$ und der Breite $b$ schneiden. Beginne mit einer Skizze.

a) $a = 7$ cm; $b = 5$ cm
b) $a = 14$ cm; $b = 6$ cm
c) $a = 5$ cm; $b = 4$ cm
d) $a = 8$ cm; $b = 6$ cm
e) $a = 6$ cm, $b = 5$ cm
f) $a = 4{,}5$ cm, $b = 7$ cm

**23** In einer Raute beträgt die Seitenlänge $a = 6{,}5$ cm.
Die Diagonale $f$ ist 8,4 cm lang.
Berechne alle Winkel und die Länge der Diagonale $e$.

**24** Von einem Drachen sind die Längen $\overline{AB} = \overline{AD} = 12$ dm und $\overline{BC} = \overline{CD} = 8$ dm bekannt. Die Länge der Diagonale $\overline{BD}$ beträgt 10 dm.

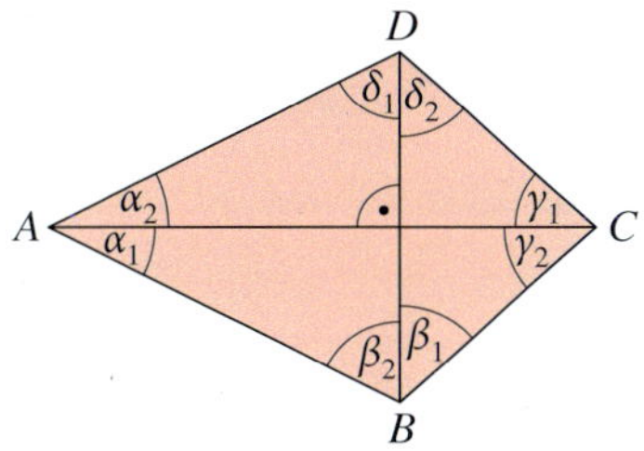


a) Berechne die Winkel im Punkt $D$.
b) Wie groß sind die Winkel am Punkt $C$?
c) Berechne auch die Winkel in den Punkten $A$ und $B$.

**25** Ein Kegel hat einen Radius von $r = 3{,}5$ cm und eine Mantellinie von $s = 9{,}5$ cm.
Wie groß ist der Winkel an der Kegelspitze?

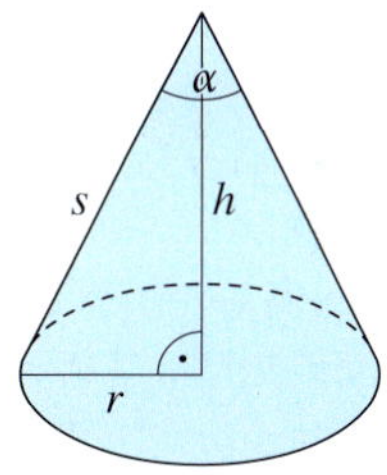

**26** Ein Würfel hat die Kantenlänge $a = 5$ cm. Wie groß ist der Winkel $\gamma$ zwischen einer Raumdiagonale und der Grundfläche?

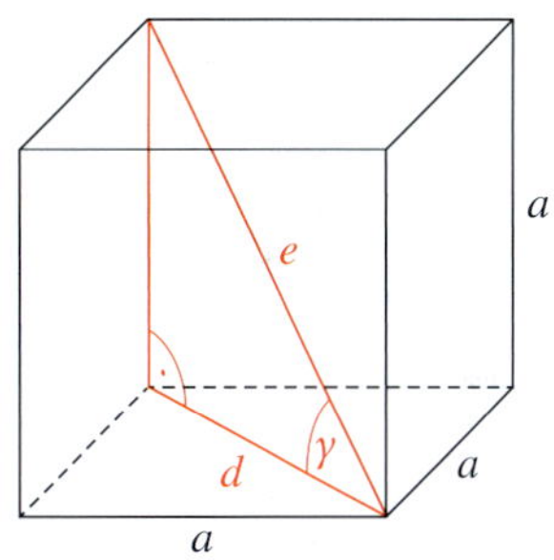

**27** Berechne die fehlenden Seitenlängen und Winkelgrößen im rechtwinkligen Dreieck. Du kannst auch den Höhensatz und den Kathetensatz nutzen.

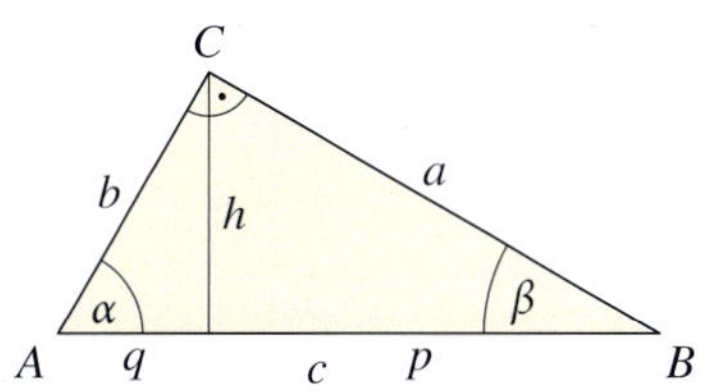

a) $q = 2{,}5$ cm; $\alpha = 35{,}0°$
b) $h = 6{,}2$ cm; $\alpha = 75{,}0°$
c) $p = 5{,}8$ cm; $\beta = 31{,}2°$
d) $h = 8$ cm; $p = 3$ cm

# Gleiten und fliegen

Vor einigen Jahren führten die französischen Vogelschützer Paola und Christian Moullec gemeinsam mit ihrem Team das spektakuläre Experiment durch, 30 junge Zwerggänse mit einem Ultraleichtflugzeug von ihren Brutgebieten in Schweden über Dänemark nach Deutschland an den Niederrhein zu führen. Nach nahezu 2000 km Flugstrecke kamen die Gänse und das Ultraleichtflugzeug unversehrt am Zielort auf der Bislicher Insel an. Nach ihrer Überwinterung am Niederrhein brachen die jungen Zwerggänse Anfang 2000 in Richtung Schweden auf, diesmal ohne die Führung durch Moullec. Über die Hälfte der Tiere traf in Öster Malma wieder ein.

Neben dem „aktiven“ Fliegen bei Vögeln durch Flügelschlag und bei Flugzeugen durch Motoren oder Triebwerke können Flugstrecken auch durch Gleiten überwunden werden.

Beim Gleiten wird die Energie zur Überwindung des Luftwiderstandes aus dem Höhenverlust gewonnen. Das Gleiten ist ein Geradeausflug mit konstanter Geschwindigkeit und konstanter Sinkrate.

Vögel können lange Zeit ohne Flügelschlag bei ruhiger Luft gleiten, ohne dabei viel an Höhe zu verlieren. Die Länge der Strecke ist vom Körpergewicht und der Flügelfläche abhängig.

Wenn vom Gleiten gesprochen wird, spielt das *Gleitverhältnis* eine Rolle, das ist der Quotient aus Höhenverlust und Gleitstrecke über Grund, angegeben für 1 m Höhenverlust, also zum Beispiel 1 : 20 (bei 1 m Höhenverlust 20 m Gleitstrecke über Grund).
Daraus ergibt sich die *Gleitzahl* 20.
Der *Gleitwinkel* wird auch häufig angegeben. Das ist der Winkel zwischen der Horizontalen und der geraden Linie, die sich für den Sinkflug ergibt.

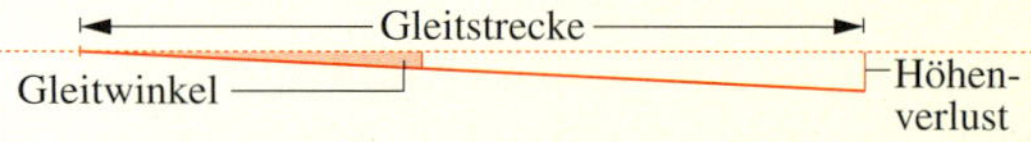


**1** Weise nach, dass im Zusammenhang mit dem Gleiten trigonometrische Beziehungen angegeben werden können.

Ein ausgezeichneter Gleiter ist der **Kondor** mit einer Gleitzahl von 35.

**Tauben** gleiten mit ca. 6,3° Gleitwinkel.

**Sperlinge** haben das durchschnittliche Gleitverhältnis 1 : 6.

Für den **Mäusebussard** wird durchschnittlich das Gleitverhältnis 1 : 16 angegeben.

**2** Leite für die genannten Vögel alle weiteren Angaben zum Gleiten ab.

**Silbermöwen** erreichen durchschnittliche Gleitwinkel von 4,0°.

**3** Berechne.
a) Wie weit über Grund könnte jeder genannte Vogel gleiten, wenn sein Gleitflug in 300 m Höhe beginnt?
b) In welcher Höhe würde jeder der genannten Vögel den Gleitflug beginnen, wenn er über Grund nach 1500 m landet?

Flugzeuge können ebenfalls gleiten. Das Gleiten kann hier jedoch durch die Fluggeschwindigkeit beeinflusst werden, die zum Beispiel durch Motoren oder Triebwerke erreicht wird.

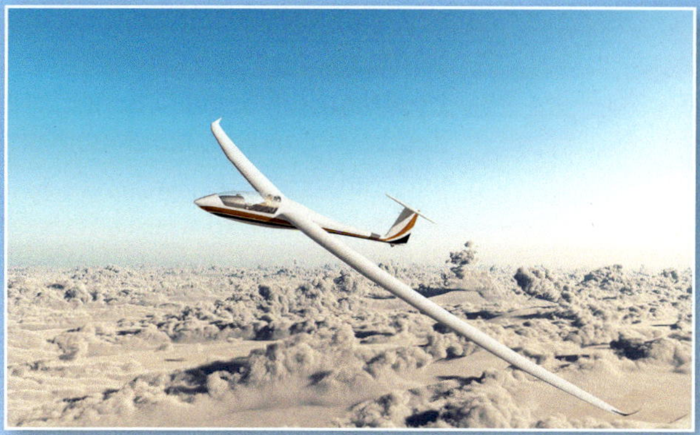

Bei Segelflugzeugen zum Beispiel können über Grund 50 km zurückgelegt werden bei 1000 m Höhenverlust. Segelflugzeuge müssen beim Landeanflug Gleitzahlen zwischen 5 und 10 erreichen.

**4** Mit welchem Gleitwinkel gleiten die beschriebenen Segelflugzeuge und mit welchen Gleitwinkeln müssen Segelflugzeuge landen?

| Typ | Gleitzahl |
|---|---|
| ASK-13 | 27 |
| ASK-21 | 34 |
| Ka-8b | 27 |
| Ka-6CR | 30 |
| DG 100/101 | 39 |
| LS-4b | 40,5 |

Die Luftsportgruppe in Linkenheim besitzt die angegebenen Segelflugzeuge. Die angegebene Gleitzahl entspricht dem bestmöglichen Gleitverhältnis.

**5** Beachte die Tabelle.

a) Welche bestmöglichen Gleitwinkel ergeben sich für die Segelflugzeuge?

b) Welche Strecken über Grund würden die Segelflugzeuge überfliegen, wenn sie aus 1500 m Höhe gleichmäßig bis zur Landung gleiten würden?

**6** Vergleiche den beim Landeanflug üblichen Landewinkel von 3° mit den Gleitwinkeln, die sich aus der Tabelle für die verschiedenen Flugzeugtypen berechnen lassen.

| Typ | Gleitzahl |
|---|---|
| Airbus A320 | 17 |
| Airbus A340 | 19,5 |
| Boeing B52 | 20 |
| Boeing B737 | 19,4 |
| Boeing B747 | 17,5 |
| Douglas DC3 | 14,7 |

**7** In Düsseldorf beginnt der Landeanflug in ca. 910 m Höhe.
Wie weit vom Aufsetzpunkt der Landebahn ist das Flugzeug am Boden entfernt, wenn der Landewinkel 3° beträgt?

**8** Am Flughafen Hamburg landen Flugzeuge unter einem Landewinkel von 3,5°.
Wie weit ist das Flugzeug vom Aufsetzpunkt auf der Landebahn entfernt, wenn in einer Höhe von ca. 910 m mit dem Landeanflug begonnen wird?
Vergleiche mit der Lösung von Aufgabe 7.

# Vermischte Übungen

**1** Konstruiere ein rechtwinkliges Dreieck $ABC$ mit $\gamma = 90°$ und dem angegebenen Winkel $\alpha$.
Bestimme die Seitenlängen $a$, $b$ und $c$ aus der Zeichnung und gib die Seitenverhältnisse $\frac{a}{b}$, $\frac{b}{c}$ und $\frac{a}{c}$ an.

**a)** $\alpha = 20°$ **b)** $\alpha = 33°$ **c)** $\alpha = 45°$
**d)** $\alpha = 50°$ **e)** $\alpha = 63°$ **f)** $\alpha = 70°$

**2** Vergleiche $\sin\gamma$, $\cos\gamma$ und $\tan\gamma$ in je zwei Dreiecken mit $\beta = 90°$ und
**a)** $\gamma = 55°$ sowie $\gamma = 35°$.
**b)** $\gamma = 25°$ sowie $\gamma = 65°$.
Fällt dir etwas auf? Finde eine Erklärung.

**3** Gib den Quotienten für den Sinus, Kosinus und Tangens jedes spitzen Winkels im rechtwinkligen Dreieck an.

**a)**

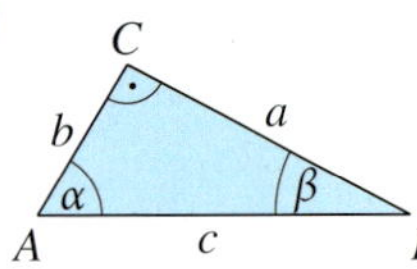


**b)**

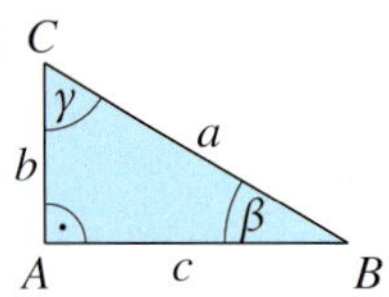


**c)**

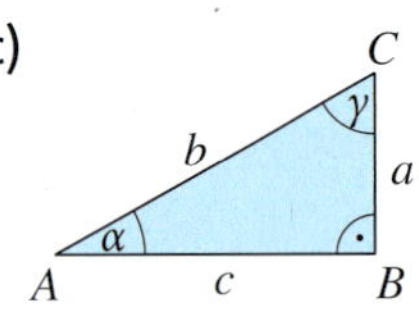


**d)**

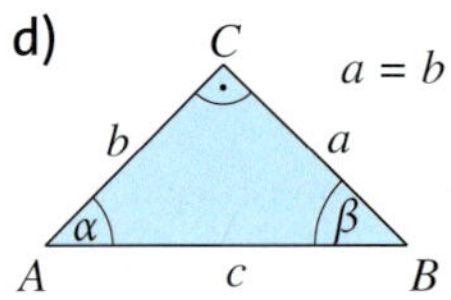


**4** Gib je zwei Quotienten an für …
**a)** $\tan\alpha$ **b)** $\tan\beta$

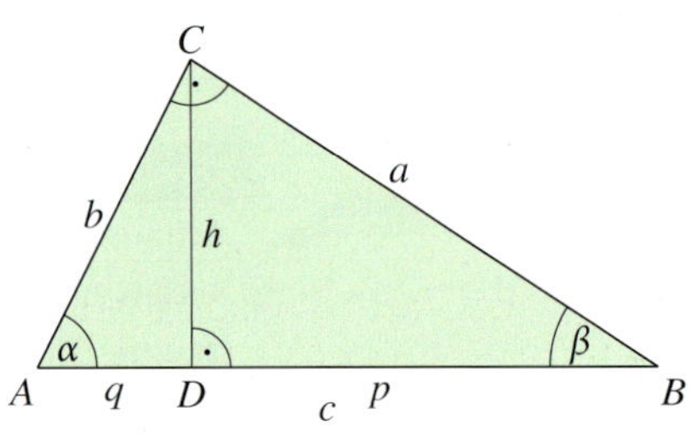


**5** Gib den Quotienten für $\tan\alpha$ und für $\tan\beta$ an.

**a)**

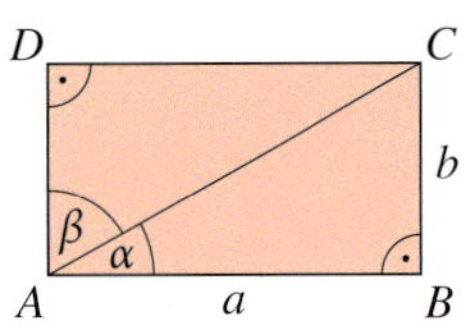


**b)**

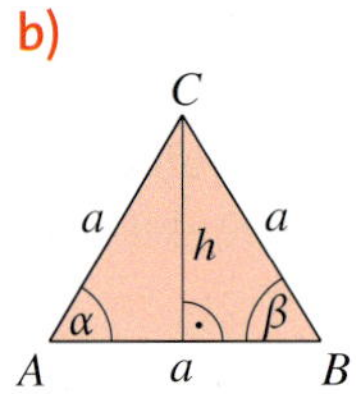


**6** In einem rechtwinkligen Dreieck $ABC$ sind zwei Seitenlängen gegeben. Fertige eine Planfigur an, markiere die gegebenen Seiten farbig und berechne die fehlenden Stücke (Längen in cm).

| | $\alpha$ | $\beta$ | $\gamma$ | $a$ | $b$ | $c$ |
|---|---|---|---|---|---|---|
| **a)** | | | 90° | | 4,6 | 5,8 |
| **b)** | | | 90° | 3,9 | | 6,1 |
| **c)** | | 90° | | 7,4 | 8 | |
| **d)** | | 90° | | 4,8 | | 3,1 |
| **e)** | 90° | | | 5,4 | 1,5 | |
| **f)** | 90° | | | | 2 | 6,8 |
| **g)** | | | 90° | 3,8 | 5,2 | |
| **h)** | 90° | | | 7,1 | | 5,4 |
| **i)** | | 90° | | | 6,3 | 4,1 |
| **j)** | | | 90° | 5,5 | 3,4 | |

**7** Die Werte beziehen sich auf ein gleichschenkliges Dreieck mit Basis $c$. Berechne die fehlenden Seitenlängen und Winkelgrößen.
**a)** $h_c = 5\,\text{cm}$; $c = 6\,\text{cm}$
**b)** $h_c = 4{,}3\,\text{cm}$; $c = 5\,\text{cm}$
**c)** $h_c = 3{,}2\,\text{cm}$; $c = 4{,}5\,\text{cm}$

**BEACHTE**
Die Lösungen zu Aufgabe 7 ergeben in der richtigen Reihenfolge (jeweils Seitenlänge, Winkel $\alpha$, Winkel $\gamma$) den Namen eines Landes. Auf welchem Kontinent liegt dieses Land?
3,91 cm (V); 4,97 cm (E); 5,83 cm (M); 54,9° (E); 59,0° (A); 59,8° (D); 60,4° (I); 62,0° (L); 70,2° (N)

**8** Ein Parabelflug dient dazu, im freien Fall annähernde Schwerelosigkeit zu erzeugen. Dazu wird ein Flugzeug des Typs Airbus A-300 zunächst auf 6000 m Höhe gebracht. Aus dieser Höhe beginnt bei vollem Schub der Steigflug im Steigungswinkel von 45°, bis eine Höhe von etwa 8000 m erreicht ist.

**a)** Gib die Steigung in Prozent an.
**b)** Zeichne den Steigflug in einem geeigneten Maßstab.
**c)** Gib für den Steigflug eine Funktionsgleichung an.

**9** Der Motor des starken „Pistenbully 300“ mobilisiert 430 PS. Wenn es sein muss und das Terrain griffig ist, erklimmt das Ungetüm mit den breiten Krallen Neigungen von bis zu 130 %.

a) Welchen Steigungswinkel hat ein Berghang mit der Steigung 100 %?
b) Wie groß ist der Steigungswinkel bei einer Steigung von 130 %?

**10** Welche Angabe müsste auf dem dazugehörigen Verkehrschild stehen?

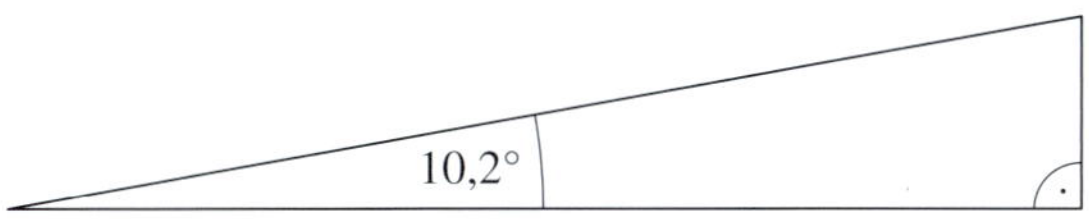


**11** Die wohl steilste Straße der Welt (laut Guinness-Buch der Rekorde) liegt in dem neuseeländischen Ort Dunedin. Sie hat den Steigungswinkel 31°.
Ermittle zeichnerisch und rechnerisch die Steigung in Prozent.

**12** Rampen für Rollstuhlfahrer sollten eine Neigung von 6 % nicht übersteigen.
a) Patrick behauptet:
Um zwei Treppenstufen mit einer Gesamthöhe von 36 cm zu überwinden, ist eine (in horizontaler Richtung) 6 m lange Rampe erforderlich.
Überprüfe durch eine Rechnung.
b) Wie lang muss die befahrbare Strecke einer Rampe sein, wenn ein Steigungswinkel von 6 % zugrunde gelegt wird und ca. 0,80 m Höhenunterschied zu überwinden sind?

**13** Erkläre und vergleiche die drei Rechenwege. Gib die Länge von $c$ an. Ein Fehler wurde gemacht. Finde ihn.
*gegeben:* rechtwinkliges Dreieck mit
$\gamma = 90°;\ \alpha = 34°;\ a = 3{,}36\,\text{cm}$
*gesucht:* $c$

Philip:
$$\sin\alpha = \frac{a}{c}$$
$$\sin\alpha \cdot c = a$$
$$c = \frac{a}{\sin\alpha}$$
$$c = \frac{3{,}36\,\text{cm}}{\sin 34°}$$

Leonie:
$$\sin 34° = \frac{a}{c}$$
$$\sin 34° = \frac{3{,}36\,\text{cm}}{c}$$
$$\sin 34° \cdot c = 3{,}36\,\text{cm}$$
$$c = \frac{3{,}36\,\text{cm}}{\sin 34°}$$

Gerome:
$$\sin 34° = \frac{3{,}36\,\text{cm}}{c}$$
$$\frac{\sin 34°}{3{,}36\,\text{cm}} = c$$

**14** Ein Dachboden ist über eine 3 m lange Bodentreppe erreichbar. Die Höhe vom Fußboden zum Dachboden beträgt 2,7 m. Die Treppe ist gut zu begehen, wenn die Treppe mit dem Fußboden höchstens einen Winkel von 65° bildet. Erfüllt die Bodentreppe diese Bedingung?

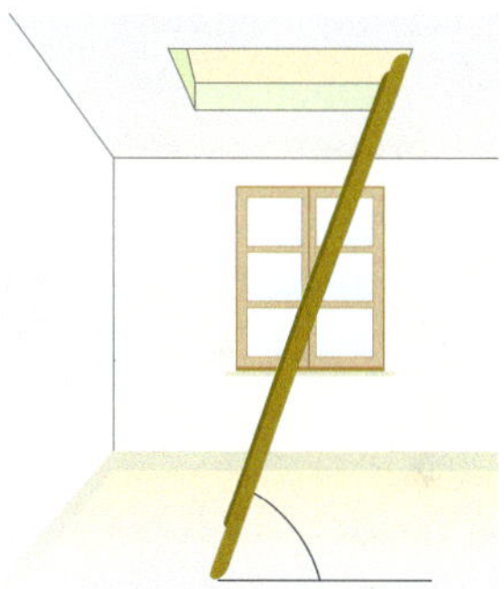

**15** Verkehrsflugzeuge heben beispielsweise unter einem Winkel von 8° ab. Es wird davon ausgegangen, dass dieser Steigungswinkel konstant bleibt, bis die entsprechende Reisehöhe erreicht wird.
a) Ermittle zeichnerisch in einem geeigneten Maßstab, welche Höhe nach 1 km horizontaler Strecke erreicht wird.
b) Welche Höhe wird nach 3000 m horizontaler Strecke erreicht?
c) Nach welcher horizontalen Strecke wird die Reisehöhe von 10 km erreicht?

**16** Bei einer Vorstellung will ein Artist mit dem Motorrad auf einem Drahtseil die Spitze eines 52 m hohen Gebäudes erreichen. Das Seil muss dazu sehr straff gespannt werden.
Zum Befestigen werden 2,5 m Seil zusätzlich benötigt. Das Motorrad hat eine maximale Steigfähigkeit von 40°.

a) Fertige eine Skizze an.
b) Wie lang muss das Seil mindestens sein?
c) Welcher Steigungswinkel würde sich bei einem 102 m langen Seil ergeben?

**17** Das gelbe „Haus“ ist etwa 25 cm hoch. Jede der gelben Bauplatten ist 9,4 cm lang und 9,4 cm breit.

a) Zeichne eine Skizze von mindestens zwei aufgestellten Platten.
b) Welchen Winkel schließt jede Platte mit ihrem Untergrund ein?

**18** Eine der größten Skiflugschanzen der Welt steht im bayerischen Oberstdorf.

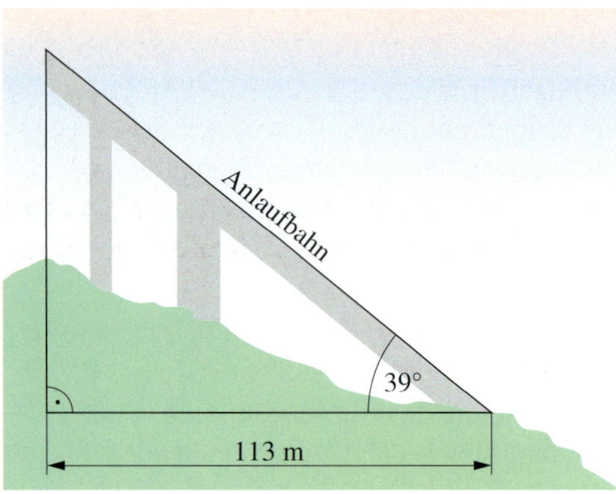


a) Wie lang ist die Anlaufbahn und welchen Höhenunterschied hat sie?
b) Im ersten Durchgang haben die Teilnehmer sehr große Weiten erreicht. Deshalb wird die Anlaufbahn um 5 m verkürzt. Welchen Höhenunterschied legt ein Springer jetzt auf der Anlaufbahn zurück?

**19** Familie Geiger möchte einen 4 m langen Carport bauen. Als Dach soll ein rechtwinkliges Dreieck aufgesetzt werden.

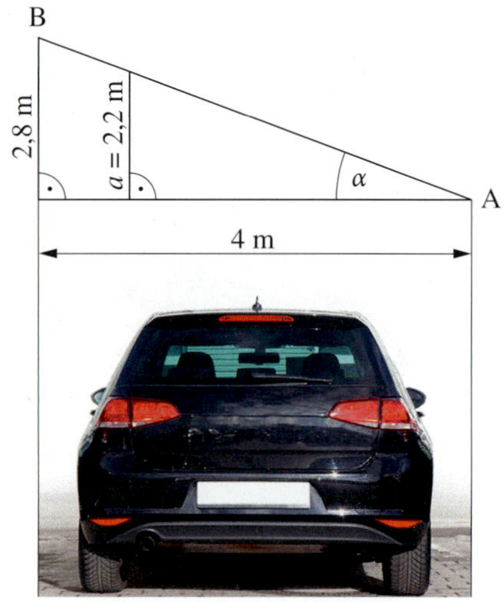


a) Wie lang ist die Strecke von Punkt $A$ zur Stütze $a$?
b) Welche Dachneigung hat der Carport?
c) Berechne die Länge der Strecke $\overline{AB}$ für eine Dachneigung von 35°.
d) Wie viel m² Dachfläche sind zu decken?

**20** Eine Dachgeschosswohnung wird vermietet. Zur Berechnung der Mietfläche soll nur die Fläche mit einer Stehhöhe ab 2 m berücksichtigt werden (siehe Skizze).

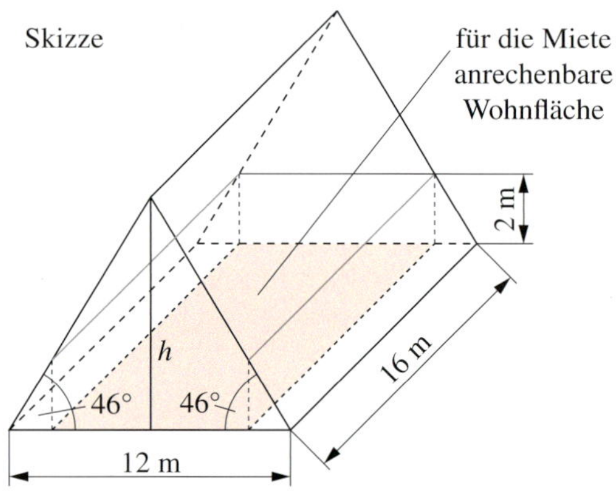


a) Berechne die Giebelhöhe $h$ in m.
b) Die Miete kostet 8,20 € pro m². Wie hoch ist die Miete der Dachgeschosswohnung?
c) Die Wohnung wird neu tapeziert. Die Fenster nehmen zusammen eine Fläche von 4,5 m² ein. Wie groß ist die zu tapezierende Fläche?

**21** Im Bild ist der Querschnitt eines Kanals zu sehen. Er hat die Form eines gleichschenkligen Trapezes.
Der Kanal ist an der Wasseroberfläche 40,0 m breit und am Boden 24,6 m breit.
Er hat eine Tiefe von 3,5 m.

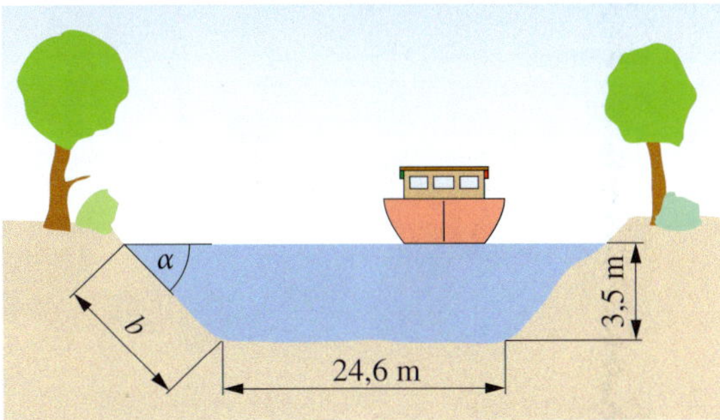


a) Zeichne den Querschnitt des Kanals im Maßstab 1 : 200.
Beschrifte die Zeichnung.
b) Berechne den Böschungswinkel $\alpha$ und die Länge $b$.

**22** Der Querschnitt eines Kanals ist ein gleichschenkliges Trapez. Die Sohle am Boden dieses Kanals ist 5,40 m breit, die Böschungswinkel betragen jeweils 34,8°.
a) Welche Breite hat der Kanal an der Wasseroberfläche, wenn das Wasser 2,85 m hoch steht?
b) Wie viel Wasser enthält der Kanal auf einem Kanalstück von 0,7 km Länge?

**23** Ein Damm in Trapezform ist oben an der Krone $k = 4{,}5$ m breit. Die Böschung ist auf beiden Seiten (in der Falllinie) $l = 5{,}6$ m lang und hat einen Steigungswinkel von $\alpha = 38°$.
Wie breit ist der Damm an der Sohle?

**24** Eine Pyramide mit quadratischer Grundfläche hat die Grundkante $a = 18$ cm und die Höhe $h = 24$ cm.
Berechne den Neigungswinkel $\alpha$ der Seitenkanten gegen die Grundfläche.

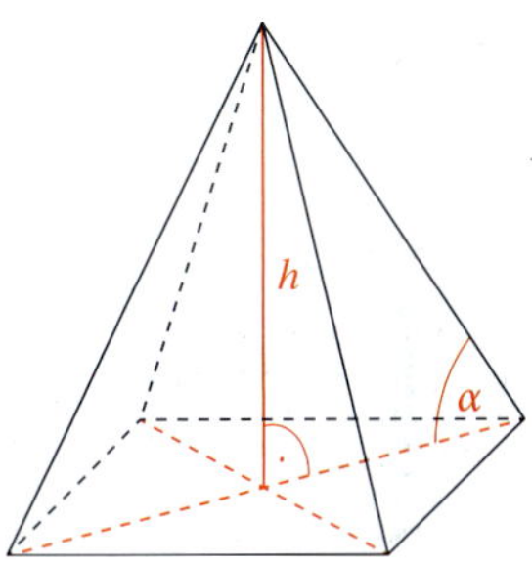


**25** Der Bug ist das Vorderteil eines Schiffsrumpfes. Ein Schiff verursacht beim Fahren eine Bugwelle mit einem Öffnungswinkel von 40°. Das Schiff fährt in der Mitte des Rheins, der an dieser Stelle eine Breite von 200 m hat.
a) Fertige eine Skizze zu der Situation an. Wähle einen geeigneten Maßstab.
b) Wie weit ist der Bug des Schiffs entfernt von dem Punkt, an dem die Bugwelle am Ufer auftrifft?

**26** Ein Haus mit 10,60 m Länge und 8 m Breite erhält ein Satteldach mit 30° Dachneigung. Der Dachfirst verläuft parallel zur längeren Hausseite. Das Dach steht nach vorne und hinten je 30 cm, nach unten hin je 50 cm über.
Wie viele Quadratmeter Dachfläche sind mit Dachziegeln einzudecken?

**27** Eine Außenleuchte hat einen Infrarot-Bewegungsmelder.
Der Bewegungsmelder wird in einer Höhe von 1,80 m an der Hauswand montiert.
Er soll den Bereich bis zur 6 m entfernten Grundstücksgrenze überwachen.
Erreicht man eine solche Überwachung bei folgendem Neigungswinkel?
a) $\alpha = 17°$  b) $\alpha = 15°$

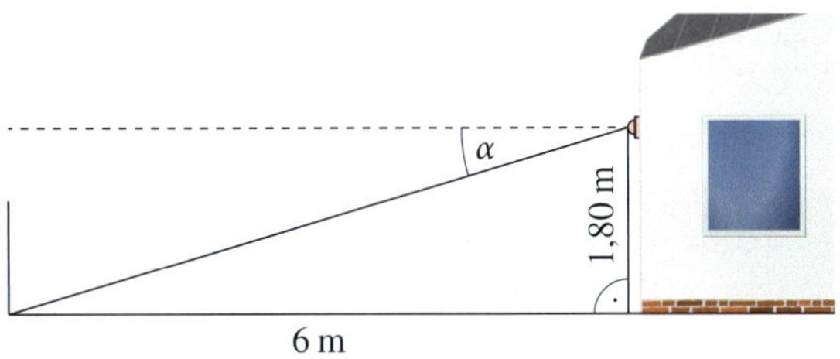


**28** Mia sitzt auf einer Schaukel.
Die Seile der Schaukel sind je 2,50 m lang. Der Haken, an dem das Seil befestigt ist, befindet sich 2,85 m über dem Erdboden. Mia versucht, so hoch wie möglich zu schaukeln. An ihrem höchsten Punkt bildet das Seil einen Winkel von 30° zur Horizontalen.
a) Fertige zunächst eine Skizze an.
b) Wie hoch ist Mia dann über dem Erdboden?
c) Vergleiche dein Ergebnis mit deinem Sitznachbarn oder deiner Sitznachbarin.

## Paul Pogbas „Dab"-Jubel

Das Bild zeigt Paul Pogba beim Torjubel nach seinem Tor im Viertelfinale der Fußball-Europameisterschaft 2016 im Spiel Frankreich gegen Island.
Dieser Torjubel, der berühmte „Dab", ist Paul Pogbas Markenzeichen: Dabei geht er mit dem Kopf Richtung rechter Armbeuge und spreizt den anderen Arm vom Körper weg.
Mittlerweile hat der „Dab" es in beinah alle Ligen der Welt geschafft und wird dort fleißig nachgeahmt.
Gemäß Definition ist ein Dab aber nur dann „perfekt", wenn beide Dreiecke rechtwinklig sind.

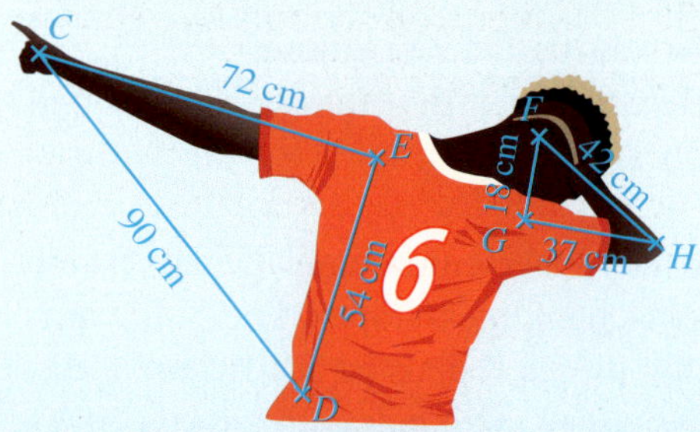


a) Zeichne die beiden Dreiecke in einem geeigneten Maßstab. Gib den Maßstab an und miss in jedem Dreieck die Innenwinkel.

b) Wähle im größeren Dreieck den Winkel $\alpha$ an der linken Hand und gib dafür die Gegenkathete, die Ankathete und die Hypotenuse an. Stelle je einen Quotienten für sin $\alpha$, für cos $\alpha$ und für tan $\alpha$ auf.

c) Überprüfe rechnerisch für beide Dreiecke, ob Pogba den „perfekten" Dab feiert. Sollte der Dab in einem der beiden Dreiecke nicht „perfekt" sein, dann verändere die Länge einer Seite so, dass er „perfekt" ist.

d) Berechne im größeren Dreieck die Größe der beiden Innenwinkel auf zwei Nachkommastellen genau.

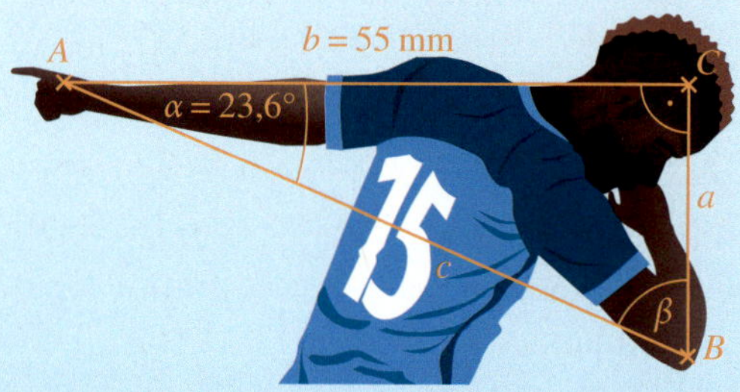


e) Im Bild rechts bilden auch Kopf, ausgestreckter linker Arm und angewinkelter rechter Arm ein rechtwinkliges Dreieck. Berechne für das Dreieck in der Zeichnung die Länge der Seiten $a$ und $c$ und die Größe des Winkels $\beta$.
Schätze begründet ab, wie groß die Originalmaße sein könnten.

f) Recherchiere im Internet, welche weiteren Personen den Dab-Jubel nachahmen. Finde Bilder und überprüfe mit einer dynamischen Geometrie-Software, ob ein rechtwinkliges Dreieck wie oben im Bild vorliegt. Berechne alle fehlenden Seitenlängen und Winkelgrößen in Originalgröße.

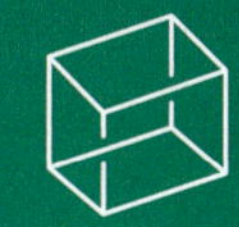

# Alles klar?

Entscheide, ob die Aussagen richtig oder falsch sind.
Begründe deine Entscheidung im Heft und korrigiere gegebenenfalls.

## 1 Seitenverhältnisse im rechtwinkligen Dreieck

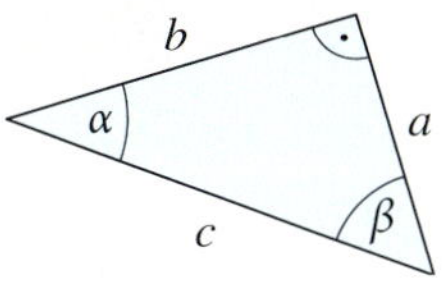


a) In der Zeichnung rechts ist die Seite $c$ die Gegenkathete von $\alpha$.

b) In der Zeichnung rechts ist die Seite $b$ die Ankathete von $\alpha$.

c) Der Sinus eines Winkels kleiner als 90° ist definiert als Quotient aus der Ankathete des Winkels und der Hypotenuse.

d) In der Zeichnung rechts oben nennt man das Seitenverhältnis $\frac{b}{c}$ den Tangenswert des Winkels $\alpha$.

e) Eine Steigung von 8 % bedeutet, dass bei einer Strecke sowohl der Höhenunterschied als auch der Horizontalunterschied 8 m betragen.

f) Die Steigung einer Strecke entspricht dem Tangens des Steigungswinkels.

**BEACHTE**
Die Lösungen zu den Aufgaben auf dieser Seite sowie dazu passende Trainingsaufgaben findest du ab Seite 220.

## 2 Streckenberechnung mit sin, cos, tan

a) In einem Dreieck $ABC$ mit $\gamma = 90°$; $\alpha = 55°$ und $c = 6{,}5$ cm ist die Seite $a \approx 5{,}3$ cm lang.

b) Ein rechtwinkliges Dreieck $ABC$ mit dem rechten Winkel $\alpha$ hat eine 7,2 cm lange Kathete $c$ und einen 66° großen Winkel $\gamma$. Dann ist die zweite Kathete 4,2 cm lang.

c) Wenn in einem Dreieck $ABC$ $\beta = 90°$; $\gamma = 50{,}8°$ und $b = 3{,}5$ cm gilt, dann ist die Seite $a \approx 1{,}8$ cm lang.

d) Die Nebelhornbahn bei Oberstdorf hat im Durchschnitt einen Steigungswinkel von 13,25°. Die Talstation liegt bei 828 m über NN, die Bergstation liegt 1942 m hoch. Sarah berechnet für die Bahn eine richtige Gesamtlänge von 4860 m.

## 3 Winkelberechnung mit sin, cos, tan

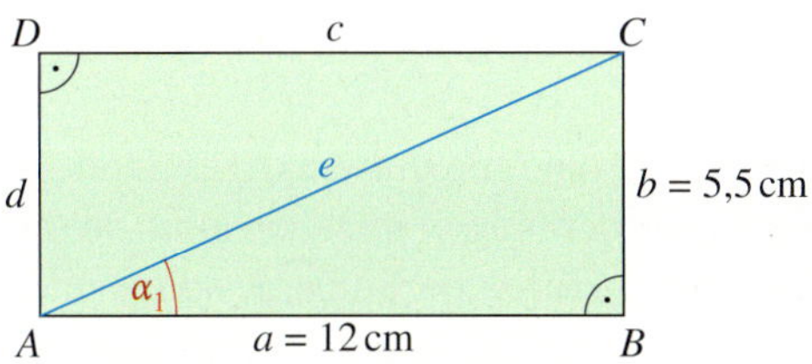


a) Um alle Winkelgrößen und Seitenlängen eines rechtwinkligen Dreiecks zu berechnen, muss man mehr als zwei Seitenlängen kennen.

b) Wenn nur die Größe eines spitzen Winkels im rechtwinkligen Dreieck gegeben ist, dann kann die Größe des fehlenden Winkels nicht mit dem Innenwinkelsummensatz berechnet werden.

c) Im abgebildeten Rechteck $ABCD$ lässt sich der Winkel $\alpha_1$ direkt mit dem Kosinus berechnen.

d) Berechnet man den Winkel $\alpha_1$ im abgebildeten Rechteck, so erhält man etwa 24,6°.

e) Wenn die horizontale Entfernung 7,2 km und der Höhenunterschied 242 m beträgt, dann liegt eine Steigung von etwa 3,4 % vor und der Steigungswinkel beträgt 1,9°.

# Zusammenfassung

→ Seite 144

## Seitenverhältnisse im rechtwinkligen Dreieck

Die Kathete, die dem **Winkel $\alpha$** gegenüberliegt, nennt man **Gegenkathete von $\alpha$**.
Die Kathete, die an dem Winkel $\alpha$ anliegt, nennt man **Ankathete von $\alpha$**.

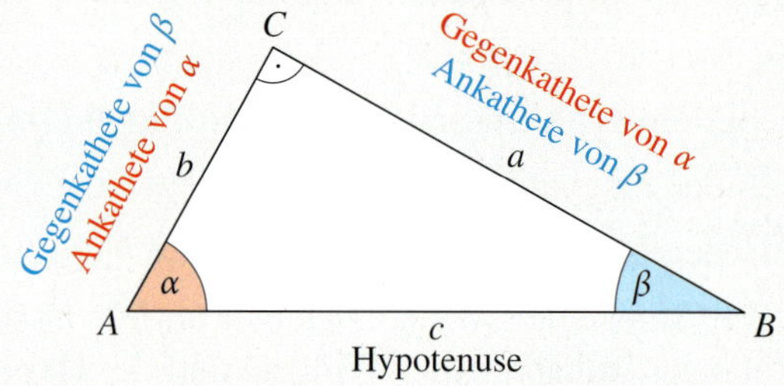


Seitenverhältnisse im rechtwinkligen Dreieck:

$\sin\alpha = \frac{\text{Gegenkathete von }\alpha}{\text{Hypotenuse}}$   $\cos\alpha = \frac{\text{Ankathete von }\alpha}{\text{Hypotenuse}}$   $\tan\alpha = \frac{\text{Gegenkathete von }\alpha}{\text{Ankathete von }\alpha}$

→ Seite 148

## Streckenberechung mit sin, cos, tan

Wenn in einem rechtwinkligen Dreieck eine Seitenlänge und eine Winkelgröße gegeben sind, so können mit Hilfe von Sinus, Kosinus und Tangens die beiden anderen Seitenlängen berechnet werden.

*gegeben*: rechtwinkliges Dreieck $ABC$ mit $\gamma = 90°$; $\alpha = 32{,}3°$ und $c = 126\,\text{m}$
*gesucht*: Länge der Katheten $a$ und $b$
*Lösung*: $\cos\alpha = \frac{b}{c}$
$b = \cos\alpha \cdot c$
$b = \cos 32{,}3° \cdot 126\,\text{m}$
$b \approx 106{,}62\,\text{m}$
und $\sin\alpha = \frac{a}{c}$
$a = \sin\alpha \cdot c$
$a = \sin 32{,}3° \cdot 126\,\text{m}$
$a \approx 67{,}14\,\text{m}$

→ Seite 152

## Winkelberechung mit sin, cos, tan

Wenn in einem rechtwinkligen Dreieck zwei Seitenlängen gegeben sind, so kann man mit Hilfe von Sinus, Kosinus und Tangens die Größe der Winkel berechnen.

*gegeben*: rechtwinkliges Dreieck $ABC$ mit $\alpha = 90°$; Katheten $b = 3{,}6\,\text{cm}$ und $c = 5{,}4\,\text{cm}$
*gesucht*: Größe der Winkel $\beta$ und $\gamma$

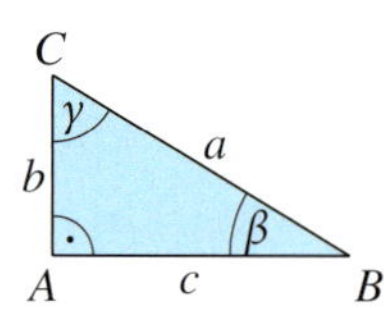


*Lösung*: $\tan\beta = \frac{b}{c}$
$\tan\beta = \frac{3{,}6}{5{,}4}$ SHIFT tan bzw. 2nd tan
$\beta \approx 33{,}7°$

Es gilt: $\beta + \gamma = 90°$, also ist $\gamma \approx 56{,}3°$.

# Die Sinusfunktion

Das Finale in der Disziplin 400-m-Freistil der Herren beginnt mit einem Kopfsprung vom Startblock. Anfangs sind alle Schwimmer noch gleichauf. Schnell nähern sie sich der ersten Wende. Bis zum letzten Anschlag werden sie siebenmal die Richtung ändern. Nach jeweils drei Zügen holen sie Luft und werden unzählige Male den Arm ins Wasser eintauchen, durchziehen und wieder heben. Immer dieselbe, sich wiederholende Bewegung.

Es gibt Funktionen, die ähnliche Eigenschaften haben: ihre Funktionswerte wiederholen sich in gleichbleibenden Abständen. In diesem Kapitel lernst du mit der Sinusfunktion eine solche Funktion und deren Eigenschaften kennen. Außerdem erfährst du, wie man die Gleichung der Sinusfunktion verändern kann, damit sie zu verschiedenen Situationen passt.

# Noch fit?

**1** Gib in jedem Dreieck den Sinus beider spitzen Winkel als Seitenverhältnis an.

a)
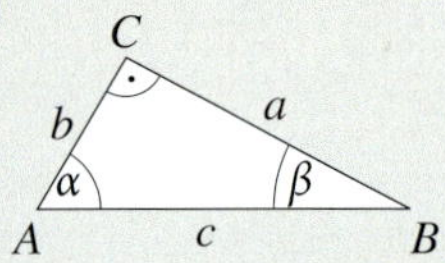


b)
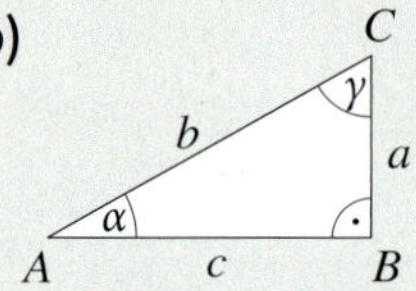


c)
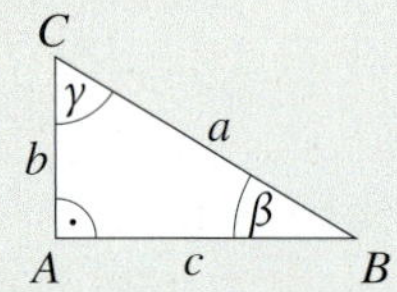


**2** Zwei Seiten eines rechtwinkligen Dreiecks sind gegeben. Übertrage die Tabelle in dein Heft und berechne die fehlenden Winkelgrößen und Seitenlängen. Eine Planfigur hilft.

| | $\alpha$ | $\beta$ | $\gamma$ | $a$ | $b$ | $c$ |
|---|---|---|---|---|---|---|
| a) | | | 90° | 3 cm | | 6 cm |
| b) | | | 90° | | 5 cm | 7 cm |
| c) | | | 90° | 4,0 cm | 4,5 cm | |
| d) | 90° | | | 8,3 cm | 2,9 cm | |
| e) | | 90° | | | 4,3 cm | 1,8 cm |

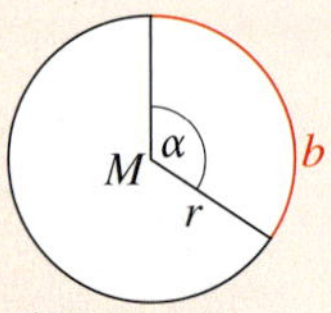


**ERINNERE DICH**
Die Bogenlänge ist ein Bruchteil der Länge des Kreisumfangs.

**3** Berechne den Umfang der Kreise. Runde im Ergebnis auf zwei Nachkommastellen.
a) $r = 7\,\text{cm}$ b) $r = 4{,}9\,\text{mm}$ c) $d = 6{,}8\,\text{m}$

**4** Welche Bogenlänge $b$ hat der Kreisausschnitt? Beachte den Hinweis in der Randspalte.
a) $r = 4\,\text{cm}$; $\alpha = 90°$ b) $r = 3\,\text{cm}$; $\alpha = 135°$ c) $r = 1\,\text{cm}$; $\alpha = 162°$

**5** Zeichne die Graphen der quadratischen Funktionen in ein gemeinsames Koordinatensystem.
a) $f(x) = x^2 - 2$ b) $f(x) = (x-1)^2$ c) $f(x) = (x+1)^2 - 1{,}5$ d) $f(x) = -\frac{1}{2}x^2$

**6** Im Koordinatensystem sind die Graphen von fünf verschiedenen quadratischen Funktionen dargestellt.
a) Lies die Koordinaten der Scheitelpunkte $S(x_s|y_s)$ ab.
b) Notiere die Funktionsvorschriften in Scheitelpunktform:
$f(x) = a \cdot (x - x_s)^2 + y_s$

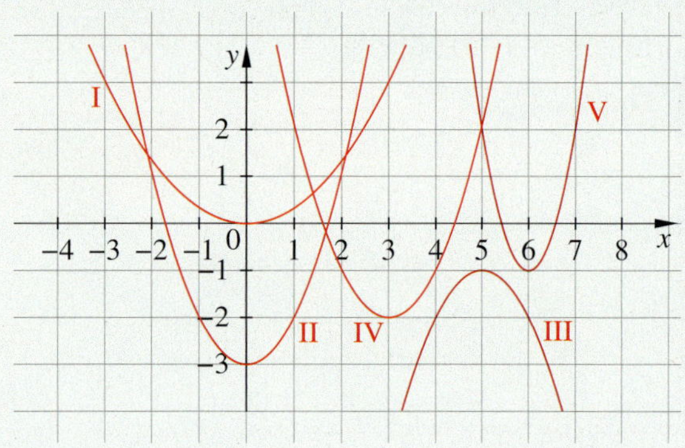


## BUNT GEMISCHT

1. Ordne die Zahlen von klein nach groß: $-1{,}5$; $\frac{1}{5}$; $0{,}15$; $-1\frac{1}{5}$; $0{,}51$
2. Richtig oder falsch? Die Funktion $f(x) = 2(x-4)^2 + 3$ hat den Scheitelpunkt $(-4|3)$.
3. Der Graph der Funktion $f(x) = 2x - 4$ verläuft durch die Punkte $(2|\ \ )$ und $(\ \ |10)$.
4. Bestimme das Volumen und den Oberflächeninhalt eines Zylinders mit dem Radius $r = 3\,\text{cm}$ und der Höhe $h = 8\,\text{cm}$.
5. Ist ein Dreieck mit $a = 5{,}4\,\text{cm}$, $b = 9{,}0\,\text{cm}$ und $c = 7{,}2\,\text{cm}$ rechtwinklig? Begründe.
6. Berechne 70 % von 800 €, 7 % von 800 € und 0,7 % von 800 €.

# Die Sinusfunktion

## Erforschen und Entdecken

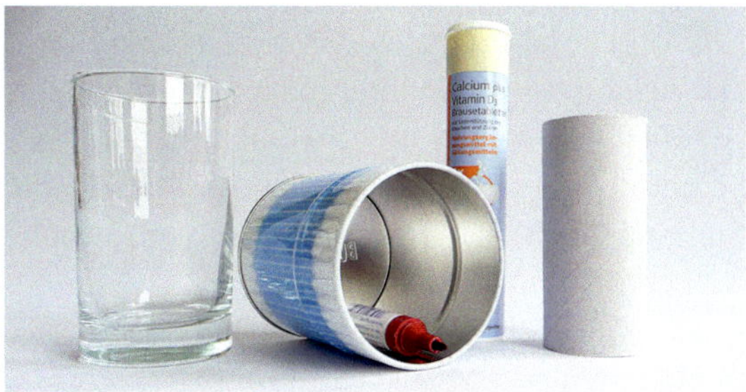


**1** Für den folgenden Versuch benötigt ihr:
- zylinderförmige Gefäße mit verschiedenen Durchmessern
- einen Stift, z. B. einen Filzschreiber
- mehrere Blatt Papier
- Klebeband

*Versuchsvorbereitung:*
Befestigt den Stift im Inneren des Gefäßes, sodass seine Spitze nur etwa 2 mm herausragt. Klebt mehrere Blatt Papier aneinander und befestigt sie direkt über dem Boden an einer senkrechten, glatten Fläche wie der Tür, einem Schrank oder der Wand. (Vorsicht: Fußleisten!)
*Versuchsdurchführung:*
Rollt das Gefäß mit dem Stift entlang des Papiers über den Fußboden und betrachtet das entstehende Muster. Wiederholt den Versuch mit weiteren Gefäßen und andersfarbigen Stiften.
a) Beschreibt und vergleicht die Muster, nennt ihre Gemeinsamkeiten und Unterschiede.
b) Messt charakteristische Längen in den Mustern. Findet ihr entsprechende Längen auch an den jeweiligen Gefäßen?

**BEACHTE**
Der Versuch kann auch an der Tafel durchgeführt werden.

**2** Die Diagramme rechts in der Randspalte zeigen drei Formen der Wechselspannung.
a) Betrachte die verschiedenen Verläufe der Graphen und nenne ihre Gemeinsamkeiten.
b) Erstelle eine Liste mit den dir bekannten Funktionstypen. Wie unterscheiden sich die rechts abgebildeten Graphen von den Graphen der bekannten Funktionen?
c) Welche der drei Graphen in der Randspalte stellen Funktionen dar, welche nicht? Begründe.

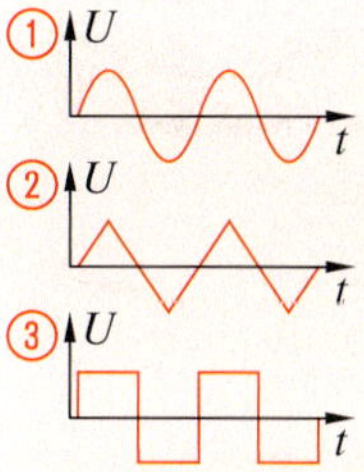


**3** Mit Hilfe einer dynamischen Geometrie-Software könnt ihr eine für euch neue Funktion erforschen. Nutzt den Webcode in der Randspalte.

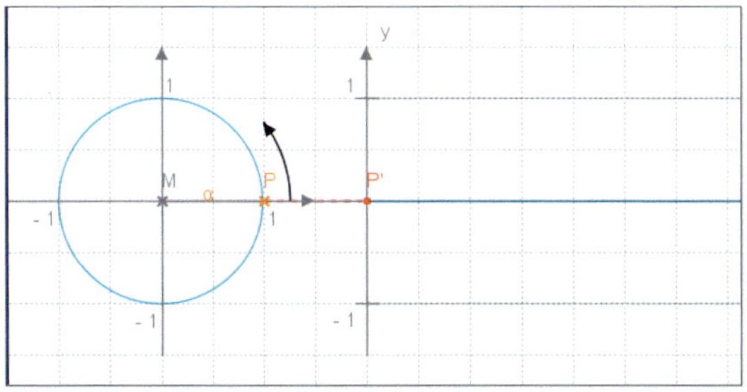


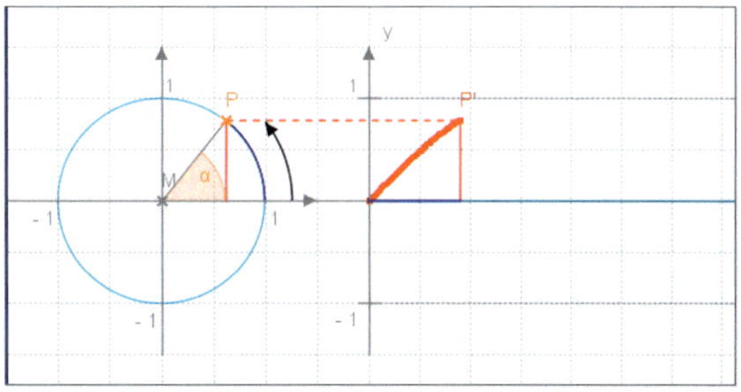


Bewegt den Punkt $P$ bei gedrückter Maustaste auf der Kreislinie gegen den Uhrzeigersinn. In dem zugehörigen Koordinatensystem entsteht ein Funktionsgraph. Auf der $x$-Achse werden Winkelgrößen abgetragen.
a) Welche Größen ändern sich, wenn der Punkt $P$ bewegt wird? Was stellt die dicke rote Linie dar?
b) Matthias behauptet, dass die Länge der senkrechten roten Strecke dem Sinus des zugehörigen Winkels $\alpha$ entspricht. Überprüft, ob seine Behauptung richtig ist. Begründet eure Meinung.
c) Übertragt den Funktionsgraphen in euer Heft. Wählt dazu einige charakteristische Punkte des Graphen. Vergesst nicht, die Achsen des Koordinatensystems zu beschriften.
d) Überlegt, wie der Funktionsgraph für negative Winkelgrößen und Winkel über 360° verlaufen könnte. Überprüft eure Vermutung mit Hilfe eines Taschenrechners.

**167-1**
Unter dem Webcode befindet sich eine Simulation zur Darstellung der Sinusfunktion.

**BEACHTE**
Für negative Winkelgrößen wird $P$ im Uhrzeigersinn bewegt. Alle Winkel über 360° gehen über eine Volldrehung hinaus.

## Lesen und Verstehen

Ein Raddampfer wird von einem Schaufelrad angetrieben. Die Schaufeln werden bei jeder Umdrehung aus dem Wasser gehoben und wieder untergetaucht. Die Höhe einer einzelnen Schaufel über bzw. unter der Wasseroberfläche hängt von der Stellung des Schaufelrades ab, also um welchen Winkel es sich gedreht hat. Die Höhe $h$ entspricht der Gegenkathete von $\alpha$ im rechtwinkligen Dreieck.

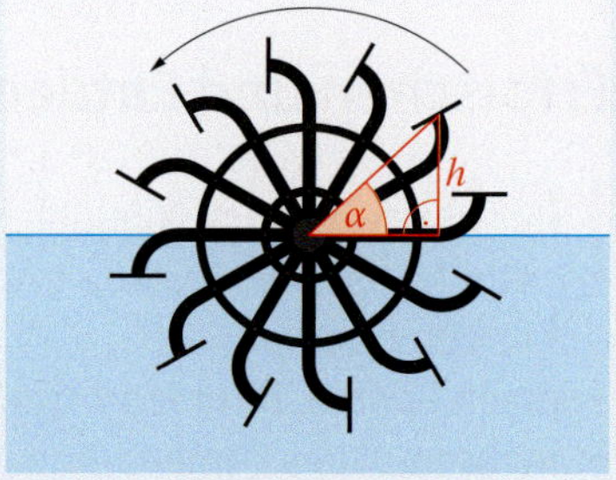


Für rechtwinklige Dreiecke gilt: $\sin\alpha = \frac{\text{Gegenkathete von } \alpha}{\text{Hypotenuse}}$

Wenn man vereinfachend davon ausgeht, dass die Schaufeln eine Länge von 1 m haben, dann kann dieses Seitenverhältnis für jeden Winkel $\alpha$ zwischen 0° und 360° am **Einheitskreis** veranschaulicht werden. Überträgt man für jeden Winkel $\alpha$ die Funktionswerte $\sin\alpha$ in ein Koordinatensystem, so ergibt sich der charakteristische Graph der **Sinusfunktion $f(\alpha) = \sin\alpha$**.

**BEACHTE**
Der Radius des Einheitskreises misst 1 Längeneinheit.

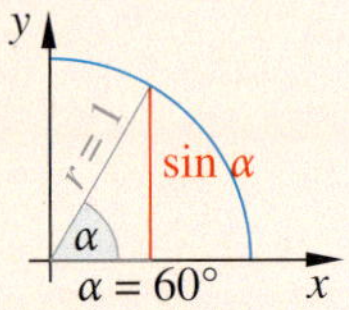


Die Hypotenuse des Dreiecks ist der Radius des Einheitskreises. Es gilt also: $\sin\alpha = \frac{GK}{1} = GK$

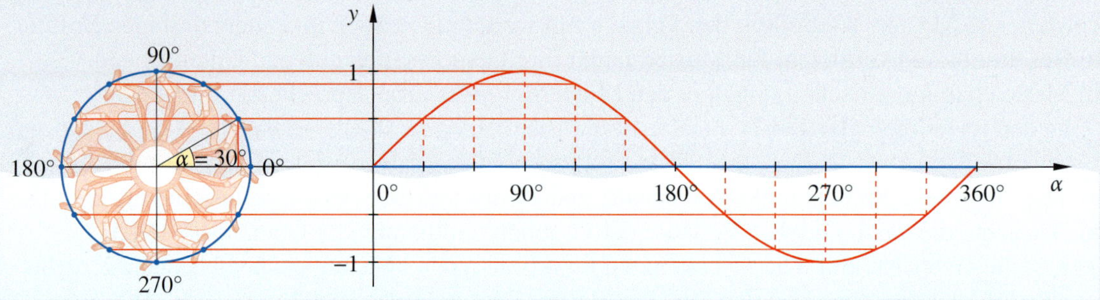


Der Verlauf der Sinuskurve kann beliebig erweitert werden: Für Winkel, die größer als 360° sind, wird über eine volle Umdrehung hinaus gegen den Uhrzeigersinn gedreht. Den Sinus eines Winkels mit negativem Vorzeichen erhält man durch eine Drehung in entgegengesetzter Richtung, also durch Drehung mit dem Uhrzeigersinn. Nach jeweils einer vollen Umdrehung mit bzw. gegen den Uhrzeigersinn wiederholen sich die Funktionswerte $\sin\alpha$.

**ERINNERE DICH**
Du kennst den Begriff Periode im Zusammenhang mit Dezimalbrüchen wie z. B. $\frac{9}{11} = 0{,}818181\ldots = 0{,}\overline{81}$ (sprich: null Komma Periode acht eins).

Funktionen, deren Funktionswerte sich in gleichbleibenden Abständen wiederholen, nennt man **periodisch**. Die Länge des kürzesten Intervalls dieser Wiederholungen heißt **Periode**.

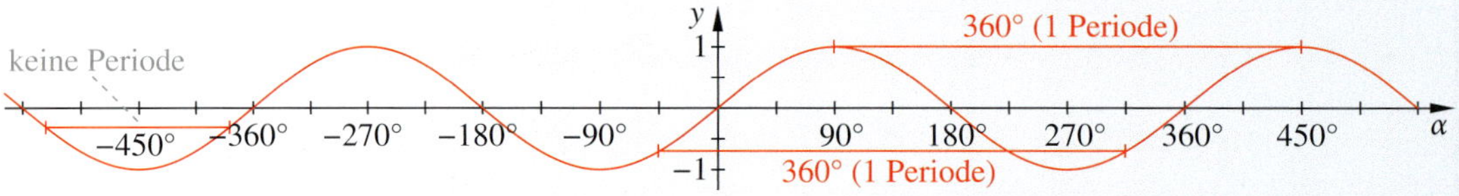


Die Sinusfunktion $f(\alpha) = \sin\alpha$ ist eine periodische Funktion. Ihre Periode beträgt 360°. Diese Eigenschaft kann mit Hilfe einer Gleichung beschrieben werden:
$\boldsymbol{\sin\alpha = \sin(\alpha + k \cdot 360°)}$, für jede ganze Zahl $k$.

Der Graph der Sinusfunktion ist **punktsymmetrisch** zum Ursprung. Für beliebige Winkel $\alpha$ gilt: $\boldsymbol{\sin(-\alpha) = -\sin\alpha}$

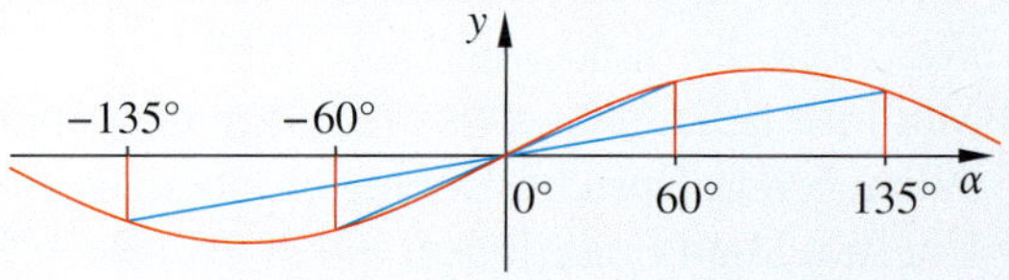


Der Sinus eines Winkels kann nicht größer als 1 und nicht kleiner als −1 werden, also gilt $-1 \le \sin\alpha \le 1$.

## Basisaufgaben

**1** Überlege, unter welchen Umständen die folgenden Vorgänge periodisch sind:
① Schlaf-Wach-Rhythmus des Menschen
② Ampelschaltungen
③ Atmung des Menschen
Finde weitere periodische Vorgänge.

**2** Die beiden Elektrokardiogramme (EKG) zeigen die elektrischen Ströme am Herzen. Nenne Gemeinsamkeiten und Unterschiede.

①
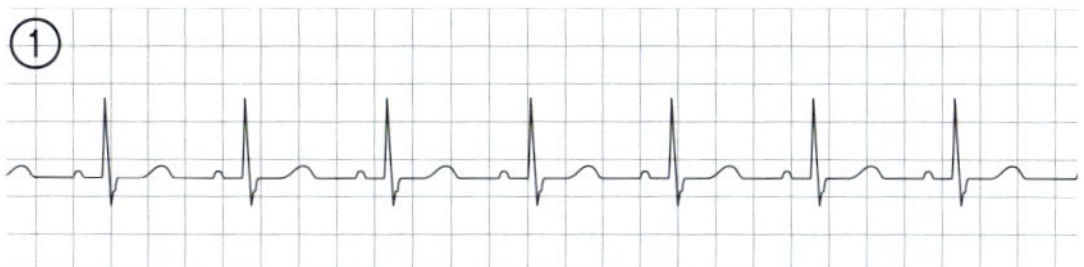

②
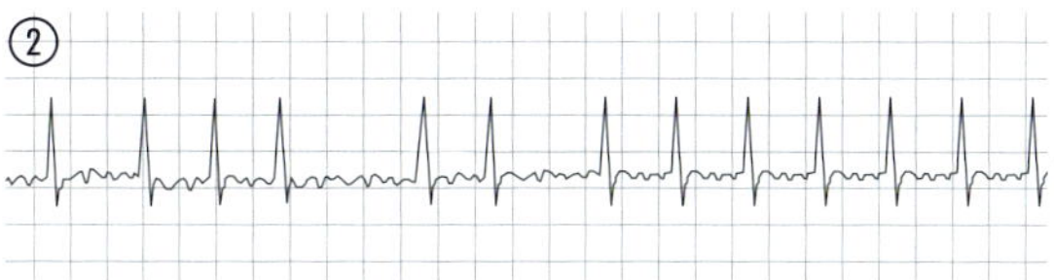

**3** Handelt es sich um Graphen von periodischen Funktionen? Falls ja, bestimme die Periode. Falls nein, begründe.

a)
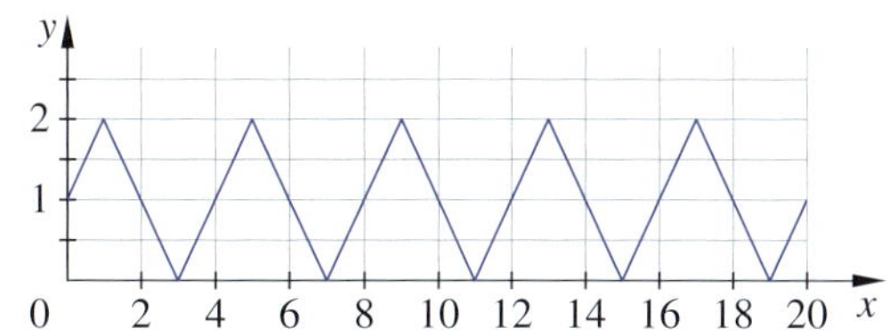


b)
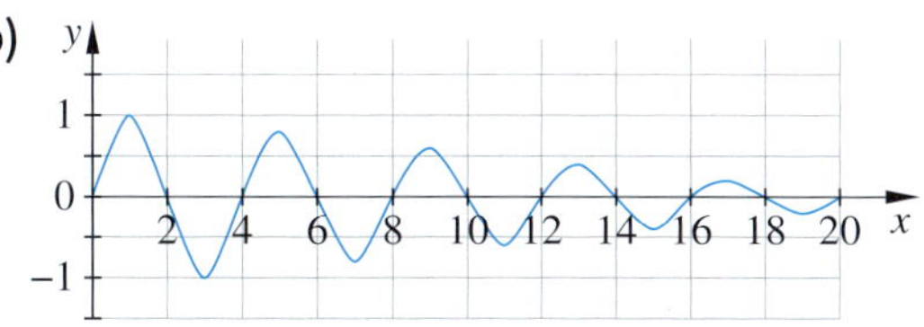


c)
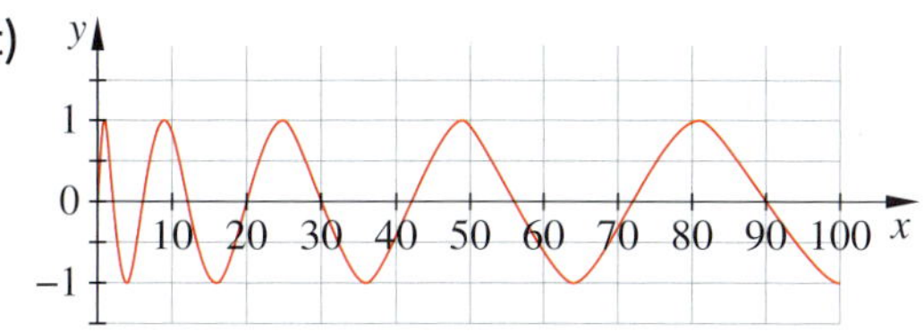


d)
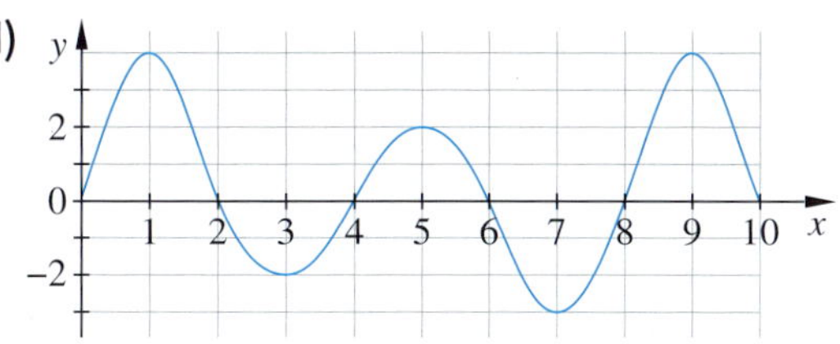


**4** Ergänze den Lückentext in deinem Heft. Benutze die Begriffe in der Randspalte.
Funktionen, deren Funktionswerte sich in gleichbleibenden Abständen wiederholen, heißen ___ Funktionen. Die Länge des ___ Intervalls dieser Wiederholungen heißt ___. Die ___ ist eine periodische Funktion. Ihre Periode beträgt ___. Der Graph der Sinusfunktion ist ___ zum Ursprung. Der kleinstmögliche Funktionswert ist ___, der größtmögliche Funktionswert ___.

1;
−1;
360°;
kürzesten;
Periode;
periodische;
punktsymmetrisch;
Sinusfunktion

**5** Vervollständige die Wertetabelle der Sinusfunktion im Heft. Zeichne den Graphen für $0° \le \alpha \le 360°$ in dein Heft.

| $\alpha$ | 0° | 15° | 30° | … | 360° |
|---|---|---|---|---|---|
| sin $\alpha$ | | | | | |

**6** Gib die Funktionswerte an, ohne den Taschenrechner zu benutzen.
a) sin 0°   b) sin 180°   c) sin 360°
d) sin (−180°)   e) sin 90°   f) sin 450°
g) sin (−270°)   h) sin 270°   i) sin (−90°)

**7** Zeichne mit Hilfe der Ergebnisse von Aufgabe 5 und 6 den Graphen der Sinusfunktion für $-270° \le \alpha \le 450°$.

**8** Finde mindestens zwei weitere Winkel, die den gleichen Sinuswert besitzen.
a) sin 20°   b) sin 100°   c) sin 240°
d) sin 400°   e) sin (−5°)   f) sin (−180°)

**9** Welche Winkel haben denselben Sinuswert? Begründe.

sin 180°   sin 540°   sin 10°   sin 0°   sin 360°   sin 530°   sin 170°   sin 430°   sin 340°   sin 70°   sin 200°   sin 110°   sin 560°

**10** Gib für den gegebenen Wert mindestens drei passende Winkel an.
a) $\sin \alpha = 0{,}5$   b) $\sin \alpha = -0{,}5$
c) $\sin \alpha = 0{,}743\,145$   d) $\sin \alpha = -0{,}984\,807$
e) $\sin \alpha = 1$   f) $\sin \alpha = 0$
g) $\sin \alpha = -1$   h) $\sin \alpha = 1{,}6$

## Weiterführende Aufgaben

**11** Sind die Aussagen wahr oder falsch? Begründe.

a) $\sin(-30°) = -\sin 30°$
b) $\sin 90° = \sin(-90°)$
c) $\sin 20° = -\sin(-20°)$
d) $\sin 90° = 1$
e) $\sin(90° + 90°) = 2$
f) $\sin 30° - \sin 20° = \sin 10°$
g) $\sin 270° + \sin 90° = 0$
h) $3 \cdot \sin 0° = 3$

**12** Gib für den gegebenen Wert alle Winkel zwischen $-360°$ und $720°$ an.

a) $\sin \alpha = 0{,}6018$ b) $\sin \alpha = 0{,}9563$
c) $\sin \alpha = -0{,}6018$ d) $\sin \alpha = -0{,}9563$
e) $\sin \alpha = 1$ f) $\sin \alpha = -1$

**13** Nenne jeweils drei Intervalle, auf die die folgende Eigenschaft zutrifft:

a) Der Graph der Sinusfunktion verläuft unterhalb der $x$-Achse.
b) Die Funktionswerte $\sin \alpha$ sind positiv.
c) Der Graph der Sinusfunktion steigt an.
d) Die Sinuskurve fällt.

**14** Die Sinuskurve schneidet an mehreren Stellen die $x$-Achse.

a) Diskutiert zu zweit, wie viele Nullstellen die Sinusfunktion hat.
b) Findet eine allgemeine Form, in der man alle Nullstellen angeben kann.
c) An welchen Stellen schneidet der Graph der Sinusfunktion die Gerade $y = 0{,}5$?

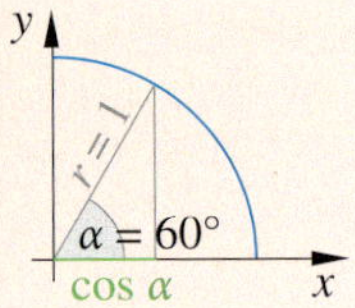


**170-1**
Unter dem Webcode findest du eine Simulation zur Kosinusfunktion.

**15** Mit Hilfe des Einheitskreises lassen sich auch die Funktionswerte $\cos \alpha$ darstellen.

a) Begründe, warum die Länge der grün markierten Strecke (siehe Randspalte) dem Funktionswert $\cos 60°$ entspricht.
b) Ordne den Punkten $Q_1$ bis $Q_8$ die richtige Abbildung des Einheitskreises zu. Gib die Koordinaten der Punkte $Q_1$ bis $Q_8$ ungefähr an. Vervollständige im Heft den Graphen der Kosinusfunktion im Intervall von $-360°$ bis $360°$.

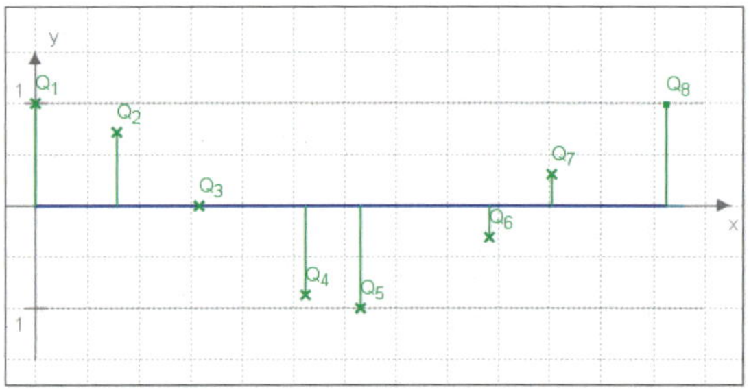


①
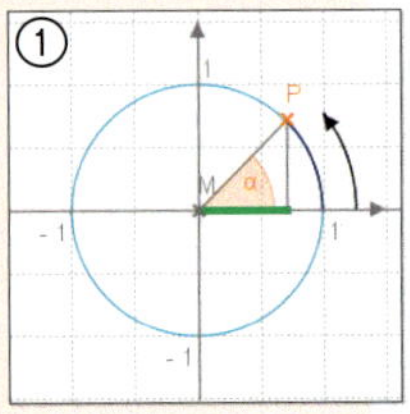
②
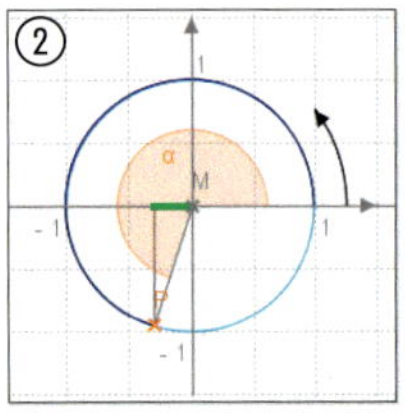
③
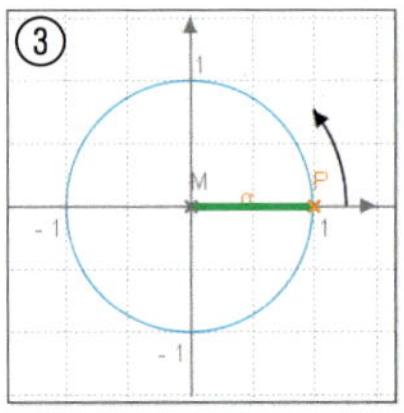
④
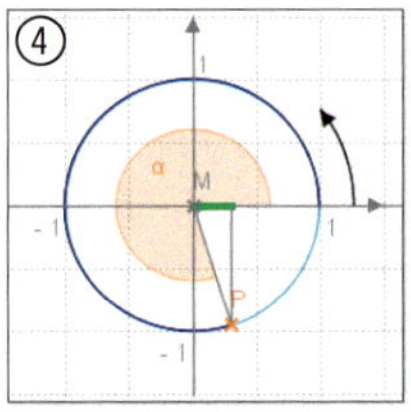
⑤
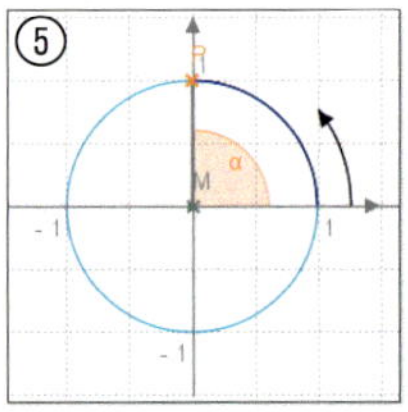
⑥
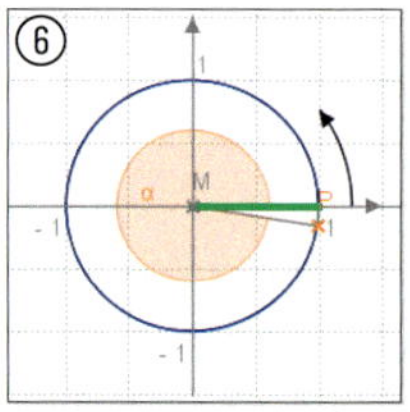
⑦
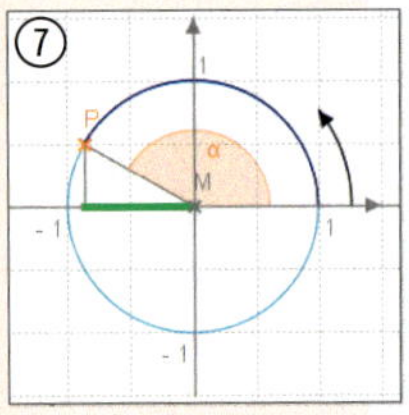
⑧
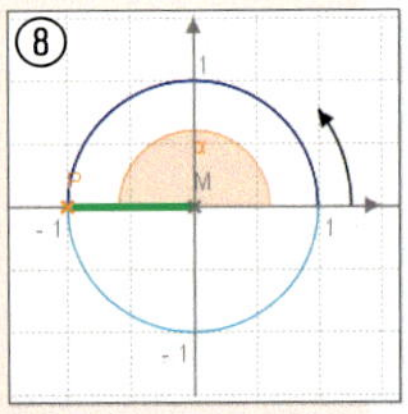

c) Erstelle einen Steckbrief der Kosinusfunktion mit den Eigenschaften Periode, Symmetrie, Nullstellen, größt- und kleinstmöglicher $y$-Wert.
d) Zeichne den Graphen der Sinus- und Kosinusfunktion in ein gemeinsames Koordinatensystem. Beschreibe die Gemeinsamkeiten und Unterschiede beider Funktionsgraphen.
e) Überprüfe, ob die folgenden Behauptungen richtig oder falsch sind:
① Die Werte der Kosinusfunktion liegen zwischen 0 und 1, kurz $0 \leq \cos \alpha \leq 1$.
② Die Kosinusfunktion ist achsensymmetrisch zur $y$-Achse.
③ Für die Kosinusfunktion gilt die Gleichung $\cos \alpha = \cos(-\alpha)$.
④ Es gilt $\cos \alpha = \cos(\alpha + k \cdot 360°)$, wenn $k$ eine ganze Zahl ist.
⑤ Verschiebt man den Graphen der Kosinusfunktion um 90° nach links, so erhält man den Graphen der Sinusfunktion.
⑥ Alle Winkel $\alpha$ erfüllen die Gleichung $\sin \alpha = \cos(\alpha - 90°)$.

# Form- und Lageänderung der Sinusfunktion

## Erforschen und Entdecken

**1** Bildet für ein Gruppenpuzzle vier Expertengruppen und untersucht, wie sich der Graph der Sinusfunktion verändern lässt. Die Aufgaben können auch mit Hilfe eines Funktionenplotters bearbeitet werden.
Jede Gruppe bearbeitet einen der folgenden Arbeitsaufträge. Jedes Mitglied einer Expertengruppe muss die Ergebnisse den Mitgliedern der anderen Expertengruppen erklären können

- Übertragt die Tabelle ins Heft. Erweitert sie bis 270° und füllt sie entsprechend eurem Gruppenauftrag aus.
- Zeichnet eure drei Funktionsgraphen in ein gemeinsames Koordinatensystem.

| $\alpha$ | $-60°$ | $-30°$ | $0°$ | $30°$ | $60°$ | $90°$ |
|---|---|---|---|---|---|---|
| $\sin\alpha$ | | | | | | |
| … | | | | | | |
| … | | | | | | |

**Expertengruppe A: $f(\alpha) = a \cdot \sin\alpha$**
Welchen Einfluss hat der Faktor $a$ auf die Sinusfunktion? Untersucht die Funktionen $f(\alpha) = 0{,}5 \cdot \sin\alpha$ und $f(\alpha) = -3 \cdot \sin\alpha$.

**Expertengruppe B: $f(\alpha) = \sin(b \cdot \alpha)$**
Welchen Einfluss hat der Faktor $b$ auf die Sinusfunktion? Untersucht die Funktionen $f(\alpha) = \sin(0{,}5 \cdot \alpha)$ und $f(\alpha) = \sin(-2 \cdot \alpha)$.

**Expertengruppe C: $f(\alpha) = \sin\alpha + d$**
Welchen Einfluss hat der Summand $d$ auf die Sinusfunktion? Untersucht die Funktionen $f(\alpha) = \sin\alpha + 1{,}5$ und $f(\alpha) = \sin\alpha - 0{,}5$.

**Expertengruppe D: $f(\alpha) = \sin(\alpha + c)$**
Welchen Einfluss hat der Summand $c$ auf die Sinusfunktion? Untersucht die Funktionen $f(\alpha) = \sin(\alpha + 30°)$ und $f(\alpha) = \sin(\alpha - 50°)$.

**171-1**
Unter dem Webcode findest du eine Anleitung zur Methode des Gruppenpuzzles und ein Arbeitsblatt mit der Tabelle zum Ausfüllen.

Bildet nun neue Gruppen, in denen sich mindestens ein Mitglied aus jeder Expertengruppe befindet. Erklärt euch gegenseitig, was ihr in den Expertengruppen erarbeitet und herausgefunden habt. Bearbeitet anschließend die folgenden Aufgaben.

a) Die Funktionen $f(\alpha) = 2 \cdot \sin(\alpha + 70°)$ und $g(\alpha) = \sin(0{,}5 \cdot \alpha) - 0{,}25$ sind Sinusfunktionen. Erklärt, wie die Graphen von $f$ und $g$ aus der Sinuskurve entstehen und skizziert ihren Verlauf im Koordinatensystem.

b) Findet die Funktionsvorschriften der dargestellten Funktionsgraphen. Vergleicht eure Ergebnisse mit anderen Gruppen. Ihr könnt eure Lösung auch mit Hilfe eines Funktionenplotters überprüfen. Beschreibt jeweils, wie ihr die Werte von $a$, $b$, $c$ bzw. $d$ aus dem Graphen bestimmt habt.

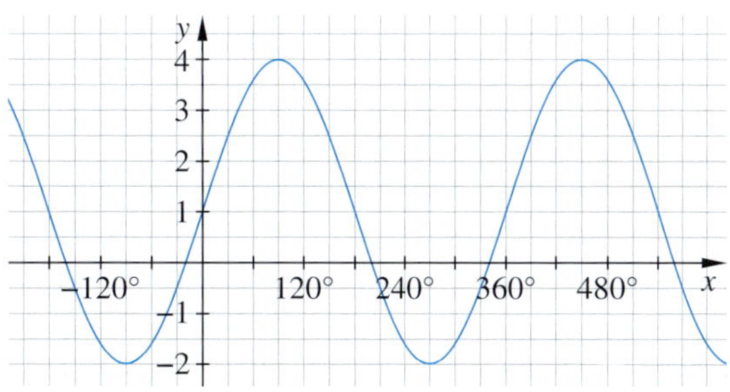


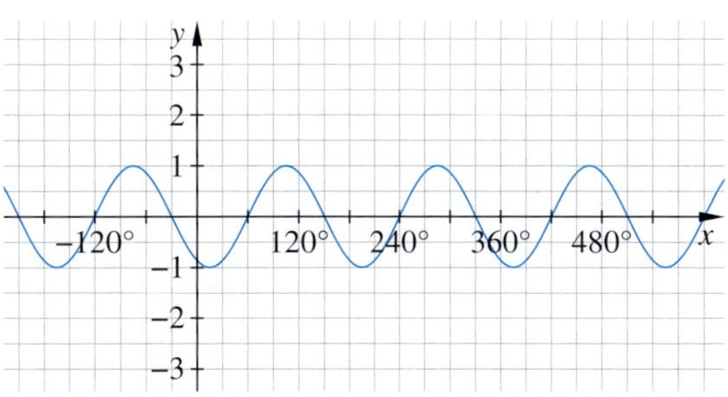


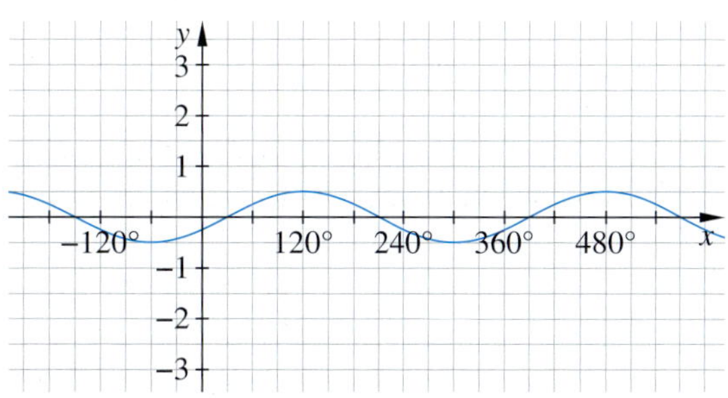

## Lesen und Verstehen

Ein Riesenrad hat eine Höhe von 65 m und einen Radius von 30 m. Wie hoch befindet sich die markierte Gondel über dem Wasser?
Gesucht ist eine Funktion, die die Höhe über dem Boden in Abhängigkeit vom eingezeichneten Winkel $\alpha$ angibt.

**BEISPIEL**
Für $\alpha = 0$ befindet sich die Gondel 35 m über dem Boden.
Also kommen zu den Werten der Sinusfunktion 35 m hinzu.
Außerdem handelt es sich bei dem Riesenrad nicht um einen Einheitskreis, sondern um einen Kreis mit dem Radius 30 m.
Der Sinuswert wird daher mit 30 multipliziert.
Die Funktionsvorschrift lautet $y = 30 \cdot \sin \alpha + 35$.
Für einen Winkel von 70° ergibt sich dann $y = 30 \cdot \sin 70° + 35 \approx 63$.
Die Gondel befindet sich ca. 63 m über dem Boden.

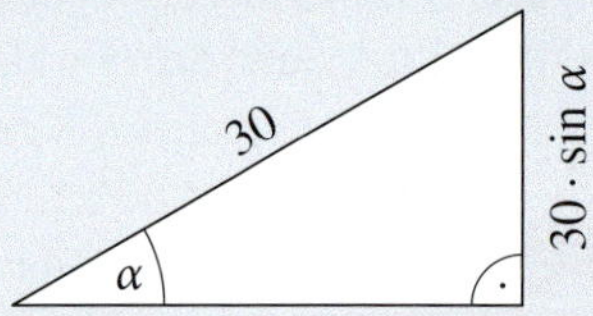


Die Sinusfunktion $f(x) = \sin x$ kann in ihrer Form und Lage verändert werden.

**BEACHTE**
Lageverschiebungen kennst du bereits von quadratischen Funktionen: Der Funktionsgraph der Funktion $y = ax^2$ für $a > 1$ entsteht durch eine Streckung der Normalparabel. Auch die anderen Auswirkungen lassen sich genauso auf die Sinusfunktion übertragen.

**Auswirkungen in Richtung der *y*-Achse**

① $f(x) = a \cdot \sin x$
Der Graph der Sinusfunktion wird mit $a$ in Richtung der $y$-Achse
- gestreckt für $|a| > 1$ bzw.
- gestaucht für $|a| < 1$.

Für negative Faktoren $a$ erfolgt zusätzlich eine Spiegelung an der $x$-Achse.

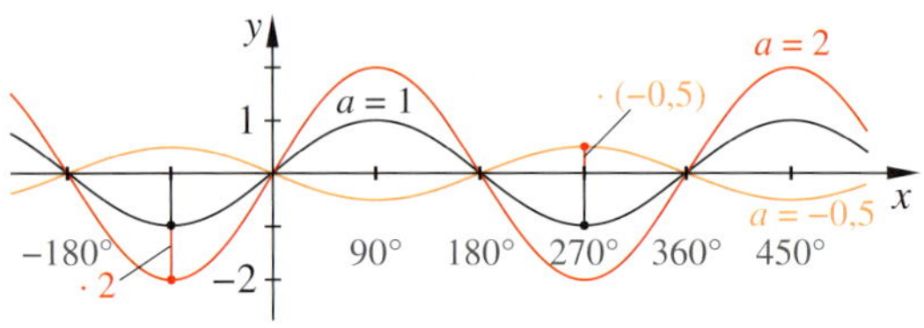


③ $f(x) = \sin x + d$
Der Graph der Sinusfunktion wird um $d$ Einheiten verschoben:
- nach oben ($d > 0$)
- nach unten ($d < 0$)

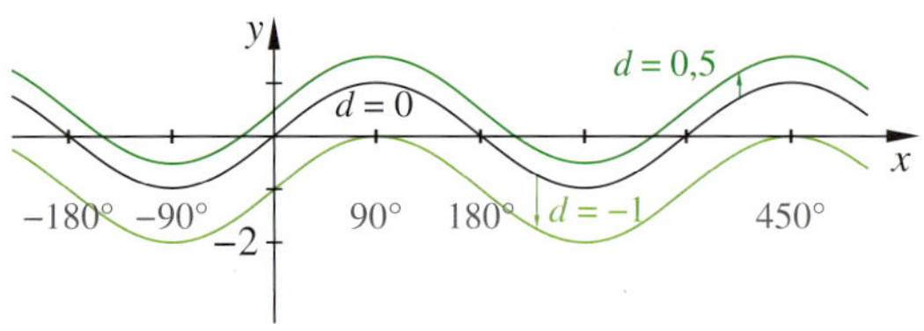


**Auswirkungen in Richtung der *x*-Achse**

② $f(x) = \sin (b \cdot x)$
Der Graph der Sinusfunktion wird mit $\frac{1}{b}$ in Richtung der $x$-Achse
- gestreckt für $|b| < 1$ bzw.
- gestaucht für $|b| > 1$.

Für negative Faktoren $b$ erfolgt zusätzlich eine Spiegelung an der $y$-Achse.

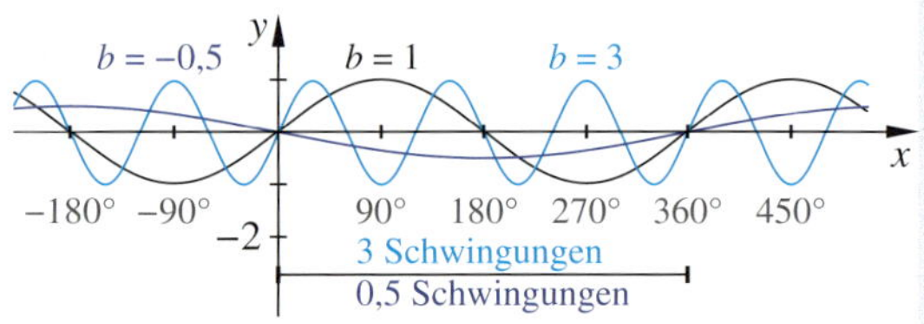


④ $f(x) = \sin (x + c)$
Der Graph der Sinusfunktion wird um $c$ verschoben:
- nach links ($c > 0$)
- nach rechts ($c < 0$)

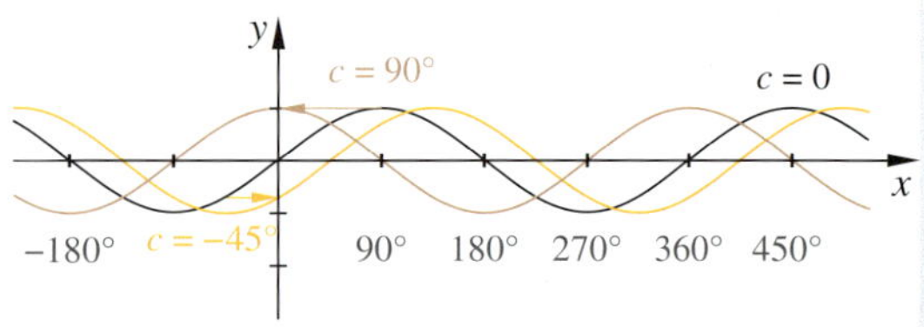


Die beschriebenen Form- und Lageänderungen können auch in Kombination auftreten.
Die allgemeine Form der Sinusfunktion lautet dann $f(x) = a \cdot \sin (b \cdot (x + c)) + d$.

## Basisaufgaben

**1** Beschreibe die Form- und Lageänderung der Funktionen im Vergleich zur Sinusfunktion. Skizziere die Funktionsgraphen im Intervall von $-180°$ bis $360°$.

a) $f(\alpha) = \sin(\alpha + 180°)$
b) $g(\alpha) = \sin \alpha - 1$
c) $h(\alpha) = \sin(\alpha + 45°)$
d) $i(\alpha) = \sin(\alpha - 45°) + 0{,}5$
e) $j(\alpha) = 3 \sin \alpha$
f) $k(\alpha) = \sin(2\alpha)$
g) $l(\alpha) = \sin(-3\alpha)$
h) $m(\alpha) = -\frac{1}{2} \sin(2\alpha)$

**2** Führe die Veränderungen am Graphen $f(x) = \sin x$ durch. Wie lauten die neuen Funktionsvorschriften?
Die Ergebnisse können mit Hilfe eines Funktionenplotters überprüft werden.

a) Verschiebung um 90° nach links
b) Verschiebung um 1 nach oben
c) Streckung in Richtung der $y$-Achse mit dem Faktor 4
d) Streckung in Richtung der $y$-Achse mit dem Faktor $\frac{1}{2}$
e) Streckung in Richtung der $x$-Achse mit dem Faktor 3
f) Streckung in Richtung der $x$-Achse mit dem Faktor $\frac{1}{5}$
g) Verschiebung um 50° nach rechts und Spiegelung an der $x$-Achse
h) Verschiebung um 80° nach links und 0,5 nach unten

**3** Zeichne die Graphen zu

$y = \sin x$ $\quad$ $y = \sin(-x)$
$y = -\sin x$ $\quad$ $y = -\sin(-x)$

in ein gemeinsames Koordinatensystem.
Was fällt dir auf? Formuliere eine Regel zu deiner Beobachtung.

**4** Welche Funktionen besitzen den gleichen Funktionsgraphen? Begründe anhand der Funktionsvorschriften.

① $f(x) = \sin(2x)$ $\quad$ ② $f(x) = -\sin(2x)$
③ $f(x) = \sin(-2x)$ $\quad$ ④ $f(x) = -\sin(-2x)$
⑤ $f(x) = \sin(2x + 180°)$
⑥ $f(x) = -\sin(2x - 180°)$

**5** Bestimme den Parameter in der Funktionsvorschrift. Erkläre dein Vorgehen.

a) $y = a \cdot \sin x$

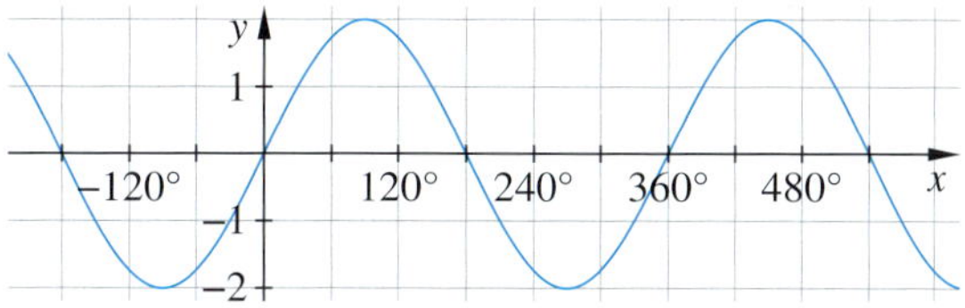


b) $y = \sin(bx)$

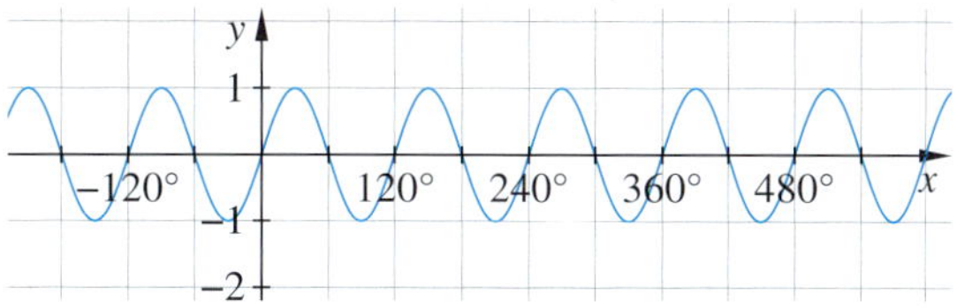


c) $y = \sin x + d$

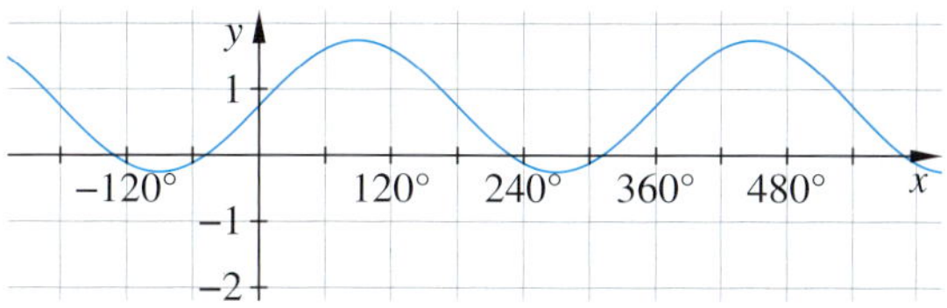


d) $y = \sin(x + c)$

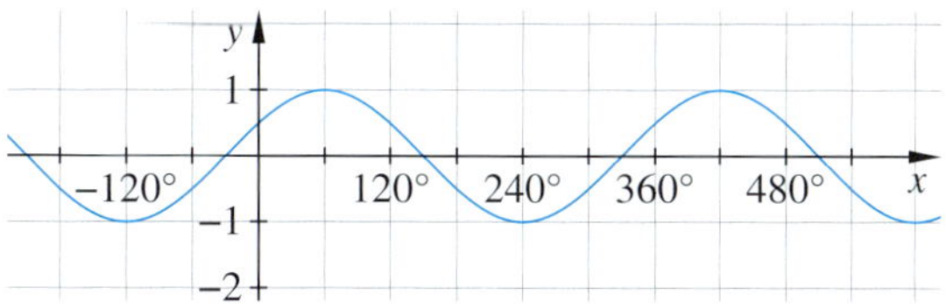


**6** Betrachte die fünf Graphen der verschiedenen Sinusfunktionen.

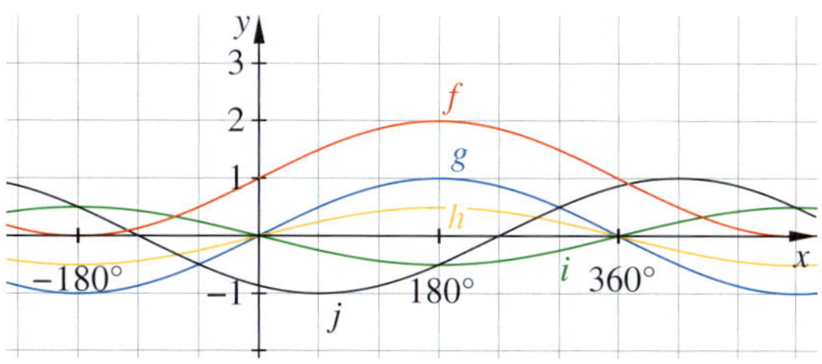


a) Ordne den Graphen jeweils den richtigen Funktionsterm zu:

$-0{,}5 \cdot \sin(-0{,}5x)$ $\quad$ $-\sin(-0{,}5x)$ $\quad$ $\sin(0{,}5x) + 1$ $\quad$ $-0{,}5 \cdot \sin(0{,}5x)$

b) Ermittle die Funktionsvorschrift für den übrigen Funktionsgraphen. Beschreibe, wie du dabei vorgehst.

**BEACHTE**
Die Lösungen zu Aufgabe 5 ergeben in der richtigen Reihenfolge den Namen eines Landes. Auf welchem Kontinent liegt dieses Land?
0,75 (R); 2 (P); 3 (E); 30 (U)

**BEACHTE**
Eine Streckung um den Faktor $\frac{1}{2}$ ist eine Stauchung.

## Methode: Gradangaben im Bogenmaß

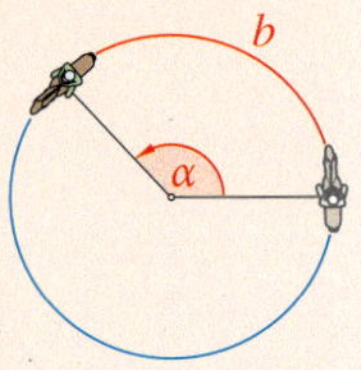


Die Größe eines Winkels $\alpha$ kann nicht nur im Gradmaß angegeben werden, sondern auch im Bogenmaß.
Im Einheitskreis ist der Durchmesser $2\pi$.
Es gilt: Das Bogenmaß entspricht der Bogenlänge $b$ eines Kreisausschnitts mit dem entsprechenden Winkel $\alpha$.
Bei der Umrechnung von einem Maß in das andere gilt: $\frac{\alpha}{360°} = \frac{b}{2\pi}$

**BEISPIEL**
*gegeben*: $\alpha = 135°$ *gesucht*: $b$
$\frac{135°}{360°} = \frac{b}{2\pi}$ $\quad | \cdot 2\pi$
$b = \frac{135°}{360°} \cdot 2\pi = \frac{3}{4}\pi \approx 2{,}356$
Insbesondere gilt:
$360° = 2\pi$ und $180° = \pi$ und $90° = \frac{\pi}{2}$

**BEACHTE**
Wenn du mit dem Taschenrechner im Bogenmaß rechnest, muss die MOD-Einstellung auf RAD (englisch: radian = Bogenmaß) stehen.

**7** Berechne das passende Bogenmaß. Beschreibe, wie du dabei vorgehst.
a) $0°$ b) $30°$ c) $90°$
d) $10°$ e) $70°$ f) $270°$
g) $20°$ h) $450°$ i) $390°$
j) $405°$ k) $296°$ l) $138°$

**8** Rechne in das Gradmaß um.
a) $\pi$ b) $2\pi$ c) $3\pi$
d) $\frac{\pi}{2}$ e) $\frac{\pi}{4}$ f) $\frac{\pi}{3}$
g) $\frac{\pi}{5}$ h) $\frac{2}{3}\pi$ i) $\frac{3}{5}\pi$
j) 0,8 k) 1,73 l) 19

**BEACHTE**
Die Lösungen zu Aufgabe 8 ergeben in der richtigen Reihenfolge den Namen einer Inselgruppe in der Karibik. Zu welchem Staat gehört diese Inselgruppe?
36° (I); 45° (A); 45,8° (E); 60° (N); 90° (M); 99,1 (L); 108° (S); 120° (N); 180° (K); 360° (A); 540° (I); 1088,6° (N)

**9** Ordne gleiche Werte einander zu.

| | | |
|---|---|---|
| $\sin\left(\frac{\pi}{2}\right)$ | $\sin(2\pi)$ | $\sin 360°$ |
| $\sin\left(\frac{-\pi}{2}\right)$ | $\sin 390°$ | $\sin(-270°)$ |
| $\sin\left(\frac{3}{2}\pi\right)$ | $\sin(-\pi)$ | $\sin(-210°)$ |
| $\sin\left(\frac{\pi}{6}\right)$ | $\sin 180°$ | $\sin 90°$ |

**10** Zeichne den Graph der Sinusfunktion. Beschrifte die $x$-Achse im Bogenmaß.

## Weiterführende Aufgaben

**11** Zeichne die Graphen der Funktionen $f(x) = \sin(x - \pi)$ und $g(x) = \sin(\pi - x)$ im Intervall von $-\pi$ bis $2\pi$.
a) Beschreibe den Verlauf der beiden Graphen zueinander.
b) Durch welche Lageänderung kann $g$ aus $f$ hervorgegangen sein?
c) Zeichne die Graphen der Funktionen $f(x) = \sin(x)$ und $g(x) = -\sin(x + \pi)$. Was fällt dir auf? Begründe.

**12** Eine Sinusfunktion hat eine Periode von $\pi$. Der minimale Funktionswert liegt bei $-3$, der maximale bei $+3$. Die Funktion ist punktsymmetrisch zum Ursprung.
a) Gib eine mögliche Funktionsvorschrift an.
b) Zeichne diese Funktion im Intervall von $-2\pi$ bis $2\pi$.

**13** Betrachte die Funktionsgraphen.

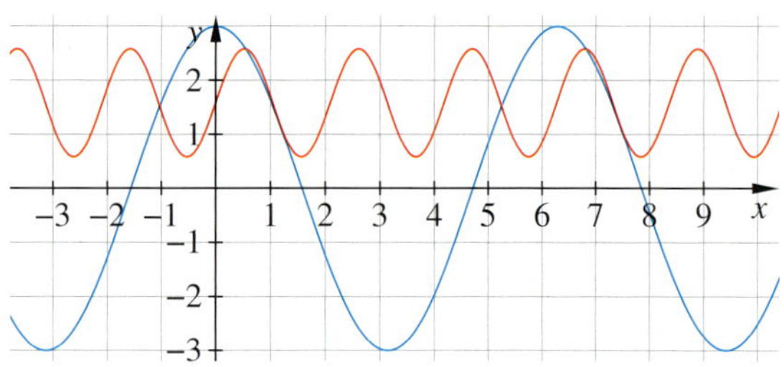


a) Welcher Graph gehört zu $y = a \cdot \sin(x + c)$, welcher gehört zu $y = \sin(bx) + d$?
b) Bestimme die Funktionsgleichungen.

**14** Wahr oder falsch? Begründe.
a) $f(x) = \sin x$ und $g(x) = a \cdot \sin x$ haben dieselben Nullstellen.
b) $f(x) = \sin x$ und $g(x) = \sin(x + c)$ haben dieselbe Periode.

**15** Das Diagramm zeigt die Tageslänge innerhalb eines Jahres für drei ausgewählte Städte. Die Tageslänge ist die Zeitspanne zwischen Sonnenaufgang und Sonnenuntergang.

a) Ist die Zuordnung *Monat* → *Tageslänge* periodisch? Begründe und gib, wenn möglich, die Periode an.

b) Beschreibe Gemeinsamkeiten und Unterschiede der drei Funktionsgraphen. Finde außermathematische Begründungen für die Unterschiede. (Tipp: Nutze einen Atlas.)

c) Angenommen, die drei Graphen sollten durch Sinusfunktionen mit der Gleichung $y = a \sin(b(x + c)) + d$ angenähert werden. Welche Parameter wären dann bei allen drei Funktionen gleich, in welchen Parametern würden sie sich unterscheiden?

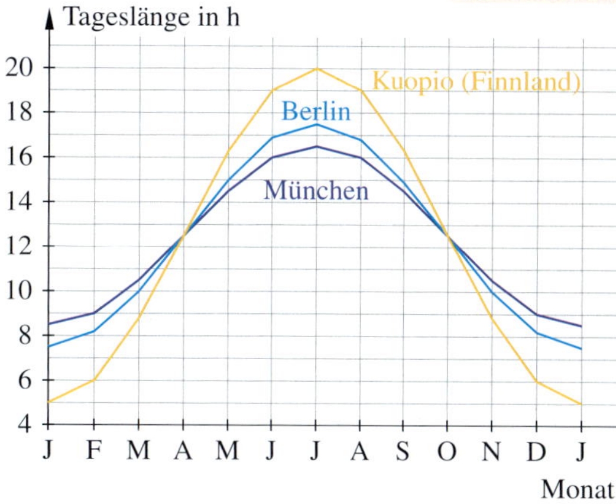


**16** Mit verschiedenen Computer-Programmen lassen sich Schallschwingungen, z. B. von Musik oder Sprache, am Bildschirm sichtbar machen. Nutze den Webcode in der Randspalte.

Kammerton a

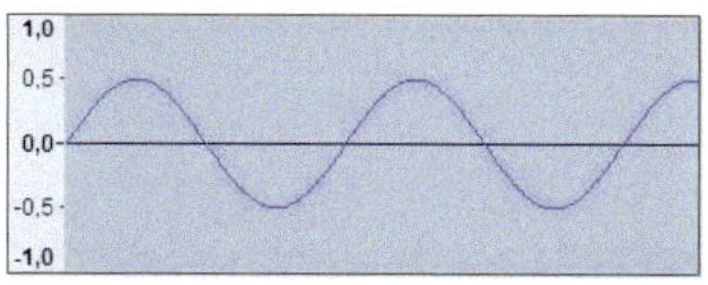


a um eine Oktave erhöht

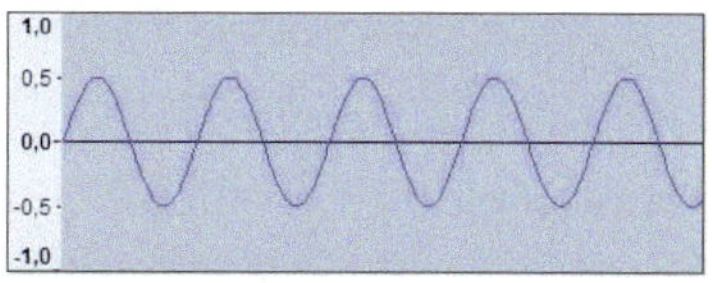


a mit erhöhter Lautstärke

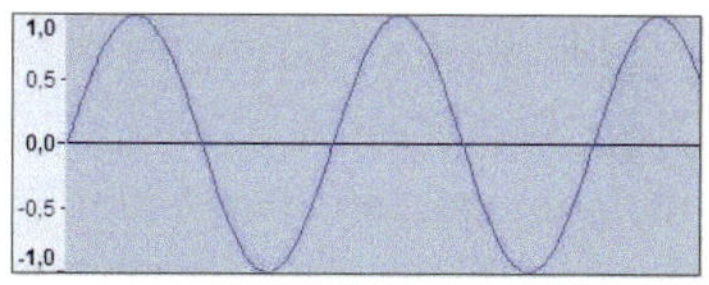


a) Beschreibe Gemeinsamkeiten und Unterschiede der drei Kurven.

b) Auf welche Parameter der allgemeinen Sinusfunktion $f(x) = a \cdot \sin(b \cdot (x + c)) + d$ haben Tonhöhe und Lautstärke eine Auswirkung?

c) Skizziere die Schwingung eines Tons, der tiefer und leiser ist als der oben abgebildete Kammerton a. Überprüfe dein Ergebnis mit Hilfe des Audio-Editors.

**175-1**
Unter dem Webcode findest du Hörbeispiele der dargestellten Kurven und einen Link zum Herunterladen eines Audio-Editors.

**17** In einem Teich betreiben Algen Fotosynthese. Das heißt, sie wandeln mit Hilfe von Licht Kohlenstoffdioxid in Traubenzucker und Sauerstoff um.

a) Erkläre, was in der Grafik dargestellt wird und beschreibe den Verlauf der Kurve.

b) Lies die Periode, den minimalen und den maximalen Funktionswert ab.

c) Der Verlauf der Kurve kann mit Hilfe der allgemeinen Sinusfunktion $f(x) = a \cdot \sin(b \cdot (x + c)) + d$ angenähert werden. Ermittle die Parameter $a$, $b$, $c$ und $d$.

d) Prüfe kritisch, ob du mit deiner modellierten Lösung aus c) den Sauerstoffgehalt des Teichs zu jeder Tages- und Jahreszeit vorhersagen kannst.

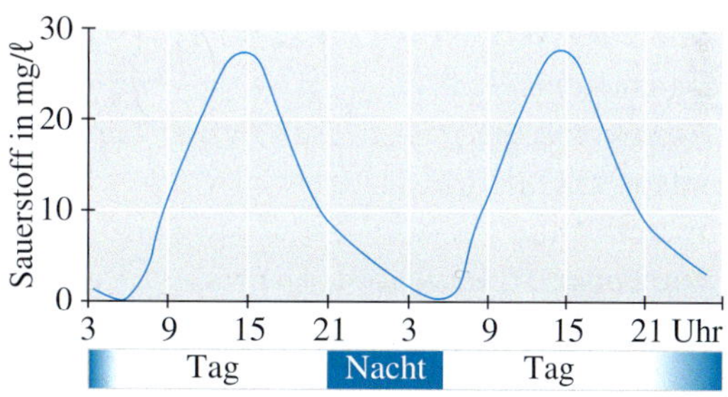


**18** Sind die Aussagen richtig oder falsch? Begründe.

„Der Graph der Funktion $y = \sin(3x)$ wiederholt sich in einem 360°-Intervall dreimal."

„Nein, bei $y = \sin\left(\frac{1}{3}x\right)$ ist die Periode $360° \cdot \frac{1}{3} = 120°$. Dieser Graph wiederholt sich in einem 360°-Intervall dreimal."

„Beides falsch! Das $\frac{1}{3}$ muss vor dem Sinus stehen! Bei $\frac{1}{3} \cdot \sin x$ wiederholt sich der Graph in einem 360°-Intervall dreimal."

# Schwingungen

Die Schwingungen des Pendels einer Wanduhr lassen einen Zusammenhang mit der Sinusfunktion nicht sofort vermuten.
Lässt man allerdings einen mit Sand gefüllten Becher über einem bewegten Blatt Papier pendeln, wird der Zusammenhang sofort deutlich.

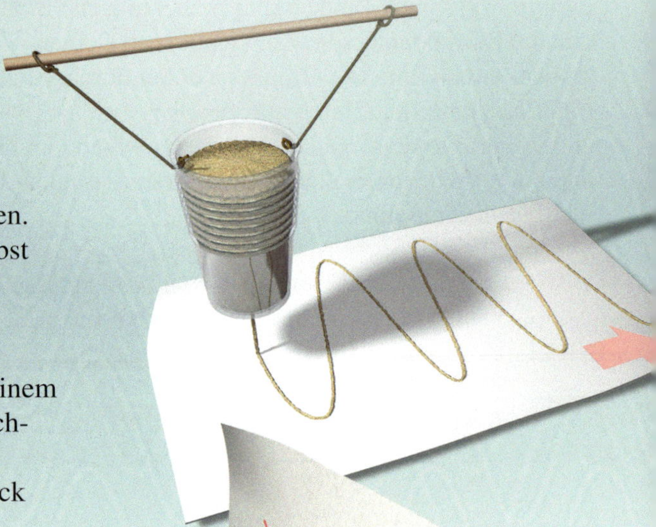

**1** Erkläre das Experiment mit dem pendelnden Sandbecher.

Schwingungen können auch Töne erzeugen. In einem Experiment kann man leicht selbst die entsprechende Schwingung zu unterschiedlichen Tönen aufzeigen.

**2** Befestige einen weichen Filzstift auf einem Lineal, drücke das Lineal fest auf die Tischplatte und lasse es dann schwingen.
Ziehe ein Blatt Papier unter leichtem Druck an der schwingenden Filzspitze vorbei, sodass die Schwingung aufgezeichnet wird.

a) Experimentiere und beschreibe deine Beobachtungen.
b) Verändere die schwingende Lineallänge und vergleiche die entstehenden Töne sowie die entsprechenden Schreibspuren.
Wie ändert sich die Schreibspur, wenn der Ton leiser wird?

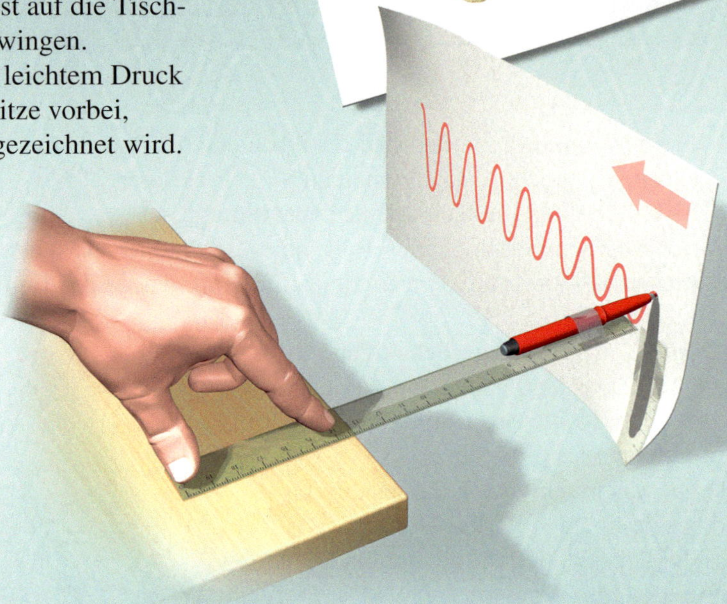

Die Höhe eines Tons wird durch seine Frequenz festgelegt. Sie wird mit der Maßeinheit Hertz (Hz) gemessen. 1 Hz bedeutet eine Schwingung pro Sekunde. Gibt es mehr Schwingungen pro Sekunde, dann wird der Ton höher.

**3** Zeichne ein Schwingungsbild für einen in der Lautstärke gleichbleibenden Ton von 2 Hz.
Wie muss ein Schwingungsbild eines hohen Tons im Vergleich zu einem gleichlauten tiefen Ton aussehen?

**4** Nach welcher Zeit beginnt bei einem 440-Hz-Ton die zweite Schwingung?

**5** Informiere dich, in welchem Frequenzbereich der Mensch Töne wahrnehmen kann.

Die Leuchtspuren schwingender Stäbe erinnern an Schwingungsbilder, die der französische Mathematiker Jules Antoine Lissajous (1822–1880) durch die Überlagerung zweier zueinander senkrechter Schwingungen erzeugte.

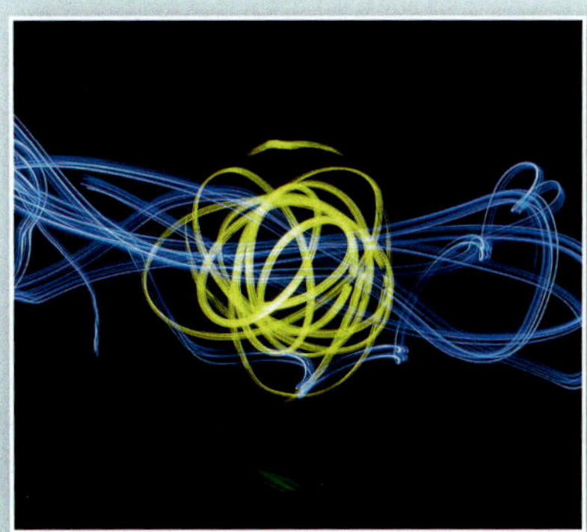

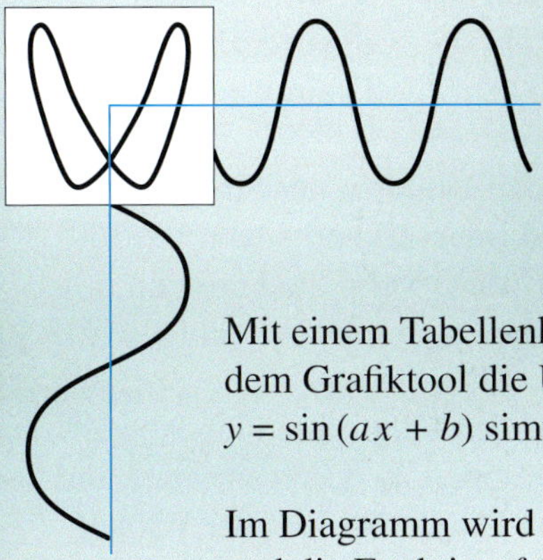

Die Zeichnung veranschaulicht dies für zwei Schwingungen mit unterschiedlichen Frequenzen.

Mit einem Tabellenkalkulationsprogramm lassen sich in Verbindung mit dem Grafiktool die Überlagerungen von zwei Sinusfunktionen der Form $y = \sin(ax + b)$ simulieren.

Im Diagramm wird die Funktion $f_1(x) = \sin(a_1 x + b_1)$ von der $x$-Achse ausgehend und die Funktion $f_2(x) = \sin(a_2 x + b_2)$ von der $y$-Achse ausgehend dargestellt.

Unterschiedliche Frequenzen lassen sich mit der Variable $a$ einstellen, unterschiedliche Startpunkte mit der Variable $b$.

So könnte ein Tabellenkalkulationsformular aussehen.

| | A | B | C | D | E | F | G | H |
|---|---|---|---|---|---|---|---|---|
| 1 | | **Lissajous** | | | | | | |
| 2 | | | | | | | | |
| 3 | | Funktion 1: | $y = \sin(a_1 x + b_1)$ | | $a_1 =$ | 3 | $b_1 =$ | 1 |
| 4 | | Funktion 2: | $y = \sin(a_2 x + b_2)$ | | $a_2 =$ | 8 | $b_2 =$ | 0,6 |
| 5 | | | | | | | | |
| 6 | | | | | | | | |
| 7 | **α in °** | **arc α** | **Funktion 1** | **Funktion 2** | | | | |
| 8 | 0 | 0 | 0,841470985 | 0,564642473 | | | | |
| 9 | 5 | 0,0872665 | 0,952639083 | 0,963056736 | | | | |
| 10 | 10 | 0,1745329 | 0,998886402 | 0,910846049 | | | | |
| 11 | 15 | 0,2617994 | 0,977061264 | 0,432440372 | | | | |
| 12 | 20 | 0,3490659 | 0,888651015 | -0,24830896 | | | | |
| 13 | 25 | 0,4363323 | 0,739680668 | -0,81287177 | | | | |
| 14 | 30 | 0,5235988 | 0,540302306 | -0,99708285 | | | | |
| 15 | 35 | 0,6108652 | 0,304103234 | -0,71474778 | | | | |
| 16 | 40 | 0,6981317 | 0,04718003 | -0,09797428 | | | | |
| 17 | 45 | 0,7853982 | -0,212958415 | 0,564642473 | | | | |
| 18 | 50 | 0,8726646 | -0,458584096 | 0,963056736 | | | | |
| 19 | 55 | 0,9599311 | -0,672958029 | 0,910846049 | | | | |
| 20 | 60 | 1,0471976 | -0,841470985 | 0,432440372 | | | | |
| 21 | 65 | 1,134464 | -0,952639083 | -0,24830896 | | | | |
| 22 | 70 | 1,2217305 | -0,998886402 | -0,81287177 | | | | |
| 23 | 75 | 1,3089969 | -0,977061264 | -0,99708285 | | | | |
| 24 | 80 | 1,3962634 | -0,888651015 | -0,71474778 | | | | |
| 25 | 85 | 1,4835299 | -0,739680668 | -0,09797428 | | | | |
| 26 | 90 | 1,5707963 | -0,540302306 | 0,564642473 | | | | |
| 27 | 95 | 1,6580628 | -0,304103234 | 0,963056736 | | | | |
| 28 | 100 | 1,7453293 | -0,04718003 | 0,910846049 | | | | |
| 29 | 105 | 1,8325957 | 0,212958415 | 0,432440372 | | | | |
| 30 | 110 | 1,9198622 | 0,458584096 | -0,24830896 | | | | |
| 31 | 115 | 2,0071286 | 0,672958029 | -0,81287177 | | | | |
| 32 | 120 | 2,0943951 | 0,841470985 | -0,997082846 | | | | |

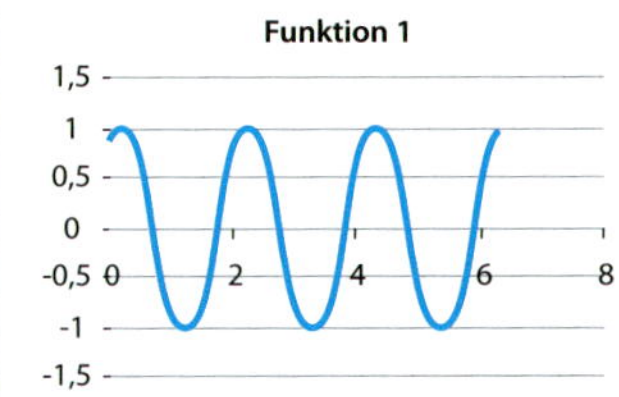


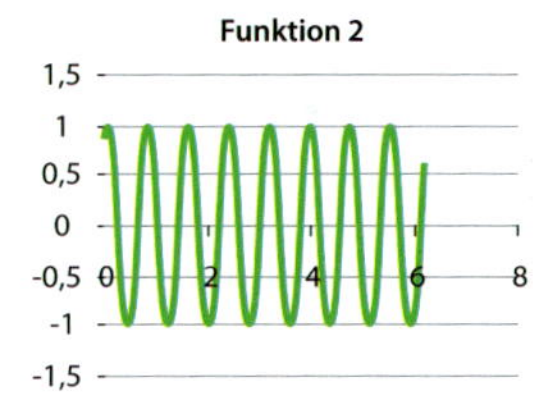


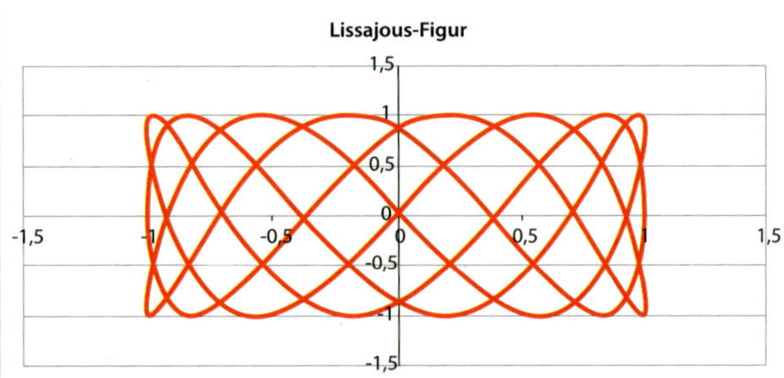


**177-1**
Unter dem Webcode findest du eine Excel-Datei zu den Lissajous-Schwingungen.

**6** Nutze ein Tabellenkalkulationsprogramm und experimentiere mit verschiedenen Werten.

**7** Du kannst auch als Ausgangsfunktion für die Anwendung eines Tabellenkalkulationsprogramms eine Sinusfunktion der Form $y = k \sin(ax + b)$ verwenden.
Was ändert sich durch den Faktor $k$ am Graphen der Funktion?

# Vermischte Übungen

**1** Handelt es sich bei den Abbildungen um Graphen periodischer Funktionen? Falls ja, bestimme die Periode. Falls nein, begründe.

a)

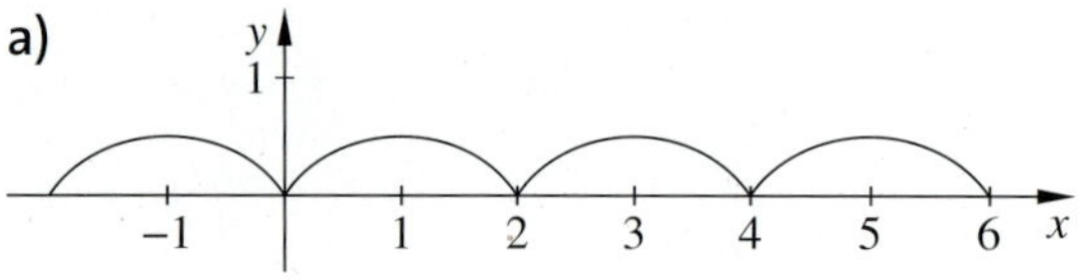


b)

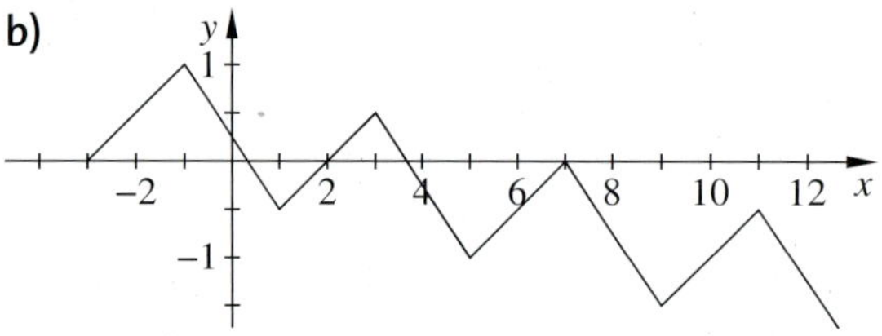


c)

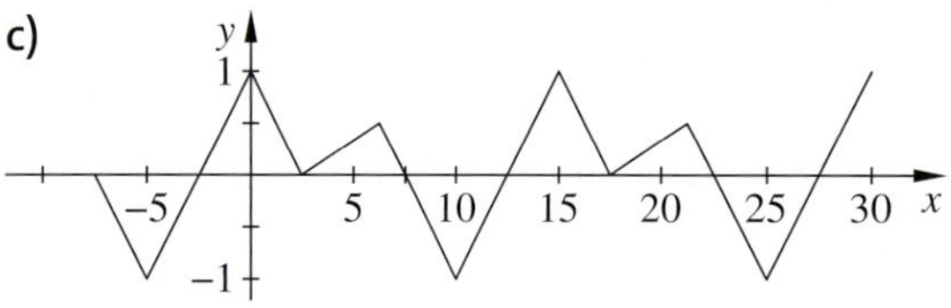


**2** Gib die Funktionswerte an, ohne den Taschenrechner zu benutzen.

a) $\sin 0°$ b) $\sin 180°$
c) $\sin(-360°)$ d) $\sin(-270°)$
e) $\sin(-\pi)$ f) $\sin 8\pi$
g) $\sin \frac{\pi}{2}$ h) $\sin 1{,}5\pi$

**3** Gib mindestens zwei Winkel $\alpha$ an, die die Gleichung erfüllen.

a) $\sin 50° = \sin \alpha$ b) $\sin 95° = \sin \alpha$
c) $\sin 0° = \sin \alpha$ d) $\sin 280° = \sin \alpha$
e) $\sin(-90°) = \sin \alpha$ f) $\sin(-5°) = \sin \alpha$

**4** Ist die Aussage wahr oder falsch? Begründe, ohne den Taschenrechner zu verwenden.

a) $\sin 20° = -\sin 20°$
b) $\sin 40° = -\sin(-40°)$
c) $\sin 50° = \sin(-310°)$
d) $\sin 70° = \sin 250°$

**5** Gib für den gegebenen Wert mindestens zwei passende Winkel an.

a) $\sin \alpha = 0{,}707$ b) $\sin \alpha = 0{,}766$
c) $\sin \alpha = -0{,}866$ d) $\sin \alpha = -1{,}8$
e) $\sin \alpha = -0{,}1736$ f) $\sin \alpha = 0{,}035$

**6** Gib für $x$ mindestens zwei Winkel im Gradmaß und die zugehörigen Werte im Bogenmaß an.

a) $\sin x = -1$ b) $\sin x = -0{,}5$
c) $\sin x = 0{,}9511$ d) $\sin x = 0{,}5878$
e) $\sin x = 0{,}9848$ f) $\sin x = 0{,}8660$

**7** Skizziere den Graphen der Sinusfunktion $f(x) = \sin x$ im Intervall von $-180°$ bis $360°$. Was verändert sich, wenn die Funktion in Abhängigkeit vom Bogenmaß betrachtet wird?

**8** Beschreibe den unterschiedlichen Verlauf der Graphen zu $f(x) = \sin x - 2$ und $g(x) = \sin(x - 2)$. Hierbei ist $x$ der Winkel im Bogenmaß.
Überprüfe dein Ergebnis mit einer Skizze.

**9** Erkläre, durch welche Form- und Lageänderungen der Graph der Funktion aus der Sinuskurve entsteht. Zeichne den Graphen im Intervall von $-\pi$ bis $2\pi$.

a) $f(x) = \sin(x - \pi)$
b) $g(x) = \sin(0{,}5x)$
c) $h(x) = \sin x - 0{,}5$
d) $i(x) = 2\sin x + 0{,}5$
e) $j(x) = -\sin x - 0{,}5$
f) $k(x) = 3\sin(2x - \pi)$

**10** Zeichne den Graphen mit Hilfe der Wertetabellen und gib eine passende Funktionsvorschrift an.

a)

| x | $-\pi$ | $-\frac{\pi}{2}$ | 0 | $\frac{\pi}{2}$ | $\pi$ | $1{,}5\pi$ |
|---|---|---|---|---|---|---|
| y | 1 | −3 | 1 | 5 | 1 | −3 |

b)

| x | $-\pi$ | $-\frac{\pi}{2}$ | 0 | $\frac{\pi}{2}$ | $\pi$ | $1{,}5\pi$ |
|---|---|---|---|---|---|---|
| y | 0 | 0,5 | 0 | −0,5 | 0 | 0,5 |

**11** Gib eine passende Funktionsvorschrift für die veränderte Sinusfunktion an.

a) Der Graph wird um eine Einheit nach oben verschoben, die Länge der Periode wird um den Faktor 3 gestreckt.
b) Der Graph wird in Richtung der $y$-Achse um den Faktor 5 gestreckt und um 60° (bzw. $\frac{\pi}{3}$) nach links verschoben.

**12** Welche Funktionen besitzen den gleichen Funktionsgraphen?

① $f(x) = -\sin\left(\frac{1}{2}x + \pi\right)$ ② $f(x) = -\sin\left(\frac{1}{2}x\right)$

③ $f(x) = \sin\left(\frac{1}{2}x + \pi\right)$ ④ $f(x) = \sin\left(\frac{1}{2}x - \pi\right)$

⑤ $f(x) = -\sin\left(-\frac{1}{2}x\right)$ ⑥ $f(x) = \sin\left(\frac{1}{2}x\right)$

**13** Gib die Funktionsvorschriften der Graphen in der Form $f(x) = a \cdot \sin(b \cdot (x + c)) + d$ an.

a)

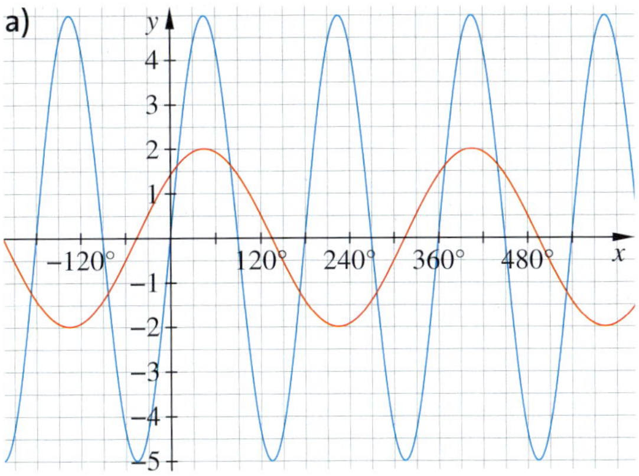


b)

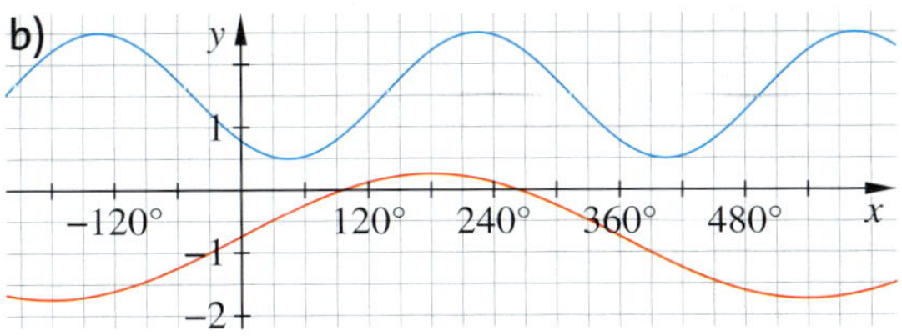


c)

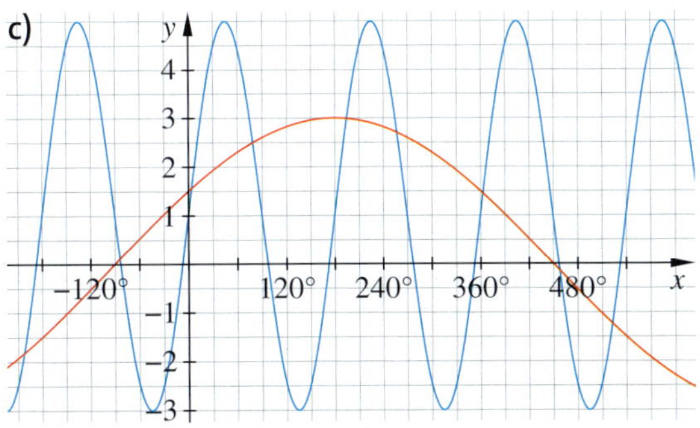


**14** Wie entstehen die Graphen aus den Graphen zu $y = x^2$ bzw. zu $y = \sin x$?

a) $y = x^2 + 4$ $\quad y = \sin x + 4$

b) $y = 0{,}5x^2$ $\quad y = 0{,}5 \cdot \sin x$

c) $y = (x - 2)^2$ $\quad y = \sin(x - 2)$

**15** ➡ Erstelle ein Lernplakat zum Thema „Form- und Lageveränderungen von Funktionen".

**16** Dargestellt ist die sinusförmige Schwingung eines Tons. Stelle den Verlauf annähernd durch eine Sinusfunktion in der Form $f(x) = a \cdot \sin(b \cdot x)$ dar.

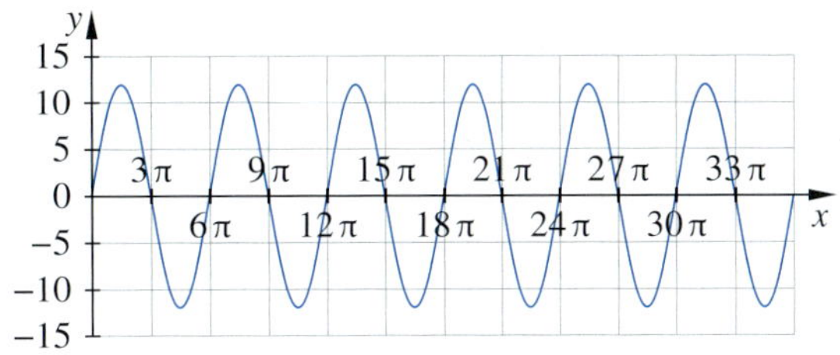


**17** Dargestellt ist der Verlauf der mittleren Monatstemperaturen von Rom. Stelle den Verlauf annähernd durch eine Sinusfunktion in der Form $f(x) = a \cdot \sin(b(x + c)) + d$ dar.

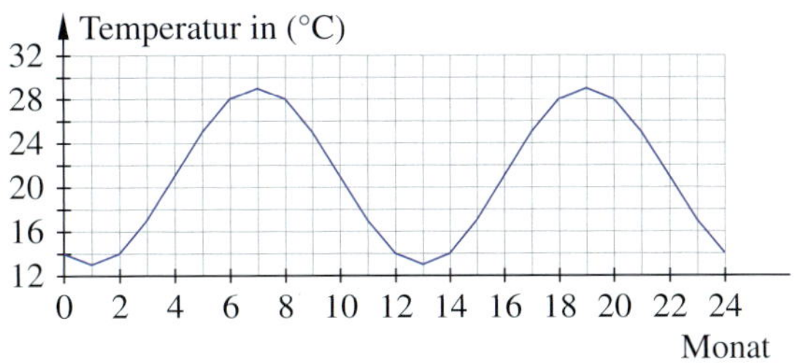


**18** ➡ In Hamburg wird mehrmals täglich der Wasserstand der Elbe gemessen. Die Tabelle zeigt einige Pegelstände in m.

| Zeit | Pegel | Zeit | Pegel | Zeit | Pegel |
|---|---|---|---|---|---|
| 6:00 | 355 | 15:00 | 454 | 0:00 | 688 |
| 7:00 | 486 | 16:00 | 408 | 1:00 | 632 |
| 8:00 | 579 | 17:00 | 367 | 2:00 | 565 |
| 9:00 | 637 | 18:00 | 345 | 3:00 | 505 |
| 10:00 | 673 | 19:00 | 430 | 4:00 | 455 |
| 11:00 | 681 | 20:00 | 545 | 5:00 | 404 |
| 12:00 | 638 | 21:00 | 614 | 6:00 | 364 |
| 13:00 | 569 | 22:00 | 664 | 7:00 | 339 |
| 14:00 | 506 | 23:00 | 695 | 8:00 | 397 |

a) Trage die Messwerte in ein Koordinatensystem ein. Nenne charakteristische Funktionsstellen.

b) Beschreibe den Verlauf des Graphen im Vergleich zur Funktion $f(x) = \sin x$.

c) Nähere den Graphen durch eine Sinusfunktion an. Wie lautet die Funktionsvorschrift?

d) Wann ist mit dem nächsten Hoch- bzw. Niedrigwasser zu rechnen?

## Schallschwingungen

Schwingungen in einem hörbaren Frequenzbereich nennt man Schall.
Töne sind Schallschwingungen mit einer festen Frequenz, das heißt, dass sich ihre Werte in festen Zeitabständen immer wiederholen.
Schallschwingungen können durch Sinuskurven beschrieben werden.

Hohe und tiefe Töne haben unterschiedliche Schwingungsbilder:

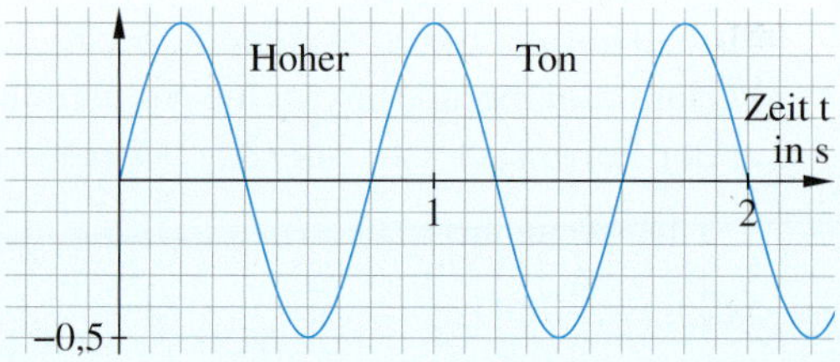


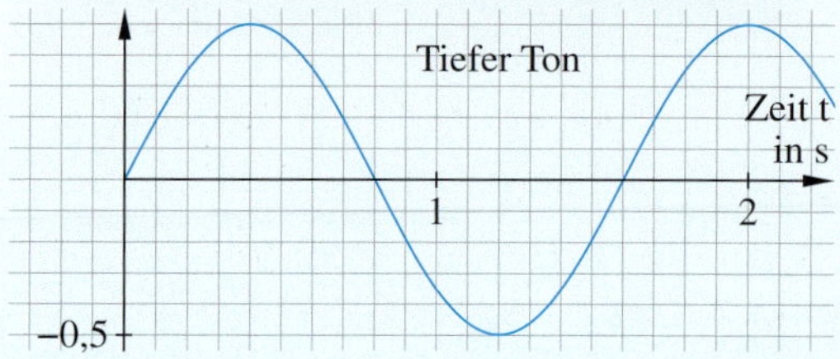


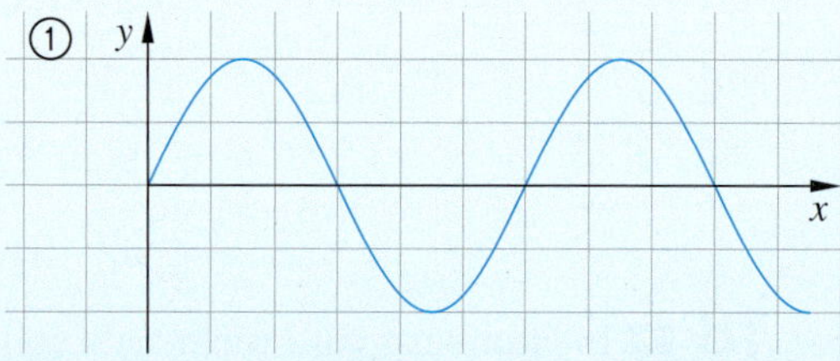


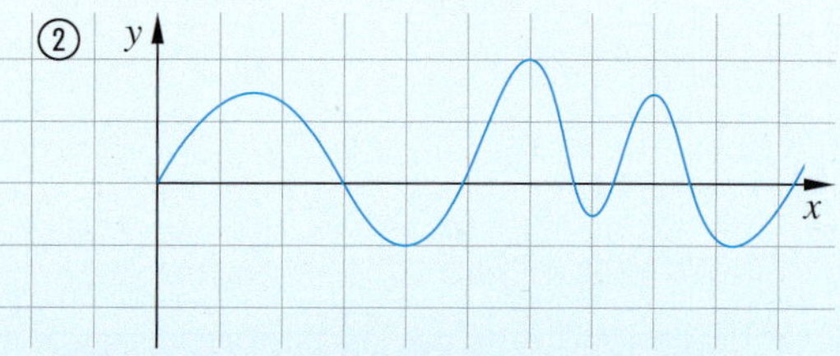


a) Welcher der beiden Graphen ① oder ② zeigt die Schallschwingung eines Tons? Begründe.

b) Übertrage die Abbildung ① in dein Heft und ergänze die Werte an den Achsen so, dass es sich um den Graphen der Sinusfunktion handelt.

c) Gib die Periode des dargestellten hohen und des dargestellten tiefen Tons an.

d) Richtig oder falsch? Begründe.
Je mehr Schwingungen pro Sekunde, desto höher der Ton.

e) Laute Töne haben eine größere Schwingungsweite (das ist der Abstand zwischen dem größten und dem kleinsten Wert). Welcher Parameter in der Funktionsgleichung $f(x) = a \cdot \sin(b \cdot (x + c)) + d$ hat Einfluss auf die Schwingungsweite?

f) Zeige, dass der Funktionsgraph, der die Schallschwingung des hohen Tons darstellt, zur Funktionsgleichung $f(x) = 0{,}5 \cdot \sin(2{,}5\,\pi x)$ gehört.

g) Gib eine Funktionsvorschrift für den Graphen an, der die Schallschwingung des tiefen Tons darstellt.

h) Zeichne das Schwingungsbild eines lauten, hohen Tons (siehe Beschreibung in Teilaufgabe e)) und gib eine zugehörige Funktionsgleichung an.

# Alles klar?

Entscheide, ob die Aussagen richtig oder falsch sind.
Begründe deine Entscheidung im Heft und korrigiere gegebenenfalls.

## 1 Die Sinusfunktion

a) Die Abbildung zeigt den Graphen einer periodischen Funktion.

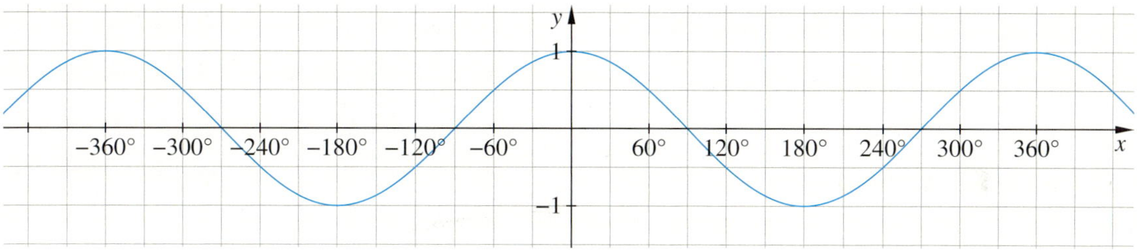


b) Die Periode der dargestellten Funktion ist 180°.

c) Die Abbildung zeigt den Graphen der Sinusfunktion.

d) Der Graph der Sinusfunktion ist achsensymmetrisch zur $y$-Achse.

e) Für beliebige Winkel $\alpha$ gilt: $\sin \alpha = \sin (\alpha + 360°)$.

f) Für beliebige Winkel $\alpha$ gilt: $\sin \alpha = \sin (-\alpha)$.

**BEACHTE**
Die Lösungen zu den Aufgaben auf dieser Seite sowie dazu passende Trainingsaufgaben findest du ab Seite 222.

## 2 Form- und Lageveränderung der Sinusfunktion

a) Der Graph der Funktion $f(x) = 5 \cdot \sin x$ entspricht dem Graphen der Sinusfunktion, gestreckt um den Faktor 5 in Richtung der $y$-Achse.

b) Die Abbildung oben zeigt den Graphen der Funktion $y = \sin (x + 90°)$.

c) Wenn der Graph der Sinusfunktion um den Faktor 0,5 in Richtung der $x$-Achse gestreckt werden soll, dann muss man den Graphen der Funktion $y = \sin x + 0{,}5$ zeichnen.

d) Die Graphen der Funktionen $f(x) = \sin x$ und $g(x) = 5 \cdot \sin (x + 90°)$ haben die gleiche Periode.

e) Der rechts abgebildete Funktionsgraph besitzt die Funktionsvorschrift $y = 1{,}5 \cdot \sin (x - 60°)$.

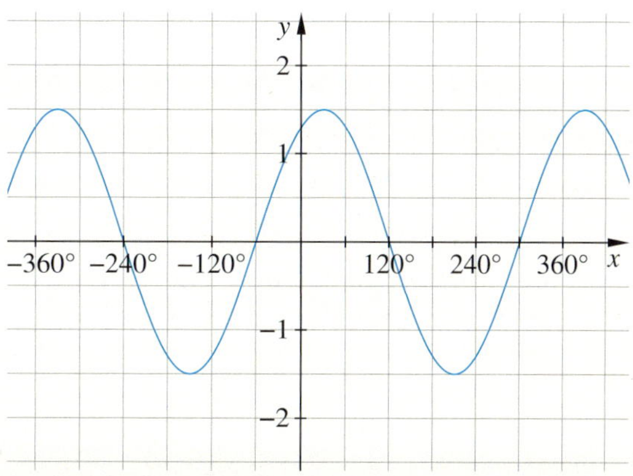


## 3 Bogenmaß

a) 360° im Gradmaß entsprechen $2\pi$ im Bogenmaß.

b) Wenn man einen Winkel von 20° ins Bogenmaß umwandeln will, so muss man 20° durch 360° teilen und das Ergebnis mit $\pi$ multiplizieren.

c) Der abgebildete Funktionsgraph ist aus der Sinusfunktion hervorgegangen, indem diese mit dem Faktor 1,5 in Richtung der $y$-Achse gestreckt und um $\frac{\pi}{2}$ nach links verschoben wurde.

# Zusammenfassung

→ Seite 168

## Die Sinusfunktion

Die Sinusfunktion ist eine **periodische** Funktion. Immer nach dem gleichen Abstand, der sogenannten **Periode**, wiederholt sich ihr Funktionswert. Die Länge ihrer Periode beträgt im Gradmaß **360°** bzw. im Bogenmaß **2 π**.

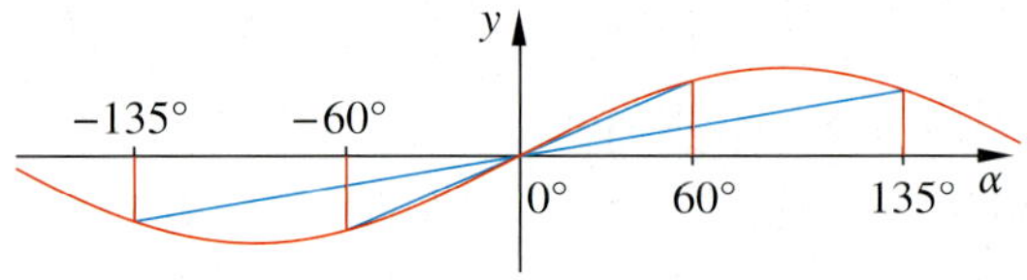


Es gilt: $\sin \alpha = \sin(\alpha + k \cdot 360°)$ bzw. $\sin x = \sin(x + k \cdot 2\pi)$, für jede ganze Zahl $k$.

Der Graph der Sinusfunktion ist **punktsymmetrisch** zum Ursprung:
$\sin(-\alpha) = -\sin \alpha$ bzw. $\sin(-x) = -\sin x$.
Alle Funktionswerte der Sinusfunktion liegen zwischen −1 und 1.

→ Seiten 172, 174

## Bogenmaß; Form- und Lageänderung der Sinusfunktion

Das **Bogenmaß** eines Winkels $\alpha$ (im Gradmaß) entspricht der Bogenlänge $b$ eines Kreisausschnitts am Einheitskreis mit dem Winkel $\alpha$. Es gilt: $\frac{\alpha}{360°} = \frac{b}{2\pi}$

| **Auswirkungen in Richtung der $y$-Achse** | **Auswirkungen in Richtung der $x$-Achse** |
|---|---|

① $f(x) = a \cdot \sin x$
Der Graph der Sinusfunktion wird mit $a$ in Richtung der $y$-Achse
- gestreckt für $|a| > 1$ bzw.
- gestaucht für $|a| < 1$.

Für negative Faktoren $a$ erfolgt zusätzlich eine Spiegelung an der $x$-Achse.

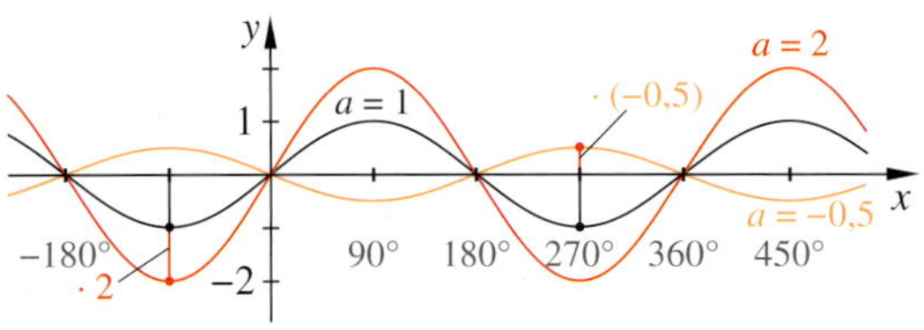


② $f(x) = \sin(b \cdot x)$
Der Graph der Sinusfunktion wird mit $\frac{1}{b}$ in Richtung der $x$-Achse
- gestreckt für $|b| < 1$ bzw.
- gestaucht für $|b| > 1$.

Für negative Faktoren $b$ erfolgt zusätzlich eine Spiegelung an der $y$-Achse.

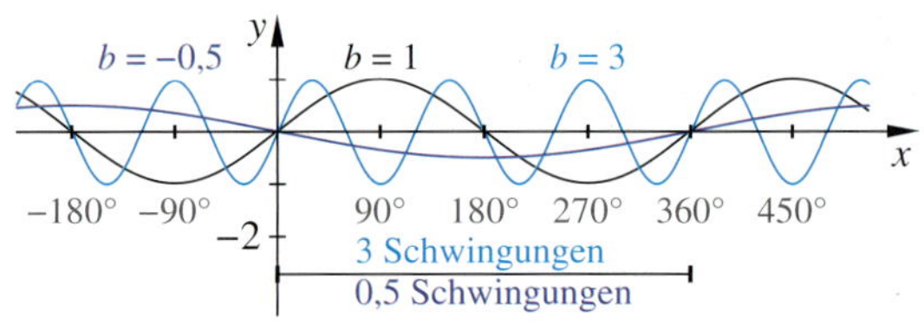


③ $f(x) = \sin x + d$
Der Graph der Sinusfunktion wird um $d$ Einheiten verschoben:
- nach oben ($d > 0$)
- nach unten ($d < 0$)

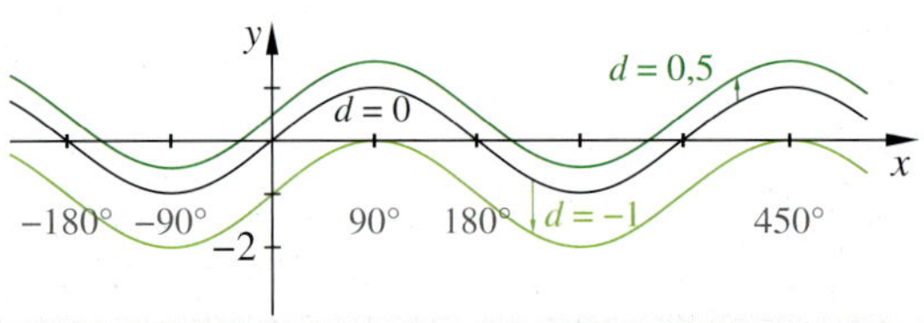


④ $f(x) = \sin(x + c)$
Der Graph der Sinusfunktion wird um $c$ verschoben:
- nach links ($c > 0$)
- nach rechts ($c < 0$)

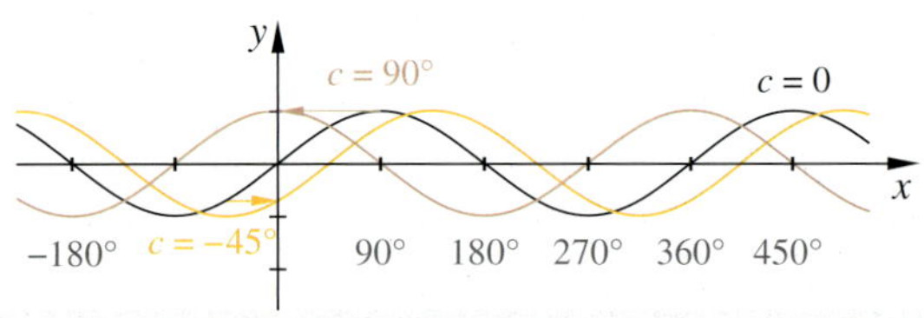


Die allgemeine Form der Sinusfunktion lautet $f(x) = a \cdot \sin(b \cdot (x + c)) + d$.

# Anwendungen

Optimierung

Vermessungsprobleme

Geometrische Körper in Kunst und Technik

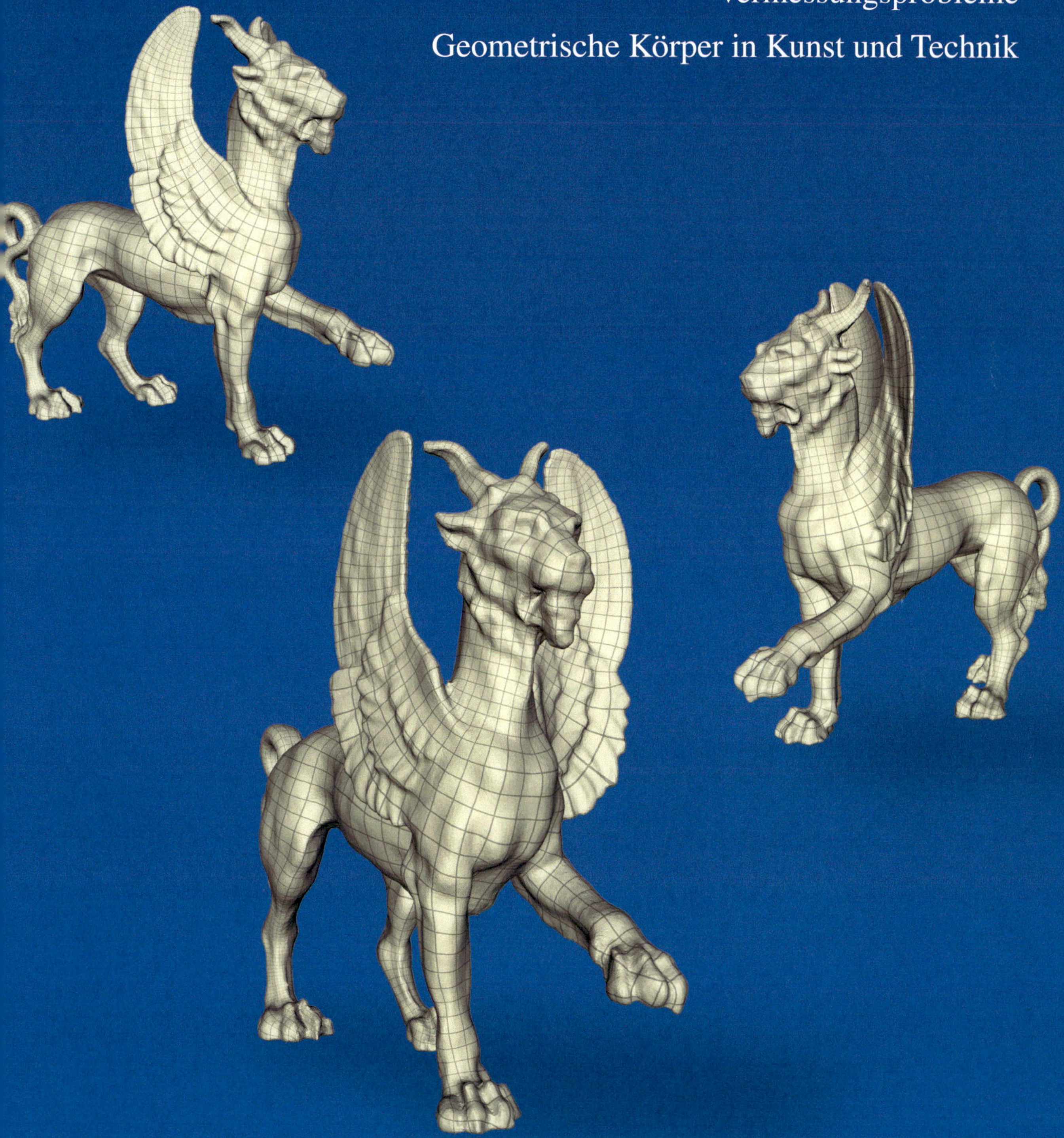

# Optimierung

Für viele Probleme in Wirtschaft, Medizin, Technik usw. gibt es mehr als nur eine Lösung. Aus diesen Lösungen die beste, die optimale Lösung herauszufinden, ist oft nicht leicht. In der Mathematik hat sich ein eigenständiges Gebiet entwickelt, das nach der bestmöglichen Lösung solcher Probleme sucht. Dieses Gebiet wird Optimierung genannt.

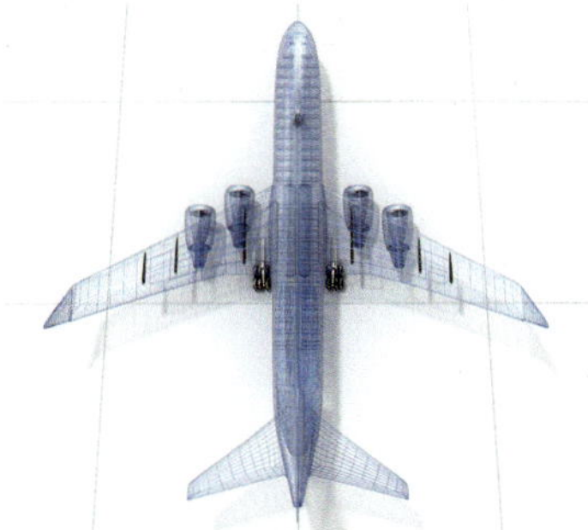
Flugzeuge sollen leicht, aber auch stabil sein.

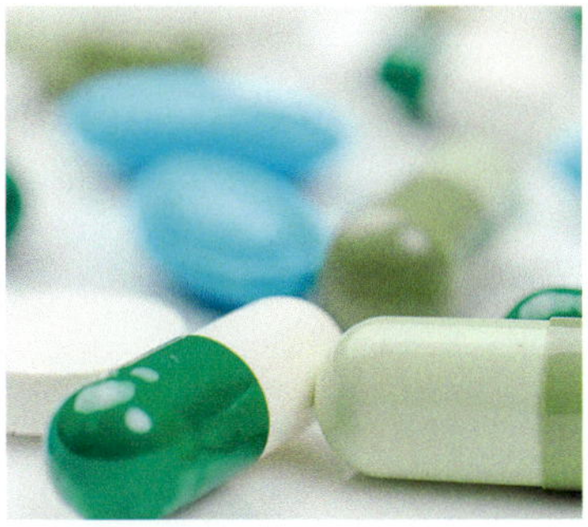
Medikamente sollen wirksam, aber ohne Nebenwirkungen sein.

Navigationssysteme berechnen die verkehrstechnisch günstigste Route.

Die drei Beispiele zeigen, dass häufig ein Mittelweg gefunden werden muss.
Die beste Lösung hängt von dem jeweiligen Problem und dem gewünschten Ergebnis ab. Betrachtet wird zum Beispiel die Suche nach dem *besten* Weg von einem Ort zum anderen. Ist der kürzeste oder der schnellste Weg besser? Vielleicht geht es auch um die landschaftlich schönste Strecke oder darum, mit möglichst geringen Reisekosten auszukommen.
Fast immer geht es bei einem Optimierungsproblem darum, bestimmte Größen oder Werte so zu wählen, dass ein anderer, von diesen Größen abhängiger Wert maximal oder minimal wird.

## Aufgaben

**1 Optimierungsprobleme im Alltag**
Nenne weitere Optimierungsprobleme. Orientiere dich an den Bildern.

**2 Der beste Weg**
Frau Müller möchte im Supermarkt und beim Bäcker einkaufen und dann zurück nach Hause gehen.

a) Skizziere zwei unterschiedliche Wege im Heft und berechne jeweils deren Länge.

b) Welchen Weg würdest du empfehlen, wenn Frau Müller es eilig hat? Vergleiche deine Lösung mit einem Partner.

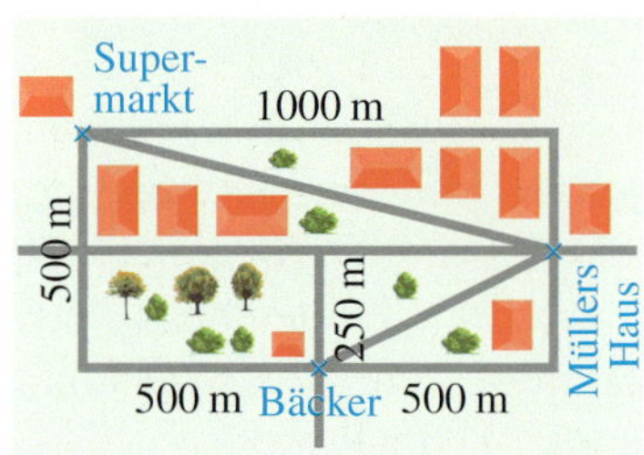

## Lineare Optimierungsprobleme

**BEISPIEL**

Zum Kauf von Zelten stehen den Organisatoren eines Ferienlagers 1800 € zur Verfügung. Zwei Zelttypen sind im Angebot:
Von den 10-Personen-Zelten sind noch fünf Stück vorrätig, sie kosten 200 € pro Stück. Von den 15-Personen-Zelten sind vier Zelte vorrätig. Jedes 15-Personen-Zelt kostet 400 €.
Wie viele Zelte von jeder Sorte sollte man kaufen, damit möglichst viele Jugendliche untergebracht werden?

Die Anzahl $z$ der Plätze in den Zelten soll maximal werden.

Variablen definieren:
$z$ Anzahl der Schlafplätze
$x$ Anzahl der 10-Personen-Zelte
$y$ Anzahl der 15-Personen-Zelte

Die Anzahl der gesamten Schlafplätze hängt von der Anzahl $x$ und $y$ der beiden Zelttypen ab.
Mit Hilfe der Gleichung $10x + 15y = z$ kann die Gesamtanzahl der Schlafplätze berechnet werden.
Man spricht von der **Zielfunktion** des Optimierungsproblems. Weil die Zielfunktion eine lineare Funktion ist, spricht man von **linearer Optimierung**.

Zielfunktion: $10x + 15y = z$;
$z$ soll maximal werden

Um das Ziel zu erreichen, müssen bestimmte Bedingungen berücksichtigt werden:
- Es stehen höchstens 1800 € zur Verfügung (V).
- Es gibt höchstens fünf 10-Personen-Zelte (II) und vier 15-Personen-Zelte (IV).

Diese Bedingungen werden **Nebenbedingungen** genannt. Die Nebenbedingungen drückt man als Gleichungen bzw. Ungleichungen aus.

Nebenbedingungen:
I $x \geq 0$
II $x \leq 5$
III $y \geq 0$
IV $y \leq 4$
V $200x + 400y \leq 1800$

**BEACHTE**
Gewisse Nebenbedingungen ergeben sich häufig erst aus dem Sachzusammenhang. Z. B. ergeben negative Mengenangaben im Allgemeinem keinen Sinn. Ebenso kann man keine halben Zelte kaufen.

*Grafische Lösung des Problems:*
Die Menge der Lösungen, die alle fünf Ungleichungen der Nebenbedingungen erfüllen, ist im Koordinatensystem gelb markiert.
Die Ungleichung $200x + 400y \leq 1800$ wurde hierfür nach $y$ umgeformt: $y \leq -\frac{1}{2}x + \frac{9}{2}$.
Gesucht ist der Punkt $(x|y)$, sodass die Organisatoren die meisten Jugendlichen unterbringen können. Um diesen Punkt zu finden, stellt man die Zielfunktion nach $y$ um: $y = -\frac{2}{3}x + \frac{z}{15}$.
Um den optimalen Wert zu finden, zeichnet man die durch den Ursprung verlaufende Zielgerade $y = -\frac{2}{3}x$. Die Zielgerade $y$ wird so lange parallel verschoben, bis Folgendes gilt:
(1) Die verschobene Gerade hat mindestens einen (Eck-)Punkt mit dem Lösungsbereich gemeinsam.
(2) Der $y$-Achsenabschnitt der verschobenen Gerade ist möglichst groß, da die Anzahl der Schlafplätze maximal sein soll.
Der Punkt, auf den beides zutrifft, ist hier der Punkt $P(5|2)$.
Somit besteht die optimale Lösung darin, fünf 10-Personen-Zelte und zwei 15-Personen-Zelte zu kaufen.

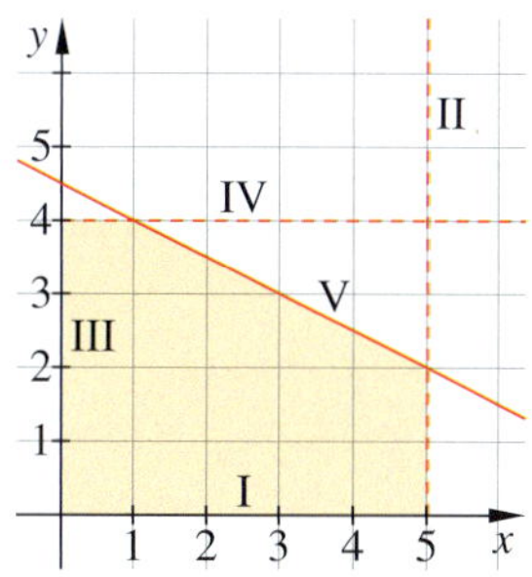


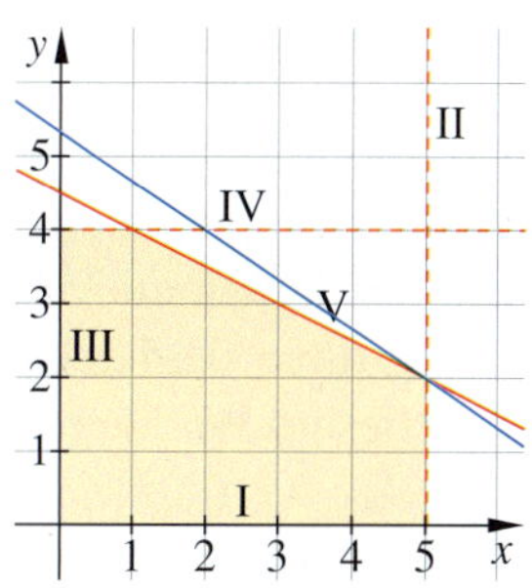


**BEACHTE**
Soll eine Größe minimal werden, wird ein kleiner $y$-Achsenabschnitt gesucht.

## Aufgaben

### 3 Der optimale Wert

Die Ungleichungen $4x + y \geq 13$; $-x + 2y \geq -1$ und $2x + 5y \leq 29$ beschreiben die Nebenbedingungen einer linearen Optimierungsaufgabe.
Bestimme für die Zielfunktionen das Minimum und das Maximum.

a) $2x + y = z$ b) $2x + 5y = z$

### 4 Chemikaliengemisch

Zur Herstellung einer Chemikalie werden die Flüssigkeiten $x$ und $y$ in einem 8-ℓ-Behälter gemischt. Flüssigkeit $x$ kostet 3 € pro ℓ. Sie soll mit 2 ℓ bis 6 ℓ am Gemisch beteiligt sein. Flüssigkeit $y$ kostet 5 € pro ℓ. Sie soll mit 1 ℓ bis 4 ℓ am Gemisch beteiligt sein.
Untersuche die Kosten $z$ des Gemischs, wenn mindestens 4 ℓ des Gemischs benötigt werden.

a) Notiere die Nebenbedingungen und ermittle grafisch den Lösungsbereich.
b) Gib die Gleichung der Zielfunktion für den Fall an, dass die Kosten 25 € betragen. Zeichne den Graphen dieser Zielfunktion in das Koordinatensystem aus b) ein.
c) Welche Punkte $(x|y)$ erfüllen alle Nebenbedingungen und ergeben den Preis von 25 €?
$P_1(5|2)$, $P_2(6|\frac{7}{5})$, $P_3(\frac{13}{2}|\frac{11}{10})$, $P_4(\frac{5}{3}|4)$, $P_5(3|2)$
d) Zeichne einen Graphen für $z = 20$. Wie verändert sich die Lösungsmenge im Vergleich zu c)?
e) Ermittle den Punkt $(x|y)$, der alle Nebenbedingungen erfüllt und die kleinsten bzw. größten Kosten verursacht. (Hinweis: Wende die Parallelverschiebung an.)

## Nichtlineare Optimierungsprobleme

**BEISPIEL**

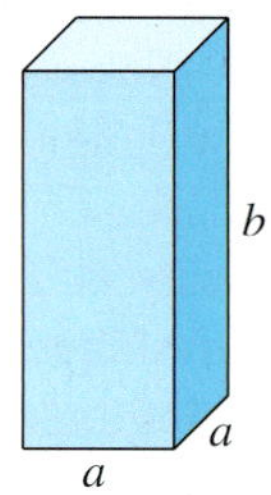


Sabine soll für den Mathematikunterricht das Kantenmodell eines Quaders mit quadratischer Grundfläche und möglichst großem Volumen anfertigen. Ihr stehen dafür 3 m Draht zur Verfügung.

*Zielfunktion:* Das Volumen des Quaders $V = a \cdot a \cdot b$ soll maximal werden.

*Nebenbedingung:* Die Summe aller Kantenlängen ist 3 m, also $8a + 4b = 3$.

*Zusammenhänge zwischen der Zielfunktion und der Nebenbedingung:*
Aus der Nebenbedingung folgt: $b = \frac{3-8a}{4} = \frac{3}{4} - 2a$.
Daraus ergibt sich folgende Gleichung für das Volumen $V$ in Abhängigkeit von $a$:
$V = a \cdot a \cdot b = a \cdot a \cdot \left(\frac{3}{4} - 2a\right) = \frac{3}{4}a^2 - 2a^3$

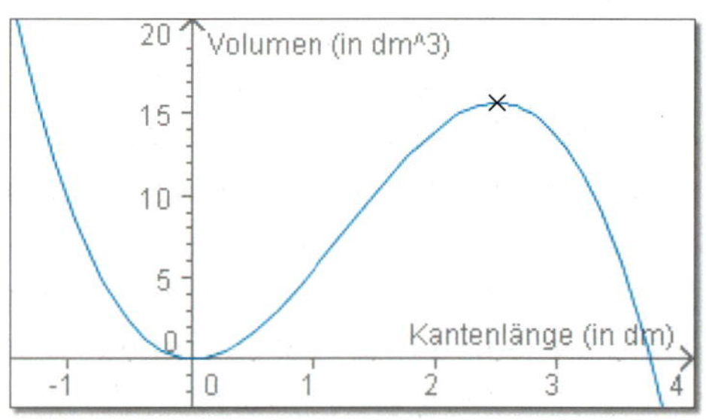


*Grafische Lösung des Problems:*
Die Zuordnung $V = \frac{3}{4}a^2 - 2a^3$ ist eine Funktion.
An dem Graphen der Funktion kann man erkennen, dass das maximale Volumen an der Stelle $a = 2{,}5\,\text{dm} = 0{,}25\,\text{m}$ liegt.
Aus diesem Wert ergeben sich folgende Maße des Modells: $a = 0{,}25\,\text{m}$ und $b = 0{,}25\,\text{m}$.
Der Quader ist somit ein Würfel.

## Aufgaben

### 5 Ziegengehege

Bauer Lindemanns Grundstück liegt direkt am Kanal. Er möchte für seine Ziege ein rechteckiges Gehege abgrenzen.
Er hat 40 Zaunstücke von je 1,5 m Länge. Das Gehege soll direkt am Kanal liegen, denn so spart er Zaunstücke ein.
Ermittle, wie der Bauer die Zaunstücke anordnen muss, damit für die Ziege ein möglichst großes Gehege entsteht.

### 6 Verkaufsstrategie

Eine Handyfirma verkauft im Monat durchschnittlich 1000 Geräte der E-Serie.
Die Produktionskosten für diese Serie liegen bei 110 € pro Handy, der Verkaufspreis bei 290 €.

| Preissenkung pro Handy in € | Zusätzlich verkaufte Handys |
|---|---|
| 5 | 40 |
| 10 | 80 |
| 15 | 120 |
| … | … |
| 50 | 400 |

a) Welchen Gesamtgewinn macht die Firma pro Monat?
b) Einer Umfrage zufolge würde eine Preissenkung den Verkauf der Geräte steigern (siehe Tabelle). Wie viele Handys würde die Firma bei einer Preissenkung um 10 € insgesamt verkaufen? Welchen Gesamtgewinn würde sie dann erzielen?
c) Welchen Gesamtgewinn erwirtschaftet die Firma bei einer Preissenkung von 5 €, 25 € und 50 €?
d) Gib die zugehörige Funktionsgleichung *Preissenkung* → *Gesamtgewinn* an.
e) Welche Preissenkung würdest du der Firma empfehlen. Erläutere, wie du vorgegangen bist.

### 7 Kaffeeverpackungen

Im Supermarkt kann man Kaffee in zwei unterschiedlichen Verpackungsformen kaufen.
Eine Verpackung ist zylinderförmig, die andere ist quaderförmig.
Beide Verpackungen haben einen Inhalt von 1280 $cm^3$.
Die zylinderförmige Verpackung hat eine Höhe von 17 cm.
Die quaderförmige Verpackung hat eine Höhe von 15 cm und eine Seite der Grundfläche ist 7 cm lang.

a) Welche der beiden Verpackungsformen benötigt weniger Verpackungsmaterial?
b) Warum werden beide Verpackungsformen verwendet, obwohl sie sich in den Materialkosten unterscheiden?
c) Können die Maße der zylinderförmigen Verpackung noch verbessert werden, um möglichst geringe Materialkosten zu haben (bei gleichem Inhalt)? Probiere verschiedene Werte für $r$ und $h$ aus.

# Vermessungsprobleme

## Trigonometrische Punkte im Gelände

Wenn man z. B. den Standort von Gebäuden oder den Verlauf von Grenzen und Straßen im Gelände bestimmen möchte, denkt man sich das Gebiet mit einem Koordinatensystem überdeckt. Aus den bekannten Koordinaten einiger Geländepunkte lassen sich die Standorte weiterer Punkte ermitteln.

Nach dieser Idee hat 1816 der Astronom und Mathematiker Carl Friedrich Gauß (1777–1855) begonnen, das damalige Königreich Hannover zu vermessen. Ein Ausschnitt der Gauß'schen Landesvermessung war auf dem 10-DM-Schein der Bundesrepublik Deutschland abgebildet.

**BEACHTE**
Auf zu großen Flächen beeinflusst die Krümmung der Erde die Genauigkeit der Messungen.

Zunächst setzte Gauß trigonometrische Punkte erster Ordnung auf erhöhten Stellen der Landschaft fest. Der Abstand der Punkte zueinander betrug 20 km bis 50 km. Verbindet man die Punkte, so entsteht ein grobmaschiges Netz, in dessen Innerem weitere Punkte für feinere Messungen ermittelt werden.

Die mathematische Grundlage für die Lösung von Vermessungsaufgaben bildet die Trigonometrie. Sie ist ein Teilgebiet der Geometrie, das sich mit der Berechnung von Dreiecken befasst. Die Trigonometrie wurde seit der Antike schrittweise weiterentwickelt, um Abstände zwischen Punkten auf der Erde oder Himmelskörpern zu vermessen. Fortschritte bei der Vermessung waren abhängig von der Entwicklung geeigneter Messgeräte, denn mit den Geräten muss man Winkel und Entfernungen sehr genau messen können.

Auf der Rückseite des 10-DM-Scheins ist ein Winkelmesser dargestellt. Ein solches Messgerät heißt Sextant und wurde von Gauß für seine Landesvermessung benutzt. Auch heute noch werden Sextanten in der Schifffahrt eingesetzt: Falls die elektronischen Messgeräte an Bord ausfallen, kann die Position des Schiffs mit Hilfe eines Sextanten bestimmt werden.

## Aufgaben

**1 Präsentation**
Sammle Informationen zu einem der folgenden Themen, arbeite sie zu einem Kurzreferat aus und präsentiere sie in deiner Klasse:
- Beruf des Vermessungstechnikers
- Funktionsweise eines Sextanten
- Geschichte der Landesvermessung in Deutschland
- Rangfolge der Vermessungspunkte

**188-1**
Unter dem Link findet man Informationen zu den Referatsthemen.

## Höhen und Entfernungen mit einfachen Geräten messen

Schon sehr früh hat man begonnen, Höhen und Entfernungen mit einfachen Mitteln ungefähr zu messen. Die Hilfsmittel bei der Schätzung von Höhen und Weiten beruhen sehr häufig auf der Anwendung der Strahlensätze und den Eigenschaften ähnlicher Dreiecke.

**BEACHTE**
Ein Obelisk ist ein vierkantiger Steinpfeiler mit einer pyramidenförmigen Spitze.

### Aufgaben

**2 Die Daumen-Methode**
Das George-Washington-Monument ist ein 169 m hoher Obelisk, der an den ersten amerikanischen Präsidenten erinnert. Vom Obelisken zum Parlament führt eine ca. 2,5 km lange Grünanlage.

a) Schätze, ob es in der Grünanlage einen Punkt gibt, von dem aus du bei gestrecktem Arm das Monument vollständig mit deinem Daumen verdecken kannst.
b) Berechne, in welcher Entfernung vom Obelisken solch ein Punkt liegt.

**3 Der Jakobsstab**
Dieses Längen- und Winkelmessgerät nutzten früher z. B. Seefahrer. Der Peilstab $\overline{CD}$ wird auf einer Achse $\overline{AB}$ so lange verschoben, bis er bei der Peilung das Objekt gerade verdeckt. Eine Insel wird von einem Schiff aus angepeilt: $a = 22\,\text{cm}$, $\overline{CD} = 32\,\text{cm}$ und $i = 8\,\text{km}$. Berechne den Abstand $e$.

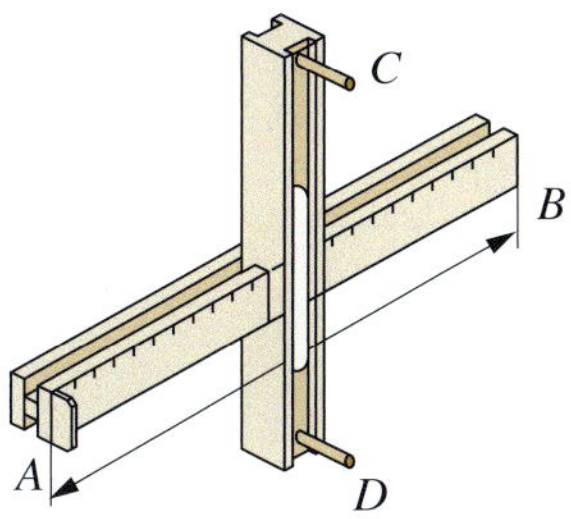


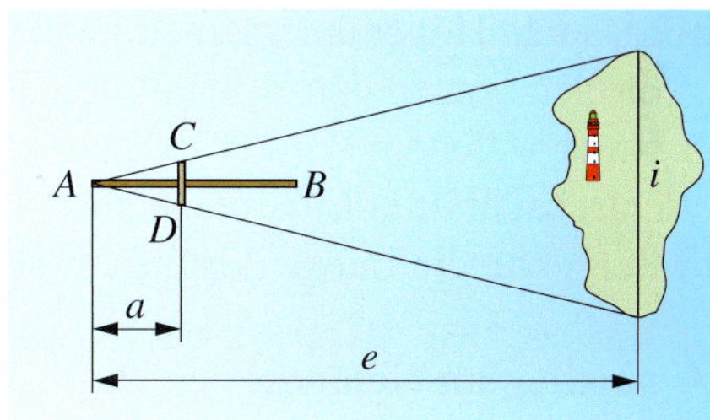


**4 Das Försterdreieck**
Förster messen die Höhe eines Baumes mit einem gleichschenklig-rechtwinkligen Dreieck. Sie peilen entlang der Hypotenuse in Richtung der Baumspitze. Dabei verändern sie so lange ihre Entfernung zum Baum, bis sie die Baumspitze in Verlängerung der Hypotenuse sehen.

a) Fertige ein Försterdreieck an und mache dich mit seiner Funktionsweise vertraut.
b) Mit einem Försterdreieck (Schenkellänge 30 cm) wird die Spitze eines Baumes in 11,50 m Entfernung angepeilt. Das Dreieck wird auf Augenhöhe, etwa 1,50 m über dem Boden gehalten. Erstelle eine maßstabsgetreue Skizze und berechne die Höhe des Baumes.
c) Begründe, weshalb das Försterdreieck einen Faden mit einem Lot benötigt.
d) Diskutiert, ob das Försterdreieck auch zur Entfernungsmessung benutzt werden kann.

**BEISPIEL**
Hier siehst du ein Beispiel für ein einfaches Försterdreieck.

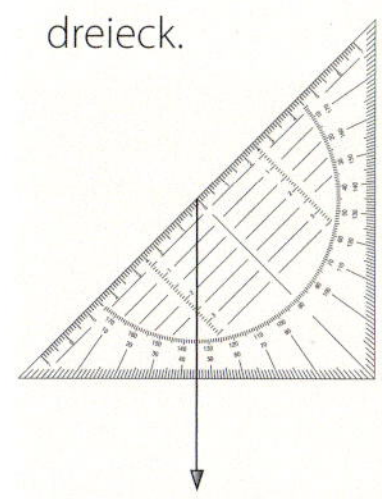

**5 Messung nach Leonardo da Vinci**
Leonardo da Vinci (1452–1519) stellte zur Vermessung eines Flusses eine Messlatte an ein Ufer. Aus 1 m Entfernung zur Messlatte peilte er einen Punkt am anderen Ufer an und markierte auf der Messlatte die Peilmarke und seine Augenhöhe.
Berechne die Breite des Flusses zu folgenden Messwerten:
$\overline{AB} = 25\,\text{cm}$ und $\overline{AD} = 1{,}40\,\text{m}$.

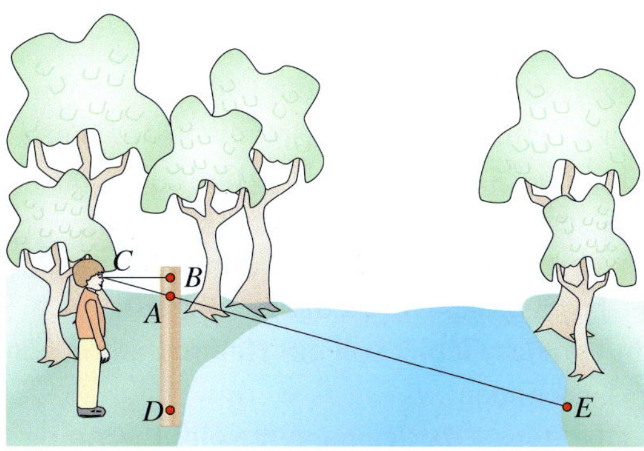

## Trigonometrische Höhen- und Entfernungsmessung

Bei der Landesvermessung setzt man zur Bestimmung von Winkeln einen Theodoliten ein. Er besteht aus einem beweglichen Fernrohr, mit dem man auf einen Punkt zielt. Dabei dreht man es in horizontaler Richtung nach links oder rechts und kann es in vertikaler Richtung heben oder senken. Den jeweiligen Drehwinkel kann man auf einer Kreisscheibe ablesen. Moderne Theodoliten können mit Hilfe der Reflexion eines Infrarot- oder Laserstrahls auch Entfernungen messen.

### Aufgaben

**BEACHTE**

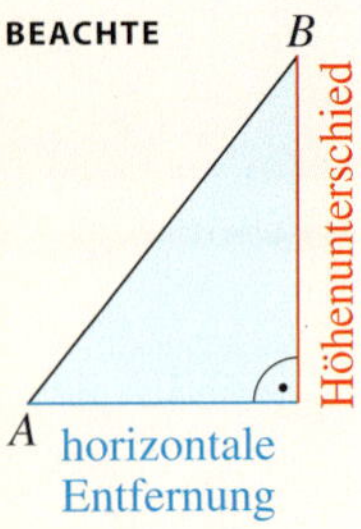


**6 In einem Skigebiet**

a) Ermittle anhand des Maßstabs jeweils die horizontale Entfernung zwischen der Talstation und der Bergstation der Lifte.

b) Lies den Höhenunterschied zwischen Tal- und Bergstation an den Höhenlinien ab.

c) Unter welchem Winkel steigt das Gelände im Durchschnitt je Liftstrecke an?

d) Berechne die Länge der Liftstrecke.

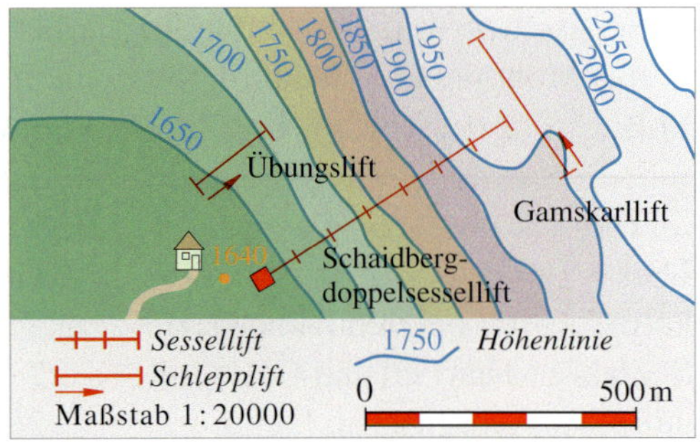


**7 Anstieg im Gelände**

Aus einer Wanderkarte liest man ab, dass die Orte $A$ und $B$ eine horizontale Entfernung von 3,2 km haben. Ihr Höhenunterschied beträgt 122 m.

a) Fertige eine maßstäbliche Skizze an.

b) Berechne den durchschnittlichen Steigungswinkel zwischen den beiden Orten. Vergleiche Skizze und Berechnung.

**8 Ein Wetterballon steigt auf**

An einer Wetterwarte steigt bei völliger Windstille ein Wetterballon senkrecht auf. In einer Entfernung von 650 m zur Wetterwarte peilt ein Beobachter den Ballon mit Hilfe eines Theodoliten an. Der Theodolit befindet sich 1,5 m über dem Boden. Die Messung des Höhenwinkels ergibt einen Wert von $\alpha = 24°$.

a) Wie weit war der Ballon zum Zeitpunkt der Messung vom Beobachter entfernt?

b) In welcher Höhe befand sich der Ballon zum Messzeitpunkt?

**BEACHTE**
Ein Marathon-Lauf hat eine Länge von 42,195 km.

**9 Ein Stadtviertel in Berlin**

Die Hardenbergstraße, die Uhlandstraße und der Kurfürstendamm beschreiben annähernd ein dreieckiges Gebiet. Das darin liegende Teilstück der Kantstraße ist 700 m lang.

a) Berechne die Länge der Uhlandstraße und beschreibe, wie du dabei vorgehst.

b) Um das Gebiet soll ein Halbmarathon-Lauf stattfinden.
Ist diese Überlegung sinnvoll? Begründe.

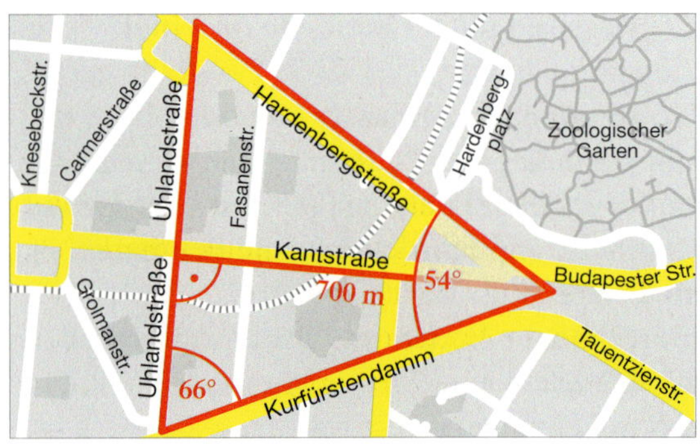

## 10 Vermessung einer Baustelle

Theodoliten werden auch bei der Vermessung von Baustellen eingesetzt: Um den Höhenunterschied der Punkte $A$ und $B$ in einer Baugrube zu bestimmen, peilt man die Spitze der Messlatte über $B$ an. Die Länge der Messlatte entspricht der Standhöhe des Theodoliten über $A$.

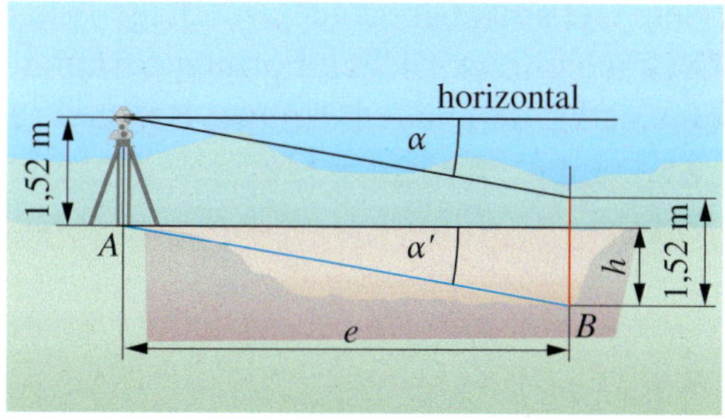


a) Berechne den Höhenunterschied $h$ zwischen den Punkten $A$ und $B$ für folgende Messwerte: Tiefenwinkel $\alpha = 3{,}1°$, Peillänge $e = 20{,}50\,\text{m}$.

b) Beschreibe ein Verfahren, nach dem man die Höhe des fertigen Gebäudes berechnen kann.

## 11 Höhe des Vesuvs

Die Höhe des Vesuvs lässt sich mit Hilfe der Trigonometrie berechnen:
In der Nähe des Vulkans wird eine horizontale Standlinie mit den Endpunkten $A$ und $B$ abgesteckt und ihre Länge vermessen. Anschließend wird von beiden Endpunkten aus die Spitze $S$ des Vesuvs angepeilt. Bei der Peilung können sowohl die Winkel $\alpha$ und $\beta$ als auch der Höhenwinkel $\delta$ abgelesen werden.
Die Tabelle rechts listet alle Messergebnisse auf.

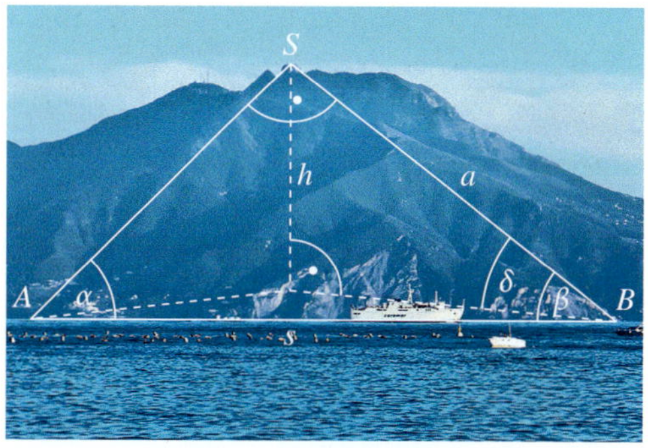


| | Messwert |
|---|---|
| $\overline{AB}$ | 2960,7 m |
| $\alpha$ | 52,6° |
| $\beta$ | 37,4° |
| $\delta$ | 33,0° |

a) Betrachte zunächst das Dreieck $ABS$ und berechne die Länge der Seite $a$.

b) Berechne nun die Höhe $h$ des Vesuvs.

c) Vergleiche das berechnete Ergebnis mit Angaben zur Höhe des Vesuvs aus dem Lexikon oder Internet.

Während früher Höhenmessungen aufwändig mit Hilfe von Theodoliten oder gar durch Luftdruckmessungen durchgeführt wurden, bietet heute die Navigation mit Hilfe eines **GPS** Geräts (**G**lobal **P**ositioning **S**ystem) die Möglichkeit, Positionen viel einfacher zu bestimmen.
Weiter verbreitet ist die Anwendung eines Navigationssystems, das die schnellste Route von einem beliebigen Startpunkt zu einem Ziel berechnet. Auto- und Radfahrer, aber auch Wanderer lassen sich von ihren Navigationsgeräten leiten.

## Projekt

### Vermessung der Schule

a) Baut in kleinen Gruppen einen Theodoliten und schreibt zu dem Messgerät eine Bedienungsanleitung. Darin sollen sein Aufbau und die Methode zur Messung von Höhen und Entfernungen mit Hilfe des Theodoliten erklärt werden.

b) Vermesst mit euren Theodoliten z. B. das Schulgebäude, den Sportplatz, einen in der Nähe gelegenen Kirchturm oder ein anderes Gebäude.

c) Vergleicht eure Messergebnisse untereinander und diskutiert über die Ursachen eventueller Abweichungen.

191-1
Unter dem Webcode befindet sich eine Bauanleitung für einen Theodoliten.

# Geometrische Körper in Kunst und Technik

Viele Gebäude haben als Grundlage bekannte geometrische Körper.
Oft sind sie aus solchen Formen zusammengesetzt oder lassen sich dazu ergänzen.
Hier siehst du einige bekannte Beispiele aus ganz verschiedenen Zeiten.

Djoser-Pyramide, Sakkara

Petersdom, Rom

Pantheon, Rom

Biosphere, Oracle

Mercedes-Benz-Center Stuttgart

Botanischer Garten, Hamburg

Häufig nutzen Architekten Schrägbilder zur Darstellung von Gebäuden.
Zur Angabe von Maßen eignen sich oft Dreitafelbilder.
Dies ist das Dreitafelbild von zwei Treppenstufen.

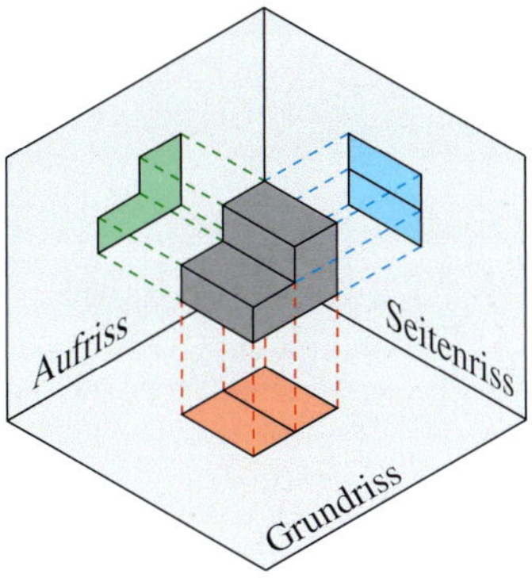


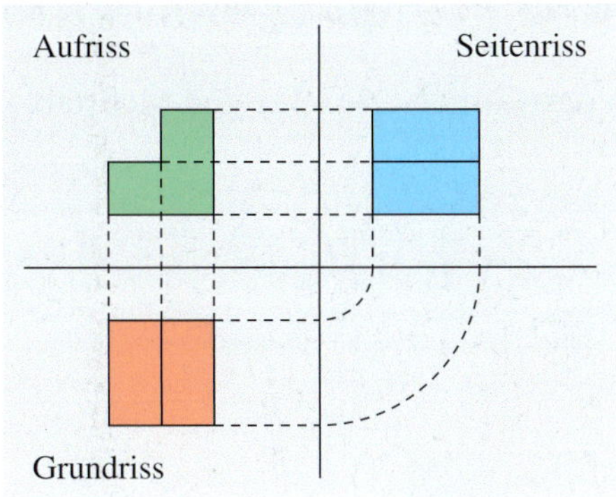


## Aufgaben

### 1 Körper in der Architektur
Welche geometrischen Körper erkennst du links auf den Fotos?

### 2 Präsentation
Sammle Informationen zu einem der folgenden Themen, bereite sie zu einem Kurzreferat auf und präsentiere sie in deiner Klasse:
- Gebäude in verschiedenen Kunstepochen
- Zweitafel- und Dreitafelbild
- Dreitafelbild eines Hauses

### 3 Körper darstellen
Stelle die geraden Körper zunächst in einer Freihandskizze dar. Zeichne sie anschließend in der Kavalierperspektive.
Erinnere dich: In der Kavalierperspektive werden alle in die Tiefe verlaufenden Kanten im Winkel von 45° dargestellt und um die Hälfte verkürzt.
a) quadratische Pyramide: Grundkante $a = 5\,\text{cm}$; Körperhöhe $h = 7\,\text{cm}$
b) Rechteckpyramide: Grundkante $a = 4\,\text{cm}$; Grundkante $b = 6\,\text{cm}$; Körperhöhe $h = 8\,\text{cm}$
c) Kreiskegel: Durchmesser des Grundkreises $d = 7\,\text{cm}$; Körperhöhe $h = 8\,\text{cm}$

### 4 Berechnungen an Körpern
Berechne verschiedene Größen für die Körper aus Aufgabe 3.
Nutze eine Formelsammlung, wenn nötig.
a) Berechne für alle drei Körper jeweils das Volumen.
b) Gib jeweils den Inhalt der Grundfläche an.
c) Bestimme den Inhalt der Mantelfläche für jeden der drei Körper.
Ermittle dazu zunächst die Längen der benötigten Hilfslinien.
d) Wie groß ist jeweils der Oberflächeninhalt?

## 5 Dreitafelbild eines Körpers

Das Dreitafelbild zeigt den Grundriss, den Seitenriss und den Aufriss eines Körpers.

a) Welcher Körper ist im Dreitafelbild dargestellt?

b) Entnimm der Abbildung alle notwendigen Längen und zeichne den Körper in Originalgröße im Schrägbild.

c) Berechne das Volumen des Körpers. Beachte den Maßstab.

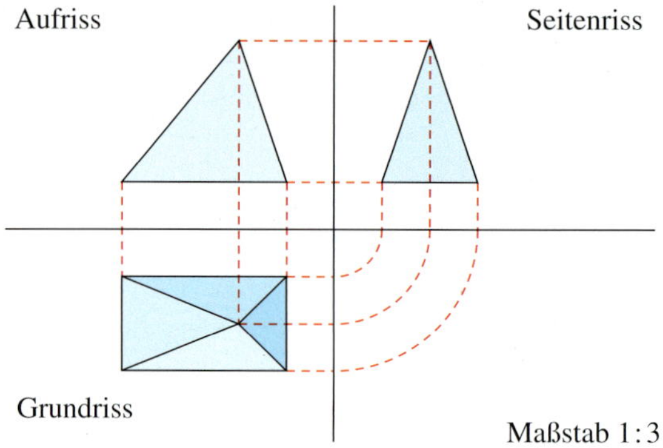


## 6 Ein Werkstück aus Aluminium

Die Abbildung unten zeigt ein Netz eines Werkstücks aus Aluminium im Maßstab 1 : 10.

a) Aus welchen Teilkörpern setzt sich das Werkstück zusammen?

b) Skizziere das Werkstück in der Kavalierperspektive und zeichne es im Dreitafelbild.

c) Ermittle den Oberflächeninhalt.

d) Berechne das Volumen und die Masse des Werkstücks.
Beachte die Angaben im Kasten unten rechts.

e) Der Stromverbrauch eines Vier-Personen-Haushalts liegt bei durchschnittlich 4500 kWh pro Jahr. Wie viele Tage kommt ein Vier-Personen-Haushalt mit der Energie (in kWh) aus, die bei der Produktion von 100 kg Aluminium verbraucht wird?
Beachte die Angaben im Kasten.

f) Welche Energie (in kWh) wird für ein einziges Werkstück benötigt?
Berechne, wie viele Stunden ein Vier-Personen-Haushalt mit dieser Energie auskommt.

| Um eine Tonne Aluminium zu produzieren, benötigt man 14000 kWh Energie. | Aluminium hat eine Dichte von $2{,}7\,\frac{g}{cm^3}$. |
| --- | --- |

Wenn eine Pyramide parallel zur Grundfläche durchgeschnitten wird, so entstehen ein Pyramidenstumpf und eine Ergänzungspyramide. Geschieht dies bei einem Kegel, spricht man von einem Kegelstumpf und einem Ergänzungskegel.

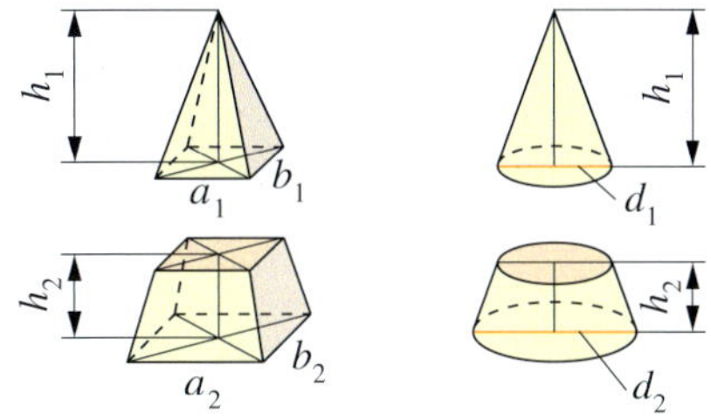


## Aufgaben

**7 Bastelbogen**

Dies ist die verkleinerte Darstellung eines Bastelbogens für einen quadratischen Pyramidenstumpf. Der Maßstab beträgt 1 : 3.

a) Übertrage das Körpernetz ins Heft oder drucke den Bastelbogen aus. Markiere Grund-, Deck- und Mantelfläche.

b) Berechne den Oberflächeninhalt.

c) Stelle eine allgemeine Formel zur Berechnung von Mantelflächen- und Oberflächeninhalt auf. Diskutiere mit einem Partner und vergleiche mit dem Eintrag in der Formelsammlung.

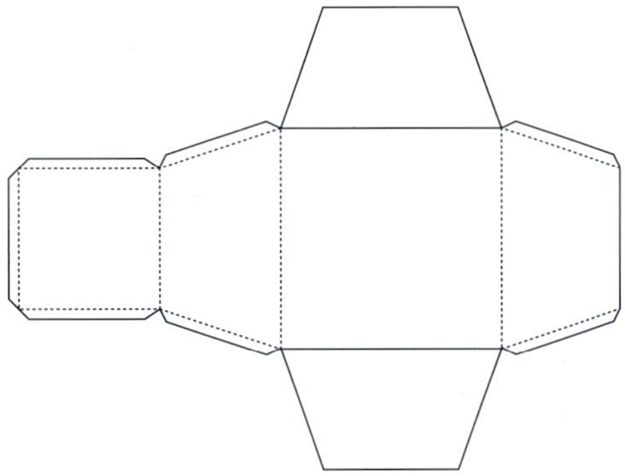

**195-1**
Unter dem Webcode findest du einen Link zum Bastelbogen.

**8 Pyramiden-Brunnen**

Aus dem Spalt unterhalb der quadratischen Ergänzungspyramide fließt Wasser über die Granitflächen des Brunnens. Alle Kanten der Pyramide sind 2,5 m lang, alle Kanten der Ergänzungspyramide 0,5 m.

a) Zeichne ein Netz des Brunnens und stelle ihn im Dreitafelbild dar.

b) Berechne den Mantelflächeninhalt der Pyramide.

c) Schätze, ob der Brunnen mit einem 12-Tonnen-Lkw transportiert werden kann.

d) Berechne die Masse der gesamten Pyramide und des einzelnen Pyramidenstumpfs. Granit hat eine Dichte von 2,8 $\frac{\text{kg}}{\text{dm}^3}$.

**9 Ähnlichkeit bei Körpern**

Nicht nur Flächen, sondern auch Körper können unter bestimmten Bedingungen ähnlich sein.

a) Begründet zu zweit die folgende Aussage:
Eine Ergänzungspyramide ist zur ursprünglichen Pyramide ähnlich.
Nutzt die Zeichnung, um ähnliche Flächen zu finden.

b) Zeichnet das Schrägbild eines Kegels mit seinem Ergänzungskegel. Tragt Strecken ein, mit deren Hilfe man beweisen kann, dass Kegel und Ergänzungskegel ähnlich sind.

c) Wie verhalten sich Grundflächeninhalt, Mantelflächeninhalt und Volumen von ähnlichen Körpern mit Streckungsfaktor $k$?

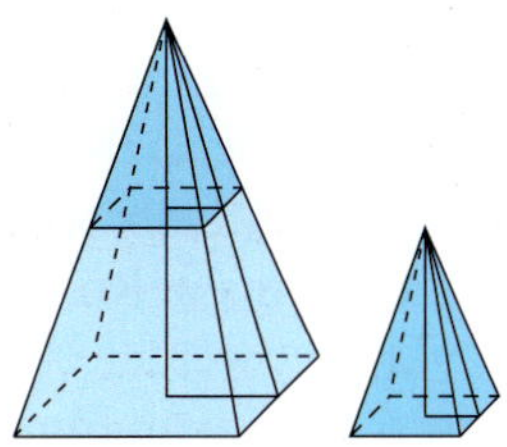

## 10 Volumen eines quadratischen Pyramidenstumpfs

Das Volumen des Pyramidenstumpfs kann wie folgt berechnet werden.

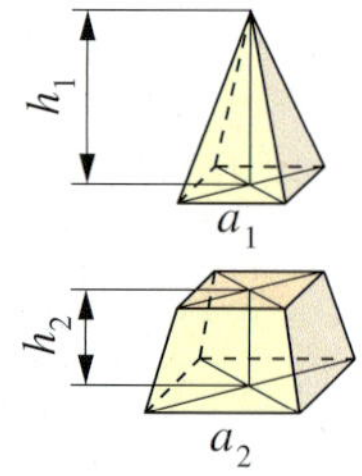


$V_{Pyramidenstumpf} = V_{Pyramide} - V_{Ergänzungspyramide}$

$V_{Pyramidenstumpf} = \frac{1}{3} \cdot a_2^2 \cdot (h_1 + h_2) - \frac{1}{3} \cdot a_1^2 \cdot h_1$

$V_{Pyramidenstumpf} = \frac{1}{3} \cdot (a_2^2 \cdot (h_1 + h_2) - a_1^2 \cdot h_1)$

$V_{Pyramidenstumpf} = \frac{1}{3} \cdot (a_2^2 \cdot h_1 + a_2^2 \cdot h_2 - a_1^2 \cdot h_1)$

$V_{Pyramidenstumpf} = \frac{1}{3} \cdot ((a_2^2 - a_1^2) \cdot h_1 + a_2^2 \cdot h_2)$

a) Beschreibe die einzelnen Schritte der Umformung.

b) In einer Formelsammlung findet man zum Volumen eines quadratischen Pyramidenstumpfs mit Höhe $h$ zwei andere Formeln. (Sie nutzen Ähnlichkeitsbeziehungen.)
① $V = \frac{1}{3} \cdot h \cdot (a_1^2 + a_1 a_2 + a_2^2)$ ② $V = \frac{h}{3} \cdot (A_1 + \sqrt{A_1 \cdot A_2} + A_2)$
Wie wird Formel ① aus Formel ② hergeleitet?
Präsentiere deine Lösung. Erkläre die Bedeutung aller Variablen.

## 11 Blumenkübel

Der Kübel soll mit Blumenerde gefüllt werden. Er hat eine quadratische Grundfläche und eine quadratische Öffnung. Die Grundkante ist innen 38,5 cm lang, die Oberkante innen 52,5 cm. Die innere Füllhöhe beträgt 55 cm. Wie viel Liter fasst der Kübel?

## 12 Volumenformel von Kegelstümpfen

Leite eine Formel zur Berechnung des Volumens von Kegelstümpfen her. Beachte die Herleitung zum Volumen von Pyramidenstümpfen in Aufgabe 10.

## 13 Apollo 11

Mit Apollo 11 flogen 1969 die ersten Menschen auf den Mond. Die drei Astronauten saßen während des Fluges in einer Kommandokapsel, die die Form eines Kegelstumpfs hatte. Der untere Durchmesser betrug 3,9 m, der obere 0,9 m. Insgesamt hatte die Kapsel eine Höhe von 3,2 m. Berechne das Volumen der Kapsel.

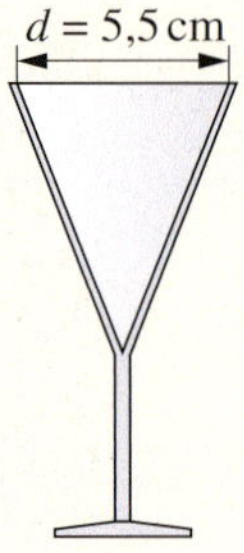


## 14 Kelchglas-Rätsel

Ein kegelförmiges Kelchglas mit einem inneren Randdurchmesser von 5,5 cm und einer inneren Kelchhöhe von 15,0 cm wird bis zur halben Höhe gefüllt.
Wie viel Prozent des höchstens in das Glas einzufüllenden Volumens wurden gefüllt?

## 15 Vergoldung der Kuppel des Petersdoms

Goldbarren, die bei Zentralbanken gelagert werden, wiegen 400 Feinunzen. Aus solchen Goldbarren kann durch mehrfaches Walzen Blattgold hergestellt werden. Jede Goldfolie hat dann nur noch eine Dicke von 100 nm.
Wie viele Goldbarren werden benötigt, wenn die Kuppel des Pertersdoms in Rom (siehe S. 192) von innen mit Blattgold verkleidet werden soll? Die Kuppel hat die Form einer Halbkugel mit einem Innendurchmesser von ca. 42 m.

**BEACHTE**
Eine Feinunze entspricht 31,1 g.
Gold hat eine Dichte von $19{,}32\,\frac{g}{cm^3}$.
1 nm entspricht $10^{-9}$ m.

# Anhang

Vorbereitung auf die zentrale Prüfung

Lösungen zu *Alles klar?* mit Trainingsaufgaben

Lösungen zu den Trainingsaufgaben und zu „Vorbereitung auf die zentrale Prüfung“

Stichwortverzeichnis

Bildverzeichnis

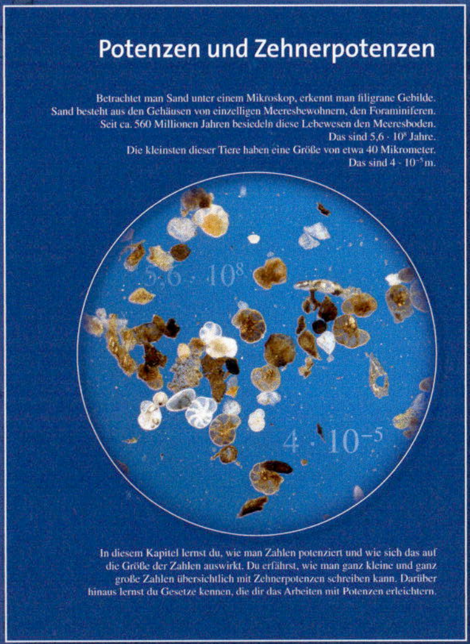

# Vorbereitung auf die zentrale Prüfung

198-1
Unter dem Webcode findest du weitere Informationen über den genauen Ablauf der zentralen Prüfung.

**Was erwartet mich in der zentralen Prüfung?**
Am Ende der Jahrgangsstufe 10 erfolgt in einigen Fächern eine zentrale Abschlussprüfung. Diese Prüfung kann mit einer Landesmeisterschaft im Sport verglichen werden, bei der sich die Sportler gezielt auf die einzelnen Disziplinen vorbereiten müssen. Damit jeder die gleichen Chancen hat, bearbeiten alle dieselben Aufgaben. Auch ihre Leistungen werden an denselben Maßstäben gemessen, schließlich gilt für die zentrale Prüfung wie auch im Sport „Fair Play".

Eine gut geplante Vorbereitung ist sehr sinnvoll, da sich die zentrale Prüfung von einer normalen Klassenarbeit unterscheidet. Zum Beispiel werden mehr Aufgaben gestellt und es steht mehr Zeit zur Verfügung. In der Mathematikprüfung sind es 120 Minuten. Außerdem beziehen sich die Aufgaben inhaltlich auf Themen aus verschiedenen Jahrgangsstufen.

**Wie bereite ich mich am besten darauf vor?**
Hilfreich ist ein kontinuierliches Training unter ähnlichen Bedingungen wie in der Prüfung. Die folgenden Aufgaben können dir dabei helfen. Es ist nicht zwingend notwendig, sie der Reihe nach zu bearbeiten.
Bevor du die Ergebnisse mit den Lösungen am Ende des Buches vergleichst, solltest du die Aufgabe vollständig bearbeitet haben.

198-2
Unter dem Webcode findest du eine Linkliste zu Prüfungsaufgaben.

Wie in der zentralen Prüfung sind die Aufgaben in zwei Bereiche gegliedert:
Im ersten Teil werden Basiskompetenzen aus den Klassen 5 bis 10 überprüft. Hier sollst du zeigen, dass du über fachliches Grundwissen verfügst und wichtige Fachmethoden einsetzen kannst. Für die Bearbeitung dieser Aufgaben hast du maximal 30 Minuten Zeit.
Im zweiten Teil werden Aufgaben gestellt, die Kompetenzen aus dem Doppeljahrgang 9/10 voraussetzen und sich auf inhaltliche Schwerpunkte der Doppeljahrgangsstufe beziehen. Für die Lösung dieser Aufgaben hast du 90 Minuten Zeit.
In beiden Prüfungsteilen sind Zirkel, Geodreieck, eine Formelsammlung und ein wissenschaftlicher Taschenrechner als Hilfsmittel zugelassen.

Möchtest du weiter trainieren, so findest du zusätzliche Aufgabenbeispiele im Internet. Beachte den Webcode in der Randspalte.

# A Basiskompetenzen (Grundlegende Aufgaben)

Diese Aufgaben überprüfen, ob du über fachliches Grundwissen verfügst. Bei der zentralen Prüfung darfst du für diesen Aufgabenteil Formelsammlung und Taschenrechner benutzen. Die Lösungen der Aufgaben findest du ab S. 228.

**1** Ordne die Zahlen nach ihrer Größe. Beginne mit der kleinsten Zahl.

**a)** $0{,}34$ $\quad -4 \quad 0{,}6 \quad \frac{3}{10} \quad -6{,}2$

**b)** $-2 \quad (-2)^2 \quad 2^{-2} \quad -2^2 \quad 3^{-2}$

**c)** $2^{10} \quad \frac{1}{5} \quad 0{,}5 \quad 4^{-1} \quad 10^2$

**2** Notiere in der angegebenen Maßeinheit.

**a)** 7 m = ☐ mm **b)** 0,7 cm = ☐ dm **c)** 0,07 km = ☐ m

**d)** 600 kg = ☐ t **e)** 0,06 t = ☐ kg **f)** 7 kg 70 mg = ☐ mg

**g)** 45 min = ☐ h **h)** $\frac{1}{4}$ h = ☐ s **i)** 25 200 s = ☐ h

**3** Löse die Gleichungen.

**a)** $3x + 5{,}8 = 5x - 2$ **b)** $2 \cdot (x - 4) = 3{,}5x - 8$ **c)** $(x - 5)^2 = x \cdot (x - 7{,}5)$

**4** Die Geschwister Jakob, Paul und Simon sind zusammen 33 Jahre alt.
Paul ist doppelt so alt wie Jakob und Simon drei Jahre älter als Paul.
Wie alt ist jedes Kind?

**5** Löse die Gleichungssysteme mit einem geeigneten Verfahren.

**a)**
I $3x + 2y = 7$
II $2x - y = 0$

**b)**
I $y = 3x - 5$
II $y = 3x + 2$

**a)**
I $y = 2x + 9$
II $2y = 0{,}5x + 11$

**6** Übertrage die Graphen der Funktionen $f$ und $g$ in dein Heft.

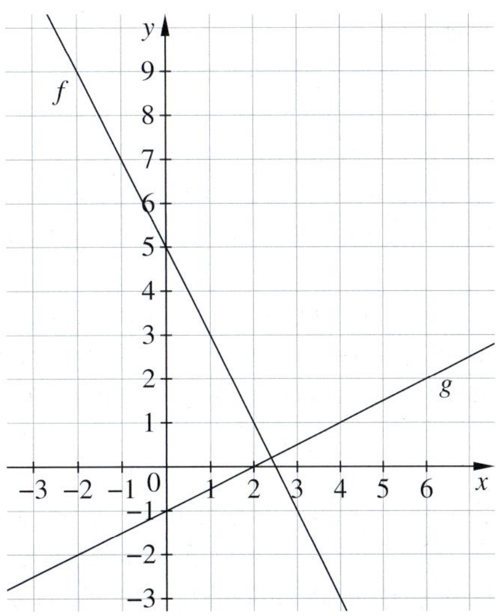


**a)** Entscheide, ob die folgenden Aussagen richtig oder falsch sind:
① Der Graph der Funktion $f$ verläuft durch den Punkt $(1|3)$.
② Der Graph der Funktion $g$ schneidet die $x$-Achse im Punkt $(-1|0)$.
③ Die Graphen von $f$ und $g$ schneiden sich im rechten Winkel.
④ Die Funktionsvorschrift von $f$ lautet $y = 5x - 2$.

**b)** Berechne den Schnittpunkt der Graphen von $f$ und $g$.

**c)** Zeichne in das Koordinatensystem in deinem Heft eine Gerade $h$, die parallel zum Funktionsgraphen von $g$ durch den Punkt $P(-1|2)$ verläuft.
Gib die Funktionsgleichung der Geraden $h$ an.

**7** Die Funktionsvorschrift der quadratischen Funktion lautet $y = 0{,}5x^2 - 2x - 1$.

a) Welche der folgenden Funktionsvorschriften passen ebenfalls zum abgebildeten Funktionsgraphen?

① $y = 0{,}5\,(x + 2)^2 - 3$
② $y = 0{,}5\,(x - 2)^2 - 3$
③ $y = 0{,}5\,(x + 2)^2 + 3$
④ $y = 0{,}5\,(x - 2)^2 + 3$

b) Berechne die Nullstellen des Funktionsgraphen.

c) Eine nach unten geöffnete Normalparabel hat den Scheitelpunkt $(3|4)$. Gib eine Funktionsvorschrift für diese Parabel an.

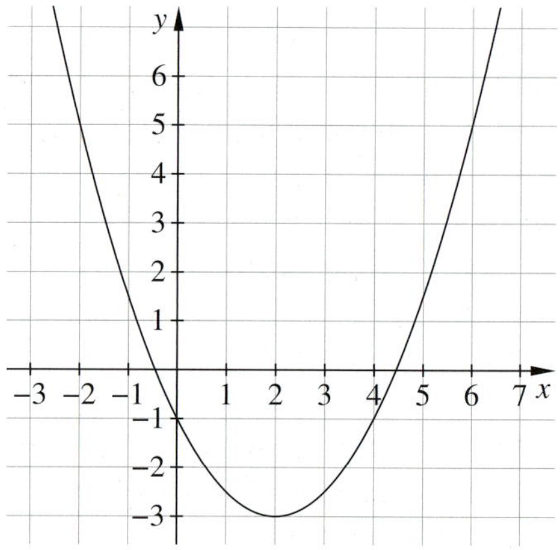


**8** In der Stadt Fantasia leben 200 000 Menschen. Diese Zahl wächst jährlich um 2 %.

a) Gib den Wachstumsfaktor pro Jahr an.

b) Berechne die Einwohnerzahl im nächsten Jahr und in zwei Jahren.

c) Gib eine Funktionsvorschrift für die Zuordnung *Anzahl Jahre* → *Einwohnerzahl* an.

d) Nach wie vielen Jahren hat die Stadt mehr als 225 000 Einwohner?

**9** Betrachte das rechtwinklige Dreieck *ABC*.

a) Zeige rechnerisch, dass die Seite $\overline{BC}$ etwa 4 cm lang ist.

b) Berechne die Länge der Seite $\overline{AC}$.

c) Bestimme den Flächeninhalt des Dreiecks *ABC*.

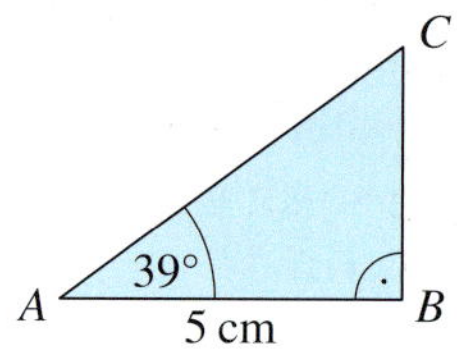


**10** Berechne das Volumen des Körpers.

a) Zylinder mit einem Radius von 12 cm und einer Höhe von 20 cm

b) Kegel mit einem Radius von 6 cm und einer Höhe von 10 cm

c) quadratische Pyramide mit einer 8 cm langen Grundseite und einer Höhe von 12 cm

**11** Eine zylinderförmige Getränkedose enthält 0,5 ℓ Limonade.
Sie hat einen Radius von 3,5 cm.
Wie hoch ist die Getränkedose mindestens?

**12** Der Kegel hat die Maße $r = 10$ cm und $s = 20$ cm.

a) Zeige, dass der Kegel etwa 17,3 cm hoch ist.

b) Berechne das Volumen des Kegels.

c) Berechne den Oberflächeninhalt.

d) Bestimme den Neigungswinkel $\alpha$.

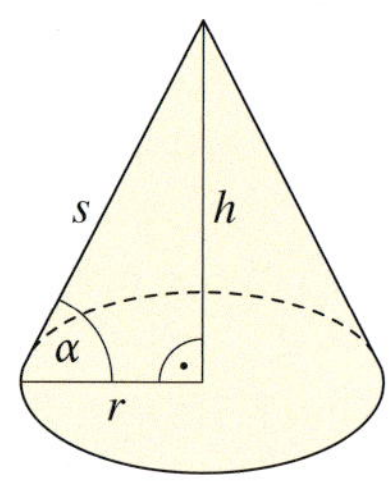

**13** In einem Behälter befinden sich fünf rote, drei schwarze und zwei weiße Kugeln.
a) Wie hoch ist die Wahrscheinlichkeit beim ersten Zug eine schwarze Kugel zu ziehen?
b) Eine schwarze Kugel wird gezogen und nicht in den Behälter zurückgelegt.
Wie groß ist die Wahrscheinlichkeit, erneut eine schwarze Kugel zu ziehen?
c) Wie groß ist die Wahrscheinlichkeit zunächst eine rote und dann eine schwarze Kugel zu ziehen, wenn die rote Kugel nicht in den Behälter zurückgelegt wird?

**14** Beim Basketball trifft Mike beim Freiwurf mit einer Wahrscheinlichkeit von 60 %.
Dirk hat 38 der letzten 50 Freiwürfe verwandelt.
a) Entscheide, ob die folgenden Aussagen richtig oder falsch sind:
① Durchschnittlich trifft Mike bei 3 von 5 Freiwürfen.
② Dirk trifft mit einer Wahrscheinlichkeit von 76 %.
b) Mike und Dirk werfen nacheinander je einmal auf den Korb.
Wie groß ist die Wahrscheinlichkeit, dass beide treffen?

**15** Die Nachbarschaft „Gute Laune“ veranstaltet ein Grillfest.
Ben benutzt zur Planung ein Tabellenkalkulationsprogramm.
a) In welcher Zelle steht der Einkaufspreis für einen Hähnchenspieß?
b) Welche Formel steht im Feld **D7**?
c) Was berechnet Ben mit der Formel „**=SUMME(D6:D10)**“?
d) In welcher Zelle steht die Formel „**=D12/B14**“?

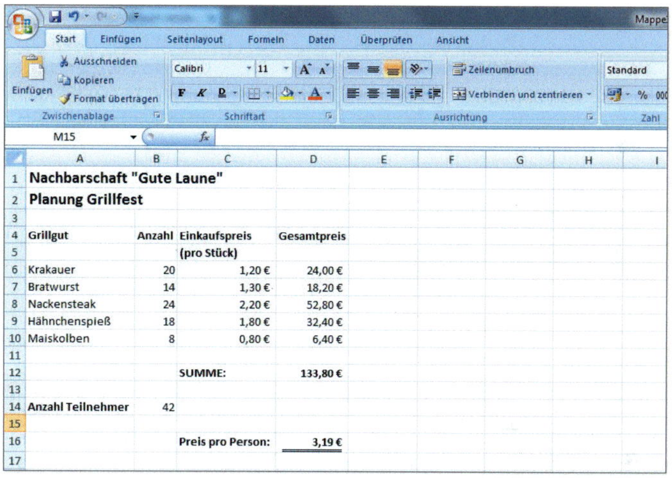

| | A | B | C | D |
|---|---|---|---|---|
| 1 | **Nachbarschaft "Gute Laune"** | | | |
| 2 | **Planung Grillfest** | | | |
| 3 | | | | |
| 4 | **Grillgut** | **Anzahl** | **Einkaufspreis** | **Gesamtpreis** |
| 5 | | | **(pro Stück)** | |
| 6 | Krakauer | 20 | 1,20 € | 24,00 € |
| 7 | Bratwurst | 14 | 1,30 € | 18,20 € |
| 8 | Nackensteak | 24 | 2,20 € | 52,80 € |
| 9 | Hähnchenspieß | 18 | 1,80 € | 32,40 € |
| 10 | Maiskolben | 8 | 0,80 € | 6,40 € |
| 11 | | | | |
| 12 | | | **SUMME:** | **133,80 €** |
| 13 | | | | |
| 14 | **Anzahl Teilnehmer** | 42 | | |
| 15 | | | | |
| 16 | | | **Preis pro Person:** | **3,19 €** |
| 17 | | | | |

**16** Um schon von weitem auf sich aufmerksam zu machen, platzierte eine Gärtnerei diesen „Gärtner“ vor ihren Verkaufsräumen.
a) Wie groß ist die Figur des Gärtners wohl?
b) Stell dir vor, die Gießkanne sei echt.
Wie viel Wasser würde in die Gießkanne hineinpassen?

## B Komplexe Aufgaben

### 1 Golf

Die Flugbahn eines Golfballs kann annähernd durch eine Parabel beschrieben werden.

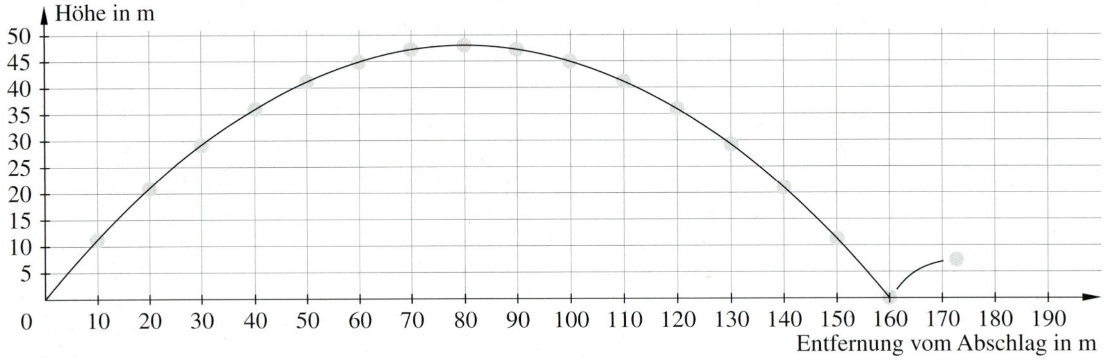


a) Lies anhand der Flugkurve die maximale Höhe des Golfballs ab.

b) In welcher Entfernung vom Abschlag trifft der Golfball auf dem Boden auf?

c) Finde heraus, welche der folgenden Funktionsgleichungen zu der Flugparabel des Golfballs gehört.
Begründe, weshalb alle anderen Funktionsgleichungen nicht zum dargestellten Graphen passen können.

① $f(x) = 0{,}05\,x^2$ ② $f(x) = -0{,}05\,x^2$

③ $f(x) = -0{,}0075\,x^2 + 1{,}2\,x$ ④ $f(x) = 0{,}0075\,x^2 - 1{,}2\,x$

d) Gib die Funktionsgleichung der Flugparabel in Scheitelpunktform an.

Ein Golf-Anfänger muss das Abschlagen erst trainieren. Er schlägt den Ball noch weniger weit und hoch. Zu Beginn seines Trainings kann die Flugbahn seines Golfballs durch die Gleichung $f(x) = -0{,}015\,x^2 + 1{,}2\,x$ beschrieben werden.

e) In welcher Höhe befindet sich der Golfball, wenn er 30 m vom Abschlag entfernt ist?

f) Berechne, in welcher Entfernung vom Abschlag der Golfball auf dem Boden auftrifft.

g) Bestimme die maximale Höhe des Golfballs während des Flugs. Gib an, in welcher Entfernung vom Abschlag der Golfball die maximale Höhe erreicht.

## 2 Luftdruck

Der Luftdruck ist nicht an jedem Ort der Erde gleich. Er nimmt mit steigender Höhe rasch ab. Pro Kilometer Höhe sinkt der Luftdruck um 12 %. Auf Meereshöhe herrscht ein Luftdruck von durchschnittlich 1013 hPa (Hektopascal).
Der Luftdruck kann mit einem Barometer (Luftdruckmesser) gemessen werden.
Die Einheit des Luftdrucks wurde nach dem französischen Mathematiker und Physiker Blaise Pascal (1623–1662) benannt.

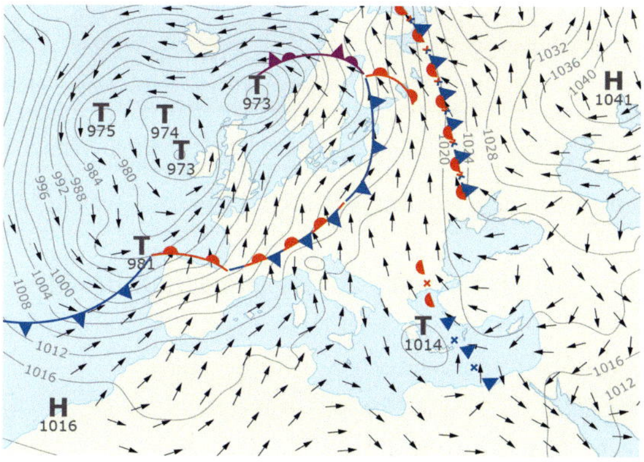

a) Berechne den Luftdruck in einer Höhe von 2 km.

b) Mit der Funktionsgleichung $f(x) = 1013 \cdot 0{,}88^x$ kann man den Luftdruck in Hektopascal berechnen, wenn Verhältnisse herrschen wie oben beschrieben.
Welche Bedeutung hat die Variable $x$ in dieser Gleichung?
Erkläre, wie der Wachstumsfaktor von 0,88 berechnet wurde.

c) Der Mount Everest ist mit einer Höhe von 8848 m der höchste Berg der Erde.
Mit welchem Luftdruck kann man auf seiner Spitze ungefähr rechnen?

d) Stelle die Entwicklung des Luftdrucks für eine Höhe von bis zu 5 Kilometern in einem geeigneten Koordinatensystem dar.

e) Ein Wanderer liest auf seinem Druckmessgerät einen Wert von 690 hPa ab.
In welcher Höhe über dem Meeresspiegel befindet sich der Wanderer?

f) Bei einem Luftdruck von 1013 hPa hat die Luftsäule, die auf einen Quadratmeter Boden drückt, eine Masse von etwa $1{,}013 \cdot 10^7$ g.
Rechne die Angabe in Tonnen um.

## 3 Dänische Fahne

Die dänische Nationalflagge, der „Dannebrog“, ist die älteste Fahne Europas.
Sie zeigt ein weißes Kreuz auf rotem Grund.
Die Größe der Flagge kann variieren, die Proportionen der einzelnen Längen sind aber meistens gleich.
Die Abbildung zeigt den häufigsten Aufbau der dänischen Flagge.

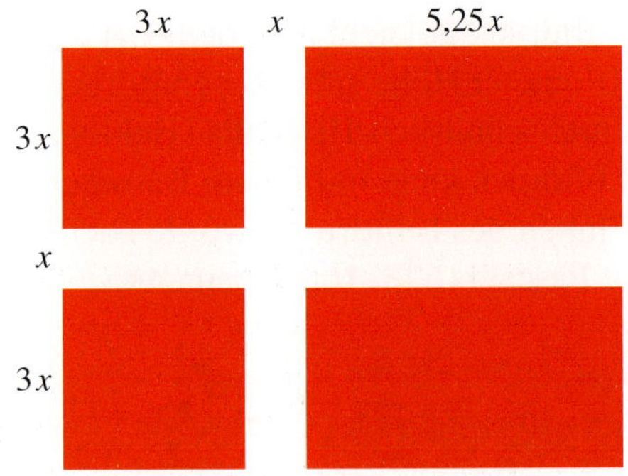


a) Welche Länge und welche Breite hat die Flagge, wenn die Streifenbreite $x = 4\,\text{cm}$ ist?
b) Bestätige durch eine Rechnung, dass der Flächeninhalt des weißen Kreuzes $244\,\text{cm}^2$ beträgt, wenn die Streifenbreite $x = 4\,\text{cm}$ ist.
c) Bestimme den prozentualen Anteil der Fläche des weißen Kreuzes an der dänischen Flagge. Die Streifenbreite $x$ soll wieder 4 cm betragen.
d) Henning meint: „Der Anteil der Fläche des weißen Kreuzes an der gesamten Fläche ist unabhängig von der Streifenbreite $x$ immer gleich.“
Ist Hennings Aussage richtig? Begründe durch eine Rechnung.

Eine sehr große dänische Flagge hat einen Flächeninhalt von $10{,}36\,\text{m}^2$.

e) Bestimme die Streifenbreite $x$ des Kreuzes in dieser Flagge.
f) Zeige durch eine Rechnung, dass die Flagge 3,7 m lang und 2,8 m breit ist.
g) Im 19. Jahrhundert waren die Proportionen der unterschiedlich großen Felder nur ungefähr vorgeschrieben. Das Verhältnis der Länge zur Breite des roten Rechtecks oben rechts musste aber größer als 6 : 4 sein und durfte ein Verhältnis von 7 : 4 nicht überschreiten. Zeige, dass die damalige Regel eingehalten wird, wenn der obigen Aufbau verwendet wird.

## 4 Drahtseilakt

Ohne Sicherung und Balancierstange hat der Artist Freddy Nock 995 m auf einem nur 50 Millimeter dicken Tragseil der Seilbahn zur Zugspitze zurückgelegt. Unter den Augen von mehr als 1500 Zuschauern startete der Schweizer seinen Weltrekordversuch am 20. August 2011 um 16:10 Uhr an der Talstation der Gletscherbahn in 2595 m Höhe. Ziel war die auf 2943 m Höhe gelegene Bergstation, die Nock um 17:30 Uhr erreichte. Die Steigung betrug streckenweise bis zu 57 Prozent. Das Dreieck modelliert den Weltrekordversuch.

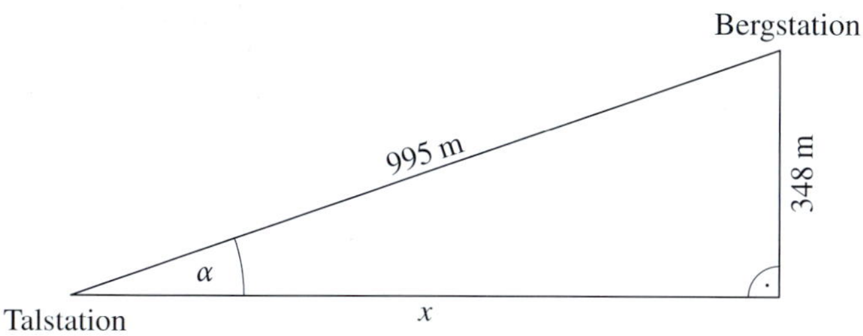

a) Wie lange brauchte Freddy Nock, um die Zugspitze zu erreichen?
b) Berechne die Durchschnittsgeschwindigkeit, mit der der Schweizer auf dem Tragseil unterwegs war.
c) Erkläre, wie die Angabe 348 m im Dreieck oben zustande gekommen ist.
d) Zeige, dass die Seite $x$ etwa 932 m lang ist. Gib dann die durchschnittliche Steigung in Prozent an.
e) Berechne die Größe des Steigungswinkels $\alpha$.
f) Erkläre, warum das oben abgebildete Dreieck die reale Situation nicht korrekt darstellt, sondern die Situation nur modelliert.

Die Aktion bildete den Auftakt zu Nocks Projekt „Sieben Rekorde in sieben Tagen“. Der zweite Weltrekordversuch fand an der Feldkogel-Bahn in Ebensee (Österreich) statt. Für diesen längsten und höchsten Seillauf mit konstanter Steigung hat Freddy Nock folgende Daten zur Streckführung veröffentlicht:

- Höhenunterschied 1110 m
- Länge (des Seils) 2917 m
- Steigung 41,2 % bis 52,5 %

g) Überprüfe, ob die Angaben zur Steigung korrekt sein können.

## 5 Ice Bucket Challenge

Die „Ice Bucket Challenge" im Sommer 2014 war eine Spendenkampagne, mit der auf die Nervenkrankheit ALS aufmerksam gemacht werden sollte. Weltweit übergossen sich Tausende von Menschen mit Eiswasser und stellten Videos der Aktionen auf soziale Netzwerke.
Die Idee der „Ice Bucket Challenge" war denkbar einfach: Man gießt sich einen Eimer mit Wasser über den Kopf und bestimmt danach drei Personen, die innerhalb von 24 Stunden das Gleich tun. Außerdem sollten die Teilnehmer Geld an die ALS Association spenden.

Nimm für die Berechnungen an, dass die Aktion von einer Person begonnen wurde und sich die Anzahl der Teilnehmer an jedem Tag verdreifacht. Am ersten Tag der Aktion schütteten sich also drei Personen Wasser über den Kopf, am zweiten Tag neun usw.

a) Zeige, dass sich am vierten Tag der Aktion 81 Personen mit Eiswasser übergossen.
b) Mit der Funktionsgleichung $f(x) = 3^x$ kann man die Anzahl der Teilnehmer ermitteln. Gib die Bedeutung der Variable $x$ in dieser Gleichung an. Berechne den Funktionswert für $x = 0$ und gib die Bedeutung des Ergebnisses an.
c) Betrachte einen Zeitraum von fünf Tagen. Stelle die Anzahl der an dem Tag teilnehmenden Personen in einem geeigneten Koordinatensystem dar.
d) Nach wie vielen Tagen kommt der Tag, an dem mehr als 50 000 Personen an der „Ice Bucket Challenge" teilnehmen? Löse durch Probieren und notiere deine Rechnung(en).
e) Jan berechnet, dass sich an dem Tag einen Monat (30 Tage) nach Beginn der Aktion etwa $2{,}06 \cdot 10^{14}$ Personen mit Eiswasser übergossen haben. Überprüfe Jans Ergebnis. Ist die berechnete Anzahl realistisch? Begründe deine Antwort.
f) Angenommen die Aktion wurde nicht von einer Person, sondern von einer Gruppe von fünf Personen begonnen. Mit welcher der folgenden Funktionsgleichungen kann dann die Zahl der Teilnehmer pro Tag ermittelt werden?
① $g(x) = 3 \cdot 5^x$ ② $g(x) = 3 + 5^x$ ③ $g(x) = 5 \cdot 3^x$ ④ $g(x) = 5 + 3^x$

## 6 Mit Quadern würfeln

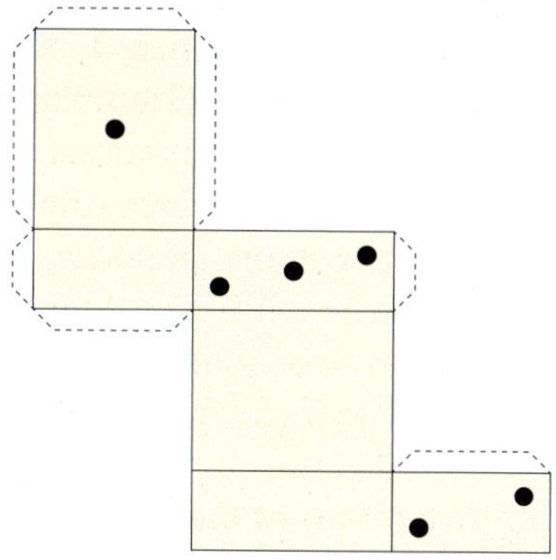

Bei vielen Spielen werden Würfel mit (meist sechs) gleich großen Seitenflächen benutzt. Es gibt aber auch Würfel mit unterschiedlich großen Seitenflächen. Die Abbildung zeigt das Netz eines solchen Würfels.

a) Begründe, warum es sich beim Werfen eines quaderförmigen „Würfels" **nicht** um ein Laplace-Experiment handelt.

Um zu ermitteln, wie groß die Wahrscheinlichkeit für das Werfen der Augenzahlen mit dem quaderförmigen Würfel ist, hat Paul 600-mal gewürfelt und die Ergebnisse notiert.

| **Augenzahl** | 1 | 2 | 3 | 4 | 5 | 6 |
|---|---|---|---|---|---|---|
| **Anzahl Würfe** | 189 | 27 | 85 | 31 | 176 | 92 |

b) Berechne die relative Häufigkeit für das Werfen einer „1".

c) Übertrage das Netz des Quaders in dein Heft.
Ergänze die fehlenden Augenzahlen auf den Seiten des Quaders, so dass sie zu der obigen Tabelle passen.

Der Hersteller des „Würfels" gibt die Wahrscheinlichkeiten für das Werfen der Augenzahlen wie folgt an:

| **Augenzahl** | 1 | 2 | 3 | 4 | 5 | 6 |
|---|---|---|---|---|---|---|
| **Wahrscheinlichkeit** | 30 % | 5 % | 15 % | 5 % | 30 % | 15 % |

d) Können die Angaben des Herstellers richtig sein?
Begründe deine Antwort.

Nimm für die folgenden Teilaufgaben an, dass die Angaben des Herstellers richtig sind.

e) Um das Spiel zu gewinnen, muss Janine mit einem Wurf eine „5" oder eine „6" würfeln.
Wie groß ist die Wahrscheinlichkeit, dass ihr das gelingt?

f) Wie hoch ist die Wahrscheinlichkeit, dass Janine bei zweimaligem Werfen zunächst eine „3" und dann eine „2" würfelt?

g) Tom behauptet: „Die Wahrscheinlichkeit einen Pasch zu werfen, ist beim Quaderwürfel und bei einem normalen Würfel gleich."
Ist Toms Aussage richtig? Begründe deine Antwort.

# Pyramide, Kegel, Kugel

## 1 Pyramiden und Kegel erkennen und zeichnen

a) Richtig, denn die Grundfläche ist ein Kreis, die Höhe des Kegels verläuft von der Spitze zum Kreismittelpunkt und steht senkrecht auf der Grundfläche.

b) Falsch, die abgebildete Figur ist ein Prisma mit dreieckiger Grundfläche.

c) Falsch, denn die Dreiecke müssen nicht gleichseitig sein. In der Regel sind sie lediglich gleichschenklig. (Die Angaben zu Ecken- und Kantenanzahl sind richtig.)

▶ Lies bei Schwierigkeiten auf Seite 8 nach.
Bearbeite im Training die Aufgabe 1.

## 2 Mantel und Oberfläche einer Pyramide

a) Falsch, die Formel lautet $A_M = 2 \cdot a \cdot h_a$, denn man rechnet mit der Seitenhöhe $h_a$.

b) Richtig, denn $A_M = 2 \cdot 5\,\text{cm} \cdot 6\,\text{cm} = 60\,\text{cm}^2$ und $A_O = A_M + 5\,\text{cm} \cdot 5\,\text{cm} = 85\,\text{cm}^2$.

c) Richtig, denn zur Berechnung des Oberflächeninhalts benötigt man die Seitenhöhe $h_a$, die mit dem Satz des Pythagoras über $h_a^2 = h^2 + \left(\frac{a}{2}\right)^2$ berechnet werden kann.

▶ Lies bei Schwierigkeiten auf Seite 12 nach.
Bearbeite im Training die Aufgaben 2 bis 4.

## 3 Mantel und Oberfläche eines Kegels

a) Richtig, denn $A_M = \pi \cdot r \cdot s$, also $A_M = \pi \cdot 4\,\text{cm} \cdot 5\,\text{cm} \approx 62{,}8\,\text{cm}^2$.

b) Falsch, die Formel lautet $A_O = \pi \cdot r \cdot (s + \text{r})$.

c) Falsch, denn die Hypotenuse ist $s$. Es gilt also $r^2 + h^2 = s^2$.

▶ Lies bei Schwierigkeiten auf Seite 16 nach.
Bearbeite im Training die Aufgabe 5.

## 4 Volumen von Pyramide und Kegel

a) Richtig, denn die Grundfläche muss mit der Höhe und dem Faktor $\frac{1}{3}$ multipliziert werden.

b) Richtig, denn $V = \frac{1}{3} \cdot (2\,\text{cm})^2 \cdot 3\,\text{cm} = 4\,\text{cm}^3$.

c) Falsch, denn $\frac{1}{3} \cdot \pi \cdot \left(\frac{d}{2}\right)^2 \cdot h \neq \frac{1}{3} \cdot d^2 \cdot h$ (denn $\frac{1}{4}\pi \neq 1$).

▶ Lies bei Schwierigkeiten auf Seite 20 nach.
Bearbeite im Training die Aufgaben 6 bis 8 und 12.

## 5 Volumen und Oberfläche einer Kugel

a) Falsch, das Volumen wird mit der Formel $V = \frac{4}{3} \cdot \pi \cdot r^3$ berechnet.

b) Richtig, denn $V = \frac{4}{3} \cdot \pi \cdot (1\,\text{cm})^3 \approx 4{,}19\,\text{cm}^3$ und $A_O = 4 \cdot \pi \cdot (1\,\text{cm})^2 \approx 12{,}57\,\text{cm}^2$.

▶ Lies bei Schwierigkeiten auf Seite 24 nach.
Bearbeite im Training die Aufgaben 9 bis 13.

# Training

**Aufgabe 1:** Zeichne die Schrägbilder.
a) Pyramide mit quadratischer Grundfläche: Höhe 5,5 cm; Grundkante $a = 6$ cm
b) Pyramide mit rechteckiger Grundfläche: $a = 5$ cm, $b = 8$ cm und Höhe 4 cm
c) Kegel: Radius $r = 3{,}5$ cm; Höhe $h = 6$ cm

**Aufgabe 2:** Berechne den Mantelflächeninhalt und den Oberflächeninhalt der quadratischen Pyramide.
a) $a = 8{,}9$ cm; $h_a = 15{,}2$ cm
b) $a = 2{,}6$ m; $h_a = 865$ cm

**Aufgabe 3:** Berechne die fehlenden Streckenlängen. Runde auf Millimeter.

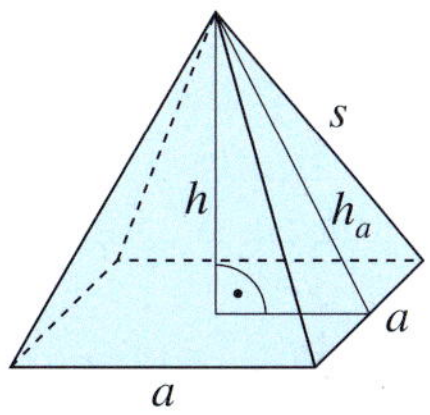


| | $a$ | $s$ | $h$ | $h_a$ |
|---|---|---|---|---|
| a) | 6 cm | 12 cm | | |
| b) | | | 10,2 cm | 12,9 cm |
| c) | | 11,4 cm | | 9,9 cm |
| d) | 15 cm | | | 28 cm |

**Aufgabe 4:** Berechne Mantel- und Oberflächeninhalt einer quadratischen Pyramide.
a) $a = 14{,}4$ m; $s = 16{,}8$ m
b) $h = 12$ cm; $h_a = 19$ cm
c) $h_a = 8$ cm; $s = 12{,}81$ cm

**Aufgabe 5:** Berechne den Mantelflächeninhalt und den Oberflächeninhalt des Kegels.
a) $s = 9$ cm; $r = 40$ mm
b) $h = 17$ cm; $r = 5$ cm
c) $h = 20$ mm; $d = 30$ mm
d) $h = 10$ cm; $s = 15$ cm

**Aufgabe 6:** Berechne das Volumen der Pyramide.
a) Die Grundfläche ist ein Quadrat mit $a = 4{,}3$ m. Die Körperhöhe ist $h = 2{,}5$ m.
b) Die Grundfläche ist ein Rechteck mit $a = 1{,}9$ dm und $b = 18$ cm. Die Körperhöhe ist $h = 2{,}2$ dm.
c) Die Grundfläche ist ein rechtwinkliges Dreieck mit $\alpha = 90°$, $c = 10$ cm, $b = 8$ cm. Die Körperhöhe ist $h = 12$ cm.

**Aufgabe 7:** Eine gerade Pyramide hat eine rechteckige Grundfläche. Berechne die fehlende Größe.

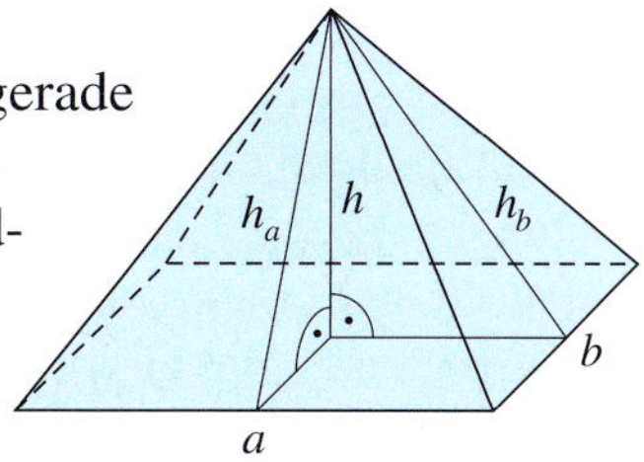


| | $a$ | $b$ | $h$ | $V$ |
|---|---|---|---|---|
| a) | 58 mm | 93 mm | 26 mm | |
| b) | 125 cm | 244 cm | | 140 000 cm³ |
| c) | | 12 m | 12 m | 600 m³ |
| d) | 138 dm | | 167 dm | 625 824 dm³ |

**Aufgabe 8:** Berechne das Kegelvolumen.
a) $r = 6{,}4$ cm; $h = 13{,}6$ cm
b) $r = 5$ cm; $s = 10$ cm
c) $s = 15$ mm; $h = 10$ mm
d) $d = 28$ m; $s = 35$ m

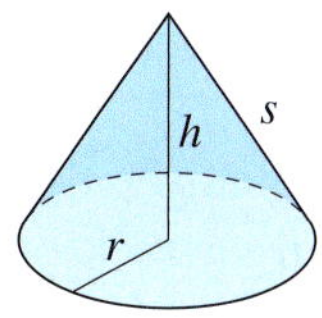


**Aufgabe 9:** Berechne das Volumen und den Oberflächeninhalt der Kugel.
a) $r = 3{,}7$ cm    b) $d = 12{,}8$ dm

**Aufgabe 10:** Berechne den Radius der Kugel.
a) $A_O = 2875\ \text{cm}^2$    b) $V = 28{,}75\ \text{cm}^3$

**Aufgabe 11:** Der Radius einer Kugel beträgt $r = 4$ cm.
a) Berechne den Oberflächeninhalt der Kugel.
b) Welchen Radius hat eine Kugel, deren Oberflächeninhalt nur halb so groß ist?
c) Welchen Radius hat eine Kugel, deren Oberflächeninhalt doppelt so groß ist?

**Aufgabe 12:** Ordne nach der Größe des Volumens:
① quadratische Pyramide mit $a = 10$ cm und $h = 10$ cm
② Kegel mit $d = 10$ cm und $h = 10$ cm
③ Kugel mit $r = 10$ cm

**Aufgabe 13:** ➡ Ein Kegel aus Plexiglas hat einen Radius von $r = 5$ cm und ist 10 cm hoch. Der Kegel ist mit Metallkugeln gefüllt, die einen Durchmesser von 3 mm besitzen. Schätze, wie viele Metallkugeln höchstens in dem Kegel sein können. Berechne dann.

# Quadratische Funktionen

## 1 Lineare und quadratische Funktionen

a) Richtig, denn eine lineare Funktion hat die Funktionsgleichung $y = mx + n$. Hier ist $m = 2$ und $n = -0{,}5$.
b) Falsch, der Graph $g$ hat die Steigung $m = -0{,}5$ und den $y$-Achsenabschnitt $n = 2$. Deshalb ist $g$ der Graph zur Funktion mit der Gleichung $y = -0{,}5x + 2$.
c) Richtig, denn in der Funktionsgleichung kommt eine Variable mit dem Exponenten 2 vor und keine Variable mit höherem Exponenten.
d) Richtig, denn es ist der Graph der quadratischen Funktion $y = 0{,}5x^2$.
► Lies bei Schwierigkeiten auf Seite 36 nach.
Bearbeite im Training die Aufgabe 1.

## 2 Graph der quadratischen Funktion $f(x) = ax^2$

a) Falsch, der Graph zu $f(x) = ax^2$ ist eine zur $y$-Achse symmetrische Parabel und der Scheitelpunkt liegt bei Funktionen der Form $y = ax^2$ immer im Punkt $(0|0)$.
b) Richtig, denn es ist der Graph der Funktion $y = x^2$, der z. B. durch die Punkte $(-2|4)$, $(-1|1)$, $(0|0)$, $(1|1)$, und $(2|4)$ geht.
c) Falsch, der rote Funktionsgraph ist gestaucht ($y = 0{,}25x^2$), der gestrichelte Graph ist gestreckt ($y = 3x^2$).
d) Richtig, denn die Graphen zu Funktionen mit $y = ax^2$ sind für $a < 0$ (hier $-5 < 0$) nach unten geöffnet.
► Lies bei Schwierigkeiten auf Seite 40 nach.
Bearbeite im Training Aufgaben 2 und 3.

## 3 Quadratische Funktionen in Scheitelpunktform

a) Falsch, er hat den Scheitelpunkt $(0|3)$.
b) Richtig, denn die Normalparabel wurde um 5 Einheiten nach rechts verschoben.
c) Falsch, er hat den Scheitelpunkt $(1|-3)$.
d) Falsch, die Normalparabel wurde um zwei Einheiten nach rechts und vier nach unten verschoben. Also lautet die Funktionsgleichung $y = (x-2)^2 - 4$.
e) Falsch, sie lautet $y = (x-2)^2 + 3$.
f) Richtig, denn der Scheitelpunkt der Parabel liegt im Punkt $(1|3)$. Die Parabel ist nach unten geöffnet und um den Faktor 2 gestreckt.
► Lies bei Schwierigkeiten auf Seite 44 nach.
Bearbeite im Training die Aufgaben 4 bis 6.

## 4 Allgemeine Form und Scheitelpunktform

a) Richtig, denn $2(x-4)^2 + 5 = 2(x^2 - 8x + 16) + 5 = 2x^2 - 16x + 32 + 5 = 2x^2 - 16x + 37$.
b) Richtig, denn $x^2 - 8x + 11 = (x - 8x + 16) + 11 - 16 = (x-4)^2 - 5$.
c) Falsch, $x^2 + 6x + 10 = x^2 + 6x + 9 + 1 = (x+3)^2 + 1$, die quadratische Ergänzung ist also 9.
d) Falsch, $0{,}5x^2 - 4x + 5 = 0{,}5(x^2 - 8x + 16) + 5 - 8 = 0{,}5(x-4)^2 - 3$. Also ist $S(4|-3)$.
► Lies bei Schwierigkeiten auf Seite 48 nach.
Bearbeite im Training Aufgabe 7 und 8.

# Training

**Aufgabe 1:** Durch die Wertetabelle ist eine Funktion gegeben. Zeichne den Graphen. Gib an, ob es sich um eine lineare oder quadratische Funktion handelt.

a)

| $x$ | −3 | −2 | −1 | 0 | 1 | 2 | 3 |
|---|---|---|---|---|---|---|---|
| $f(x)$ | 7,2 | 3,2 | 0,8 | 0 | 0,8 | 3,2 | 7,2 |

b)

| $x$ | −3 | −2 | −1 | 0 | 1 | 2 | 3 |
|---|---|---|---|---|---|---|---|
| $g(x)$ | −8 | −6 | −4 | −2 | 0 | 2 | 4 |

c)

| $x$ | −6 | −4 | −2 | 0 | 2 | 4 | 6 |
|---|---|---|---|---|---|---|---|
| $h(x)$ | −9 | −4 | −1 | 0 | −1 | −4 | −9 |

**Aufgabe 2:** Gib an, ob der Funktionsgraph gestreckt oder gestaucht bzw. nach oben oder unten geöffnet ist.

a) $f(x) = 0{,}1x^2$ b) $f(x) = -0{,}2x^2$
c) $f(x) = 1{,}2x^2$ d) $f(x) = -\frac{3}{4}x^2$

**Aufgabe 3:** Ein Architekt plant eine Brücke mit einem Parabelbogen wie in der Skizze.

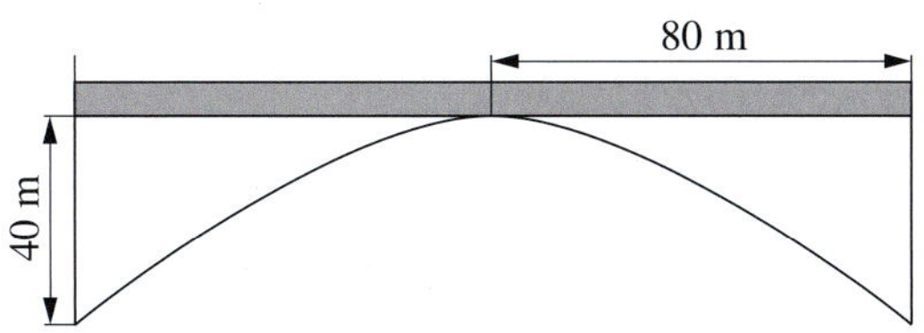


Ermittle den Streckungsfaktor $a$ aus der Gleichung $f(x) = ax^2$ und stelle die Funktionsgleichung auf.

**Aufgabe 4:** Gib zu den Graphen quadratischer Funktionen die zugehörige Gleichung in Scheitelpunktform an.

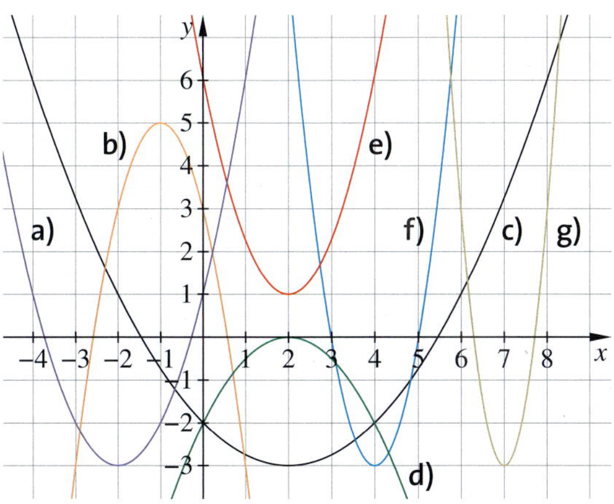


**Aufgabe 5:** Beschreibe den Funktionsgraphen und gib den Scheitelpunkt der Parabeln an.

a) $f(x) = x^2 - 1$ b) $f(x) = -x^2 + 4$
c) $f(x) = -2{,}5x^2 + 5{,}5$ d) $f(x) = \frac{2}{3}x^2 - \frac{1}{2}$
e) $f(x) = (x - 4)^2 + 3$ f) $f(x) = 1{,}5(x - 1)^2$
g) $f(x) = -\frac{1}{2}(x + 4)^2 - 2$ h) $f(x) = 2(x - 4)^2$
i) $f(x) = 0{,}8(x - 2)^2 + 1$ j) $f(x) = -(x + 8)^2$

**Aufgabe 6: WANTED!**
Gesucht wird die Gleichung einer Parabel mit den folgenden Eigenschaften.

a) Scheitelpunkt $S(2|1)$ und Stauchungsfaktor $\frac{1}{3}$
b) Scheitelpunkt $S(-3|4)$ und Streckungsfaktor −2
c) Scheitelpunkt $S(3|0)$ und Punkt $P(4|2)$
d) Scheitelpunkt $S(1|4)$ und $y$-Achsenabschnitt $n = 5$
e) Scheitelpunkt im Ursprung und Punkt $P(2|5)$

**Aufgabe 7:** Forme die Funktionsgleichungen in die Scheitelpunktform um. Beschreibe jeweils den Funktionsgraphen und gib den Scheitelpunkt an.

a) $f(x) = x^2 + 14x + 49$
b) $f(x) = x^2 - 6x + 9$
c) $f(x) = x^2 + 18x + 81$
d) $f(x) = x^2 - 4x + 6$
e) $f(x) = x^2 + 3x + 3$
f) $f(x) = -x^2 - 6x + 10$
g) $f(x) = 3x^2 - 9x - 12$
h) $f(x) = -2x^2 + 4x + 30$

**Aufgabe 8:** Ein Projektil wird senkrecht nach oben geschossen. Seine Höhe über der Abschussstelle wird durch die Funktion $h(x) = -5x^2 + 45x$ berechnet. Dabei steht $x$ für die Zeit nach dem Abschuss in s, $h$ für die Höhe in m.

a) In welcher Höhe befindet sich das Projektil nach 2 Sekunden?
b) Nach wie viel Sekunden erreicht das Projektil seine maximale Höhe? Wie hoch ist es dann?
c) Wann erreicht das Projektil wieder seine Abschusshöhe?

# Quadratische Gleichungen

## 1 Quadratische Gleichungen zeichnerisch lösen

a) Richtig, denn die Gleichung kann umgewandelt werden zu $x^2 = -0{,}5x + 3$, in der Abbildung finden sich die dazu passenden Graphen mit den Gleichungen $y = x^2$ und $y = -0{,}5x + 3$.
b) Richtig, denn die beiden Graphen in der Abbildung schneiden sich zweimal.
c) Falsch, die Lösungen sind $-2$ und $1{,}5$. (Ablesen der $x$-Werte der Schnittpunkte in der Abbildung oder Einsetzen der Lösungen in die Gleichung)
d) Falsch, eine Nullstelle ist der $x$-Wert des Schnittpunkts eines Graphen mit der $x$-Achse.
e) Falsch, die Nullstellen heißen $-3$ und $1$ (Ablesen der $x$-Werte der Nullstellen in der Abbildung, der Scheitelpunkt der Parabel liegt bei $S(-1|-4)$).
f) Falsch, für $b < 0$ gibt es zwei Nullstellen und für $b > 0$ gibt es keine Nullstellen. Nur für $b = 0$ gibt es genau eine Nullstelle.

▶ Lies bei Schwierigkeiten auf Seite 64 nach.
Bearbeite im Training die Aufgaben 1 bis 3.

## 2 Rein quadratische und gemischt quadratische Gleichungen

a) Falsch, zwar ist die Gleichung $2x^2 - 4 = 12$ rein quadratisch, weil $x$ nur in der zweiten Potenz, also als $x^2$ auftritt, aber $x^2 = 9 - 8x$ ist gemischt quadratisch.
b) Falsch, nach Umformen zu $x^2 = 49$ erkennt man die Lösungen $x_1 = -7$ und $x_2 = 7$.
c) Richtig, denn die Gleichung kann umgeformt werden zu $x^2 = -4$ und aus einer negativen Zahl kann keine Quadratwurzel gezogen werden.
d) Falsch, die Lösungen sind $x_1 = 0$ und $x_2 = -5$ (denn ein Produkt wird null, wenn mindestens ein Faktor null ist).
e) Richtig, denn die Gleichung kann umgeformt werden zu $x(0{,}4 - x) = 0$. Hier lassen sich die Lösungen $x_1 = 0{,}4$ und $x_2 = 0$ ablesen (denn ein Produkt wird null, wenn mindestens ein Faktor null ist).

▶ Lies bei Schwierigkeiten auf Seite 68 nach.
Bearbeite im Training die Aufgaben 4 bis 6.

## 3 Allgemein quadratische Gleichungen lösen

a) Richtig, denn nach Multiplikation mit $(-1)$ ergibt sich $x^2 + 4x - 5 = 0$.
b) Falsch, die Normalform lautet $x^2 - 4x + 9{,}5 = 0$ (19 wurde nicht durch 2 dividiert).
c) Richtig, denn nach Division durch 3 ergibt sich $x^2 + 2x + 1 = 0$ und das entspricht nach der ersten binomischen Formel $(x + 1)^2 = 0$.
d) Falsch, es ist $p = -6$, also $\frac{p}{2} = -3$ und $q = 5$. Damit ergeben sich die Lösungen $x_1 = 3 + \sqrt{9 - 5}$ und $x_2 = 3 - \sqrt{9 - 5}$ (also $x_1 = 5$ und $x_2 = 1$).
e) Richtig, denn es ist $p = -3$, also $\frac{p}{2} = -1{,}5$ und $q = -10$, also $D = \sqrt{2{,}25 + 10} = 12{,}25$.
f) Falsch, es ist $D = 12{,}25$ (siehe Teilaufgabe e), also $D > 0$, dann gibt es zwei Lösungen.
g) Richtig, denn $-5 \cdot 10^2 + 120 \cdot 10 - 700 = -500 + 1200 - 700 = 0$ und $-5 \cdot 14^2 + 120 \cdot 14 - 700 = -980 + 1680 - 700 = 0$.
h) Richtig, denn die Gleichung $x \cdot (x + 9) = 1620$ hat die Lösungen 36 und $-45$ (bestätigt durch Einsetzen).
i) Richtig, denn nach Pythagoras muss für die kürzere Kathete $x$ gelten: $x^2 + (x + 9)^2 = 45^2$. Dieser Gleichung ist für $x = 27$ erfüllt, denn $27^2 + 36^2 = 45^2$.

▶ Lies bei Schwierigkeiten auf Seite 74 nach.
Bearbeite im Training die Aufgaben 7 bis 16.

# Training

**Aufgabe 1:** Welche Gleichung gehört zu welcher Zeichnung?

① $x^2 = -0{,}5x + 3$ ① $x^2 - 2x + 1 = 0$

Ⓐ
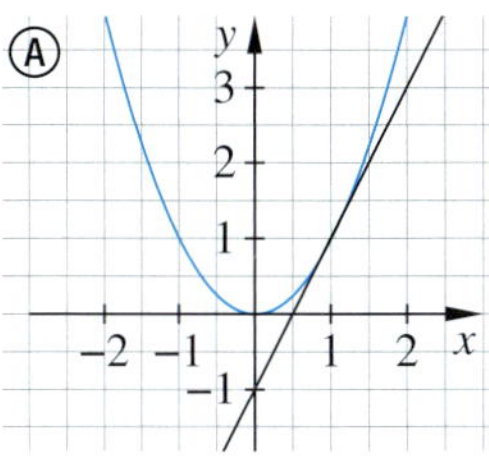


Ⓑ
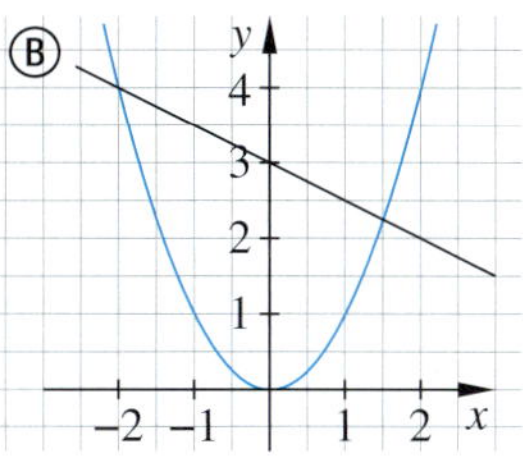


**Aufgabe 2:** Forme die Gleichung um und löse zeichnerisch mit Normalparabel und Gerade.

a) $x^2 - x - 2 = 0$ b) $x^2 - \frac{1}{2}x - 3 = 0$

**Aufgabe 3:** Bestimme die Nullstellen zeichnerisch. Überprüfe durch Einsetzen.

a) $x^2 - 2x + 1 = 0$ b) $x^2 + 0{,}5x - 5 = 0$
c) $x^2 + x - 2 = 0$ d) $-(x + 2)^2 - 1{,}5 = 0$

**Aufgabe 4:** Löse die rein quadratischen Gleichungen. Welche haben keine Lösung?

a) $x^2 = 9801$ b) $3x^2 = 2028$
c) $x^2 + 27 = 9$ d) $x^2 - 157 = 932$
e) $16x^2 = 0$ f) $2x^2 + 16 = 0$

**Aufgabe 5:** Löse die gemischt quadratischen Gleichungen durch Faktorisieren.

a) $x^2 + 12x = 0$ b) $x^2 - 3{,}6x = 0$
c) $-5x^2 - 8x = 0$ d) $-2x + 4x^2 = 0$

**Aufgabe 6:** Multipliziert man eine natürliche Zahl mit ihrem Fünffachen, so erhält man 180. Bestimme die Zahl.

**Aufgabe 7:** Löse die quadratischen Gleichungen. Überprüfe durch Einsetzen.

a) $x^2 + 8x - 9 = 0$ b) $x^2 + 4x - 96 = 0$
c) $x^2 - 3x - 18 = 0$ d) $x^2 + 12{,}5x + 25 = 0$
e) $x^2 + x - 20 = 0$ f) $x^2 + 20x + 96 = 0$

**Aufgabe 8:** Löse die Gleichungen. Forme falls nötig in die Normalform um.

a) $x^2 - 8x + 15 = 0$ b) $2x^2 - 18x + 40 = 0$
c) $-\frac{1}{2}x^2 + 2x + 16 = 0$ d) $3x^2 = -6x + 9$
e) $0{,}48x^2 = 9{,}6x$ f) $-4x^2 + 16x = 16$
g) $9x^2 + 3x = 20$ h) $0{,}5x^2 - 3x + 4 = 0$

**Aufgabe 9:** Ein Rechteck hat einen Umfang von 96 cm und einen Flächeninhalt $A = 432\,\text{cm}^2$.
Bestimme Länge und Breite des Rechtecks.

**Aufgabe 10:** Ein rechteckiges Grundstück ist $1575\,\text{m}^2$ groß. Die eine Seite ist 10 m länger als die andere.
Wie lang und wie breit ist das Grundstück?

**Aufgabe 11:** Karina ist vier Jahre jünger als ihr Freund Tom. Multipliziert man das Alter der beiden miteinander, so erhält man 357. Wie alt sind die beiden?

**Aufgabe 12:** Die Hypotenuse eines rechtwinkligen Dreiecks ist 15 cm lang. Die Katheten unterscheiden sich um 3 cm.

a) Wie lang sind die Katheten?
b) Berechne den Flächeninhalt des Dreiecks.

**Aufgabe 13:** Verlängert man den Radius eines Kreises um 15 cm, dann verdoppelt sich der Flächeninhalt des Kreises.

a) Wie lang war der ursprüngliche Radius?
b) Um wie viel Prozent wurde der Radius vergrößert?

**Aufgabe 14:** Eine rechteckige Wiese wird durch einen 400 m langen Zaun begrenzt. Läuft man von einer Ecke zur diagonal gegenüberliegenden Ecke, so legt man 143 m zurück.
Wie lang und wie breit ist die Wiese?

**Aufgabe 15:** Um einen rechteckigen Spielplatz mit den Maßen 25 m × 15 m soll eine Rasenfläche angelegt werden, die an allen Seiten gleich breit ist. Die Rasenfläche ist fünfmal so groß wie der Spielplatz.
Welche Außenmaße hat die Rasenfläche?

**Aufgabe 16:** Betrachte die beiden Funktionen $f(x) = \frac{1}{2}x^2 - 2x + 4$ und $g(x) = -2x^2 + 6x + 4$.
Berechne die Schnittpunkte der beiden Graphen $f$ und $g$.

# Datenerhebungen hinterfragen

## 1 Manipulationen beim Darstellen von Daten

a) Falsch, denn die $y$-Achse beginnt bei 60 %. Die Säule zum Wasseranteil stimmt zwar, aber die anderen Säulen wurden so gezeichnet, als ob die $y$-Achse bei 0 beginnt.
Bei einem korrekten Diagramm muss die $y$-Achse bei 0 beginnen.
Wenn auf der $y$-Achse 10 mm 10 % entsprechen, dann ergeben sich die Säulenhöhen 7,5 cm (Wasser), 1,3 cm (Eiweiße), 1,1 cm (Fette) und 1 mm (Vitamine und Mineralstoffe).

b) Falsch, an den Prozentangaben auf der $y$-Achse erkennt man, dass ca. 15 % mit dem Bus, 25 % zu Fuß, 53 % mit dem Rad und 7 % mit dem Zug zur Schule kommen (auch wenn die Säulen alle gleich hoch sind).

c) Falsch, das Diagramm ist manipuliert, denn die $y$-Achse beginnt bei 67 statt bei 0. (Dadurch wirken die Ergebnisse größer und dramatischer.)

d) Falsch, das obere (manipulierte) Diagramm lässt die Ergebnisse größer erscheinen. (Dann könnte man argumentieren, dass der Fahrradbestand so stark zugenommen hat, dass man mehr Bereiche schaffen muss, in denen die Fahrräder frei fahren können.)

e) Richtig, denn die Angabe „gar nicht“ wurde im Diagramm weggelassen.
Dadurch erscheinen die anderen Anteile größer und der größte Wert von 40 % sieht wie fast die Hälfte aus.

f) Falsch, mit Hilfe der Prozentangaben auf der $y$-Achse kann man erkennen, dass der Bestand in 10 Jahren um $\frac{4}{68} \approx 5{,}88\,\%$ gestiegen ist, das ist kein extremer Anstieg.
(Das Diagramm ist durch den Beginn von 67 auf der $y$-Achse manipuliert.)

► Lies bei Schwierigkeiten auf Seite 90 nach.
Bearbeite im Training Aufgaben 1 bis 5.

# Training

**Aufgabe 1:** Zeichne je ein Säulendiagramm für die Mädchen und die Jungen. Vergleiche.

| | Mädchen | Jungen |
|---|---|---|
| Liebesromane | 59 % | 2 % |
| Fantasy | 47 % | 41 % |
| Thriller | 37 % | 28 % |
| Buchserien | 5 % | 24 % |
| keine Bücher | 6 % | 21 % |

**Aufgabe 2:** Zehntklässler wurden zu ihrem politischen Interesse befragt.

**Das politische Geschehen …**

| | |
|---|---|
| … interessiert mich nicht | 38 % |
| … interessiert mich bei bestimmten Themen | 17 % |
| … verfolge ich regelmäßig | 23 % |
| keine Angabe | 22 % |

a) Erstelle ein korrektes Kreisdiagramm.
b) Zeichne ein Kreisdiagramm, das den Bereich „keine Angabe" weglässt.
c) Beschreibe die unterschiedliche Wirkung der beiden Diagramme.
d) Wer könnte Interesse an der manipulierten Darstellung haben?

**Aufgabe 3:**
In der Wochenzeitung „DIE ZEIT" findet sich in der Ausgabe vom 8. Oktober 2009 das folgende Diagramm.

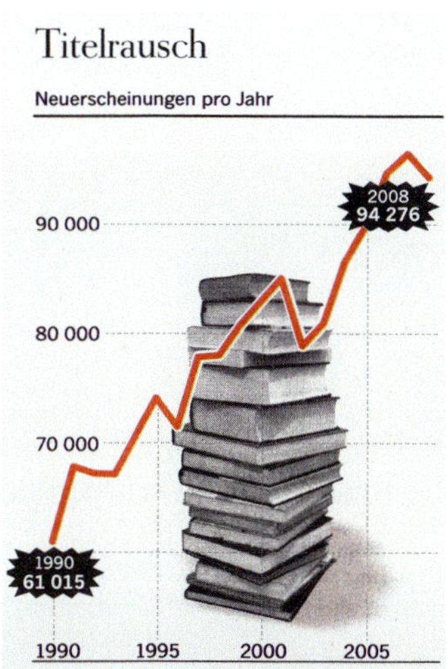


a) Nimm dazu kritisch Stellung. Betrachte dabei auch die Überschrift.
b) Zeichne ein korrektes Diagramm mit einer passenden Überschrift. Es reicht, den Kurvenverlauf in etwa zu übertragen.

**Aufgabe 4:** Die Tabelle enthält Angaben über die Zusammensetzung des jährlichen Hausmüllaufkommens in Deutschland.

| Abfallart | Restabfall | Sperrmüll | Bioabfall | Sonstiges |
|---|---|---|---|---|
| Kilotonnen | 16 466 | 2676 | 3753 | 13 364 |

Entscheide, welches der beiden Piktogramme die Daten aus der Tabelle richtig wiedergibt. Begründe.

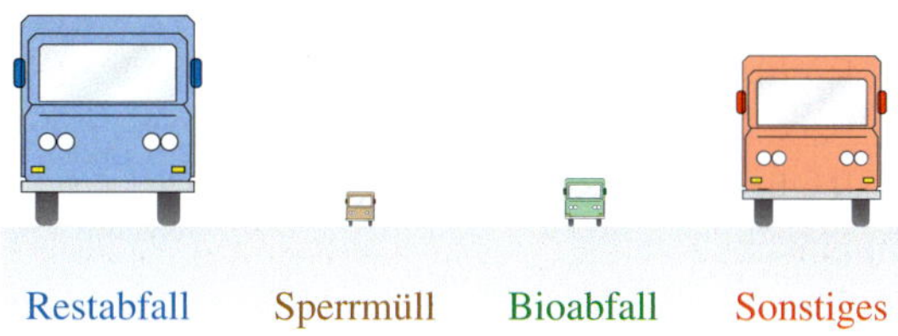


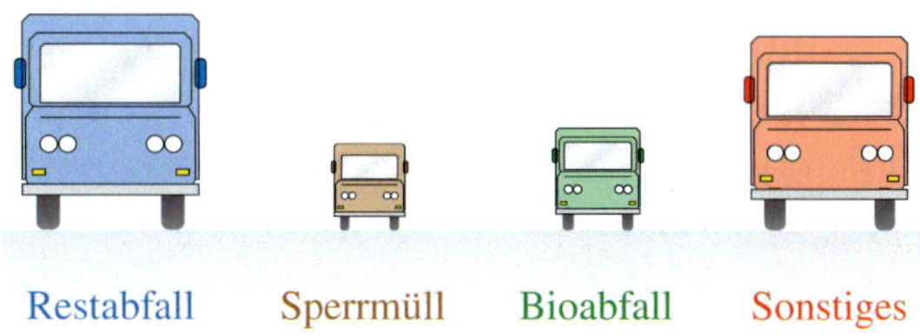


**Aufgabe 5:** Eine 10. Klasse hat einen Fragebogen zur Qualität der Schule entwickelt. Eine Frage daraus lautet:

**Fächer- und AG-Angebot**

Die Lehrerinnen und Lehrer unserer Schule bieten in Kooperation mit vielen Vereinen ein großes Angebot an AGs an. Die Anzahl der Fächer im Wahlpflichtbereich ist deutlich höher als an anderen Schulen.

Bist du mit dem Angebot an AGs und dem Wahlpflichtbereich zufrieden?

❑ sehr zufrieden ❑ zufrieden
❑ absolut unzufrieden ❑ k. A.

a) Erläutere, an welchen Stellen und auf welche Art hier manipuliert wird.
b) Verändere die Frage dahingehend, dass alle Manipulationen wegfallen.

# Potenzen und Zehnerpotenzen

## 1 Potenzen und Wurzeln

a) Falsch, die Basis $a$ einer Potenz gibt an, welche Zahl mehrfach **multipliziert** werden soll.
b) Richtig, denn $3^5 = 3 \cdot 3 \cdot 3 \cdot 3 \cdot 3$.
c) Falsch, der Exponent ist 4, die Basis 2 muss also viermal multipliziert werden: $2^4 = 2 \cdot 2 \cdot 2 \cdot 2 = 4 \cdot 4 = 4^2$.
d) Falsch, das Ergebnis ist 625, also positiv.
e) Richtig, denn $4a \cdot 4a \cdot 4a = 4 \cdot 4 \cdot 4 \cdot a \cdot a \cdot a = 64a^3$.
f) Falsch, es fehlt die Klammer bei der Eingabe. Richtig ist [(] [−] [3] [)] [$x^y$] [4], denn sonst wird das Minuszeichen vor der 3 nicht mit potenziert.
g) Falsch, denn $7^4 = 2401$ und $6^5 = 7776$, also $7^4 < 6^5$.
h) Richtig, denn $2^{10} = 2 \cdot 2 \cdot 2 \cdot 2 \cdot 2 \cdot 2 \cdot 2 \cdot 2 \cdot 2 \cdot 2 = 4 \cdot 4 \cdot 4 \cdot 4 \cdot 4 = 4^5$.
i) Falsch, $\sqrt{144} = 12$.
j) Richtig, es ist zwar $(-9)^3 = -729$, aber die Wurzel aus einer Zahl ist immer positiv.
k) Falsch, denn $5^5 = 3125$ und $\sqrt[5]{15\,625} \approx 6{,}899$.
l) Richtig, denn $4^4 = 4 \cdot 4 \cdot 4 \cdot 4 = 256$.
m) Falsch, $3^0 = 1$.

► Lies bei Schwierigkeiten auf Seite 100 nach.
Bearbeite im Training die Aufgaben 1 bis 7.

## 2 Zahldarstellungen mit Hilfe von Zehnerpotenzen

a) Richtig, denn eine Million ist in Ziffern 1 000 000, in Potenzschreibweise also $10^6$.
b) Falsch, $0{,}001 = 10^{-3}$. (Es ist $10^{-4} = 0{,}0001$.)
c) Richtig, denn $12 \cdot 10^5 = 1\,200\,000 = 1{,}2 \cdot 10^6$.
d) Falsch, $30\,000\,000\,000 = 3 \cdot 10\,000\,000\,000 = 3 \cdot 10^{10}$.
e) Falsch, in der wissenschaftlichen Schreibweise muss der erste Faktor zwischen 1 und 10 liegen, richtig ist: $420\,000 = 4{,}2 \cdot 10^5$.
f) Falsch, denn es ist $3{,}8 \cdot 10^{11} = 380\,000\,000\,000$ und $4{,}9 \cdot 10^{10} = 49\,000\,000\,000$, also ist $3{,}8 \cdot 10^{11} > 4{,}9 \cdot 10^{10}$.
g) Falsch, $57 \cdot 639\,000 \cdot 4\,000\,000\,000 = 1{,}45692 \cdot 10^{17}$.

► Lies bei Schwierigkeiten auf Seite 102 nach.
Bearbeite im Training die Aufgaben 8 und 9.

## 3 Potenzgesetze

a) Falsch, denn es gilt $4^7 \cdot 4^3 = 4^{7+3} = 4^{10} = 1\,048\,576$.
b) Richtig, denn $3^3 : 3^{-2} = 3^{3-(-2)} = 3^5 = 243$.
c) Richtig, es gilt $x^{-1} = \frac{1}{x^1} = \frac{1}{x}$ für $x \neq 0$.
d) Richtig, denn es gilt $(2^3)^5 = 2^{3 \cdot 5} = 2^{15} = 32\,768$.
e) Falsch, denn in der letzten Umformung fehlt die Klammer, es ist $v^3 \cdot u^3 = (v \cdot u)^3$.
f) Falsch, es gilt $7^3 \cdot 3^3 = (7 \cdot 3)^3 = 21^3 = 9261$. (Die Basen 7 und 3 wurden fälschlicherweise addiert statt multipliziert.)
g) Richtig, denn alle Faktoren haben den Wert 1, weil $a^0 = 1$ ist für $a \neq 0$.
h) Richtig, denn es gilt $6^6 : 3^6 = (6 : 3)^6 = 2^6 = 64$.

► Lies bei Schwierigkeiten auf Seite 106 nach.
Bearbeite im Training die Aufgaben 10 bis 12.

# Training

**Aufgabe 1:** Notiere alle Quadratzahlen zwischen $10^2$ und $20^2$ im Heft.

**Aufgabe 2:** Berechne die Wurzel.
a) $\sqrt{6{,}25}$ b) $\sqrt[6]{15\,625}$ c) $\sqrt[3]{-27}$
d) $\sqrt[3]{1\,000\,000}$ e) $\sqrt[4]{5{,}0625}$ f) $\sqrt[10]{1024}$

**Aufgabe 3:** Welchen Wert hat $x$?
Berechne oder probiere aus.
a) $\sqrt{25} = x$ b) $\sqrt[x]{27} = 3$
c) $\sqrt{x} = 12$ d) $\sqrt[4]{81} = x$
e) $\sqrt[3]{x} = 5$ f) $\sqrt[x]{32} = 2$
g) $3^x = 81$ h) $5^4 = x$
i) $0{,}5^x = 0{,}0625$ j) $100^x = 1\,000\,000$
k) $x^3 = 0{,}008$ l) $x^2 = 169$
m) $\sqrt[x]{3125} = 5$ n) $2{,}4^x = 33{,}1776$
o) $x^3 = 42{,}875$ p) $\sqrt[x]{1\,771\,561} = 11$

**Aufgabe 4:** Diese würfelförmigen Häuser des Architekten Piet Blom stehen in Rotterdam. Ein Haus hat ein Volumen von $421{,}875\,m^3$.

a) Wie lang sind seine Kanten?
b) Wie groß ist eine Seitenfläche?

**Aufgabe 5:** Ein Blatt Papier mit den Seitenlängen 20 cm und 30 cm wird mehrfach gefaltet. Seine Blattstärke beträgt 0,2 mm.
a) Wie dick ist der Stapel nach einmal (zweimal; zehnmal) falten?
b) Wie groß ist jeweils die Blattfläche?

**Aufgabe 6:** Richtig oder falsch? Begründe.
a) Aus jeder Zahl kann eine Quadratwurzel gezogen werden.
b) Die Quadratwurzel aus einer Zahl ist immer kleiner als die Zahl selbst.

**Aufgabe 7:** Auf das erste Feld eines Schachbretts wird eine bestimmte Anzahl von Reiskörnern gelegt. Von Feld zu Feld wird diese Anzahl verdoppelt. Wie viele Reiskörner liegen auf dem ersten Feld, wenn …
a) auf dem 6. Feld 320 Reiskörner liegen?
b) auf dem 15. Feld 81920 Reiskörner liegen?
c) auf dem 11. Feld 7168 Reiskörner liegen?

**Aufgabe 8:** Schreibe in der Einheit, die in Klammern steht. Nutze die wissenschaftliche Schreibweise.
a) 1 Milliarde Tonnen (t)
b) 27 Billionen Kilometer (km)
c) 2 Milligramm (in g)
d) 245 Gigabyte (Byte)

**Aufgabe 9:** Schreibe in der wissenschaftlichen Schreibweise.
a) 3 000 000
b) 46 000 000 000
c) 0,0006
d) 0,000 005 4
e) 56 Billionen 480 Milliarden
f) 25 Milliarden 58 Millionen

**Aufgabe 10:** Setze im Heft das richtige Zeichen >, < oder = ein.
a) $62 \cdot 10^7 \;\square\; 61 \cdot 10^7$
b) $3{,}78 \cdot 10^4 \;\square\; 378 \cdot 10^2$
c) $4 \cdot 10^{-5} \;\square\; 2 \cdot 10^5$
d) $37 \cdot 10^{-3} \;\square\; 3{,}7 \cdot 10^{-2}$
e) $7{,}56 \cdot 10^{16} \;\square\; 7{,}65 \cdot 10^{15}$

**Aufgabe 11:** Vervollständige die Potenzgesetze im Heft und notiere jeweils ein Beispiel.
a) $a^m \cdot a^n = \square$ b) $\square = a^{m-n}$
c) $\square = (a \cdot b)^m$ d) $\square = \left(\frac{a}{b}\right)^m$
e) $(a^m)^n = \square$ f) $\sqrt[n]{a} = \square$

**Aufgabe 12:** Vereinfache die Terme und berechne, falls möglich.
a) $16^3 \cdot 16^{-3}$ b) $10^8 \cdot 10^{-3}$
c) $\sqrt{49^4}$ d) $1{,}4 \cdot 10^5 \cdot 10^{-3}$
e) $\frac{4{,}2 \cdot 10^7}{2{,}1 \cdot 10^3}$ f) $25^4 \cdot 25^{-5}$
g) $\sqrt[4]{49^2}$ h) $\frac{9^4}{3^8}$

# Wachstum

## 1 Exponentielles Wachstum

a) Richtig, denn von einem Monat zum nächsten Monat steigt der Wert jeweils um 10 % an (5,200 Mio. · 1,1 = 5,720 Mio., und 5,72 Mio. · 1,1 = 6,292 Mio.).
b) Falsch, für den Absatz im Januar gilt bei gleich bleibender Entwicklung 6,292 Mio. · 1,1 = 6,9212 Mio.
c) Falsch, es ist genau umgekehrt: Der Wachstumsfaktor ist $q = 1{,}1$ und die Wachstumsrate ist $p\,\% = 10\,\%$.
d) Richtig, denn 90 000 € · 0,9 · 0,9 · 0,9 = 65 610 €.
e) Falsch, nach 25 Jahre ist das Kapital auf 10 000 € · $1{,}027^{25} \approx$ 19 465 € angewachsen. Erst nach 27 Jahren hat es sich verdoppelt, denn 10 000 € · $1{,}027^{27} \approx$ 20 531 €.
f) Falsch, denn es muss $238 = 208 \cdot q^{34}$ gelten. Damit ergibt sich $q = 1{,}004$. (Hier wurde nur $\frac{238}{208} \approx 1{,}144$ gerechnet, aber nicht die 34. Wurzel aus 1,144 gezogen.)
g) Richtig, denn $38{,}3 \cdot 1{,}0324^{-5} \approx 32{,}66$.
▶ Lies bei Schwierigkeiten auf Seite 124 nach.
Bearbeite im Training die Aufgaben 1 und 2.

## 2 Wachstumsarten untersuchen

a) Richtig, denn beiden Graphen steigen im gesamten Verlauf an. (Wenn man von einem $x$-Wert zum nächsthöheren geht, so steigen auch die entsprechenden $y$-Werte an.)
b) Falsch, beim oberen Graphen handelt es sich um quadratisches Wachstum (positiver Parabelast) und beim unteren um exponentielles Wachstum.
c) Falsch, bei einer exponentiellen Abnahme verringert sich der Wert immer um den gleichen prozentualen Anteil. (Bei einer Abnahme um den immer gleichen Wert spricht man von einer linearen Abnahme.)
d) Falsch, das Kapital wächst exponentiell an, denn die Zinsen des letzten Jahres werden wieder mitverzinst.
e) Falsch, der Graph zu $f(x) = 2x$ wächst zwar linear, aber der Graph zu $g(x) = 300 \cdot 1{,}2^x$ wächst exponentiell und der Graph zu $h(x) = 2x^2$ wächst quadratisch.
▶ Lies bei Schwierigkeiten auf Seite 128 nach.
Bearbeite im Training die Aufgaben 3 und 4.

## 3 Bakterienwachstum und radioaktiver Zerfall

a) Falsch, es ist genau umgekehrt: Beim Bakterienwachstum ist $q = 2$ und beim radioaktiven Zerfall ist $q = 0{,}5$.
b) Richtig, eine Stunde entspricht drei Verdopplungszeiten und $f(3) = w_0 \cdot 2^3 = w_0 \cdot 8$.
c) Richtig, denn $5000 \cdot 0{,}5^5 \approx 156$.
d) Richtig, denn nach einer Zeitspanne hat sich der $y$-Wert jeweils verdoppelt.
▶ Lies bei Schwierigkeiten auf Seite 132 nach.
Bearbeite im Training die Aufgaben 5 und 6.

# Training

**Aufgabe 1:** Neuwagen verlieren sehr schnell an Wert. Bei 15 000 km Laufleistung verliert ein Wagen im 1. Jahr etwa 25 % seines Werts. In den folgenden Jahren beträgt der Verlust etwa 6 % jährlich.

a) Ein Wagen kostete neu 18 000 €. Wie viel ist er nach einem Jahr (nach 2 Jahren; …; nach 5 Jahren) noch wert? Erstelle eine Wertetabelle und stelle die Wertentwicklung graphisch dar.

b) Ein gut gepflegter Wagen ist vier Jahre alt und 42 000 km gefahren. Er soll 65 % des ursprünglichen Preises kosten. Ist das ein gutes Angebot? Begründe.

**Aufgabe 2:** Ergänze die Tabellen im Heft.

a) linearer Zuwachs um 35 000 €

| Jahr | 2014 | 2015 | 2016 | 2017 |
|---|---|---|---|---|
| Euro | 65 000 | | | |

b) lineare Abnahme um 35 000 €

| Jahr | 2014 | 2015 | 2016 | 2017 |
|---|---|---|---|---|
| Euro | | | 65 000 | |

c) exponentieller Zuwachs um 5 %

| Jahr | 2014 | 2015 | 2016 | 2017 |
|---|---|---|---|---|
| Euro | | | | 65 000 |

d) exponentielle Abnahme um 5 %

| Jahr | 2014 | 2015 | 2016 | 2017 |
|---|---|---|---|---|
| Euro | | 65 000 | | |

**Aufgabe 3:** Entscheide, ob lineares, quadratisches oder exponentielles Wachstum vorliegt. Bestimme, wenn möglich, den Wachstumsfaktor.

a)

| $x$ | 0 | 1 | 2 | 3 | 4 |
|---|---|---|---|---|---|
| $y$ | 100 | 180 | 324 | 583,2 | 1049,76 |

b)

| $x$ | 0 | 1 | 2 | 3 | 4 |
|---|---|---|---|---|---|
| $y$ | 10,5 | 8,5 | 6,5 | 4,5 | 2,5 |

c)

| $x$ | 0 | 1 | 2 | 3 | 4 |
|---|---|---|---|---|---|
| $y$ | 512 | 128 | 32 | 8 | 2 |

d)

| $x$ | 0 | 1 | 2 | 3 | 4 |
|---|---|---|---|---|---|
| $y$ | 0 | 1,5 | 6 | 13,5 | 24 |

**Aufgabe 4:** Die Tabelle zeigt die Einwohnerzahlen der fünf bevölkerungsreichsten Länder in 2015 und deren Prognosen für 2050.
Berechne die jährlichen Wachstumsraten, die der Prognose zugrunde liegen.

| | 2015 | 2050 |
|---|---|---|
| China | 1,376 Mio. | 1,348 Mio. |
| Indien | 1,311 Mio. | 1,705 Mio. |
| USA | 322 Mio. | 389 Mio. |
| Indonesien | 258 Mio. | 321 Mio. |
| Brasilien | 208 Mio. | 238 Mio. |

*(Quelle: Vereinte Nationen, World Population Prospects: The 2015 Revision)*

**Aufgabe 5:** Bei der Untersuchung eines Hähnchens werden 90 Salmonellen in einer Probe gefunden.
Die Anzahl der Bakterien verdoppelt sich im Labor alle 20 min.

a) Stelle das Anwachsen der Salmonellenzahl bis fünf Verdopplungszeiten nach Untersuchungsbeginn in einer Tabelle und in einem Diagramm dar.

b) Wie viele Salmonellen enthielt die Hähnchenprobe drei Verdopplungszeiten vor Untersuchungsbeginn?

c) Berechne die Salmonellenzahl $2\frac{1}{2}$ Stunden nach Untersuchungsbeginn.

**Aufgabe 6:** Ab dem 12. März 2011 kam es im japanischen Kernkraftwerk Fukushima Daiichi zu einer Serie katastrophaler Unfälle.

Dabei wurde u. a. das radioaktive Cäsium $^{137}Cs$ freigesetzt. Die Halbwertszeit von $^{137}Cs$ beträgt ca. 30,2 Jahre.

a) Wie viele Halbwertszeiten sind seit der Katastrophe vergangen?

b) Um wie viel Prozent ist die Radioaktivität des Cäsiums seitdem gesunken?

c) Wie lange wird es ungefähr dauern, bis die Aktivität unter 1 % liegt?

# Trigonometrie

## 1 Seitenverhältnisse im rechtwinkligen Dreieck

a) Falsch, die Seite $c$ ist die Hypotenuse. Die Gegenkathete von $\alpha$ ist die Seite $a$.

b) Richtig, denn die Ankathete von $\alpha$ ist die Kathete, die am Winkel $\alpha$ anliegt.

c) Falsch, der Sinus eines Winkels ist definiert als Quotient aus der Gegenkathete des Winkels und der Hypotenuse. (Der Quotient aus der Ankathete des Winkels und der Hypotenuse ist definiert als Kosinus des Winkels.)

d) Falsch, das Seitenverhältnis $\frac{b}{c}$ ist der Kosinus des Winkels $\alpha$ bzw. der Sinus des Winkels $\beta$. (Der Tangens von $\alpha$ ist der Quotient $\frac{a}{b}$.)

e) Falsch, eine Steigung von 8 % bedeutet, dass der Höhenunterschied für eine Strecke 8 m beträgt, wenn der Horizontalunterschied 100 m beträgt.

f) Richtig, denn die Steigung einer Strecke ist der Quotient aus Höhenunterschied (= Gegenkathete des Steigungswinkels) und Horizontalunterschied (= Ankathete des Steigungswinkels). Das entspricht der Definition des Tangens des Steigungswinkels.

► Lies bei Schwierigkeiten auf Seite 144 nach.
Bearbeite im Training die Aufgaben 1 bis 4.

## 2 Streckenberechnung mit sin, cos, tan

a) Richtig, denn $\sin 55° = \frac{a}{6{,}5\,\text{cm}}$, also $a \approx 0{,}8192 \cdot 6{,}5\,\text{cm} \approx 5{,}3\,\text{cm}$.

b) Falsch, denn $\tan 66° = \frac{7{,}2\,\text{cm}}{b}$, also $b \approx 7{,}2\,\text{cm} : 2{,}2460 \approx 3{,}2\,\text{cm}$.

c) Falsch, denn $\cos 50{,}8° = \frac{a}{3{,}5\,\text{cm}}$, also $a \approx 0{,}6320 \cdot 3{,}5\,\text{cm} \approx 2{,}2\,\text{cm}$.

d) Richtig, denn $1942\,\text{m} - 828\,\text{m} = 1114\,\text{m}$ und $\sin 13{,}25° = \frac{1114\,\text{m}}{s}$, also $s \approx 1114\,\text{m} : 0{,}2292 \approx 4860\,\text{m}$.

► Lies bei Schwierigkeiten auf Seite 148 nach.
Bearbeite im Training die Aufgaben 5 bis 8.

## 3 Winkelberechnung mit sin, cos, tan

a) Falsch, in einem rechtwinkligen Dreieck kann man mit Hilfe von Sinus, Kosinus und Tangens alle Winkelgrößen und die fehlende Seitenlänge berechnen, wenn man zwei Seitenlängen kennt. (Wahlweise kann man auch den Satz des Pythagoras zur Berechnung der fehlenden Seitenlänge nutzen.)

b) Falsch, denn weil das Dreieck rechtwinklig ist, kennt man bereits zwei Winkelgrößen und kann die Größe des fehlenden Winkels mit dem Innenwinkelsummensatz (oder einfacher als Differenz von 90° und der bekannten Winkelgröße) berechnen.

c) Falsch, der Winkel $\alpha_1$ lässt sich direkt mit dem Tangens berechnen. Man muss entweder erst die Länge der Diagonale $e$ mit dem Satz des Pythagoras bestimmen oder den Tangens verwenden.

d) Richtig, denn $\tan \alpha_1 = \frac{5{,}5\,\text{cm}}{12\,\text{cm}} \approx 0{,}4583$, also $\alpha_1 \approx 24{,}6°$.

e) Richtig, denn die prozentuale Steigung beträgt $\frac{242\,\text{m}}{7200\,\text{m}} = 0{,}0336\ldots \approx 3{,}4\,\%$ und für den Steigungswinkel $\alpha$ gilt: $\tan \alpha \approx 0{,}0336$, also $\alpha \approx 1{,}9°$.

► Lies bei Schwierigkeiten auf Seite 152 nach.
Bearbeite im Training die Aufgaben 9 bis 12.

# Training

**Aufgabe 1:** Gib jeweils den sin, cos und tan der Winkel $\alpha$ und $\beta$ als Verhältnis an.

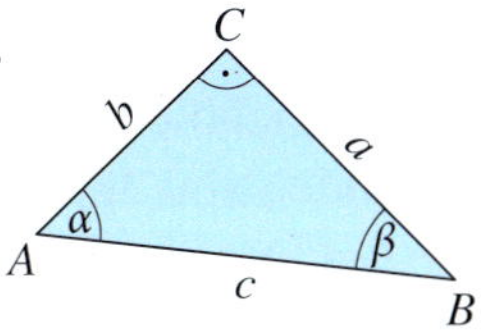


**Aufgabe 2:** Zeichne und miss dann die Größe des Steigungswinkels $\alpha$.

a) Eine anspruchsvolle Skipiste hat ein durchschnittliches Gefälle von 40 %.

b) Eine Pistenraupe arbeitet auf Hängen mit einer Steigung bis 55 %.

**Aufgabe 3:** Gib jeweils die durchschnittliche Steigung in Prozent an.

a) Ein Sessellift überwindet auf einer horizontalen Strecke von 1,3 km einen Höhenunterschied von 600 m.

b) Mit einem Schlepplift können Skifahrer 500 m bergan fahren. Der Höhenunterschied zwischen Anfang und Ende beträgt 113,9 m. Nutze den Satz des Pythagoras.

**Aufgabe 4:** In einem rechtwinkligen Dreieck hat der Tangens eines Winkels den Wert eins.

a) Fertige eine passende Skizze an.

b) Gib die Längen von drei möglichen Seitenpaaren $a$ und $b$ an.

**Aufgabe 5:** Der Schatten eines Baumes hat eine Länge von 5,3 m. Zum Zeitpunkt der Messung hatte der Einfallswinkel der Sonnenstrahlen eine Größe von 47°. Berechne die Höhe des Baumes.

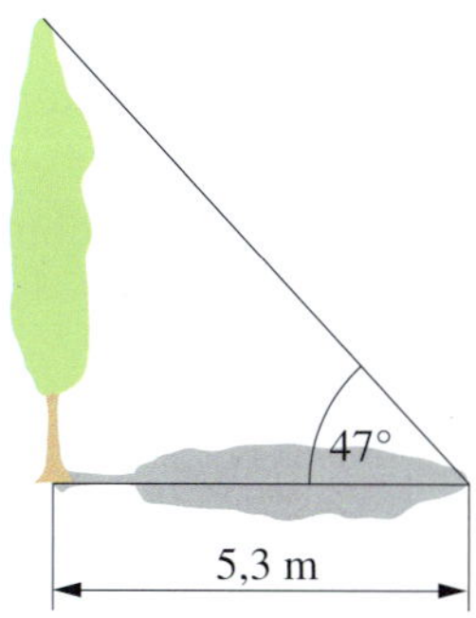


**Aufgabe 6:** Berechne den Flächeninhalt des Dreiecks mit $\alpha = 33°$ und $b = 14{,}8$ cm.

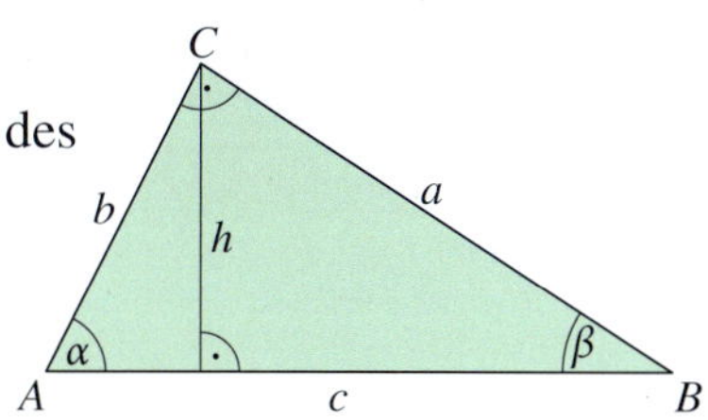


**Aufgabe 7:** Berechne die Länge der Diagonalen des Drachens. Beschreibe, wie du dabei vorgehst.

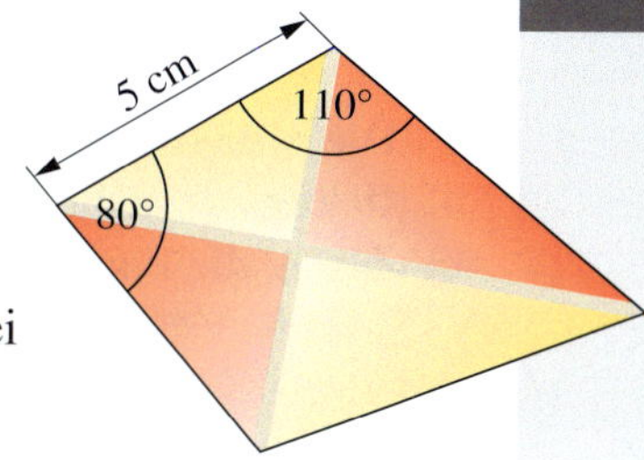


**Aufgabe 8:** Ein Schiff fährt in 9 km Entfernung an einem Leuchtturm vorbei. Der Peilwinkel zwischen der Fahrtrichtung und dem Schiff beträgt 90°. Nach einer halben Stunde beträgt der Peilwinkel 122°.

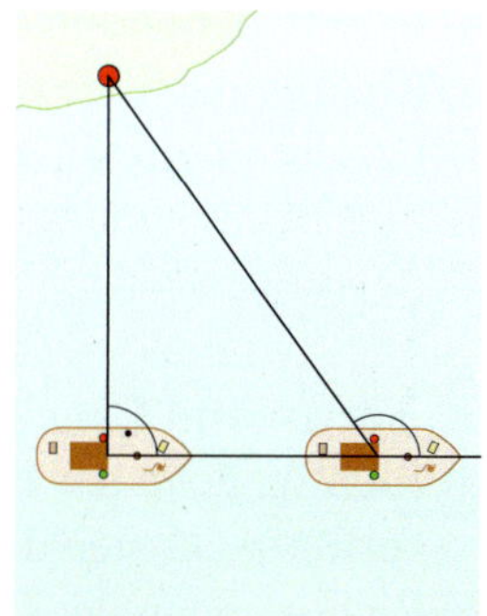

a) Wie weit ist das Schiff in der halben Stunde gefahren?

b) Mit welcher durchschnittlichen Geschwindigkeit ist das Schiff gefahren?

**Aufgabe 9:** Von einem rechtwinkligen Dreieck ($\gamma = 90°$) sind jeweils zwei Größen bekannt. Ergänze die Tabelle im Heft, runde jeweils auf eine Nachkommastelle.

| | $a$ | $b$ | $c$ | $\alpha$ | $\beta$ |
|---|---|---|---|---|---|
| a) | 3 cm | | 8 cm | | |
| b) | | 30 cm | | 45° | |
| c) | | 12 cm | | | 11° |
| d) | 4 cm | 5 cm | | | |
| e) | | | 22 m | 9° | |
| f) | 7 mm | | | | 37° |

**Aufgabe 10:** Berechne die Länge der roten Seiten und die Größe der fehlenden Winkel.

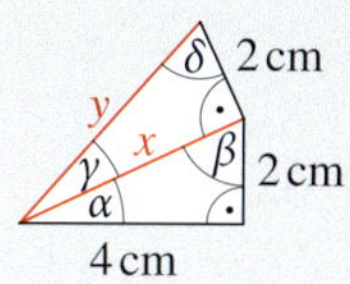


**Aufgabe 11:** Ein Rechteck hat die Seitenlängen $a = 5$ cm und $b = 8$ cm. Erstelle eine Übersichtsskizze. Unter welchem Winkel schneiden sich die beiden Diagonalen? Gib den größeren der beiden möglichen Winkel an.

**Aufgabe 12:** Berechne die Winkel einer Raute mit einer Seitenlänge von 30 cm. Die Länge der kürzeren Diagonale beträgt 20 cm.

# Die Sinusfunktion

## 1 Die Sinusfunktion

a) Richtig, denn die Funktionswerte wiederholen sich in gleichbleibenden Abständen.
b) Falsch, die Funktionswerte wiederholen sich in Abständen von 360°, also ist die Periode 360°.
c) Falsch, denn hier ist z. B. der Funktionswert an der Stelle 0 gleich 1, aber $\sin 0° = 0$. Hier ist der Graph der Kosinusfunktion dargestellt.
d) Falsch, der Graph der Sinusfunktion ist punktsymmetrisch zum Ursprung.
e) Richtig, denn die Sinusfunktion ist eine periodische Funktion mit der Periode 360°.
f) Falsch, es gilt $\sin \alpha = -\sin(-\alpha)$. (Z. B. ist $\sin 90° = 1$, aber $\sin(-90°) = -1$.)
► Lies bei Schwierigkeiten auf Seite 168 nach.
Bearbeite im Training die Aufgaben 1 und 2.

## 2 Form- und Lageveränderung der Sinusfunktion

a) Richtig, denn der Funktionswert der Funktion $\sin x$ wird mit 5 multipliziert und dadurch verfünffacht sich der $y$-Wert.
b) Richtig, denn der Graph der Sinusfunktion wurde um 90° nach links verschoben.
c) Falsch, man muss den Graphen der Funktion $y = \sin(2x)$ zeichnen. (Der Faktor $b$ vor dem Argument $x$ entspricht dem Kehrwert des Stauchungsfaktors und umgekehrt. Die Addition von 0,5 sorgt für eine Verschiebung des Graphen um 0,5 nach oben.)
d) Richtig, denn der Graph der Funktion $g$ wurde in Richtung der $y$-Achse um den Faktor 5 gestreckt und entlang der $x$-Achse nach links verschoben. Diese Lage- und Formveränderungen haben keinen Einfluss auf die Periode.
e) Falsch, der Graph gehört zur Funktionsvorschrift $y = 1{,}5 \cdot \sin(x + 60°)$. (Der Graph zu $y = 1{,}5 \cdot \sin(x - 60°)$ ist um 60° entlang der $x$-Achse nach rechts verschoben.)
► Lies bei Schwierigkeiten auf Seite 172 nach.
Bearbeite im Training die Aufgaben 3 bis 6.

## 3 Bogenmaß

a) Richtig, denn 360° entsprechen dem gesamten Kreisumfang eines Einheitskreises und dieser Umfang beträgt $2 \cdot \pi \cdot 1 = 2\pi$.
b) Falsch, man muss nach der Division durch 360° mit $2\pi$ multiplizieren. (20° entsprechen also $\frac{\pi}{9}$.)
c) Falsch, der Funktionsgraph wurde zwar um den Faktor 1,5 in Richtung der $y$-Achse gestreckt, aber um $\frac{\pi}{3}$ nach links verschoben.
► Lies bei Schwierigkeiten auf Seite 174 nach.
Bearbeite im Training die Aufgaben 7 bis 10.

# Training

**Aufgabe 1:** Gib alle Winkel $\alpha$ aus dem Intervall von $-360°$ bis $360°$ an, für die gilt:

a) $\sin \alpha = 0$  b) $\sin \alpha = 1$
c) $\sin \alpha = -1$  d) $\sin \alpha = 0{,}5$
e) $\sin \alpha = 0{,}7071$  f) $\sin \alpha = 0{,}9659$
g) $\sin \alpha = -0{,}8660$  h) $\sin \alpha = 1{,}3865$

**Aufgabe 2:** Finde mindestens einen weiteren Winkel $< 360°$ mit dem gleichen Sinuswert.

a) $\sin 20°$  b) $\sin 100°$
c) $\sin 230°$  d) $\sin 400°$
e) $\sin(-5°)$  f) $\sin(-180°)$

**Aufgabe 3:** Beschreibe den Verlauf der Graphen der Funktionen im Vergleich zur Sinusfunktion $y = \sin x$.

a) $d(x) = 2 \sin x$  b) $e(x) = \sin(2x)$
c) $f(x) = \sin x - 0{,}5$  d) $g(x) = \sin x + 2$
e) $h(x) = \sin(x + 45°)$  f) $i(x) = \sin(x - 60°) + 1$
g) $j(x) = \frac{1}{2} \sin x$  h) $k(x) = \sin(-x)$
i) $l(x) = -2 \sin(0{,}5x) + 0{,}5$

**Aufgabe 4:** Führe die Veränderungen am Graphen der Sinusfunktion durch und gib die Funktionsvorschrift des neuen Graphen an.

a) Verschiebung um 90° nach rechts
b) Verschiebung um 0,5 nach unten
c) Streckung in Richtung der $y$-Achse mit dem Faktor 3
d) Stauchung in Richtung der $y$-Achse mit dem Faktor $\frac{1}{4}$
e) Streckung in Richtung der $x$-Achse mit dem Faktor 2
f) Spiegelung an der $y$-Achse

**Aufgabe 5:** Gib die Funktionsvorschriften in der Form $f(x) = a \cdot \sin(b \cdot (x + c)) + d$ an.

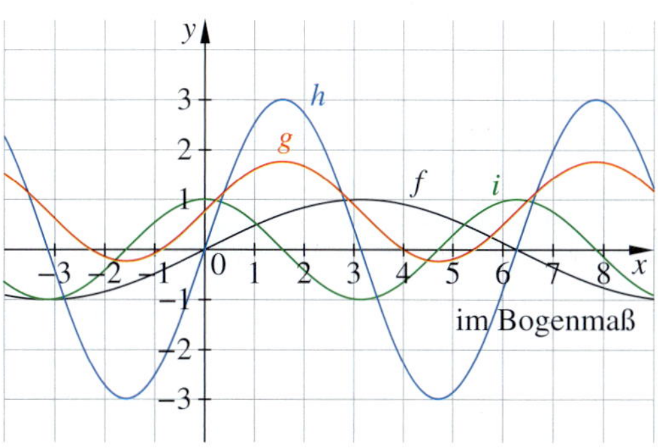


**Aufgabe 6:** Sind die Aussagen richtig? Korrigiere falsche Aussagen.

a) Ist $f(x) = \sin x + d$, so wird der Graph der Sinusfunktion um $d$ Einheiten nach oben verschoben, wenn $d > 0$ ist.
b) Ist $f(x) = \sin(x + c)$, so wird der Graph der Sinusfunktion um $c$ Einheiten nach rechts verschoben, wenn $c > 0$ ist.
c) $f(x) = \sin x$ und $g(x) = 2 \sin x$ besitzen dieselben Nullstellen.
d) $f(x) = \sin x$ und $g(x) = 2 \sin(3x)$ haben dieselbe Periode.

**Aufgabe 7:** Berechne das Bogenmaß (am Einheitskreis) für die gegebenen Winkel.

a) 45°  b) 180°  c) 60°
d) 5°  e) 225°  f) 420°

**Aufgabe 8:** Rechne die gegeben Winkel vom Bogenmaß in das Gradmaß um.

a) $\frac{1}{2}\pi$  b) $\frac{1}{4}\pi$  c) $\frac{1}{5}\pi$
d) $\pi$  e) $1{,}5\pi$  f) 0

**Aufgabe 9:** Erkläre, durch welche Form- und Lageänderungen die Graphen aus der Sinusfunktion entstehen. Skizziere die Graphen im Intervall von $-\pi$ bis $2\pi$.

a) $f(x) = \sin\left(x - \frac{\pi}{9}\right)$
b) $g(x) = 0{,}5 \cdot \sin(x + 1{,}5\pi)$

**Aufgabe 10:** Die Grafik zeigt die durchschnittlichen Wasser- und Lufttemperaturen sowie Sonnenstunden auf der Insel Mallorca.

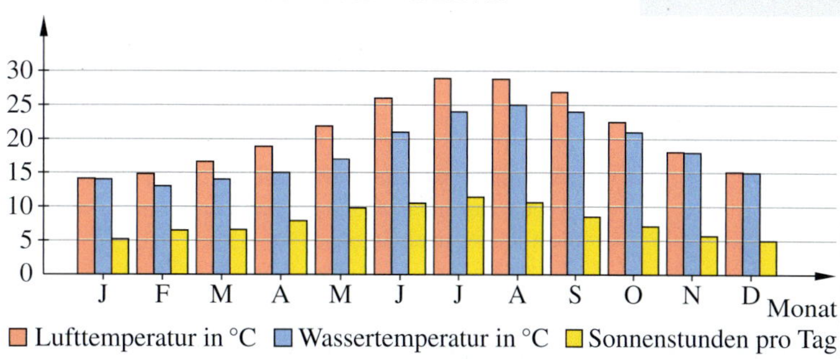


Nähere die Kurven möglichst genau durch Sinusfunktionen an. Wähle dazu eine Einteilung der $x$-Achse, bei der der Januar bei $\frac{\pi}{6}$ liegt, der Februar bei $\frac{2\pi}{6}$ usw.

# Lösungen zum Training

## ▶ Seite 209 Pyramide, Kegel, Kugel

**1** Zeichenübung

**2 a)** $A_M = 270{,}56\,\text{cm}^2$, $A_O = 349{,}77\,\text{cm}^2$
**b)** $A_M = 44{,}98\,\text{m}^2$; $A_O = 51{,}74\,\text{m}^2$

**3**

| | *a* | *s* | *h* | $h_a$ |
|---|---|---|---|---|
| **a)** | 6 cm | 12 cm | **11,2 cm** | **11,6 cm** |
| **b)** | **15,8 cm** | **15,1 cm** | 10,2 cm | 12,9 cm |
| **c)** | **11,3 cm** | 11,4 cm | **8,1 cm** | 9,9 cm |
| **d)** | 15 cm | **29,0 cm** | **27,0 cm** | 28 cm |

**4 a)** $h_a \approx 15{,}18\,\text{m}$, $A_M \approx 437{,}18\,\text{m}^2$, $A_O \approx 644{,}54\,\text{m}^2$
**b)** $a \approx 29{,}46\,\text{cm}$, $A_M \approx 1119{,}48\,\text{cm}^2$, $A_O \approx 1987{,}37\,\text{cm}^2$
**c)** $a \approx 20\,\text{cm}$, $A_M \approx 320\,\text{cm}^2$, $A_O \approx 720\,\text{cm}^2$

**5 a)** $r = 4\,\text{cm}$, $A_M \approx 113{,}10\,\text{cm}^2$, $A_O \approx 163{,}37\,\text{cm}^2$
**b)** $s \approx 17{,}72\,\text{cm}$, $A_M \approx 278{,}35\,\text{cm}^2$, $A_O \approx 356{,}89\,\text{cm}^2$
**c)** $r = 15\,\text{mm}$, $s = 25\,\text{mm}$, $A_M \approx 1178{,}10\,\text{mm}^2$, $A_O \approx 1884{,}96\,\text{mm}^2$
**d)** $r \approx 11{,}18\,\text{cm}$, $A_M \approx 526{,}85\,\text{cm}^2$, $A_O \approx 919{,}53\,\text{cm}^2$

**6 a)** $V \approx 15{,}41\,\text{m}^3$
**b)** $V = 2508\,\text{cm}^3 = 2{,}508\,\text{dm}^3$
**c)** $V = 160\,\text{m}^3$

**7**

| | *a* | *b* | *h* | *V* |
|---|---|---|---|---|
| **a)** | 58 mm | 93 mm | 26 mm | **46 748 mm³** |
| **b)** | 125 cm | 244 cm | **≈ 13,8 cm** | 140 000 cm³ |
| **c)** | **12,5 m** | 12 m | 12 m | 600 m³ |
| **d)** | 138 dm | **≈ 81,5 dm** | 167 dm | 625 824 dm³ |

**8 a)** $V \approx 583{,}35\,\text{cm}^3$
**b)** $h \approx 8{,}66\,\text{cm}$, $V \approx 226{,}72\,\text{cm}^3$
**c)** $r \approx 11{,}18\,\text{mm}$, $V \approx 1308{,}92\,\text{mm}^3$
**d)** $h \approx 32{,}08\,\text{m}$, $V \approx 6584{,}44\,\text{m}^3$

**9 a)** $V \approx 212{,}17\,\text{cm}^3$, $A_O \approx 172{,}03\,\text{cm}^2$
**b)** $V \approx 1098{,}07\,\text{dm}^3$, $A_O \approx 514{,}72\,\text{dm}^2$

**10 a)** $r \approx 15{,}13\,\text{cm}$ **b)** $r \approx 1{,}90\,\text{cm}$

**11 a)** $A_O \approx 201{,}06\,\text{cm}^2$
**b)** $r \approx 2{,}83\,\text{cm}$
**c)** $r \approx 5{,}65\,\text{cm}$

**12** $V_{\text{Kugel}} \approx 4189\,\text{cm}^3 > V_{\text{Pyramide}} \approx 333\,\text{cm}^3 > V_{\text{Kegel}} \approx 262\,\text{cm}^3$

**13** $V_{\text{Kegel}} = 261\,800\,\text{mm}^3$; $V_{\text{Kugel}} = 14{,}14\,\text{mm}^3$
$261\,800\,\text{mm}^3 : 14{,}14\,\text{mm}^3 \approx 18\,514{,}85$
Vom reinen Volumen her würden maximal 18 514 Kugeln hineinpassen, durch Hohlräume sind es aber deutlich weniger Kugeln.

## ▶ Seite 211 Quadratische Funktionen

**1 a)** quadratisch ($f(x) = 0{,}8x^2$)
**b)** linear ($g(x) = 2x - 2$)
**c)** quadratisch ($h(x) = -0{,}25x^2$)

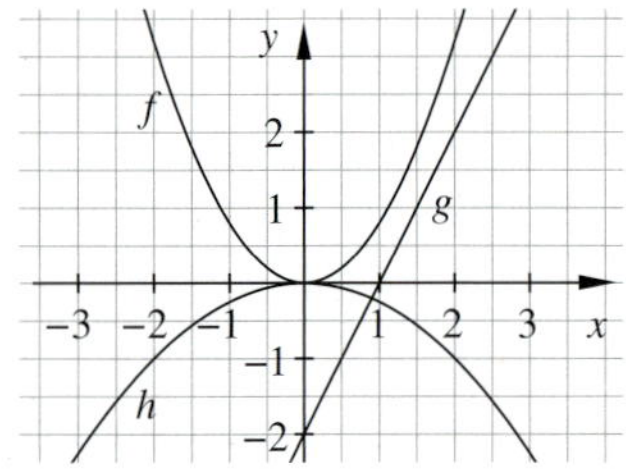


**2 a)** gestaucht, nach oben geöffnet
**b)** gestaucht, nach unten geöffnet
**c)** gestreckt, nach oben geöffnet
**d)** gestaucht, nach unten geöffnet

**3** $a = -\frac{1}{160}$, $f(x) = -\frac{1}{160}x^2$

**4 a)** $y = (x + 2)^2 - 3$ **b)** $y = -2(x + 1)^2 + 5$
**c)** $y = \frac{1}{4}(x - 2)^2 - 3$ **d)** $y = -\frac{1}{2}(x - 2)^2$
**e)** $y = 1{,}25(x - 2)^2 + 1$ **f)** $y = 3(x - 4)^2 - 3$
**g)** $y = 6(x - 7)^2 - 3$

**5 a)** nach oben geöffnet; um 1 nach unten verschoben; $S(0|-1)$
**b)** nach unten geöffnet; um 4 nach oben verschoben; $S(0|4)$
**c)** nach unten geöffnet; gestreckt mit Faktor 2,5; um 5,5 nach oben verschoben; $S(0|5{,}5)$
**d)** nach oben geöffnet; gestaucht mit Faktor $\frac{2}{3}$; nach unten um $\frac{1}{2}$ verschoben; $S(0|-\frac{1}{2})$
**e)** nach oben geöffnet; um 4 nach rechts und um 3 nach oben verschoben; $S(4|3)$
**f)** nach oben geöffnet; gestreckt mit Faktor 1,5; um 1 nach rechts verschoben; $S(1|0)$
**g)** nach unten geöffnet; gestaucht mit Faktor $\frac{1}{2}$; um 4 nach links und um 2 nach unten verschoben; $S(-4|-2)$
**h)** nach oben geöffnet; gestreckt mit Faktor 2; um 4 nach rechts verschoben; $S(4|0)$
**i)** nach oben geöffnet; gestaucht mit Faktor 0,8; um 2 nach rechts und um 1 nach oben verschoben; $S(2|1)$
**j)** nach unten geöffnet; um 8 nach links verschoben; $S(-8|0)$

**6 a)** $f(x) = \frac{1}{3}(x - 2)^2 + 1$ **b)** $f(x) = -2(x + 3)^2 + 4$
**c)** $f(x) = 2(x - 3)^2$ **d)** $f(x) = (x - 1)^2 + 4$
**e)** $f(x) = 1{,}25x^2$

**7 a)** $f(x) = (x + 7)^2$; um 7 nach links verschoben; $S(-7|0)$
**b)** $f(x) = (x - 3)^2$; um 3 nach rechts verschoben; $S(3|0)$
**c)** $f(x) = (x + 9)^2$; um 9 nach links verschoben; $S(-9|0)$
**d)** $f(x) = (x - 2)^2 + 2$; um 2 nach rechts und um 2 nach oben verschoben; $S(2|2)$
**e)** $f(x) = (x + 1{,}5)^2 + 0{,}75$; um 1,5 nach links und um 0,75 nach oben verschoben; $S(-1{,}5|0{,}75)$
**f)** $f(x) = -(x + 3)^2 + 19$; nach unten geöffnet; um 3 nach links und um 19 nach oben verschoben; $S(-3|19)$
**g)** $f(x) = 3(x - 1{,}5)^2 - 18{,}75$; nach oben geöffnet; gestreckt mit dem Faktor 3; um 1,5 nach rechts und um 18,75 nach unten verschoben; $S(1{,}5|-18{,}75)$

**h)** $f(x) = -2\,(x-1)^2 + 32$; nach unten geöffnet; gestreckt mit dem Faktor 2; um 1 nach rechts und um 32 nach oben verschoben; $S(1|32)$

**8 a)** $h(2) = -5 \cdot 4 + 45 \cdot 2 = 70$, also befindet sie sich in 70 m Höhe.
**b)** $h(x) = -5\,(x-4{,}5)^2 + 101{,}25$, also liegt der Scheitelpunkt bei $S(4{,}5|101{,}25)$.
Nach 4,5 s ist die Kugel in einer Höhe von 101,25 m.
**c)** Nach 9 s erreicht das Projektil wieder seine Abflughöhe (doppelte Zeit des Erreichens des höchsten Punkts).

## ▶ Seite 213 Quadratische Gleichungen

**1** ① B ② A

**2 a)** $x^2 = x + 2$; Zeichnen der Normalparabel und der Gerade zu $y = x + 2$; Ablesen der Schnittstellen $x_1 = -1$; $x_2 = 2$
**b)** $x^2 = \frac{1}{2}x + 3$; Zeichnen der Normalparabel und der Gerade zu $y = \frac{1}{2}x + 3$; Ablesen der Schnittstellen $x_1 = -1{,}5$; $x_2 = 2$

**3 a)** $x = 1$ **b)** $x_1 = -2{,}5$; $x^2 = 2$
**c)** $x_1 = -2$; $x_2 = 1$ **d)** keine Nullstelle

**4 a)** $x_1 = 99$ und $x_2 = -99$ **b)** $x_1 = 26$ und $x_2 = -26$
**c)** keine Lösung **d)** $x_1 = 33$ und $x_2 = -33$
**e)** $x = 0$ **f)** keine Lösung

**5 a)** $x_1 = 0$; $x_2 = -12$ **b)** $x_1 = 0$; $x_2 = 3{,}6$
**c)** $x_1 = 0$; $x_2 = -1{,}6$ **d)** $x_1 = 0$; $x_2 = 0{,}5$

**6** $x \cdot 5x = 180$; die Zahl ist 6.

**7 a)** $x_1 = 1$ und $x_2 = -9$ **b)** $x_1 = 8$ und $x_2 = -12$
**c)** $x_1 = 6$ und $x_2 = -3$ **d)** $x_1 = -2{,}5$ und $x_2 = -10$
**e)** $x_1 = 4$ und $x_2 = -5$ **f)** $x_1 = -8$ und $x_2 = -12$

**8 a)** $x_1 = 5$ und $x_2 = 3$ **b)** $x_1 = 5$ und $x_2 = 4$
**c)** $x_1 = 8$ und $x_2 = -4$ **d)** $x_1 = 1$ und $x_2 = -3$
**e)** $x_1 = 20$ und $x_2 = 0$ **f)** $x = 2$
**g)** $x_1 = \frac{4}{3}$ und $x_2 = -\frac{5}{3}$ **h)** $x_1 = 4$ und $x_2 = 2$

**9** I: $2a + 2b = 96$; $a = 48 - b$
II: $a \cdot b = 432$ I in II einsetzen
$b^2 - 48b + 432 = 0$; $b_1 = 36$; $b_2 = 12$ cm
Das Rechteck ist 36 cm lang und 12 cm breit.

**10** I: $x = y + 10$ und II: $1575 = x \cdot y$
I in II einsetzen: $(y + 10) \cdot y = 1575$
$y^2 + 10y - 1575 = 0$
Das Grundstück ist 45 m lang und 35 m breit.

**11** $x(x-4) = 357$; $x^2 - 4x - 357 = 0$; $x_1 = 21$; $(x_2 = -17)$
Karina ist 17 und ihr Freund Tom ist 21 Jahre alt.

**12 a)** $a^2 + b^2 = 15^2$ mit $b = a - 3$; $a^2 - 3a - 108 = 0$
$a_1 = 12$; $a_2 = 9$
Eine Kathete ist 12 cm, die andere 9 cm lang.
**b)** Der Flächeninhalt beträgt 54 cm².

**13 a)** $2 \cdot \pi r^2 = \pi(r + 15)^2$; $r^2 - 30r - 225 = 0$
$r_1 \approx 36{,}21$; $(r_2 \approx -6{,}21)$
Der ursprüngliche Radius war 36,21 cm.
**b)** Der Radius wurde um ca. 41,4 % vergrößert.

**14** $x^2 + (200 - x)^2 = 143^2$; $x^2 - 200x + 9775{,}5 = 0$
$x_1 \approx 114{,}98$ und $x_2 \approx 85{,}02$
Die Wiese ist ca. 155 m lang und 85 m breit.

**15** $(25 + 2x) \cdot (15 + 2x) = 6 \cdot 25 \cdot 15$;
$x^2 + 20x - 468{,}75 = 0$; $x_1 \approx 13{,}85$ m; $(x_2 \approx -33{,}85)$
Länge: 52,70 m; Breite: 42,70 m

**16** $f(x) = g(x)$ gilt für $x_1 = 3{,}2$ und $x_2 = 0$.
Schnittpunkte:
$S_1(3{,}2|2{,}72)$ und $S_2(0|4)$.

## ▶ Seite 215 Datenerhebungen hinterfragen

**1** Zeichenübung Säulendiagramme
z. B. Bei einer Einteilung „1 mm entspricht 1 %" stehen die Prozentzahlen für die Säulenhöhen in mm.
Vergleich z. B.: Mädchen lesen deutlich mehr Liebesromane und etwas mehr Thriller.
Beide lesen ähnlich viel Fantasy-Romane.
Jungen lesen deutlich mehr Buchserien.
Der Anteil der Nicht-Buch-Leser ist bei den Jungen viel höher.

**2 a)** richtige Darstellung:

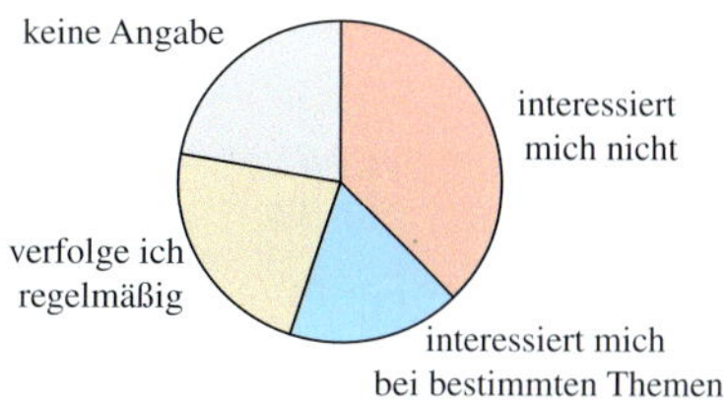


**b)** falsche Darstellung:

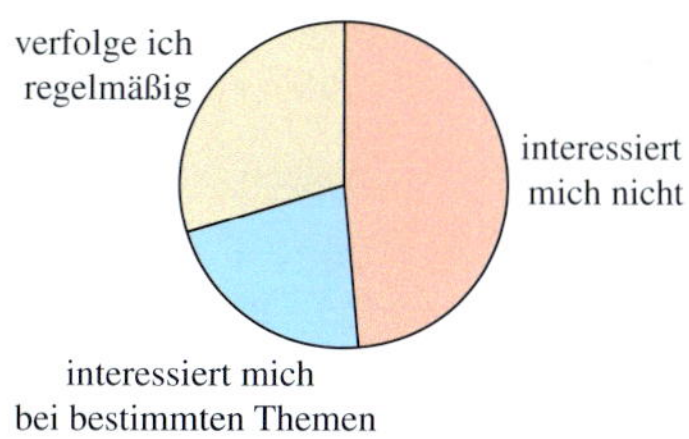


**c)** Das manipulierte Diagramm suggeriert, dass annähernd die Hälfte der Befragten kein Interesse am politischen Geschehen hat.
**d)** So ein Diagramm könnte im Zusammenhang mit der so genannten „Wahlmüdigkeit" nützlich sein, denn es bestärkt diejenigen, die der Meinung sind, dass die Politiker zu wenig bürgernah sind oder die Bevölkerung zu uninteressiert ist.

**3 a)** Die $y$-Achse beginnt nicht bei null, daher ergibt sich optisch ein stärkeres Wachstum, als es in Wirklichkeit vorhanden ist. Die Überschrift „Titelrausch" verstärkt diesen Eindruck noch einmal, ebenso der Bücherstapel.
**b)** Die Überschrift sollte neutral sein, z. B. „Jährliche Neuerscheinungen auf dem Buchmarkt".

**4** Im ersten Piktogramm wurde das Abfallaufkommen in der Höhe der Müllwagen abgetragen. Passend zu der Höhe wurde der Müllwagen ergänzt, dabei wurde auch die Breite des Wagens verändert. Die erste Darstellung gibt also die Daten aus der Tabelle falsch wieder.
Im zweiten Piktogramm stellt die Fläche der Müllwagen die Daten aus der Tabelle richtig dar.

**5** **a)** In der Fragestellung werden zunächst die Vorzüge der Schule vorgestellt. Desweiteren werden eingeschränkte Antwortmöglichkeiten gegeben: es gibt mehr Möglichkeiten, sich positiv zu äußern, außerdem sind die negativen Antwortmöglichkeiten sehr extrem formuliert.
**b)** Wie findest du das Fächer- und AG-Angebot an unserer Schule?
Antwortmöglichkeiten z. B. Notenstufen von 1 bis 6 und keine Angabe

## ▶ Seite 217 Potenzen und Zehnerpotenzen

**1** 100; 121; 144; 169; 196; 225; 256; 289; 324; 361; 400

**2** **a)** 2,5 **b)** 5 **c)** nicht lösbar
**d)** 100 **e)** 1,5 **f)** 2

**3** **a)** 5 **b)** 3 **c)** 144 **d)** 3
**e)** 125 **f)** 5 **g)** 4 **h)** 625
**i)** 4 **j)** 3 **k)** 0,2 **l)** 13
**m)** 5 **n)** 4 **o)** 3,5 **p)** 6

**4** **a)** 7,5 m **b)** 56,25 m$^2$

**5** **a)** 0,4 mm (0,8 mm; 204,8 mm = 20,48 cm)
**b)** 300 cm$^2$ (150 cm$^2$; ca. 0,59 cm$^2$)

**6** **a)** Falsch, es ist nicht möglich, aus negativen Zahlen eine Quadratwurzel zu ziehen.
**b)** Falsch, das gilt nicht für Zahlen kleiner als 1.

**7** **a)** 10 Reiskörner **b)** 5 Reiskörner
**c)** 7 Reiskörner

**8** **a)** $10^9$ t **b)** $2,7 \cdot 10^{13}$ km
**c)** $2 \cdot 10^{-3}$ g **d)** $2,45 \cdot 10^{11}$ Byte

**9** **a)** $3 \cdot 10^6$ **b)** $4,6 \cdot 10^{10}$
**c)** $6 \cdot 10^{-4}$ **d)** $5,4 \cdot 10^{-6}$
**e)** $5,648 \cdot 10^{13}$ **f)** $2,5058 \cdot 10^{10}$

**10** **a)** $>$ **b)** $=$ **c)** $<$ **d)** $=$ **e)** $>$

**11** **a)** $a^{m+n}$; Beispiel $3^2 \cdot 3^4 = 3^6$
**b)** $a^m : a^n$ oder $\frac{a^m}{a^n}$; Beispiel $3^5 : 3^2 = 3^3$
**c)** $a^m \cdot b^m$; Beispiel $3^2 \cdot 5^2 = (3 \cdot 5)^2 = 15^2$
**d)** $a^m : b^m$ oder $\frac{a^m}{b^m}$; Beispiel $\frac{3^2}{5^2} = \left(\frac{3}{5}\right)^2 = 0,6^2 = 0,36$
**e)** $a^{m \cdot n}$; Beispiel $(3^2)^4 = 3^8$
**f)** $a^{\frac{1}{n}}$; Beispiel $\sqrt[3]{27} = 27^{\frac{1}{3}}$

**12** **a)** $16^0 = 1$ **b)** $10^5 = 100\,000$
**c)** $7^4 = 2401$ **d)** $1,4 \cdot 10^2 = 140$
**e)** $2 \cdot 10^4 = 20\,000$ **f)** $25^{-1} = \frac{1}{25} = 0,04$
**g)** $49^{\frac{2}{4}} = 49^{\frac{1}{2}} = 7$ **h)** $\frac{(3^2)^4}{3^8} = \frac{3^8}{3^8} = 1$

## ▶ Seite 219 Wachstum

**1** **a)**

| Jahre | 0 | 1 | 2 | 3 | 4 | 5 |
|---|---|---|---|---|---|---|
| Wert (in €) | 18 000 | 13 500 | 12 690 | 11 928,6 | 11 212,88 | 10 540,11 |

**b)** Nach den Angaben in der Aufgabe hat der Wagen noch einen Wert von
$0,75 \cdot 0,94 \cdot 0,94 \cdot 0,94 \approx 0,623 = 62,3\,\%$ des Neupreises. Aber der Wagen ist gut gepflegt und weniger gefahren als der im üblichen Wertverlust angegeben, nämlich nur 42 000 km gegenüber
$4 \cdot 15\,000$ km = 60 000 km.
Also wären 65 % des Neupreises gerechtfertigt.

**2** **a)** linearer Zuwachs um 35 000 €

| Jahr | 2014 | 2015 | 2016 | 2017 |
|---|---|---|---|---|
| Euro | 65 000 | 100 000 | 135 000 | 170 000 |

**b)** lineare Abnahme um 35 000 €

| Jahr | 2014 | 2015 | 2016 | 2017 |
|---|---|---|---|---|
| Euro | 135 000 | 100 000 | 65 000 | 30 000 |

**c)** exponentieller Zuwachs um 5 %

| Jahr | 2014 | 2015 | 2016 | 2017 |
|---|---|---|---|---|
| Euro | 56 149,44 | 58 956,92 | 61 904,76 | 65 000 |

**d)** exponentielle Abnahme um 5 %

| Jahr | 2014 | 2015 | 2016 | 2017 |
|---|---|---|---|---|
| Euro | 68 421,05 | 65 000 | 61 750 | 58 662,5 |

**3** **a)** exponentielles Wachstum mit $q = 1,8$
**b)** lineares Wachstum (Abnahme)
**c)** exponentielles Wachstum mit $q = 0,25$
**d)** quadratisches Wachstum

**4** China: $1,376 \cdot q^{35} = 1,348$, also $q = \sqrt[35]{\frac{1,348}{1,376}}$
und $q = 0,9994$; $q = 1 + p\,\%$, also $p\,\% \approx -0,06\,\%$;
Indien: +0,73 %; USA: +0,56 %; Indonesien: +0,64 %;
Brasilien: +0,4 %

**5** **a)**

| Verdoppl. z. | 0 | 1 | 2 | 3 | 4 | 5 |
|---|---|---|---|---|---|---|
| Zeit in min | 0 | 20 | 40 | 60 | 80 | 100 |
| Anzahl Salmonellen | 90 | 180 | 360 | 720 | 1440 | 2880 |

und Zeichenübung Diagramm
**b)** $90 \cdot 2^{-3} = 11,25 \approx 11$
**c)** $2\frac{1}{2}$ Stunden entsprechen 7,5 Verdopplungszeiten;
$90 \cdot 2^{7,5} \approx 16\,292$

**6** **a)** z. B. für 2017: 6 Jahre entsprechen $\frac{6}{30,2}$ $\approx 0,199$ Halbwertszeiten
(2018: $\frac{7}{30,2} \approx 0,232$; 2019: $\frac{8}{30,2} \approx 0,265$;
2020: $\frac{9}{30,2} \approx 0,299$; 2021: $\frac{10}{30,2} \approx 0,331$;
2022: $\frac{11}{30,2} \approx 0,364$)
**b)** z. B. für 2017: um ca. $100\,\% - 100\,\% \cdot 0,5^{0,199} \approx 13\,\%$
(2018: ≈ 15 %; 2019: ≈ 17 %; 2020: ≈ 19 %;
2021: ≈ 20,5 %; 2022: ≈ 22 %)
**c)** $100\,\% \cdot 0,5^6 = 1,56\,\%$
$100\,\% \cdot 0,5^7 = 0,78\,\%$
Es dauert etwa 7 Halbwertszeiten, also etwas über 200 Jahre.

## ▶ Seite 221 Trigonometrie

**1** $\sin \alpha = \frac{a}{c}$ $\sin \beta = \frac{b}{c}$ $\cos \alpha = \frac{b}{c}$
$\cos \beta = \frac{a}{c}$ $\tan \alpha = \frac{a}{b}$ $\tan \beta = \frac{b}{a}$

**2** **a)** Zeichenübung rechtwinkliges Dreieck; z. B. mit Horizontalunterschied 10 cm und Höhenunterschied 4 cm; $\alpha \approx 21{,}8°$
**b)** Zeichenübung rechtwinkliges Dreieck; z. B. mit Horizontalunterschied 10 cm und Höhenunterschied 5,5 cm; $\alpha \approx 28{,}8°$

**3** **a)** $m = \frac{0{,}6\,\text{km}}{1{,}3\,\text{km}} \approx 0{,}4615 = 46{,}15\,\%$
**b)** $h^2 = (500\,\text{m})^2 - (113{,}5\,\text{m})^2$ (Pythagoras), also $h \approx 486{,}85\,\text{m}$
$m \approx \frac{113{,}9\,\text{m}}{486{,}85\,\text{m}} \approx 0{,}2340 = 23{,}4\,\%$

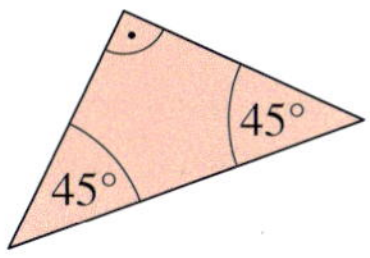


**4** **a)** Skizze
**b)** individuell; $a = b$

**5** $\tan 47° = \frac{h}{5{,}3\,\text{m}}$, also $h \approx 5{,}68\,\text{m}$
Der Baum hat eine Höhe von etwa 5,68 m.

**6** $\cos 33° = \frac{14{,}8\,\text{cm}}{c}$, also $c \approx 17{,}65\,\text{cm}$
$\sin 33° = \frac{h}{14{,}8\,\text{cm}}$, also $h \approx 8{,}06\,\text{cm}$
$A = \frac{1}{2} \cdot h \cdot c \approx 71{,}14\,\text{cm}^2$

**7** Im rechtwinkligen gelben Dreieck oben links gilt:
$\sin 40° = \frac{0{,}5e}{5\,\text{cm}}$, also $e \approx 6{,}43\,\text{cm}$
$\cos 40° = \frac{f_1}{5\,\text{cm}}$, also $f_1 \approx 3{,}83\,\text{cm}$
Der Winkel im Eckpunkt mit der Drachenschnur misst 60° (Winkelsumme im Viereck).
Im rechtwinkligen roten Dreieck oben rechts gilt:
$\tan 30° = \frac{0{,}5e}{f_2}$, also $\tan 30° = \frac{3{,}21\,\text{cm}}{f_2}$ und $f_2 \approx 5{,}57\,\text{cm}$
Dann ist $f = f_1 + f_2 \approx 9{,}40\,\text{cm}$.

**8** **a)** Es ergibt sich ein rechtwinkliges Dreieck mit den Winkeln $\alpha = 90°$, $\beta = 180° - 122° = 58°$ und $\gamma = 90° - 58° = 32°$ sowie einer Kathete mit der Länge 9 km. Dann gilt für die gefahrene Strecke $x$: $\tan 32° = \frac{x}{9\,\text{km}}$, also $x \approx 5{,}63\,\text{km}$.
**b)** In einer halben Stunde ist das Schiff 5,63 km gefahren, also fährt es in einer Stunde 11,26 km. Die Geschwindigkeit beträgt $11{,}26\,\frac{\text{km}}{\text{h}}$.

**9**

| | $a$ | $b$ | $c$ | $\alpha$ | $\beta$ |
|---|---|---|---|---|---|
| **a)** | 3 cm | **7,4 cm** | 8 cm | **22,0°** | **68,0°** |
| **b)** | **30,0 cm** | 30 cm | **42,4 cm** | 45° | **45°** |
| **c)** | **61,7 cm** | 12 cm | **62,9 cm** | **79,0°** | 11° |
| **d)** | 4 cm | 5 cm | **6,4 cm** | **38,7°** | **51,3°** |
| **e)** | **3,4 m** | **21,7 m** | 22 m | 9° | **81,0°** |
| **f)** | 7 mm | **5,3 mm** | **8,8 mm** | **53,0°** | 37° |

**10** $\alpha \approx 26{,}6°$; $\beta \approx 63{,}4°$; $x = \sqrt{20}\,\text{cm} \approx 4{,}5\,\text{cm}$;
$\gamma \approx 24{,}1°$; $\delta \approx 65{,}9°$; $y = \sqrt{24}\,\text{cm} \approx 4{,}9\,\text{cm}$

**11** Für den kleineren Winkel $\alpha$ gilt:
$\tan\left(\frac{\alpha}{2}\right) = \frac{5\,\text{cm}}{8\,\text{cm}} = 0{,}625$, also $\alpha \approx 64°$
Dann misst der größere Winkel $180° - 64° = 116°$.

**12** In der Raute soll $\alpha$ der kleinere und $\beta$ der größere Winkel sein. Für den kleineren Winkel $\alpha$ gilt:
$\sin\left(\frac{\alpha}{2}\right) = \frac{10\,\text{cm}}{30\,\text{cm}}$, also $\frac{\alpha}{2} \approx 19{,}47°$ und $\alpha \approx 38{,}9°$.
Wegen $\alpha + \beta = 180°$ ist dann $\beta \approx 141{,}1°$.

## ▶ Seite 223 Die Sinusfunktion

**1** **a)** $\alpha = -360°, -180°, 0°, 180°, 360°$
**b)** $\alpha = -270°, 90°$
**c)** $\alpha = -90°, 270°$
**d)** $\alpha = -330°, -210°, 30°, 150°$
**e)** $\alpha = -315°, -225°, 45°, 135°$
**f)** $\alpha = -285°, -255°, 75°, 105°$
**g)** $\alpha = -120°, -60°, 240°, 300°$
**h)** existiert nicht

**2** Mögliche Lösungen sind:
**a)** $-340°, -200°, 160°$ **b)** $-280°, -260°, 80°$
**c)** $-130°, -50°, 310°$ **d)** $-320°, -220°, 40°, 140°$
**e)** $-175°, 185°, 355°$ **f)** $-360°, 0°, 180°$

**3** Der Graph der Sinusfunktion wird …
**a)** um den Faktor 2 in Richtung der $y$-Achse gestreckt
**b)** um den Faktor 2 in Richtung der $x$-Achse gestaucht, d. h. die Periodenlänge wurde halbiert.
**c)** um 0,5 nach unten verschoben
**d)** um 2 nach oben verschoben
**e)** um 45° nach links verschoben
**f)** um 60° nach rechts und 1 nach oben verschoben
**g)** um den Faktor $\frac{1}{2}$ in Richtung der $y$-Achse gestaucht
**h)** an der $y$-Achse gespiegelt
**i)** an der $x$-Achse gespiegelt, um den Faktor 2 in Richtung der $y$-Achse gestreckt, um den Faktor 2 in Richtung der $x$-Achse gestaucht und um 0,5 nach oben verschoben

**4** **a)** $f(x) = \sin(x - 90°)$ **b)** $f(x) = \sin x - 0{,}5$
**c)** $f(x) = 3 \sin x$ **d)** $f(x) = \frac{1}{4} \sin x$
**e)** $f(x) = \sin(0{,}5 \cdot x)$ **f)** $f(x) = \sin(-x)$

**5** $f(x) = \sin\left(\frac{1}{2} \cdot x\right)$ $g(x) = \sin x + 0{,}75$
$h(x) = 3 \cdot \sin x$ $i(x) = \sin(x + 90°)$

**6** **a)** richtig
**b)** falsch: Ist $f(x) = \sin(x + c)$, so wird der Graph der Sinusfunktion um $c$ Einheiten nach links verschoben, wenn $c > 0$ ist.
**c)** richtig
**d)** falsch: Der Faktor 3 vor dem Argument $x$ verändert die Periode von 360° zu 120°. (Der Faktor 2 vor dem Sinus hat keinen Einfluss auf die Periode.)

**7** **a)** $\frac{\pi}{4} \approx 0{,}785$ **b)** $\pi \approx 3{,}141$
**c)** $\frac{\pi}{3} \approx 1{,}047$ **d)** $\frac{\pi}{36} \approx 0{,}087$
**e)** $1{,}25 \cdot \pi \approx 3{,}927$ **f)** $\frac{7}{3}\pi \approx 7{,}330$

**8** **a)** 90° **b)** 45° **c)** 36°
**d)** 180° **e)** 270° **f)** 0°

**9** **a)** Verschiebung um $\frac{\pi}{9} = 20°$ nach rechts
**b)** Stauchung um den Faktor 0,5 in Richtung der $y$-Achse und Verschiebung um $1{,}5\,\pi = 270°$ nach links

**10** Lufttemperatur z. B. $f(x) = 7{,}5 \sin\left(x - \frac{14}{18\pi}\right) + 21{,}5$
Wassertemperatur z. B. $f(x) = 6 \sin\left(x - \frac{17}{18\pi}\right) + 19$
Sonnenstunden z. B. $f(x) = 3{,}5 \sin\left(x - \frac{13}{18\pi}\right) + 8{,}5$

# Lösungen zu „Vorbereitung auf die zentrale Prüfung“

## A Basiskompetenzen

**1 a)** $-6{,}2 < -4 < \frac{3}{10} < 0{,}34 < 0{,}6$
**b)** $-2^2 < -2 < 3^{-2} < 2^{-2} < (-2)^2$
**c)** $\frac{1}{5} < 4^{-1} < 0{,}5 < 10^2 < 2^{10}$

**2 a)** 7000 mm **b)** 0,07 dm **c)** 70 m
**d)** 0,6 t **e)** 60 kg **f)** 7 000 070 mg
**g)** $\frac{3}{4}$ h **h)** 900 s **i)** 7 h

**3 a)** $x = 3{,}9$ **b)** $x = 0$ **c)** $x = 10$

**4** $p + \frac{1}{2}p + (p + 3) = 33$
Paul ist 12 Jahre alt, Jakob 6 und Simon 15.

**5 a)** $x = 1;\ y = 2$
**b)** keine Lösung $(-5 = 2)$
**c)** $x = -2;\ y = 5$

**6 a)** ① und ③ richtig; ② und ④ falsch
**b)** $S(2{,}4|0{,}2)$
**c)** Zeichnung im Koordinatensystem: Gerade durch $P(-1|2)$ und $(1|3)$; $h(x) = \frac{1}{2}x + 2{,}5$

**7 a)** ②
**b)** $x_1 = 2 + \sqrt{6} \approx 4{,}45,\ x_2 = 2 - \sqrt{6} \approx -0{,}45$
**c)** $y = -(x - 3)^2 + 4$

**8 a)** 1,02 **b)** 204 000; 208 080
**c)** $f(n) = 200000 \cdot 1{,}02^n$ **d)** nach 6 Jahren

**9 a)** $\tan 39° = \frac{\overline{BC}}{5\,\text{cm}};\ \overline{BC} \approx 4{,}05\,\text{cm}$
**b)** $\cos 39° = \frac{5\,\text{cm}}{\overline{AC}};\ \overline{AC} \approx 6{,}43\,\text{cm}$ (oder über Pythagoras)
**c)** $A = \frac{4{,}05\,\text{cm} \cdot 5\,\text{cm}}{2} \approx 10{,}13\,\text{cm}^2$

**10 a)** $V = \pi \cdot (12\,\text{cm})^2 \cdot 20\,\text{cm} \approx 9047{,}79\,\text{cm}^3$
**b)** $V = \frac{1}{3}\pi \cdot (6\,\text{cm})^2 \cdot 10\,\text{cm} \approx 376{,}99\,\text{cm}^3$
**c)** $V = \frac{1}{3} \cdot (8\,\text{cm})^2 \cdot 12\,\text{cm} = 256\,\text{cm}^3$

**11** $0{,}5\,\ell = 500\,\text{cm}^3$;
$500\,\text{cm}^3 = \pi \cdot (3{,}5\,\text{cm})^2 \cdot h;\ h \approx 12{,}99\,\text{cm}$
Die Getränkedose ist mindestens 13 cm hoch.

**12 a)** Satz des Pythagoras:
$h^2 + (10\,\text{cm})^2 = (20\,\text{cm})^2;\ h \approx 17{,}32\,\text{cm}$
**b)** $V = \frac{1}{3}\pi \cdot (10\,\text{cm})^2 \cdot 17{,}32\,\text{cm} \approx 1813{,}75\,\text{cm}^3$
**c)** $A_O = 10\,\text{cm} \cdot \pi \cdot 30\,\text{cm} \approx 942{,}48\,\text{cm}^2$
**d)** $\cos\alpha = \frac{10\,\text{cm}}{20\,\text{cm}}$; also $\alpha = 60°$

**13 a)** $\frac{3}{10}$ **b)** $\frac{2}{9}$ **c)** $\frac{5}{10} \cdot \frac{3}{9} = \frac{1}{6}$

**14 a)** ① und ② sind richtig.
**b)** $\frac{3}{5} \cdot \frac{38}{50} = \frac{57}{125} = 45{,}6\,\%$

**15 a)** in Zelle **C9**
**b)** **=B7*C7**
**c)** die Gesamtsumme (Preis für gesamtes Grillgut)
**d)** in Zelle **D16**

**16 a)** Schätzung individuell, z. B. Das Auto vorne ist ca. 1,5 m hoch, damit ist die Figur ca. 6 m hoch.
**b)** Schätzung individuell, z. B. in die Gießkanne passt ungefähr so viel wie in einen Quader mit 1,5 m Länge, 1,8 m Höhe und 0,5 m Breite, also 1350 Liter.

## B Komplexe Aufgaben

**1 a)** ca. 48 m
**b)** 160 m
**c)** Es passt ③. Denn es muss ein Minuszeichen vor $x^2$ stehen (Parabel nach unten geöffnet) und $f(160) = 0$ sein. Dies gilt nur für ③.
**d)** $f(x) = -0{,}0075\,(x - 80)^2 + 48$
**e)** in 22,5 m Höhe
**f)** nach 80 m
**g)** $f(x) = -0{,}015\,(x - 40)^2 + 24$
Scheitelpunkt $(40|24)$; Der Golfball hat also nach 40 m seine maximale Höhe von 24 m.

**2 a)** $1013 \cdot 0{,}88^2 \approx 784{,}5$ hPa
**b)** $x$ ist die Höhe in km über der Meereshöhe.
Pro km sinkt der Luftdruck um 12 % = 0,12.
$1 - 0{,}12 = 0{,}88$
**c)** etwas mehr als $1013 \cdot 0{,}88^9 = 320{,}6$ hPa (genau 326,9 hPa)
**d)** Zeichenübung passend zu:

| x | 0 | 1 | 2 | 3 | 4 | 5 |
|---|---|---|---|---|---|---|
| y | 1013 | 891,4 | 784,5 | 690,3 | 607,5 | 534,6 |

**e)** $690 = 1013 \cdot 0{,}88^x;\ x \approx 3{,}00$ km
Er ist auf einer Höhe von 3 km.
**f)** 10,13 t

**3 a)** Mit $x = 4$ cm ergibt sich eine Länge von 37 cm und eine Breite von 28 cm.
**b)** $12\,\text{cm} \cdot 4\,\text{cm} + 4\,\text{cm} \cdot 28\,\text{cm} + 21\,\text{cm} \cdot 4\,\text{cm} = 244\,\text{cm}^2$
oder: $4\,\text{cm} \cdot 28\,\text{cm} + 4\,\text{cm} \cdot 37\,\text{cm} - 4\,\text{cm} \cdot 4\,\text{cm}$
**c)** $A_{\text{Fahne}} = 28\,\text{cm} \cdot 37\,\text{cm} = 1036\,\text{cm}^2$
$\frac{244}{1036} \approx 23{,}55\,\%$
Das weiße Kreuz macht ca. 23,55 % der gesamten Flagge aus.
**d)** Seine Aussage ist richtig.
Jede Fahne hat einen Flächeninhalt von $7x \cdot 9{,}25x = 64{,}75x^2$. Das weiße Kreuz ist $15{,}25x^2$ groß. Der Anteil beträgt daher immer $\frac{15{,}25x^2}{64{,}75x^2} = \frac{15{,}25}{64{,}75} \approx 23{,}55\,\%$.
**e)** $64{,}75x^2 = 10{,}36\,\text{m}^2;\ x^2 = 0{,}16\,\text{m}^2;\ x = 0{,}4\,\text{m}$
Das Kreuz ist 40 cm breit.
**f)** $9{,}25 \cdot 40\,\text{cm} = 370\,\text{cm} = 3{,}7\,\text{m}$;
$7 \cdot 40 = 280\,\text{cm} = 2{,}8\,\text{m}$
**g)** $\frac{5{,}25x}{3x} = \frac{5{,}25}{3} = \frac{21}{12} = \frac{7}{4}$
Egal wie man also $x$ wählt, es entsteht immer das Verhältnis 7 : 4, was erlaubt ist.

**4 a)** Er brauchte 1 h 20 min.
**b)** $\frac{995\,\text{m}}{80\,\text{min}} \approx 0{,}75\,\frac{\text{km}}{\text{h}}$
Er war durchschnittlich mit $0{,}75\,\frac{\text{km}}{\text{h}}$ unterwegs.
**c)** Sie entsteht als Differenz aus der Höhe der Bergstation und der Höhe der Talstation:
$2943\,\text{m} - 2595\,\text{m} = 348\,\text{m}$
**d)** Satz des Pythagoras: $995^2 = x^2 + 348^2;\ x \approx 932\,\text{m}$
Die durchschnittliche Steigung beträgt $\frac{348}{932} \approx 37{,}34\,\%$.
**e)** $\sin\alpha = \frac{348}{995}$; Steigungswinkel $\alpha \approx 20{,}47°$.
**f)** Das Seil der Seilbahn hängt durch und bildet keine gerade Strecke von der Talstation zur Bergstation. Es entsteht also in Wirklichkeit kein Dreieck.

**g)** $\sin \alpha = \frac{1110}{2917}$
Der Steigungswinkel $\alpha$ beträgt ca. 22,37°.
$\tan 22{,}37° \approx 41{,}15\,\%$
Die durchschnittliche Steigung liegt damit am unteren Rand der angegebenen Steigung. Wenn man bedenkt, dass die Situation durch ein rechtwinkliges Dreieck nur modelliert wurde (siehe f), dann sollten die realen Steigungen sowohl oberhalb als auch unterhalb des berechneten Durchschnittswerts liegen und nicht nur oberhalb.

**5** **a)** $3 \cdot 3 \cdot 3 \cdot 3 = 81$
**b)** $x$ gibt die Anzahl der Tage nach Beginn der Aktion an. $x = 3$ bedeutet zum Beispiel, dass man sich am dritten Tag befindet. $f(0) = 3^0 = 1$. Am 0. Tag, also am Anfang, hat also ein Mensch die Challenge gemacht.
**c)** Zeichenübung Koordinatensystem; die Punkte sind $(0|1)$, $(1|3)$, $(2|9)$, $(3|27)$, $(4|81)$; $(5|243)$
**d)** Am zehnten Tag übertrifft man mit 59049 Teilnehmern erstmals die Marke von 50000.
**e)** $3^{30} \approx 2{,}06 \cdot 10^{14}$. Jans Ergebnis stimmt.
Die Zahl ist nicht realistisch, denn es wären mehrere Billionen Personen. Auf der Welt leben aber nur etwa 7 Milliarden.
**f)** ③ ist richtig, denn nur für ③ ist $g(0) = 5$.
Die weiteren Anzahlen sind 15, 45 usw.

**6** **a)** Da die Inhalte der Flächen unterschiedlich groß sind, fällt der Quader eher auf größere Seiten als auf kleinere. Die einzelnen Ergebnisse sind also nicht gleich wahrscheinlich.
**b)** $\frac{189}{600} = 31{,}5\,\%$
**c)** Im Feld unterhalb der 1 muss eine 4 stehen, im Feld unterhalb der 3 eine 5 und im Feld darunter eine 6.
**d)** Ja, denn für gegenüberliegende Seiten wird dieselbe Wahrscheinlichkeit angegeben und die Prozentzahlen passen ungefähr zu den Häufigkeiten in der oberen Tabelle.
**e)** $30\,\% + 15\,\% = 45\,\%$
**f)** $0{,}15 \cdot 0{,}05 = 0{,}0075 = 0{,}75\,\%$
**g)** Bei einem normalen Würfel ist die Wahrscheinlichkeit $\frac{1}{6}$ für einen Pasch.
Bei dem Quaderwürfel ergibt sich:
$P(\text{Pasch}) = P(1|1) + P(2|2) + P(3|3) + P(4|4)$
$+ P(5|5) + P(6|6) = 2 \cdot (0{,}09 + 0{,}0025 + 0{,}0225)$
$= 0{,}23$
Bei dem Quaderwürfel ist die Wahrscheinlichkeit einen Pasch zu würfeln mit 23 % höher als bei einem normalen Spielwürfel ($\frac{1}{6} \approx 16{,}7\,\%$).
Toms Aussage stimmt also nicht.

# Stichwortverzeichnis

# Bildverzeichnis

**Cover** Fotolia/mr.nico
**3** **o. re.** mauritius images/Simon Hausberger
**3** **Mi. li.** mauritius images/Alamy/ nagelestock.com
**3** **o. li.** Visum/Thomas Pflaum
**3** **Mi. re.** Fotolia/Gina Sanders
**4** **u. li.** Fotolia/Luftbildfotograf
**4** **o. re.** Shutterstock/Stefan Holm
**4** **Mi. li.** picture-alliance/BSIP/VEM
**4** **o. li.** mauritius images/Alamy/ Scenics & Science
**4** **Mi. re.** Felix Kälberer/Caltech Multi-Res Modeling Group/www.javaview.de
**5** Visum/Thomas Pflaum
**7** **1** Shutterstock/Perutskyi Petro
**7** **2** Fotolia/InPixKommunikation
**7** **3** Cornelsen Verlag
**7** **4** ddp images/Darius Turek
**7** **5** Shutterstock/prudkov
**7** **6** Fotolia/Michael Cornelius
**8** **o. re.** Fotolia/Dan Breckwoldt
**9** **1** Fotolia/steschum
**9** **2** Shutterstock/magnetix
**9** **3** ddp images/360°/cleo
**9** **4** Shutterstock/Fotowan
**9** **5** Fotolia/Dan Breckwoldt
**10** **Mi. re.** ddp images/360°
**12** **o. re.** mauritius images/Alamy/ All Canada Photos
**13** **u. re.** Fotolia/marcorubino
**14** **Mi. re.** Fotolia/Michael Cornelius
**16** **o. re.** Visum/Thomas Pflaum
**17** **u. re.** ddp images/Elnur Amikishiyev
**19** **o. li.** Matthias Hamel, Berlin (2 Fotos)
**19** **u. re.** Udo Wennekers, Goch (4 Fotos)
**20** **o. li.** Fotolia/PRILL Mediendesign
**20** **u. li.** Matthias Hamel, Berlin (4 Fotos)
**21** **o. li.** laif/Michael Lange
**21** **u. re.** Fotolia/David Alary
**22** **o. re.** ddp images/Darius Turek
**22** **u. re.** Matthias Felsch, Berlin
**23** **u. re.** picture-alliance/ZB
**24** **o. re.** ddp images/interTOPICS
**24** **u. Mi.** Fotolia/rangizzz
**26** **u. li.** Fotolia/Orhan Çam
**26** **o. re.** Fotolia/WitR
**26** **Hintergrund** Fotolia/WitR
**27** **u.** Fotolia/Jose Ignacio Soto
**28** **Mi. re.** TopicMedia/Günter Lenz
**28** **o. re.** ddp images/360°/cleo
**29** **Mi. re.** laif/Zenit/Jan-Peter Boening
**29** **u. li.** F1online/BSIP
**30** **u. re.** mauritius images/imageBroker/ Guenther Schwermer
**30** **o. re.** Fotolia/tsuneomp
**33** mauritius images/Alamy/nagelestock.com
**35** **o. re.** Fotolia/zenstock
**36** **o. re.** Cornelsen Verlag/Kerstin Kälberer (2 Fotos)
**37** **o. li.** Fotolia/Cherries
**39** **Mi. re.** TopicMedia
**39** **o. re.** colourbox.de
**39** **Mi. li.** Fotolia/jx1306
**39** **o. li.** interfoto e. k./Imagebroker/ Michael Szönyi
**41** **u. re.** TopicMedia
**42** **u. re.** Fotolia/luciano mortula
**44** **Mi.** Torsten Feltes, Berlin (3 Fotos)
**51** **Mi. re.** Fotolia/.shock
**52** **o. re.** picture-alliance/AP Photo
**54** YourPhotoToday
**57** **Mi. re.** Hadi Teherani Architects GmbH
**58** Imago Sportfotodienst GmbH/Camera 4
**61** mauritius images/Simon Hausberger
**63** **o. li.** Fotolia/hanohiki
**67** **o. re.** Fotolia/hjschneider
**70** **u. re.** Fotolia/Steve Cukrov
**71** **o. re.** Shutterstock/Eduard Kim
**77** **u. re.** Shutterstock/IDostal
**77** **o. re.** Fotolia/Björn Wylezich
**78** **o. re.** Fotolia/carloscastilla
**78** **Mi. re.** Fotolia/bernardbodo
**79** **u. re.** Fotolia/dmitry3299
**79** **Mi. li.** Fotolia/Nejron Photo
**79** **o. re.** Fotolia/bilderstoeckchen
**80** **Mi. re.** Fotolia/eyetronic
**82** **u. li.** Bridgeman Art Library
**84** **o. re.** Fotolia/gourmecana
**87** Fotolia/Gina Sanders
**88** **o. re.** Fotolia/by-studio
**88** **u. li.** Fotolia/Oleksandr Kovalchuk
**92** **u. re.** ADAC e. V.
**92** **Mi. re.** ADAC e. V.
**93** **o. li.** Fotolia/adiruch na chiangmai
**96** **Mi. li.** Fotolia/nenetus
**98** **u. re.** ADAC e. V.
**101** mauritius images/Alamy/ Scenics & Science
**102** **o. re.** colourbox.de
**103** **Mi. re.** mauritius images/Alamy Julia Hiebaum
**104** **o. re.** laif/REA/Ian HANNING
**105** **Mi. a** Fotolia/Michael Burrell
**105** **Mi. b** colourbox.de/Deyan Georgiev
**105** **Mi. c** Fotoli/dima_pics
**106** **u. re.** Fotolia/tomatito26
**106** **Mi. re.** Cornelsen Verlag/Kerstin Kälberer
**107** **Mi. re.** Fotolia/chris74
**108** **Mi. re.** ddp images
**108** **o. li.** Martina Verhoeven, Uedem
**110** **o. re.** Fotolia/Samoth
**114** **Mi. re.** mauritius images/age/Alan Dyer
**114** **u.** PantherMedia/Roberto Rizzo
**115** **Mi. mi.** mauritius images/Phototake/ KunkelD
**115** **o. re.** mauritius images/dieKleinert/Enno Kleinert
**115** **Mi. re.** mauritius images/BSIP/CDC
**115** **Mi. li.** mauritius images/Phototake/ Dennis Kunkel
**116** **Mi. li.** ddp images/360°/INTERTOPICS
**117** **o. re.** mauritius images/Phototake/ Manfred Kage
**118** **o. re.** picture-alliance/dpa-infografik,Grafik: A. Brühl,
**121** picture-alliance/BSIP/VEM
**123** **u. li.** Fotolia/Schlierner
**124** **o. li.** Fotolia/ra2studio
**125** **Mi. re.** Fotolia/K.-U. Häßler
**126** **u. li.** Fotolia/poco_bw
**128** **o. li.** Fotolia/Photographee.eu
**130** **Mi. re.** Fotolia/dk_photo
**130** **o. li.** Cornelsen Verlag/Kerstin Kälberer
**131** **Mi. re.** Fotolia/Axel Kock
**131** **u. re.** Fotolia/meteo021
**133** **Mi. li.** Fotolia/Axel Kock
**133** **Mi. re.** Shutterstock/indigolotos
**134** **Hintergrund** Shutterstock/Eco Print
**135** **Mi. re.** picture-alliance/dpa
**135** **o. re.** Shutterstock/Diego Barbieri
**135** **u. re.** blickwinkel/fotototo
**135** **Mi. li.** Andreas Frings/LVR-Amt für Bodendenkmalpflege im Rheinland
**136** **o. re.** Fotolia/pp1mbp
**137** **Mi. li.** Shutterstock/Chalermsak
**137** **o. re.** Fotolia/Bergfee
**137** **Mi. re.** Shutterstock/Ruslan Semichev
**138** **o. re.** Fotolia/Gina Sanders
**141** Fotolia/Luftbildfotograf
**143** **o. re.** picture-alliance/dpa
**144** **o. re.** Fotolia/Thorsten
**148** **o. li.** Fotolia/Christian Colista
**149** **o. re.** colourbox.de
**150** **o. re.** Fotolia/by-studio
**150** **u. re.** Fotolia/JEFs-FotoGalerie.de
**151** **u. re.** Imago Sportfotodienst GmbH/ Camera 4
**151** **o. re.** Fotolia/Maxim
**151** **Mi. re.** Imago Stock & People GmbH
**154** **Mi. mi.** Shutterstock/Stelian Popa
**154** **o. re.** Fotolia/swisshippo
**154** **Mi. li.** Shutterstock/robcocquyt
**154** **o. li.** Shutterstock/oksana.perkins
**154** **u. mi.** Visum/Stefan Kiefer
**156** **u. re.** Fotolia/Joachim Neumann
**156** **u. li.** Fotolia/Andrea Wilhelm
**156** **Mi. li.** Fotolia/Ammit
**156** **o. re.** Shutterstock/Dennis Steen
**157** **Mi.** Fotolia/kinwun
**157** **o. re.** Fotolia/Michael Rosskothen
**158** **u. re.** Novespace
**159** **o. li.** Shutterstock/Baloncici
**160** **Mi. li.** Fotolia/diez-artwork
**160** **Mi. re.** Fotolia/Sven Krautwald
**162** **o. re.** picture alliance/augenklick/fi
**165** Shutterstock/Stefan Holm
**167** **o. re.** Cornelsen Verlag/Kerstin Kälberer
**172** Fotolia/Crin
**176** **o. li.** Shutterstock/PhotographyByMK
**177** **o. re.** Shutterstock/Angelina Pilarinos
**180** **o. re.** Fotolia/psdesign1
**183** Felix Kälberer/Caltech Multi-Res Modelling Group/www.javaview.de
**184** **o. li.** Fotolia/Alexandr Mitiuc
**184** **o. mi.** Fotolia/Grycaj
**184** **u. re.** Fotolia/eyetronic
**184** **o. re.** Fotolia/bluedesign®
**184** **u. mi.** Fotolia/EvrenKalinbacak
**184** **u. li.** Fotolia/apfelweile
**184** **u. li. li.** Volker Döring/Hohen Neuendorf
**185** **o. re.** Fotolia/Halfpoint
**186** **o. re.** Fotolia/Dan Race
**187** **u. mi.** Fotolia/paseven
**187** **u. re.** Fotolia/viperagp
**188** **o. li.** Fotolia/blende11.photo
**188** **Mi.** Deutsche Bundesbank (2 Fotos)
**189** **o. re.** Fotolia/Xiongmao
**190** **o. re.** Shutterstock/Dario Sabljak
**191** **u. re.** Fotolia/sanderstock
**191** **Mi. re.** Shutterstock/GiuseppeCrimeni
**192** **Mi. li.** Fotolia/TTstudio
**192** **o. li.** Fotolia/WitR
**192** **o. re.** Fotolia/Gina Sanders
**192** **Mi. re.** Fotolia/spiritofamerica
**192** **u. li.** Shutterstock/Sergey Kohl
**192** **u. re.** ddp images/360°/cleo
**194** **Mi. re.** Shutterstock/MikeDotta
**195** **Mi. re.** Meiwa Springbrunnenbau GmbH
**196** **Mi. re.** Jens Schacht, Düsseldorf
**196** **Mi. li.** Shutterstock/Christian Kohler
**196** **u. re.** Fotolia/Sashkin
**197** **o. li.** Visum/Thomas Pflaum
**197** **o. mi.** mauritius images/Alamy/ nagelestock.com
**197** **Mi. li.** mauritius images/Simon Hausberger
**197** **Mi. mi.** Fotolia/Gina Sanders
**197** **Mi. re.** mauritius images/Alamy/ Scenics & Science
**197** **u. li.** picture-alliance/BSIP/VEM
**197** **u. mi.** Fotolia/Luftbildfotograf
**197** **u. re.** Shutterstock/Stefan Holm
**201** **u. re.** Udo Wennekers, Goch
**202** **u. re.** Fotolia/alexsokolov
**203** **o. re.** Fotolia/WF Seydlbast
**204** **u. re.** colourbox.de
**205** **o. re.** Reuters/Michaela Rehle
**206** **Mi.** Shutterstock/wanphen chawarung
**211** **u. re.** Fotolia/daracd
**217** **Mi. li.** picture-alliance/Westend61/ Wilfried Wirth
**219** **u. re.** Fotolia/alona_s

# Graphen verschiedener Funktionstypen

## Lineare Funktionen

- Funktionsgleichung: $f(x) = m \cdot x + n$
- Gerade durch den Punkt $P\,(0|n)$, mit der Steigung $m$
- Nullstelle: genau eine für $m \neq 0$, $x_0 = -\frac{n}{m}$

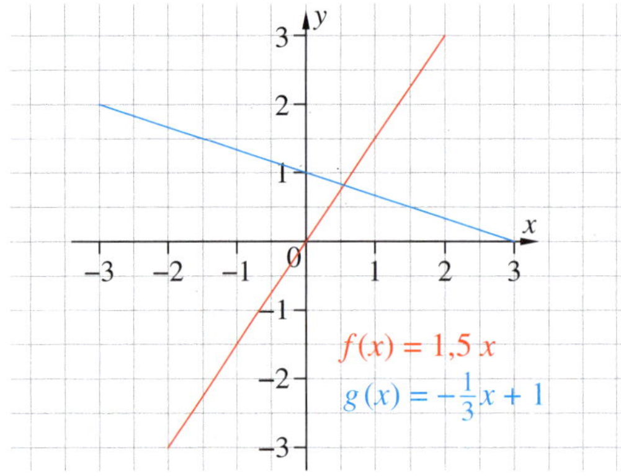

## Exponentialfunktionen

- Funktionsgleichung: $f(x) = w_0 \cdot q^x$
  $w_0$ ist der Anfangswert eines Wachstumsprozesses,
  $q$ ist der Wachstumsfaktor, $q > 0$
- für $q > 1$ erfolgt exponentielle Zunahme
- für $0 < q < 1$ erfolgt exponentielle Abnahme
- Nullstellen: gibt es nicht

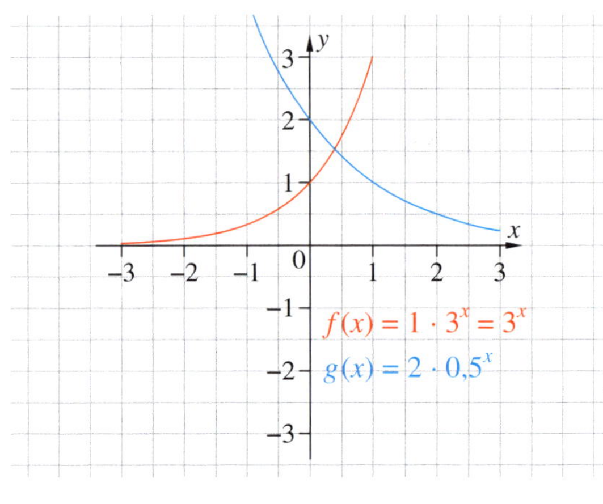